国家职业资格培训教材
技能型人才培训用书

机修钳工（高级）

第2版

国家职业资格培训教材编审委员会　组编
吴全生　主编

机械工业出版社

本书是依据《国家职业技能标准　机修钳工》高级的知识和技能要求，按照岗位培训需要的原则编写的。主要内容包括机械设备的安装与调试，机械设备零部件加工，机械设备维修，传动机构的维修，典型零部件的维修，动平衡、噪声和机械振动，液压系统的维修，气动系统的维修，压力容器的安全管理，中型普通设备的大修工艺和要求，磨床、镗床、龙门铣床的维护保养等。

本书主要用作企业培训部门、职业技能鉴定机构的教材，也可作为高级技校、技师学院、高职、各种短训班的教学用书

图书在版编目（CIP）数据

机修钳工：高级/吴全生主编. —2版. —北京：机械工业出版社，2012.6（2023.9重印）

ISBN 978-7-111-38413-7

Ⅰ.①机…　Ⅱ.①吴…　Ⅲ.①机修钳工-技术培训-教材　Ⅳ.①TG947

中国版本图书馆CIP数据核字（2012）第100647号

机械工业出版社（北京市百万庄大街22号　邮政编码100037）

策划编辑：吴天培　马　晋　责任编辑：吴天培　马　晋　张振勇

版式设计：霍永明　　　　责任校对：张莉娟

责任印制：常天培

固安县铭成印刷有限公司印刷

2023年9月第2版·第7次印刷

169mm×239mm·24.75印张·483千字

标准书号：ISBN 978-7-111-38413-7

定价：49.80元

电话服务	网络服务
客服电话：010-88361066	机　工　官　网：www.cmpbook.com
010-88379833	机　工　官　博：weibo.com/cmp1952
010-68326294	金　　书　　网：www.golden-book.com
封底无防伪标均为盗版	机工教育服务网：www.cmpedu.com

国家职业资格培训教材（第2版）

编审委员会

本书主编　吴全生

本书副主编　吴天颖

本书参编　吴澜飚　李岩松　原　宁　吴碧琨

本书主审　和卫民

第 2 版序

在“十五”末期，为贯彻落实“全国职业教育工作会议”和“全国再就业会议”精神，加快培养一大批高素质的技能型人才，机械工业出版社精心策划了与原劳动和社会保障部《国家职业标准》配套的《国家职业资格培训教材》。这套教材涵盖 41 个职业工种，共 172 种，有十几个省、自治区、直辖市相关行业 200 多名工程技术人员、教师、技师和高级技师等从事技能培训和鉴定的专家参加编写。教材出版后，以其兼顾岗位培训和鉴定培训需要，理论、技能、题库合一，便于自检自测，受到全国各级培训、鉴定部门和广大技术工人的欢迎，基本满足了培训、鉴定和读者自学的需要，在“十一五”期间为培养技能人才发挥了重要作用，本套教材也因此成为国家职业资格鉴定考证培训及企业员工培训的品牌教材。

2010 年，《国家中长期人才发展规划纲要（2010—2020 年）》、《国家中长期教育改革和发展规划纲要（2010—2020 年）》、《关于加强职业培训促就业的意见》相继颁布和出台，2012 年 1 月，国务院批转了七部委联合制定的《促进就业规划（2011—2015 年）》，在这些规划和意见中，都重点阐述了加大职业技能培训力度、加快技能人才培养的重要意义，以及相应的配套政策和措施。为适应这一新形势，同时也鉴于第 1 版教材所涉及的许多知识、技术、工艺、标准等已发生了变化的实际情况，我们经过深入调研，并在充分听取了广大读者和业界专家意见的基础上，决定对已经出版的《国家职业资格培训教材》进行修订。本次修订，仍以原有的大部分作者为班底，并保持原有的“以技能为主线，理论、技能、题库合一”的编写模式，重点在以下几个方面进行了改进：

1. 新增紧缺职业工种——为满足社会需求，又开发了一批近几年比较紧缺的以及新增的职业工种教材，使本套教材覆盖的职业工种更加广泛。

2. 紧跟国家职业标准——按照最新颁布的《国家职业技能标准》或《国家职业标准》规定的工作内容和技能要求重新整合、补充和完善内容，以涵盖职业标准中所要求的知识点和技能点。

3. 提炼重点知识技能——在内容的选择上，以“够用”为原则，提炼应重点掌握的必需的专业知识和技能，删减了不必要的理论知识，使内容更加精练。

4. 补充更新技术内容——紧密结合最新技术发展，删除了陈旧过时的内容，补充了新的内容。

5. 同步最新技术标准——对原教材中按旧的技术标准编写的内容进行更新，所有内容均与最新的技术标准同步。

6. 精选技能鉴定题库——按鉴定要求精选了职业技能鉴定试题，试题贴近教材、贴近国家试题库的考点，更具典型性、代表性、通用性和实用性。

7. 配备免费电子教案——为方便培训教学，我们为本套教材开发配备了配套的电子教案，免费赠送给选用本套教材的机构和教师。

8. 配备操作实景光盘——根据读者需要，部分教材配备了操作实景光盘。

一言概之，经过精心修订，第2版教材在保留了第1版精华的同时，内容更加精练、可靠、实用，针对性更强，更能满足社会需求和读者需要。全套教材既可作为各级职业技能鉴定培训机构、企业培训部门的考前培训教材，又可作为读者考前复习和自测使用的复习用书，也可供职业技能鉴定部门在鉴定命题时参考，还可作为职业技术院校、技工院校、各种短训班的专业课教材。

在本套教材的调研、策划、编写过程中，曾经得到许多企业、鉴定培训机构有关领导、专家的大力支持和帮助，在此表示衷心的感谢！

虽然我们已经尽了最大努力，但教材中仍难免存在不足之处，恳请专家和广大读者批评指正。

国家职业资格培训教材第2版编审委员会

第1版序一

当前和今后一个时期，是我国全面建设小康社会、开创中国特色社会主义事业新局面的重要战略机遇期。建设小康社会需要科技创新，离不开技能人才。“全国人才工作会议”、“全国职教工作会议”都强调要把“提高技术工人素质、培养高技能人才”作为重要任务来抓。当今世界，谁掌握了先进的科学技术并拥有大量技术娴熟、手艺高超的技能人才，谁就能生产出高质量的产品，创出自己的名牌；谁就能在激烈的市场竞争中立于不败之地。我国有近一亿技术工人，他们是社会物质财富的直接创造者。技术工人的劳动，是科技成果转化为生产力的关键环节，是经济发展的重要基础。

科学技术是财富，操作技能也是财富，而且是重要的财富。中华全国总工会始终把提高劳动者素质作为一项重要任务，在职工中开展的“当好主力军，建功‘十一五’，和谐奔小康”竞赛中，全国各级工会特别是各级工会职工技协组织注重加强职工技能开发，实施群众性经济技术创新工程，坚持从行业和企业实际出发，广泛开展岗位练兵、技术比赛、技术革新、技术协作等活动，不断提高职工的技术技能和操作水平，涌现出一大批掌握高超技能的能工巧匠。他们以自己的勤劳和智慧，在推动企业技术进步，促进产品更新换代和升级中发挥了积极的作用。

欣闻机械工业出版社配合新的《国家职业标准》为技术工人编写了这套涵盖41个职业的172种“国家职业资格培训教材”。这套教材由全国各地技能培训和考评专家编写，具有权威性和代表性；将理论与技能有机结合，并紧紧围绕《国家职业标准》的知识点和技能鉴定点编写，实用性、针对性强，既有必备的理论和技能知识，又有考核鉴定的理论和技能题库及答案，编排科学，便于培训和检测。

这套教材的出版非常及时，为培养技能型人才做了一件大好事，我相信这套教材一定会为我们培养更多更好的高技能人才做出贡献！

（李永安　中国职工技术协会常务副会长）

第1版序二

为贯彻“全国职业教育工作会议”和“全国再就业会议”精神，全面推进技能振兴计划和高技能人才培养工程，加快培养一大批高素质的技能型人才，我们精心策划了这套与劳动和社会保障部最新颁布的《国家职业标准》配套的《国家职业资格培训教材》。

进入21世纪，我国制造业在世界上所占的比重越来越大，随着我国逐渐成为“世界制造业中心”进程的加快，制造业的主力军——技能人才，尤其是高级技能人才的严重缺乏已成为制约我国制造业快速发展的瓶颈，高级蓝领出现断层的消息屡屡见诸报端。据统计，我国技术工人中高级以上技工只占3.5%，与发达国家40%的比例相去甚远。为此，国务院先后召开了“全国职业教育工作会议”和“全国再就业会议”，提出了“三年50万新技师的培养计划”，强调各地、各行业、各企业、各职业院校等要大力开展职业技术培训，以培训促就业，全面提高技术工人的素质。

技术工人密集的机械行业历来高度重视技术工人的职业技能培训工作，尤其是技术工人培训教材的基础建设工作，并在几十年的实践中积累了丰富的教材建设经验。作为机械行业的专业出版社，机械工业出版社在“七五”、“八五”、“九五”期间，先后组织编写出版了“机械工人技术理论培训教材”149种，“机械工人操作技能培训教材”85种，“机械工人职业技能培训教材”66种，“机械工业技师考评培训教材”22种，以及配套的习题集、试题库和各种辅导性教材约800种，基本满足了机械行业技术工人培训的需要。这些教材以其针对性、实用性强，覆盖面广，层次齐备，成龙配套等特点，受到全国各级培训、鉴定和考工部门及技术工人的欢迎。

2000年以来，我国相继颁布了《中华人民共和国职业分类大典》和新的《国家职业标准》，其中对我国职业技术工人的工种、等级、职业的活动范围、工作内容、技能要求和知识水平等根据实际需要进行了重新界定，将国家职业资格分为5个等级：初级（5级）、中级（4级）、高级（3级）、技师（2级）、高级技师（1级）。为与新的《国家职业标准》配套，更好地满足当前各级职业培训和技术工人考工取证的需要，我们精心策划编写了这套《国家职业资格培训教材》。

这套教材是依据劳动和社会保障部最新颁布的《国家职业标准》编写的，为满足各级培训考工部门和广大读者的需要，这次共编写了41个职业172种教材。

在职业选择上，除机电行业通用职业外，还选择了建筑、汽车、家电等其他相近行业的热门职业。每个职业按《国家职业标准》规定的工作内容和技能要求编写初级、中级、高级、技师（含高级技师）四本教材，各等级合理衔接、步步提升，为高技能人才培养搭建了科学的阶梯型培训架构。为满足实际培训的需要，对多工种共同需求的基础知识我们还分别编写了《机械制图》、《机械基础》、《电工常识》、《电工基础》、《建筑装饰识图》等近20种公共基础教材。

在编写原则上，依据《国家职业标准》又不拘泥于《国家职业标准》是我们这套教材的创新。为满足沿海制造业发达地区对技能人才细分市场的需要，我们对模具、制冷、电梯等社会需求量大又已单独培训和考核的职业，从相应的职业标准中剥离出来单独编写了针对性较强的培训教材。

为满足培训、鉴定、考工和读者自学的需要，在编写时我们考虑了教材的配套性。教材的章首有培训要点、章末配复习思考题，书末有与之配套的试题库和答案，以及便于自检自测的理论和技能模拟试卷，同时还根据需求为20多种教材配制了VCD光盘。

为扩大教材的覆盖面和体现教材的权威性，我们组织了上海、江苏、广东、广西、北京、山东、吉林、河北、四川、内蒙古等地相关行业从事技能培训和考工的200多名专家、工程技术人员、教师、技师和高级技师参加编写。

这套教材在编写过程中力求突出“新”字，做到“知识新、工艺新、技术新、设备新、标准新”；增强实用性，重在教会读者掌握必需的专业知识和技能，是企业培训部门、各级职业技能鉴定培训机构、再就业和农民工培训机构的理想教材，也可作为技工学校、职业高中、各种短训班的专业课教材。

在这套教材的调研、策划、编写过程中，曾经得到广东省职业技能鉴定中心、上海市职业技能鉴定中心、江苏省机械工业联合会、中国第一汽车集团公司以及北京、上海、广东、广西、江苏、山东、河北、内蒙古等地许多企业和技工学校的有关领导、专家、工程技术人员、教师、技师和高级技师的大力支持和帮助，在此谨向为本套教材的策划、编写和出版付出艰辛劳动的全体人员表示衷心的感谢！

教材中难免存在不足之处，诚恳希望从事职业教育的专家和广大读者不吝赐教，提出批评指正。我们真诚希望与您携手，共同打造职业培训教材的精品。

国家职业资格培训教材编审委员会

前言

本书是依据中华人民共和国人力资源和社会保障部最新制定（即2009年修订）的《国家职业技能标准　机修钳工》高级的工作内容、技能要求及相关知识的要求，本着岗位培训需要的原则，以“实用，够用”为宗旨，把技能作为主线，将理论知识和操作技能有机地结合起来而编写的。

本书在保留第1版精华的基础上，做了必要的补充和调整，使得内容更完善，标准更新，技能更突出，理论与技能结合得更紧密。书中的超精密表面的检测方法，静压螺旋传动机构，气压传动知识等内容都是首次编入机修钳工高级培训教材，使本书内容更与时俱进；书中的标准与术语均采用了最新标准，有些标准已经与国际标准接轨，如龙门铣床的几何精度和工作精度的检测已采用了ISO 8636—1：2000标准；技能部分占整个书的比例大大增加，在表述上更加形象贴切，使得技能这条主线更加突出；理论在前，技能在后，理论提及，技能展现，理论技能浑然一体，达到了学以致用的目的。本书全面系统、科学规范、重点突出，是培训、鉴定、考证和自学的实用教材。

本书由吴全生任主编，吴天颖任副主编，和卫民任主审。吴全生编写了第一章、第二章、第三章、第七章、第十章；吴天颖编写了第四章、第五章；吴澜飚编写了第六章；李岩松编写了第八章；吴碧琨编写了第九章；原宁编写了第十一章。

由于编者水平有限，书中难免有不足或错误之处，敬请读者批评指正。

编　者

目录

第一章

机械设备的安装与调试

培训目标 了解设备安装环境及条件，恒温控制；掌握磨床的初步调整、精确调整及试运行检查；掌握镗床主要部件装配、后立柱刀杆支座与主轴重合度的调整、总装精度调整、空运转试验及负荷试验；掌握龙门铣床的安装顺序、安装步骤及方法；掌握磨床、镗床、龙门铣床的安装精度检测项目与要求，能够对磨床、镗床、龙门铣床进行精度调整；了解磨床、镗床、龙门铣床的调试安全规程；能够对磨床、镗床、龙门铣床进行试运行。

第一节 设备的安装环境知识

一、噪声

各种机械设备工作时都会产生噪声。

噪声在下列范围内不会对人体造成伤害：

1）频率小于300Hz的低频噪声，允许强度为90～100dB（A）。

2）频率在300～800Hz的中频噪声，允许强度为85～90dB（A）。

3）频率大于800Hz的高频噪声，允许强度为75～85dB（A）。

噪声超过上述范围就会对人体造成一定的危害。

二、有害、有毒物质或粉尘

在工业生产环境中，有害、有毒物质常以固体、液体或气体的形态存在，浸入人体血液、呼吸系统、神经系统等部位会造成伤害，导致疾病甚至死亡。

（1）烟尘　直径小于0.1μm的悬浮于空气中的固体微粒，如有机物质燃烧不充分、汽化的熔融金属中产生的氧化铜、氧化锌、氯化铵等烟尘，电焊时产生的金属烟尘等。

（2）有害气体　常温、常压下呈气态的物质，如二氧化硫、一氧化碳、氯、溴、氨等。

（3）有害蒸气　由液体蒸发或固体升华时产生的蒸气，如水银蒸气、丙酮蒸气、碘、苯等。

（4）有害雾气　悬浮于空气中的有害液体微粒，如氰化物、硫酸、盐酸、铬酸和苛性钠等雾气。

三、高温

工业生产环境中，如锅炉房、热处理、铸造、锻造、金属冶炼、轧钢等所从事的工作都属高温作业（38℃以上）。此外，在炎热的夏季，尤其是在南方的室外作业，会引起中暑及诸多不适症状。

高温作业的分级标准是劳动保护工作的管理标准，改善高温作业劳动条件，对保护劳动者的健康，促进生产发展具有重要意义。

四、低温

低温一般是指温度范围为－80～－60℃，特殊情况下甚至达到－120℃。在进行冷处理时，首先应将工件仔细清洗干净，去除油污，然后烘干，以防止工件上的水分和油污接触冷却剂（尤其是液态氧）发生激烈的化学反应，甚至发生爆炸危险。操作时要穿戴好劳保防护用品，应严格遵守冷处理的工艺操作规程，严防事故发生。

五、水下或潮湿环境作业

在水下或潮湿环境下作业危险性更大，操作时要严格按照操作规程进行，以确保人身安全。

六、高处作业

高处作业要严格遵守操作规程，应注意下述各点：

1）高处作业要系好安全带，戴好安全帽，正确使用个人安全防护用品，不准投掷材料、工具等。

2）接近高压线或裸导线排，或距离低压线少于2.5m时，必须停电并在电闸上挂上“有人工作，严禁合闸”的警告牌。

3）使用安全网时，要确保质量并要张紧。

4）使用脚手板，单人行道宽度不得小于0.6m，上下坡度不得大于1:3，且板侧要装防护栏杆，板面要钉防滑条。

5）登高梯子与地面放置的夹角不应大于60°，且梯脚要防滑，上下端要靠牢。

七、恒温恒湿环境

在特定的恒温恒湿环境中工作时，如试验室、计量室、有相关要求的生产车间或贮藏室等，要建立人工气候室，其温度范围为20~25℃，控制精度最大误差为±1℃；相对湿度为50%~70%，控制精度最大误差为±10%。

第二节　磨床的安装精度检测项目与要求（以外圆磨床为例）

一、床身纵向导轨的直线度

1. *在垂直平面内*

1）在1000mm内，公差值为0.02mm。

2）每增加1000mm，公差值增加0.015mm。

3）最大公差值为0.05mm。

4）在任意250mm测量长度上，公差值为0.006mm。

2. *在水平面内*

同前面1。

二、床身纵向导轨在垂直平面内的平行度

1）最大磨削长度≤500mm时，公差值为0.02mm/1000mm。

2）最大磨削长度>500mm时，公差值为0.04mm/1000mm。

三、头、尾架移置导轨对工作台移动的平行度

1）在1000mm内公差值为0.01mm。

2）每增加1000mm公差值增加0.01mm。

3）最大公差值为0.03mm。

4）最大磨削直径≤320mm时，在任意300mm测量长度上公差值为0.005mm；最大磨削直径>320mm时，在任意300mm测量长度上公差值为0.007mm。

四、头架主轴端部的圆跳动

1）主轴定位轴颈的径向圆跳动，公差值为0.005mm。

2）主轴的轴向窜动，公差值为0.005mm。

3）主轴定位轴肩的轴向圆跳动，公差值为0.01mm。

五、头架主轴锥孔轴线的径向圆跳动

1. 靠近主轴端部

公差值为0.005mm。

2. 距离主轴端部 L 处

1）当 $L=75$mm 时，公差值为0.008mm。

2）当 $L=150$mm 时，公差值为0.01mm。

3）当 $L=200$mm 时，公差值为0.012mm。

4）当 $L=300$mm 时，公差值为0.015mm。

六、头架主轴轴线对工作台移动的平行度

1. 在垂直平面内

1）在300mm测量长度上，主轴不可回转为0.025mm。

2）在300mm测量长度上，主轴可回转为0.01mm。

注意：检验棒自由端均只许向砂轮和向上偏。

2. 在水平面内

同1。

七、头架回转时主轴轴线的同轴度

1）当最大磨削直径≤200mm时，公差值为0.015mm。

2）当200mm<最大磨削直径≤320mm时，公差值为0.02mm。

3）当最大磨削直径>320mm时，公差值为0.03mm。

八、尾架套筒锥孔轴线对工作台移动的平行度

1. 在垂直平面内

在300mm测量长度上，公差值为0.015mm（检验棒自由端只许向砂轮和向上偏）。

2. 在水平面内

同1。

九、头、尾架顶尖中心连线对工作台移动的平行度

1. 在垂直平面内

公差值为0.02mm（只许尾架高）。

2. 在水平面内

同1。

3. 工作台移动在水平面内的直线度（磨削长度大于1500mm机床的增检项目）

公差值为0.03mm。

十、砂轮架主轴端部的圆跳动

1. 主轴定心锥面的径向圆跳动

公差值为0.005mm（两处）。

2. 主轴的轴向窜动

公差值为0.008mm。

十一、砂轮架主轴轴线对工作台移动的平行度

1. 在垂直平面内

在100mm测量长度上，公差值为0.01mm（检验套筒自由端只许向上偏）。

2. 在水平面内

同1。

十二、砂轮架移动对工作台移动的垂直度

1）当行程长度≤100mm时，公差值为0.01mm。

2）当100mm<行程长度≤200mm时，公差值为0.015mm。

3）当行程长度>200mm时，公差值为0.02mm。

十三、砂轮架主轴轴线与头架主轴轴线的同轴度

公差值为0.3mm。

十四、内圆磨头支架孔轴线对工作台移动的平行度

1. 在垂直平面内

在100mm测量长度上，公差值为0.015mm（检验棒自由端只许向上偏）。

2. 在水平面内

同1。

十五、内圆磨头支架孔轴线对头架主轴轴线的同轴度

公差值为0.02mm。

十六、砂轮架快速引进重复定位精度

1）当最大磨削直径≤320mm时，公差值为0.002mm。

2）当320mm＜最大磨削直径≤500mm时，公差值为0.003mm。

3）当最大磨削直径＞500mm时，公差值为0.004mm。

第三节　镗床的安装精度检测项目与要求（以卧式镗床为例）

一、工作台移动在垂直平面内的直线度

1. 工作台纵向移动

1）在工作台每1m行程上，公差值为0.01mm。

2）在工作台的全部行程上

①当工作台行程≤2m时，公差值为0.03mm。

②当工作台行程≤3m时，公差值为0.04mm。

③当工作台行程≤4m时，公差值为0.04mm。

④当工作台行程≤6m时，公差值为0.06mm。

2. 工作台横向移动

1）在工作台每1m行程上，公差值为0.02mm。

2）在工作台的全部行程上，当工作台行程≤2m时，公差值为0.05mm。

二、工作台移动时的倾斜度

1）工作台纵向移动。在工作台每1m行程上，公差值为0.02mm。

2）在工作台全部行程上：

①当工作台行程≤3m时，公差值为0.03mm。

②当工作台行程≤4m时，公差值为0.04mm。

③当工作台行程≤6m时，公差值为0.06mm。

三、工作台移动在水平平面内的直线度

1. 工作台纵向移动

1）在工作台每1m行程上，公差值为0.02mm。

2）在工作台全部行程上：

①当工作台行程≤2m时，公差值为0.03mm。

②当工作台行程≤3m时，公差值为0.04mm。

③当工作台行程≤4m时，公差值为0.05mm。

④当工作台行程≤6m时，公差值为0.06mm。

2. 工作台横向移动

1）在工作台每1m行程上，公差值为0.04mm。

2）在工作台全部行程上，当工作台行程≤2m时，公差值为0.05mm。

四、工作台面的平面度

1）当主轴直径≤100mm时，在每1m测量长度上，公差值为0.03mm。

2）当主轴直径≤160mm时，在每1m测量长度上，公差值为0.04mm。

3）当主轴直径>160mm时，在每1m测量长度上，公差值为0.05mm。

上述三种情况，工作台面只许凹。

五、主轴箱垂直移动的直线度

1. 工作台面纵向

1）当主轴直径≤100mm，主轴箱行程≤1.5m时，在主轴箱每1m行程上，公差值为0.03mm。

2）当主轴直径≤160mm时：

①当主轴箱行程≤1.5m时，主轴箱每1m行程上，公差值为0.04mm。

②当主轴箱行程≤2m时，主轴箱每1m行程上，公差值为0.05mm。

③当主轴箱行程≤3m时，主轴箱每1m行程上，公差值为0.06mm。

④当主轴箱行程≤5m时，主轴箱每1m行程上，公差值为0.1mm。

3）当主轴直径>160mm时：

①当主轴箱行程≤1.5m时，主轴箱每1m行程上，公差值为0.05mm；

②当主轴箱行程≤2m时，主轴箱每1m行程上，公差值为0.06mm。

③当主轴箱行程≤3m时，主轴箱每1m行程上，公差值为0.08mm。

④当主轴箱行程≤5m时，主轴箱每1m行程上，公差值为0.10mm。

2. 工作台面横向

同1。

六、主轴箱垂直移动对工作台面的垂直度

1. 工作台面纵向

1）当主轴直径≤100mm 时：

①在主轴箱每1m 行程上，公差值为0.03mm。

②立柱上端只许向工作台偏，公差值为0.03mm。

2）当主轴直径≤160mm 时：

①在主轴箱每1m 行程上，公差值为0.04mm。

②立柱上端只许向工作台偏，公差值为0.04mm。

3）当主轴直径>160mm 时：

①在主轴箱每1m 行程上，公差值为0.05mm。

②立柱上端只许向工作台偏，公差值为0.05mm。

2. 工作台面横向

同1。

七、主轴旋转中心线对前立柱导轨的垂直度

1）当测量长度为1m 时，公差值为0.03mm。

2）当测量长度为2m 时，公差值为0.04mm。

八、主轴移动的直线度

1. 在垂直平面内

1）当主轴直径≤100mm 时，在50mm 测量长度上，公差值为0.03mm。

2）当主轴直径≤160mm 时，在50mm 测量长度上，公差值为0.04mm。

3）当主轴直径>160mm 时，在50mm 测量长度上，公差值为0.05mm。

2. 在水平平面内

1）当主轴直径<100mm 时，在主轴全部行程上，公差值为0.02mm。

2）当主轴直径≤160mm 时，在主轴全部行程上，公差值为0.03mm。

3）当主轴直径>160mm 时，在主轴全部行程上，公差值为0.05mm。

九、工作台面对工作台移动的平行度

1. 工作台纵向移动

1）当主轴直径≤100mm 时，在工作台每1m 行程上，公差值为0.03mm。

2）当主轴直径≤160mm 时，在工作台每1m 行程上，公差值为0.03mm。

2. 工作台横向移动

同1。

十、工作台纵向移动对横向移动的垂直度

在500mm 测量长度上，公差值为0.02mm。

十一、工作台转动后工作台面的水平度

1）当主轴直径≤100mm 时，公差值为 0.02mm/1000mm。

2）当主轴直径≤160mm 时，公差值为 0.03mm/1000mm。

十二、主轴的径向圆跳动

1）当主轴直径≤100mm 时，在 300mm 测量长度上，公差值为 0.025mm。

2）当主轴直径≤160mm 时，在 400mm 测量长度上，公差值为 0.03mm。

3）当主轴直径 >160mm 时，在 600mm 测量长度上，公差值为 0.04mm。

十三、主轴锥孔的径向圆跳动

1. 单独回转主轴

1）当主轴直径≤100mm 时：

①靠近主轴端部，公差值为 0.02mm。

②距离主轴端部 300mm，公差值为 0.04mm。

2）当主轴直径≤160mm 时：

①靠近主轴端部，公差值为 0.025mm。

②距离主轴端部 300mm，公差值为 0.05mm。

3）当主轴直径 >160mm 时：

①靠近主轴端部，公差值为 0.03mm。

②距离主轴端部 300mm，公差值为 0.06mm。

2. 主轴与平旋盘同时回转

1）当主轴直径≤100mm 时：

①靠近主轴端部，公差值为 0.02mm。

②距离主轴端部 300mm，公差值为 0.04mm。

2）当主轴直径≤160mm 时：

①靠近主轴端部，公差值为 0.03mm。

②距离主轴端部 300mm，公差值为 0.05mm。

3）当主轴直径 >160mm 时：

①靠近主轴端部，公差值为 0.04mm。

②距离主轴端部 300mm，公差值为 0.06mm。

十四、主轴的轴向窜动

1）当主轴直径≤100mm 时，公差值为 0.015mm。

2）当主轴直径≤160mm 时，公差值为 0.02mm。

3）当主轴直径>160mm时，公差值为0.03mm。

十五、平旋盘的圆跳动

1. 平旋盘端面的圆跳动

1）当主轴直径≤100mm时，公差值为0.02mm。

2）当主轴直径≤160mm时，公差值为0.025mm。

3）当主轴直径>160mm时，公差值为0.035mm。

2. 平旋盘定位凸轮的圆跳动

1）当主轴直径≤100mm时，公差值为0.02mm。

2）当主轴直径≤160mm时，公差值为0.025mm。

3）当主轴直径>160mm时，公差值为0.035mm。

十六、工作台面对主轴中心线的平行度

1）当主轴直径≤100mm时，在5倍主轴直径的测量长度上，公差值为0.03mm。

2）当主轴直径≤160mm时，在5倍主轴直径的测量长度上，公差值为0.04mm。

3）当主轴直径>160mm时，在5倍主轴直径的测量长度上，公差值为0.05mm。

上述三种情况主轴自由端只许向上偏。

十七、工作台横向移动对主轴中心线的垂直度

1）当测量长度为1m时，公差值为0.03mm。

2）当测量长度为2m时，公差值为0.04mm。

十八、平旋盘径向刀架移动对主轴中心线的垂直度

当主轴直径≤100mm时，在5倍主轴直径的测量长度上：

1）在100mm测量长度上，公差值为0.015mm。

2）在300mm测量长度上，公差值为0.02mm。

3）在500mm测量长度上，公差值为0.03mm。

上述三种情况，刀架移向中心时只许向主轴箱偏。

十九、工作台在0°和180°位置时中央T形槽对主轴中心线的垂直度以及工作台在90°和270°位置时中央T形槽对工作台移动方向的平行度

在1m测量长度上，公差值为0.04mm。

二十、后立柱导轨对前立柱导轨的平行度

1. 在纵向直立平面内
1）当主轴直径≤100mm 时，公差值为 0.05mm/1000mm。
2）当主轴直径≤160mm 时，公差值为 0.07mm/1000mm。
3）当主轴直径>160mm 时，公差值为 0.10mm/1000mm。
2. 在横向直立平面内
1）当主轴直径≤100mm 时，公差值为 0.03mm/1000mm。
2）当主轴直径≤160mm 时，公差值为 0.04mm/1000mm。
3）当主轴直径>160mm 时，公差值为 0.05mm/1000mm。

二十一、后立柱支架轴承孔中心线和主轴中心线的重合度

1）当主轴直径≤100mm 时，公差值为 0.03mm。
2）当主轴直径≤160mm 时，公差值为 0.04mm。
3）当主轴直径>160mm 时，公差值为 0.05mm。

第四节　龙门铣床的安装精度检测项目与要求（以固定式龙门铣床为例）

一、工作台移动（X 轴线）在 XY 水平面内的直线度

1）在 2000mm 测量长度内为 0.02mm。
2）测量长度每增加 1000mm，公差增加 0.01mm。
3）最大公差为 0.10mm。
4）在任意 1000mm 测量长度上，公差值为 0.010mm。

二、工作台移动（X 轴线）的角度偏差

1. 在 ZX 垂直平面内（EBX：俯仰）
1）当 X≤4000mm 时，公差为 0.04mm/1000mm。
2）当 X>4000mm 时，公差为 0.06mm/1000mm。
2. 在 YZ 垂直平面内（EAX：倾斜）
1）当 X≤4000mm 时，公差为 0.02mm/1000mm。
2）当 X>4000mm 时，公差为 0.02mm/1000mm。

3. 在 XY 水平面内（ECX：偏摆）

1）当 $X \leqslant 4000$mm 时，公差为 0.04mm/1000mm；

2）当 $X > 4000$mm 时，公差为 0.06mm/1000mm。

三、铣头水平移动（Y 轴线）的直线度

1. 在 XY 水平面内（EXY）

1）在 1000mm 测量长度内，公差为 0.02mm。

2）测量长度每增加 1000mm，公差增加 0.01mm。

3）最大公差为 0.04mm。

4）在任意 500mm 流量长度上，公差为 0.010mm。

2. 在 YZ 垂直平面内（EZY）

同 1。

四、铣头水平移动（Y 轴线）的角度偏差

1. 在 YZ 垂直平面内（EAY：俯仰）

1）公差为 0.04mm/1000mm。

2）在任意 300mm 测量长度上，公差为 0.02mm/1000mm。

2. 在 ZX 垂直平面内（EBY：倾斜）

同 1。

3. 在 XY 水平面内（ECY：偏摆）

同 1。

五、铣头水平移动（Y 轴线）对工作台移动（X 轴线）的垂直度

1）当工作台宽度 $\leqslant 3000$mm 时，测量长度内，公差为 0.03mm。

2）当工作台宽度 > 3000mm 时，公差由供应商/制造商和用户协商规定。

六、铣头垂向移动（Z 轴线）对工作台移动（X 轴线）的垂直度和对铣头水平移动（Y 轴线）的垂直度

在 300mm 测量长度上，公差为 0.02mm。

七、横梁垂向移动（W 轴线或 R 轴线）对工作台移动（X 轴线）的垂直度和对铣头水平移动（Y 轴线）的垂直度

在 500mm 测量长度上，公差为 0.02mm。

八、横梁在 YX 垂直平面内沿 W 轴线或 R 轴线移动的角度变化

1）在较低位置，公差为 0.02mm/1000mm。

2）在中间位置，公差同1）。
3）在较高位置，公差同1）。

九、工作台面的平面度

当 $Y \leqslant 3000$mm 和 $X \leqslant 10000$mm 时：
1）1000mm 测量长度内，公差为 0.02mm。
2）测量长度每增加 1000mm，公差增加 0.01mm。
3）最大公差为 0.10mm。

十、工作台面对工作台移动（X 轴线）的平行度和对铣头移动（Y 轴线）的平行度

1）2000mm 测量长度内，公差为 0.02mm。
2）测量长度每增加 1000mm，公差增加 0.005mm。
3）最大公差为 0.05mm。

十一、中央或基准 T 形槽对工作台移动（X 轴线）的平行度

1）2000mm 测量长度内，公差为 0.03mm。
2）测量长度每增加 1000mm，公差增加 0.01mm。
3）最大公差为 0.10mm。
4）在任意 1000mm 测量长度上，公差为 0.02mm。

十二、主轴锥孔的径向圆跳动

1. 在主轴端部
1）当定心轴颈的直径≤200mm 时，公差为 0.010mm。
2）当定心轴颈的直径 >200mm 时，公差为 0.015mm。
2. 距主轴端部 300mm 处
1）当定心轴颈的直径≤200mm 时，公差为 0.020mm。
2）当定心轴颈的直径 >200mm 时，公差为 0.030mm。

十三、主轴定心轴颈的径向圆跳动、轴向圆跳动及周期性轴向窜动

1. 定心轴颈的径向圆跳动
1）当定心轴颈的直径≤200mm 时，公差为 0.010mm。
2）当定心轴颈的直径 >200mm 时，公差为 0.015mm。
2. 轴向圆跳动（包括周期性轴向窜动）
1）当定心轴颈的直径≤200mm 时，公差为 0.015mm。

2）当定心轴颈的直径 >200mm 时，公差为 0.020mm。

3. *周期性轴向窜动*

1）当定心轴颈的直径≤200mm 时，公差为 0.010mm。

2）当定心轴颈的直径 >200mm 时，公差为 0.015mm。

十四、垂直铣头主轴旋转轴线对工作台沿 *X* 轴线移动的垂直度和对铣头沿 *Y* 轴线移动的垂直度

公差为 0.04mm/1000mm。

十五、回转铣头回转轴线对工作台移动（*X* 轴线）的平行度

将指示表放在距铣头回转轴线 500mm 处。

1）当倾斜角≤10°时，公差为 0.02mm。

2）当 10° <倾斜角≤20°时，公差为 0.03mm。

3）当倾斜角 >20°时，公差为 0.04mm。

十六、水平铣头在立柱上垂直移动（*W* 轴线）对垂直铣头移动（*Y* 轴线）的垂直度和对工作台移动（*X* 轴线）的垂直度

500mm 测量长度上，公差为 0.03mm。

十七、水平铣头主轴旋转轴线对垂直铣头水平移动（*Y* 轴线）的平行度

1. *在 YZ 垂直平面内*

在 300mm 测量长度上，公差为 0.03mm。

2. *在 XY 水平面内*

同 1。

十八、水平铣头主轴旋转轴线对工作台移动（*X* 轴线）的垂直度

公差为 0.04mm/1000mm。

◈◈◈ 第五节　磨床、镗床、龙门铣床的调试安全规程

一、磨床的调试安全规程

1）操作者必须熟悉本机床的性能、结构。

2）按机床润滑部位的要求，在各处加注规定的润滑油（脂）。

3）床身油池内，按油标指示高度加满油液。

4）检查各润滑油路装置是否正确，油路是否畅通。

5）用手动检查机床全部机构的动作情况，保证没有不正常现象。

6）严格检查砂轮及其运转情况，发现不平稳时要及时调整，如有裂纹及破损应立即更换。

7）将操纵手柄置于关闭位置，特别是将磨头快速进刀的操纵手柄置于退出位置，调节速度手柄应放在最低速位置。

8）起动液压泵电动机，注意运转方向是否正确。

9）开动砂轮时，应将液压传动开关手柄放在“停止”位置。

10）液压系统中的管接头，不得有泄漏现象。

11）紧固工作台的换向撞块，以防止各运动部件在动作范围内相碰。

12）操作时应先开动砂轮，后打开总液压控制阀，将砂轮座快速液压手柄缓慢移至向前位置，待砂轮座前移稳定后约离工件5mm时，再转动主轴，用手动进给逐渐使砂轮与工件接触发生火花后，再开始工作。

13）装卸和测量工件时，必须将砂轮退离工件，并停车。

14）发现机床运转不正常和润滑不良时，应立即停止使用，并检查。

15）调试完毕后，应将各手柄放在非工作位置，切断电源，清理机床，保持清洁。

二、镗床的调试安全规程

1）操作者必须熟悉本机床的性能、结构。

2）按机床润滑部位的要求，在各处加注规定的润滑油（脂）。

3）主轴箱的润滑油必须清洁、无酸性，不许使用含水分和杂质的润滑油，数量按油位标示。

4）检查各润滑油路装置是否正确，油路是否畅通。

5）用0.03mm塞尺检查各固定结合面的密合程度，要求塞尺插不进去。

6）用0.04mm塞尺检查各滑动导轨的端面，其插入深度应为20mm。

7）检查各操纵手柄是否都在非工作位置，并要求转动、操作轻便，定位正确。

8）各运动部件手柄拉力应符合下列要求：

①主轴箱移动手柄拉力≤160N。

②下滑座移动手柄拉力≤160N。

③上滑座移动手柄拉力≤80N。

④主轴移动手柄拉力≤120N。

⑤平旋盘滑块移动手柄拉力≤100N。

⑥后立柱滑座移动手柄拉力≤160N。

9）电气设备的起动、停止、反向、制动和调速要求安全、可靠、平稳。

10）调试过程中，发现不正常现象，应立即停止工作，并进行检查、排除。

11）调试完毕后，应将各手柄放在非工作位置，切断电源，清理机床，保持清洁。

三、龙门铣床的调试安全规程

1）操作者必须熟悉本机床的性能、结构。

2）按机床润滑部位的要求，在各处加注规定的润滑油（脂）。

3）检查各润滑油路装置是否正确，油路是否畅通。

4）起动前各操纵手柄都应处在零位（或停止位置）。

5）用0.03mm塞尺检查各滑动导轨的端部，其插入深度应小于20mm，用0.03mm塞尺检查各固定结合面的密合程度，要求塞尺插不进去。

6）工作台行程换向开关经过试验后，工作完全可靠时才可试运转。

7）用手柄及手轮操作横梁上铣头的水平移动，或侧铣头的垂向移动，主轴滑枕或套筒的垂向移动，垂直移动横梁（如果有）沿立柱上的垂直导轨上、下移动，观察各方向运动是否灵活。

8）检验各移动部件在极限位置时触及限位开关的工作可靠性。

9）检验各联锁装置的工作可靠性。

10）横梁在升降前夹紧装置应自动松开，升降完成后则自动夹紧，横梁升降应平稳，无阻滞，没有冲击现象和“尖叫”声。

11）电气设备的起动、停止、反向、制动和调速要求安全、可靠、平稳。

12）调试过程，若发现不正常现象，应立即停止工作，并检查、排除。

13）调试完毕后，应将各手柄放在非工作位置，切断电源，清理机床，保持清洁。

◈◈◈ 第六节　机械设备安装与调试的技能训练实例

• 训练1　磨床的安装精度调整（以外圆磨床为例）

一、床身纵向导轨的直线度

1. 检验方法及误差值的确定

见图1-1。

（1）在垂直平面内

1）将光学平直仪的反射镜放置在床身纵向导轨的专用检具上，平行光管放在床身的外面。

2）移动检具，每隔一个检具长度记录一次读数，并画出导轨的误差曲线。

3）以误差曲线对其两端点连线间坐标值的最大代数差值即为全长误差。

4）以相邻两点相对误差曲线两端点连线坐标差的最大值即为局部误差。

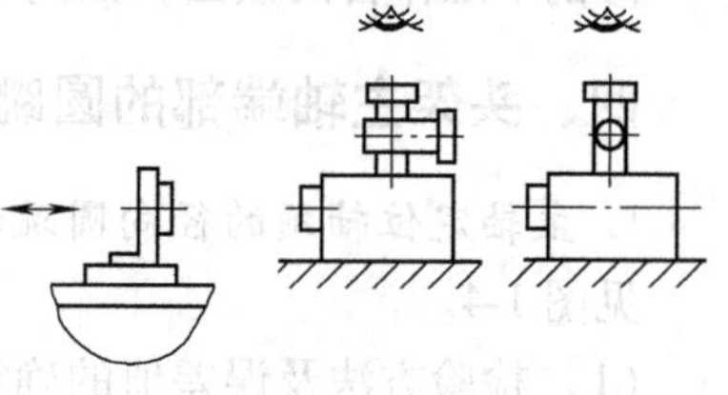

图 1-1 床身纵向导轨直线度检验简图

（2）在水平面内

将光学平直仪平行光管的接目镜回转 90°按上述方法再检验一次。

2. *超差调整*

对比两条曲线的阴影区，修刮去垂直和水平两个方向有余量的部分导轨面，修刮到水平、垂直两个方向导轨直线度误差均有所减小后，再用上述检验方法对导轨的直线度测量一次，依据测量结果综合分析后，确定修刮部位。这就是逐渐趋近要求精度的修复方法。

二、床身纵向导轨在垂直平面内的平行度

见图 1-2。

1. *检验方法及误差值的确定*

1）在床身纵向导轨的专用检具上与检具移动方向垂直放置水平仪，移动检具进行检验。

2）水平仪读数的最大代数差值即为检验误差。

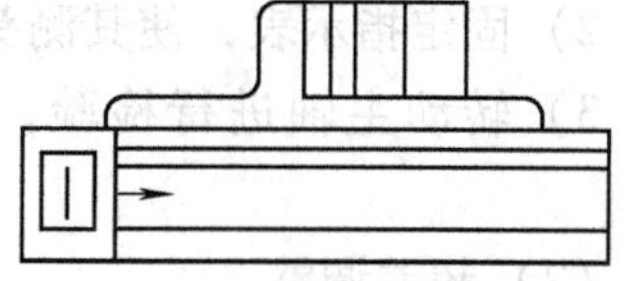
图 1-2 床身纵向导轨在垂直平面内的平行度检验简图

2. *超差调整*

修刮导轨至要求。先刮 V 形导轨达到要求后再刮研平导轨至与 V 形导轨平行。

三、头、尾架移置导轨对工作台移动的平行度

1. *检验方法及误差值的确定*

见图 1-3。

1）固定磁性表架，使指示表的测头触及头、尾架移置导轨的各表面。

2）移动工作台依次进行检验。

3）指示表在任意 300mm 上读数的最大代数差值即为局部误差；指示表在全长上读数的

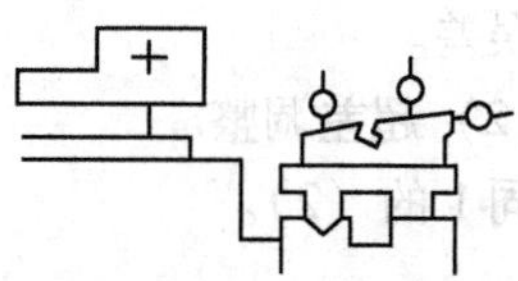
图 1-3 头、尾架移置导轨对工作台移动的平行度检验简图

最大代数差值即为全长误差。

2. 超差调整

修刮下工作台的顶面，如仍然超差，则修刮上工作台的顶面至要求。

四、头架主轴端部的圆跳动

1. 主轴定位轴颈的径向圆跳动

见图1-4。

（1）检验方法及误差值的确定

1）固定指示表，使其测头触及主确定心颈表面。

2）转动主轴进行检验，指示表读数的最大差值即为主轴定位轴颈的径向圆跳动误差。

（2）超差调整

对主轴前后四个轴承的内外圈的振摆进行测量，并将测出的最高点做好标记，然后按着定向装配法进行轴承定向装配至要求。

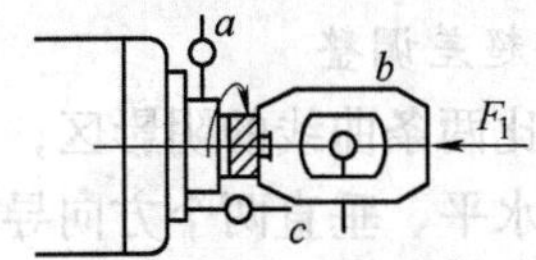

图1-4　主轴定位轴颈的径向圆跳动、主轴轴向窜动、主轴定位轴肩的轴向圆跳动的检验简图

2. 主轴的轴向窜动

见图1-4。

（1）检验方法及误差值的确定

1）将专用检验棒插入主轴锥孔中。

2）固定指示表，使其测头触及专用检验棒的端面中心处。

3）转动主轴进行检验，指示表读数的最大差值即为主轴轴向窜动的误差。

（2）超差调整

调整后轴承盖或调整调整圈的厚度至要求。

3. 主轴定位轴肩的轴向圆跳动

见图1-4。

（1）检验方法及误差值的确定

1）固定指示表，使其测头触及主轴轴肩支承面靠近边缘处。

2）转动主轴进行检验，指示表读数的最大差值即为主轴定位轴肩的轴向圆跳动误差。

（2）超差调整

同1的（2）。

五、头架主轴锥孔轴线的径向圆跳动

见图1-5。

1. 检验方法及误差值的确定

1）在头架主轴锥孔中插入检验棒。

2）固定指示表，使其测头触及靠近主轴端部的检验棒表面。

3）转动主轴进行检验，记下指示表读数的最大差值。

4）再使指示表测头触及距离主轴 L 处的检验棒表面。

5）再转动主轴进行检验，记下指示表读数的最大差值。

图 1-5 头架主轴锥孔轴线的径向圆跳动检验简图

6）拔出检验棒，相对主轴锥孔转 90°，再重新插入检验棒，如上进行检验，重复进行 4 次，指示表 4 次读数的平均值即为头架主轴锥孔轴线靠近主轴端部的径向圆跳动和距离主轴端部 L 处的径向圆跳动误差。

2. 超差调整

重新修磨头架主轴锥孔至要求。

六、头架主轴轴线对工作台移动的平行度

见图 1-6。

1. 检验方法及误差值的确定

1）在头架主轴锥孔中插入检验棒。

2）固定指示表，使其测头依次分别触及在垂直平面内的检验表面和在水平面内的检验棒表面。

3）移动工作台，分别进行检验，并分别记下指示表读数的最大差值。

4）拔出检验棒，相对主轴锥孔转 180°，重新插入锥孔中，再检验一次。

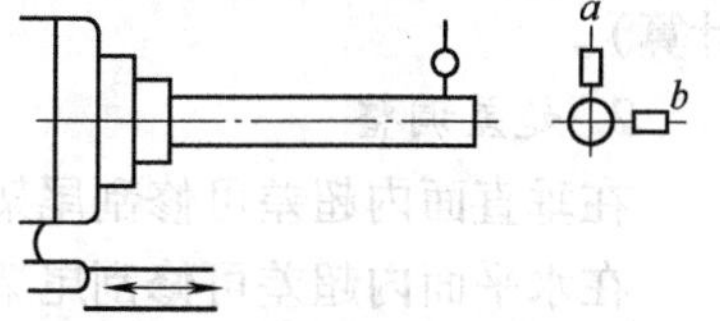

图 1-6 头架主轴轴线对工作台移动的平行度检验简图

5）指示表两次读数代数和的一半即为头架主轴轴线对工作台移动的平行度误差（在垂直平面内和在水平面内要分别计算）。

2. 超差调整

修刮头架底面或修刮底盘上平面至要求。

七、头架回转时主轴轴线的同轴度

见图 1-7。

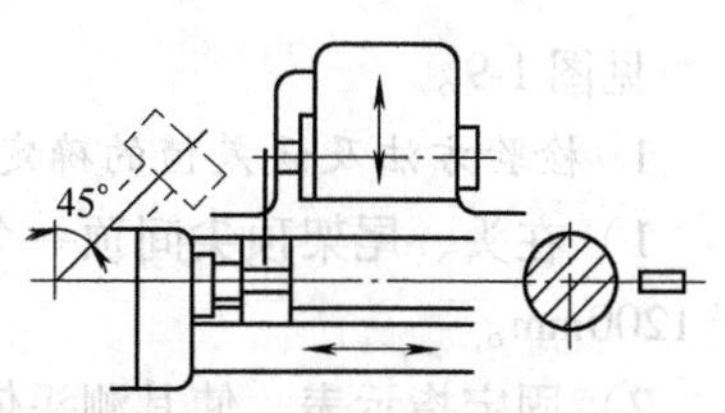

图 1-7 头架回转时主轴轴线的同轴度检验简图

1. 检验方法及误差值的确定

1）在头架主轴锥孔中插入专用检验棒。

2）将指示表固定在砂轮架上，使其测头触及检验棒表面，并记下读数。

3）然后使头架回转45°，移动工作台和砂轮架使测头再次触及检验棒表面的原测点，并再次记下读数。

4）指示表两次读数的代数差即为头架回转时主轴轴线的同轴度误差。

2. 超差调整

修刮头架底座与上工作台的连接面至要求。

八、尾架套筒锥孔轴线对工作台移动的平行度

见图1-8。

1. 检验方法及误差值的确定

1）将尾架紧固在距主轴顶尖0.8倍最大磨削长度处。

2）在尾架套筒锥孔中插入检验棒。

3）固定指示表，使其测头依次分别触及在垂直平面内的检验棒表面和在水平面内的检验棒表面。

4）移动工作台，分别进行检验，并分别记下指示表读数的最大差值。

5）拔出检验棒，相对套筒锥孔转180°，再重新插入锥孔中，如上再检验一次。

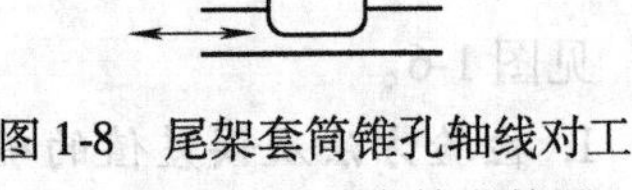

图1-8 尾架套筒锥孔轴线对工作台移动的平行度检验简图

6）指示表两次读数代数和的一半即为尾架套筒锥孔轴线对工作台移动的平行度误差（在垂直平面内和在水平面内要分别计算）。

2. 超差调整

在垂直面内超差可修刮尾架体底平面至要求。

在水平面内超差可修刮尾架底面的侧平面至要求。

注：在垂直面内和在水平面内同时超差时或一方面超差时，应兼顾修刮尾架体底平面和底面的侧平面才能达到要求。

九、头、尾架顶尖中心连线对工作台移动的平行度

见图1-9。

1. 检验方法及误差值的确定

1）在头、尾架顶尖间顶一个长度为最大磨削长度0.8倍的检验棒，但不大于1200mm。

2）固定指示表，使其测头依次分别触及在垂直平面内的检验棒表面和在水平面内的检验棒表面。

3）移动工作台，分别进行检验，指示表读数的最大代数差值即为头、尾架

顶尖中心连线在垂直平面内和在水平面内对工作台移动的平行度误差。

4）对磨削长度大于1500mm 的机床，还应增加一个检验项目，即工作台移动在水平面内的直线度，其检验方法及误差值的确定如下：

①在头、尾架间紧绷一根直径为 0. 10mm 的钢丝，钢丝的轴线与头、尾架主轴轴线的连线同轴并垂直固定显微镜。

②移动工作台进行检验，工作台每移动 280mm 记录一次读数，画出误差曲线。

③以误差曲线对其两端点连线间坐标值的最大代数差值即为工作台移动在水平面内的直线度误差。

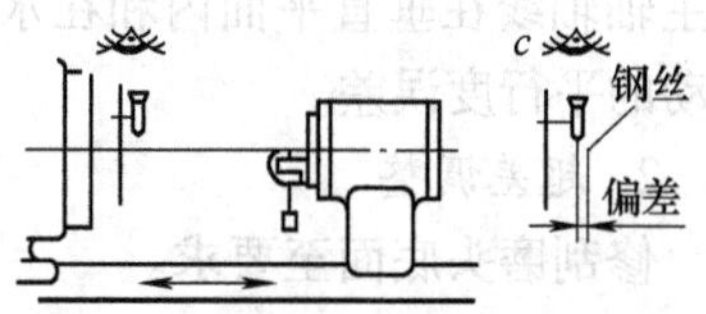

图 1-9　头、尾架顶尖中心连线对工作台移动的平行度检验简图

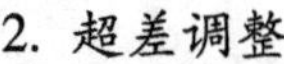
2. 超差调整

修刮尾架底面和头架底盘的上平面至要求。

十、砂轮架主轴端部的圆跳动

见图 1-10。

1. 主轴定心锥面的径向圆跳动

（1）检验方法及误差值的确定

1）固定指示表，使其测头依次分别垂直触及主轴锥面的两极限位置。

2）转动主轴进行检验，指示表读数的最大差值即为主轴定心锥面的径向圆跳动误差。

（2）超差调整

拆开砂轮主轴副，检查修复轴瓦或主轴颈，再按着一定的步骤重新装配调整至要求。

图 1-10　砂轮架主轴端部的圆跳动检验简图

2. 主轴的轴向窜动

（1）检验方法及误差值的确定

1）固定指示表，使其测头垂直触及主轴中心孔内的钢球表面。

2）转动主轴进行检验，指示表读数的最大差值即为主轴的轴向窜动。

（2）超差调整

同 1 中的（2）。

十一、砂轮架主轴轴线对工作台移动的平行度

见图 1-11。

检验方法及误差值的确定

1. 在砂轮架主轴定心锥面上装一个检验套筒

1）固定指示表，使其测头依次分别触及在垂直平面内的套筒表面和在水平面内的套筒表面。

2）移动工作台，分别进行检验，并分别记下指示表的读数。

3）然后，将主轴转180°，如上再检验一次。

4）指示表两次读数代数和的一半即为砂轮架主轴轴线在垂直平面内和在水平面内对工作台移动的平行度误差。

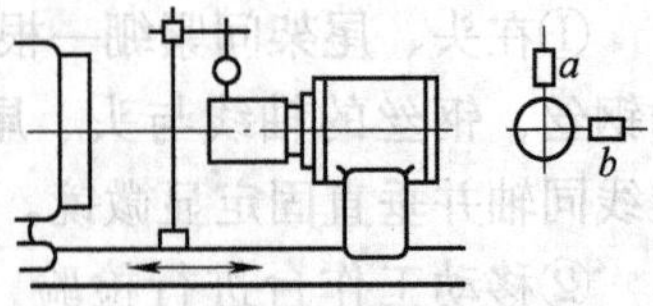

图1-11　砂轮架主轴轴线对工作台移动的平行度检验简图

2. 超差调整

修刮磨头底面至要求。

十二、砂轮架移动对工作台移动的垂直度

见图1-12。

1. 检验方法及误差值的确定

1）在工作台上的专用检具上放一个直角尺，调整直角尺使其一边与工作台移动方向平行。

2）将指示表固定在砂轮架上，使其测头触及直角尺的另一边。

3）移动砂轮架在全行程上进行检验，指示表读数的最大代数差值即为砂轮架移动对工作台移动的垂直度误差。

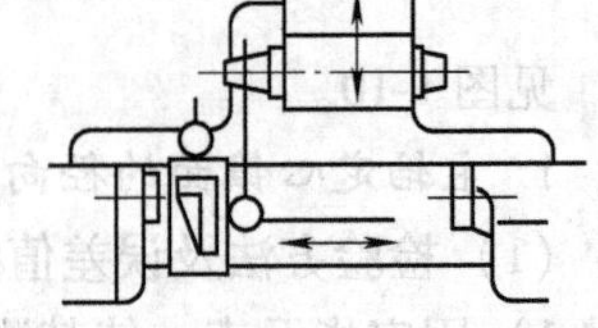
图1-12　砂轮架移动对工作台移动的垂直度检验简图

2. 超差调整

调整砂轮架下方的滑鞍座与床身的相对安装位置至要求。

十三、砂轮架主轴轴线与头架主轴轴线的同轴度

见图1-13。

1. 检验方法及误差值的确定

1）在砂轮架主轴定心锥面上装一个检验套筒。

2）在头架主轴锥孔中插入一个与检验套筒直径相等的检验棒。

3）在工作台上的桥板上放一个指示表，移动指示表，使其测头分别触及两个圆柱表面进行检验，指示表读数的代数差值即为砂轮架主轴轴线与头架主轴轴线的同轴度误差。

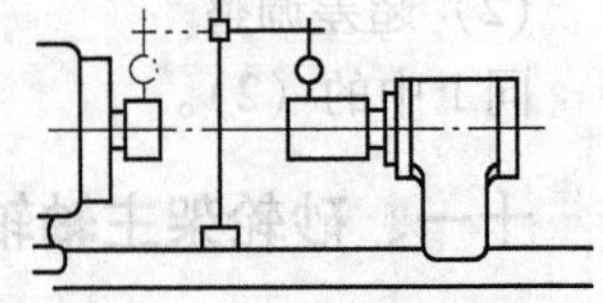
图1-13　砂轮架主轴轴线与头架主轴轴线的同轴度检验简图

2. 超差调整

（1）若是头架主轴中心线高于砂轮主轴中心线，

则可在平面磨床上将上工作台的下底面（即与下工作台的连接面）按超差值修磨去；

（2）若是砂轮主轴中心线高于头架主轴中心线，则可将砂轮架下方的滑鞍座与床身按超差值修磨去。

十四、内圆磨头支架孔轴线对工作台移动的平行度

见图 1-14。

1. *检验方法及误差值的确定*

1）在内圆磨头支架孔中插入检验棒。

2）将指示表固定在工作台上，使其测头依次分别触及在垂直平面内的检验棒表面和在水平面内的检验棒表面。

3）移动工作台，分别进行检验，并分别记下指示表的读数。

4）将检验棒转 180°，如上再检验一次。

5）指示表两次读数代数和的一半即为内圆磨头支架孔轴线对工作台移动的平行度误差（在垂直平面内和在水平面内要分别计算）。

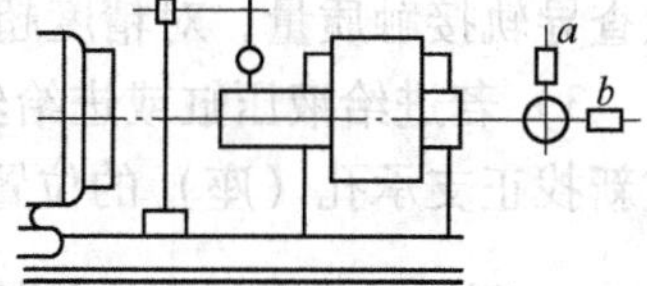

图 1-14 内圆磨头支架孔轴线对工作台移动的平行度检验简图

2. *超差调整*

若垂直平面内超差，则可将内圆磨具支架座相对于砂轮头架的支座安装面偏转一个微小的角度；若水平平面内超差，则修刮内圆磨具支架座的安装基面。

十五、内圆磨头支架孔轴线对头架主轴轴线的同轴度

见图 1-15。

1. *检验方法及误差值的确定*

1）在内圆磨头支架孔中装一个检验棒。

2）在头架主轴锥孔中插入一个直径相等的检验棒。

3）将指示表放在工作台上的桥板上，移动指示表，使其测头分别触及两个检验棒的圆柱面进行检验，指示表读数的代数差值即为内圆磨头支架孔轴线对头架主轴轴线的同轴度误差。

2. *超差调整*

松开用来紧固内圆磨具支架底座和支架体壳的螺钉，再将其两侧的螺钉拧下，同时取下两个垫圈，再用起子调节其里面的球头螺钉，直至同轴精度合格为止。

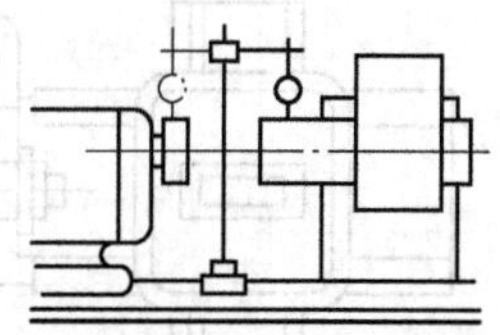

图 1-15 内圆磨头支架孔轴线对头架主轴轴线的同轴度检验简图

十六、砂轮架快速引进重复定位精度

见图1-16。

1. *检验方法及误差值的确定*

1）固定指示表，使其测头触及砂轮架体壳上，测头轴线应与砂轮架主轴轴线在同一水平面内。

2）砂轮架快速引进，连续进行六次检验，指示表读数的最大差值即为砂轮快速引进重复定位误差。

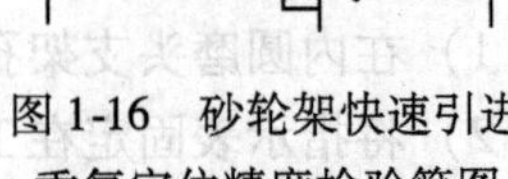

图1-16　砂轮架快速引进重复定位精度检验简图

2. *超差调整*

1）若快速引进机构装配精度不高，则应将快速引进机构拆下，重新检查、装配至要求。

2）若砂轮架导轨的直线度、平行度未达到要求，砂轮架导轨扭曲，则重新检查导轨接触质量，对精度超差进行修复至要求。

3）若进给液压缸或进给丝杠轴线与砂轮架移动方向不平行，则应用检验棒重新找正支承孔（座）的位置，使之与导轨母线平行。

• 训练2　镗床的安装精度调整

一、工作台在垂直平面内的直线度

1. *工作台的纵向移动*

见图1-17a。

（1）检验方法及误差值的确定

1）将工作台移至下滑座导轨的中间位置上。

2）在工作台上放一个水平仪，使其与床身导轨平行。

3）使工作台纵向移动进行检验，每隔500mm（或小于500mm）记录一次水平仪读数，在工作台的全部行程上至少记录8个读数。

4）将水平仪读数依次排列，画出工作台纵向的运动曲线。

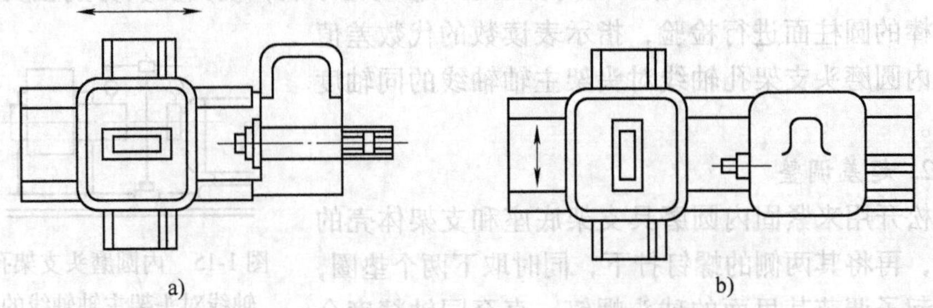

图1-17　工作台移动在垂直平面内的直线度检验简图

5）在每1m行程上运动曲线和它的两端点连线间的最大坐标值，即为1m行程上的直线度误差。

6）在全部行程上运动曲线和它的两端点连线间的最大坐标值，即为全部行程上的直线度。

2. *超差调整*

修刮下滑座下导轨面底平面至要求。

二、工作台的横向移动

见图1-17b。

1. *检验方法及误差值的确定*

1）将下滑座夹紧在床身导轨的中间位置。

2）移动工作台，使工作台位于床身导轨的中间位置。

3）在工作台上放一水平仪使其与床身导轨相垂直。

4）横向移动工作台，每隔500mm（或小于500mm）记录一次水平仪读数，在工作台的全部行程至少记录3个读数。

5）将水平仪读数依次排列，画出工作台横向的运动曲线。

6）在每1m行程上运动曲线和它的两个端点连线间的最大坐标值，就是1m行程上的直线度。

7）在全部行程上运动曲线和它的两端点连线间的最大坐标值，即为全部行程上的直线度。

2. *超差调整*

修刮上滑座下导轨面底平面至要求。

三、工作台移动时的倾斜度

1. *工作台的纵向移动*

见图1-18a。

（1）检验方法及误差值的确定

1）在上述一中的1检验合格后，将水平仪原位转动90°。

2）纵向移动工作台，每隔500mm（或小于500mm）记录一次水平仪的读数，在全部行程上至少记录8个读数。

3）水平仪在每1m行程上的读数的最大代数差即为1m行程上的倾斜度误差；水平仪在全部行程上的读数的最大代数差即为全部行程上的倾斜度误差。

（2）超差调整　修刮下滑座的下导轨面底平面至要求（兼顾“一”中的“1”）。

2. 工作台的横向移动

见图1-18b。

（1）检验方法及误差值的确定

1）在上述一中的2检验合格后，将水平仪原位转动90°。

2）横向移动工作台，每隔500mm（或小于500mm）记录一次水平仪的读数，在全部行程上至少记录3个读数。

3）水平仪在每1m行程上的读数的最大代数差即为1m行程上的倾斜度误差；水平仪在全部行程上的读数的最大代数差即为全部行程上的倾斜度误差。

（2）超差调整　修刮上滑座下导轨面底平面至要求（兼顾一中的2）。

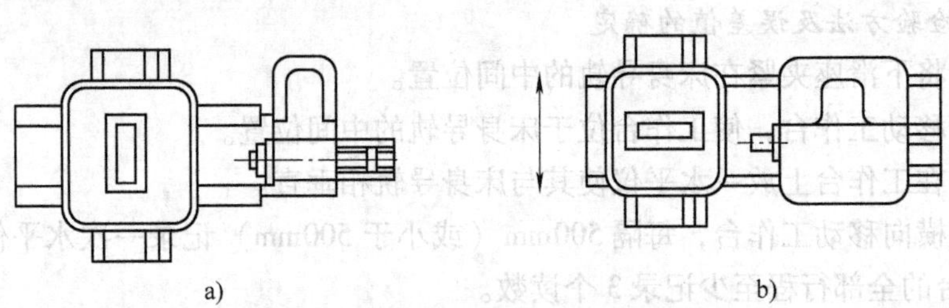

图1-18　工作台移动时倾斜检验简图

四、工作台移动在水平平面内的直线度

1. 工作台的纵向移动

见图1-19。

（1）检验方法及误差值的确定

1）在工作台旁放一根平尺，使其和床身导轨平行。

2）将指示表固定在工作台上，并使指示表测头顶在平尺检验面上，移动滑座或工作台调整平尺，使工作台纵向移动至平尺两端的读数相等。

3）纵向移动工作台，在全部行程上进行检验，依次记录指示表在测量位置上的读数。

4）依据指示表依次测出的读数，画出工作台纵向的运动曲线。

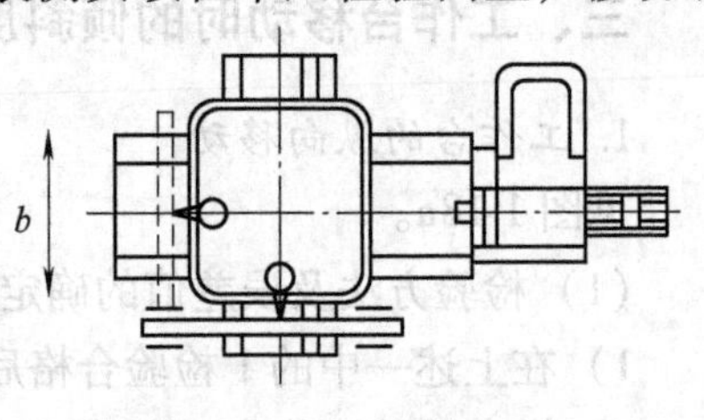

图1-19　工作台移动在水平平面内的直线度检验简图

5）每1m行程上运动曲线和它的两端点间连线间的最大坐标值即为每1m行程上的直线度误差；作相互平行的直线夹住运动曲线，距离最小的两条平行线间的坐标值，即为全部行程上的直线度误差。

（2）超差调整　修刮下滑座下导轨面底面的导向定位侧面至要求。

2. 工作台的横向移动

见图 1-19。

（1）检验方法及误差值的确定

1）将下滑座夹紧在床身导轨中间。

2）在工作台旁放一根平尺，使其和上滑座下导轨（也就是下滑座的上导轨）平行。

3）将指示表固定在工作台上，并使指示表测头顶在平尺检验面上，移动滑座调整平尺，使工作台横向移动至平尺两端的读数相等。

4）横向移动工作台，在全部行程上进行检验，依次记录指示表在测量位置上的读数。

5）依据指示表依次测出的读数，画出工作台横向的运动曲线。

6）每 1m 行程上运动曲线和它的两端点间连线间的最大坐标值即为每 1m 行程上的直线度误差；作相互平行的直线夹住运动曲线，距离最小的两条平行线间的坐标值即为全部行程上的直线度误差。

（2）超差调整　修刮上滑座下导轨面底面的导向定位侧面至要求。

注：当行程大于 2m 时，改用装在工作台上的显微镜和沿移动方向绷紧的钢丝（直径≤0.3mm）来检验。方法基本相同故略。

五、工作台面的平面度

见图 1-20。

1. 检验方法及误差值的确定

1）在工作台面上按图 1-20 所示规定的方向，放两个高度相等的量块，在它们的上面再放一根平尺。

2）用量块和塞尺检验工作台面和平尺检验面的间隙，即可检验出工作台面的平面度。

2. 超差调整

视平面度超差情况，可先精刨或导轨磨修整之后，再精刮工作台上表面至要求，或直接精刮工作台上表面至要求。

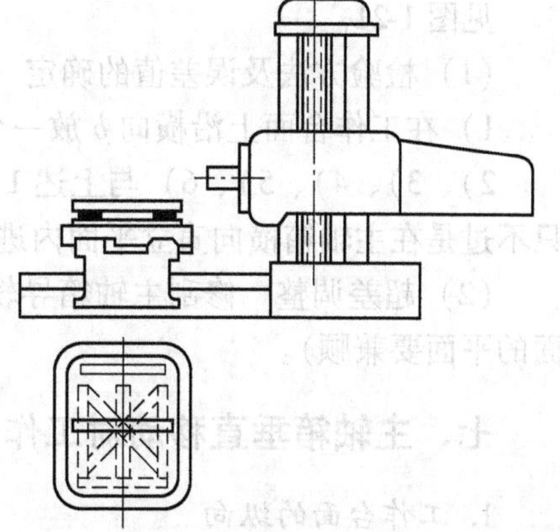

图 1-20　工作台面的平面度检验简图

六、主轴箱垂直移动的直线度

1. 工作台面的纵向

见图 1-21。

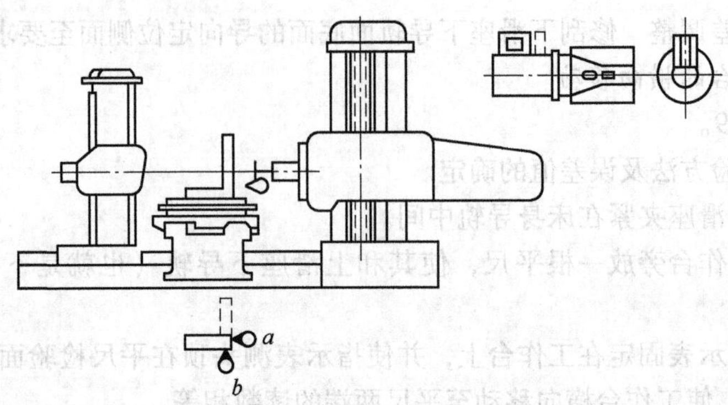

图1-21　主轴箱垂直移动的直线度检验简图

（1）检验方法及误差值的确定

1）在工作台面上沿纵向 a 放一个直角尺。

2）将指示表固定在主轴箱上，使其测头顶在直角尺检验面上。

3）移动主轴箱，调整直角尺，使主轴箱在行程两端时，指示表在直角尺检验面上的读数相等。

4）移动主轴箱在其直立平面内进行检验，每隔500mm（或小于500mm）记录一次水平仪读数，在主轴箱全部行程至少要记录五个读数。

5）将指示表读数依次排列，画出主轴箱纵向直立平面内的运动曲线。

6）在每1m行程运动曲线和它的两端点连线间的最大坐标值，即为每1m行程上的直线度误差，作互相平行的直线夹住运动曲线，距离最小的两条平行线间的坐标值即为全部行程上的直线度误差。

（2）超差调整　修刮主轴箱平导轨面的平面至要求。

2. 工作台面的横向

见图1-21。

（1）检验方法及误差值的确定

1）在工作台面上沿横向 b 放一个直角尺。

2）、3）、4）、5）、6）与上述1的（1）中的2）、3）、4）、5）、6）相同，只不过是在主轴箱横向直立平面内进行检验。

（2）超差调整　修刮主轴箱导轨面的导向压板面（与上述修刮主轴箱导轨面的平面要兼顾）。

七、主轴箱垂直移动对工作台面的垂直度

1. 工作台面的纵向

见图1-22。

（1）检验方法及误差值的确定

1）在工作台面上沿纵向 a 放一个直角尺。

2）将指示表固定在主轴箱上，使其测头顶在直角尺检验面上。

3）移动主轴箱进行检验，指示表读数的最大差值即为垂直度误差。

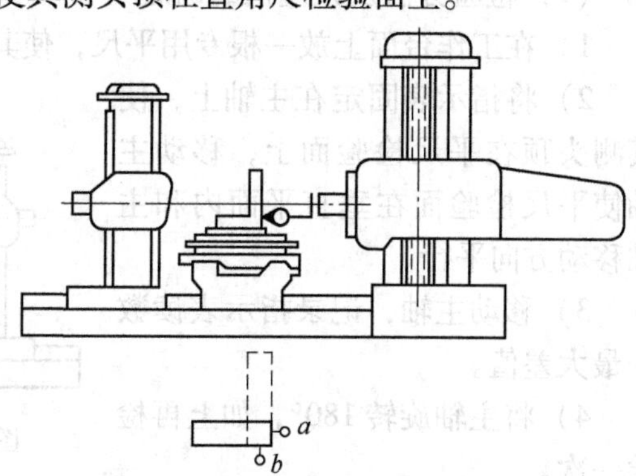

图 1-22　主轴箱垂直移动对工作台面的垂直度检验简图

（2）超差调整　调整主轴箱导轨镶条或修刮其导轨面至要求。

2. 工作台面的横向

见图 1-22。

（1）检验方法及误差值的确定

1）在工作台面上沿横向 b 放一个直角尺。

2）、3）与上述 1 的（1）中的 2）、3）相同，只不过是在横向直立平面内进行检验。

（2）超差调整　同上述 1 中的（2）。

八、主轴旋转中心线对前立柱导轨的垂直度

1. 检验方法及误差值的确定

见图 1-23。

1）将主轴箱夹紧在前立柱导轨的中间位置，然后使主轴伸出 5 倍主轴直径的长度 L。

2）在工作台上放一个直角尺，使直角尺检验面和横向直立平面平行。

3）将装有指示表的角形表杆固定在主轴上，并使指示表的测头顶在直角尺检验面上。

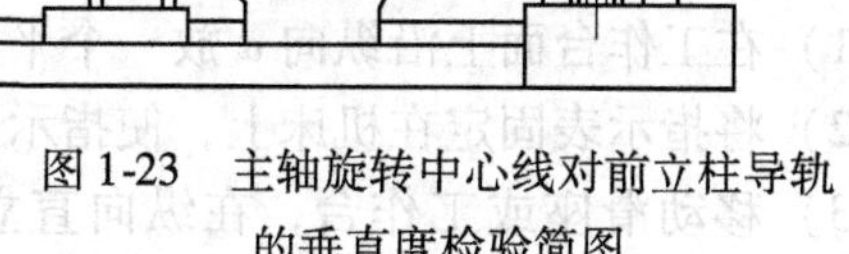

图 1-23　主轴旋转中心线对前立柱导轨的垂直度检验简图

4）移动主轴箱，调整直角尺，使直角尺检验面和立柱导轨平行。

5）旋转主轴 180°进行检验，指示表读数的最大差值即为垂直度误差。

2. 超差调整

调整主轴箱导轨镶条或修刮其导轨面至要求。

九、主轴移动的直线度

1. 在垂直平面内

见图1-24。

（1）检验方法及误差值的确定

1）在工作台面上放一根专用平尺，使其检验面位于垂直平面内 a 处。

2）将指示表固定在主轴上，使其测头顶在平尺检验面上，移动主轴使平尺检验面在垂直平面内和主轴移动方向平行。

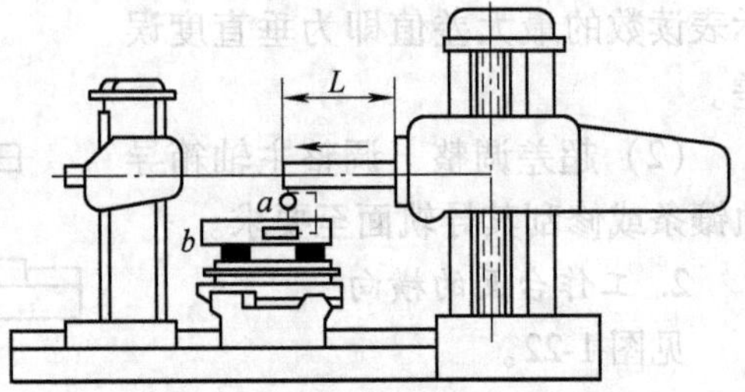

图1-24　主轴移动的直线度检验简图

3）移动主轴，记录指示表读数的最大差值。

4）将主轴旋转180°，如上再检验一次。

5）两次测量结果代数和的一半即为直线度误差。

（2）超差调整　有下面几种方法：

1）调整空心主轴、平旋盘轴上的圆锥滚子轴承，使其有适当的间隙。

2）修复主轴，更换钢套。

3）修刮尾部箱体及滑座各导轨面。

2. 在水平平面内

（1）检验方法及误差值的确定　同上述1中的（1）只不过平尺的检验面应位于水平平面内。

（2）超差调整　同上述1中的（2）。

十、工作台面对工作台移动的平行度

1. 工作台的纵向移动

见图1-25。

（1）检验方法及误差值的确定

1）在工作台面上沿纵向 a 放一个平尺。

2）将指示表固定在机床上，使指示表测头顶在平尺的检验面上。

3）移动滑座或工作台，在纵向直立平面内进行检验，指示表读数的最大差值即为平行度误差。

（2）超差调整　修刮下滑座下导轨面至要求。

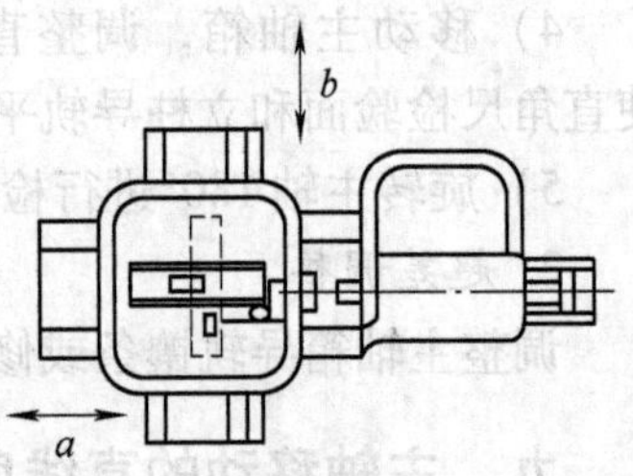

图1-25　工作台面对工作台移动的平行度检验简图

2. 工作台的横向运动

见图1-25。

（1）检验方法及误差值的确定

1）将下滑座夹紧在床身导轨中间。

2）在工作台面沿横向 b 放一个平尺。

3）、4）与上述1的（1）中的2）、3）相同。只不过是在横向直立平面内进行检验。

（2）超差调整 修刮工作台下导轨面至要求。

十一、工作台纵向移动对横向移动的垂直度

见图1-26。

1. *检验方法及误差值的确定*

1）在工作台面上卧放一个直角尺。

2）将指示表固定在机床上，并使其测头顶在直角尺的一个检验面上，移动滑座，调整直角尺，使直角尺这个检验面和滑座移动方向平行。

3）变动指示表的位置，使其测头顶在直角尺另一个检验面上。

4）移动工作台进行检验，百分表读数的最大差值即为垂直度误差。

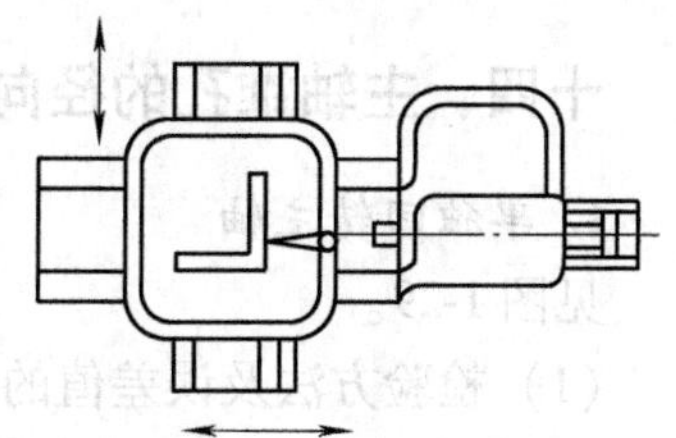

图1-26 工作台纵向移动对横向移动的垂直度检验简图

2. *超差调整*

修刮下滑座的下导轨面和上导轨面至要求。

十二、工作台转动后工作台面的水平度

见图1-27。

1. *检验方法及误差值的确定*

1）将滑座夹紧在床身导轨的中间。

2）在工作台面上放一个水平仪，使其与床身导轨相平行。

3）工作台依次回转90°、180°、270°及360°，分别夹紧后记录下水平仪的读数，水平仪读数的最大差值即为水平度误差。

2. *超差调整*

修刮上滑座上面的圆形导轨面至要求。

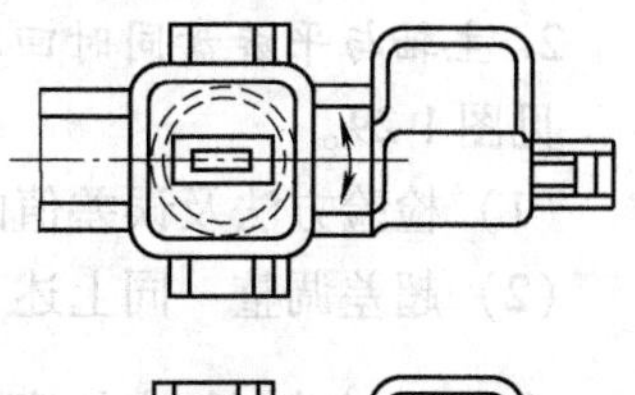

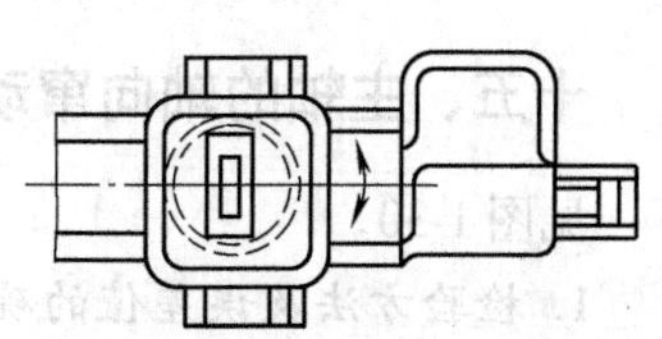

图1-27 工作台转动后工作台面的水平度检验简图

十三、主轴的径向圆跳动

见图1-28。

1. *检验方法及误差值的确定*

1）把主轴伸出 L 长度。

2）将指示表固定在机床上，使其测头顶在距平旋盘端面 L 长度的主轴表面上。

3）平旋盘不动，旋转主轴进行检验，指示表读数的最大差值即为径向圆跳动误差。

2. 超差调整

视超差大小有以下几种方法：

1）调整空心主轴前端的圆锥滚子轴承间隙。

2）调整平旋盘圆锥滚子轴承间隙。

3）更换支承主轴的三个钢套。

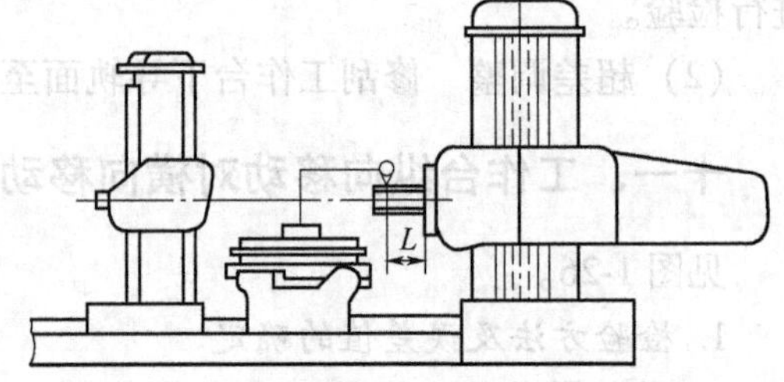

图 1-28　主轴的径向圆跳动检验简图

十四、主轴锥孔的径向圆跳动

1. 单独回转主轴

见图 1-29。

（1）检验方法及误差值的确定

1）将主轴伸出至工具出孔处，再把一根检验棒紧密地插入主轴孔中。

2）将指示表固定在机床上，使其测头顶在检验棒的表面上。

3）旋转主轴，分别在靠近主轴端部的 a 处和距离 a 处 300mm 的 b 处检验径向圆跳动。

4）a、b 的误差分别计算。指示表读数的最大差值即为径向圆跳动误差。

（2）超差调整　同前十二中的 2。

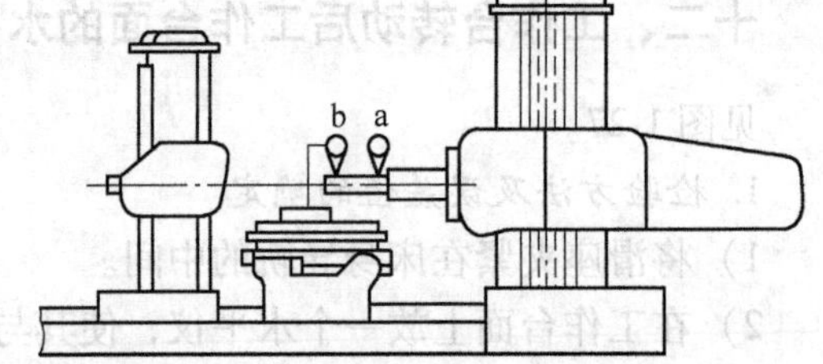

图 1-29　主轴锥孔的径向圆跳动检验简图

2. 主轴与平旋盘同时回转

见图 1-29。

（1）检验方法及误差值的确定　同上述 1 中的（1）。

（2）超差调整　同上述 1 中的（2）。

十五、主轴的轴向窜动

见图 1-30。

1. 检验方法及误差值的确定

1）把一根检验棒紧密地插入主轴锥孔中。

2）将指示表固定在机床上，使其测头顶在检验棒的端面靠近中心的地方

（或顶在放入检验棒顶尖孔的钢球表面上），旋转主轴进行检验，指示表读数的最大差值即为轴向窜动误差。

2. 超差调整

视超差大小有以下几种方法：

1）调整空心主轴的圆锥滚子轴承的间隙。

2）调整平旋盘的圆锥滚子轴承的间隙。

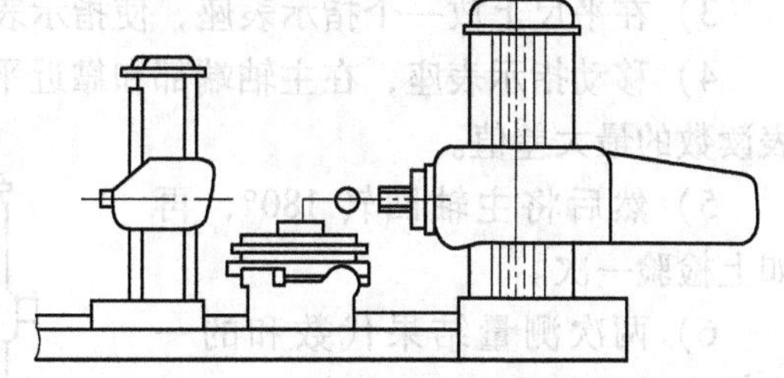

图1-30　主轴的轴向窜动检验简图

十六、平旋盘的圆跳动

1. 平旋盘端面的圆跳动

见图1-31。

（1）检验方法及误差值的确定

1）将指示表固定在机床上，使其测头顶在平旋盘端面上。

2）旋转平旋盘进行检验，指示表读数的最大差值即为圆跳动误差。

（2）超差调整　视超差大小有下面几种方法：

1）调整空心主轴前端圆锥滚子轴承的间隙。

2）调整平旋盘的圆锥滚子轴承的间隙。

2. 平旋盘定位凸台的圆跳动

见图1-31。

（1）检验方法及误差的确定　同上述1中的（1）。

（2）超差调整　同上述1中的（2）。

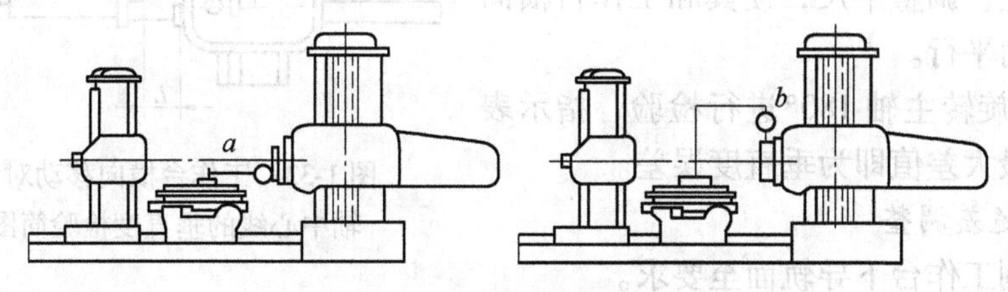

图1-31　平旋盘的圆跳动检验简图

十七、工作台面对主轴中心线的平行度

见图1-32。

1. 检验方法及误差值的确定

1）把主轴伸出5倍主轴直径的长度L。

2）在工作台面上放一根平尺，使其与主轴中心线相平行。

3）在平尺上放一个指示表座，使指示表测头顶在主轴的上母线。

4）移动指示表座，在主轴端部和靠近平旋盘的地方进行检验，记录下指示表读数的最大差值。

5）然后将主轴回转180°，再如上检验一次。

6）两次测量结果代数和的一半即为平行度误差。

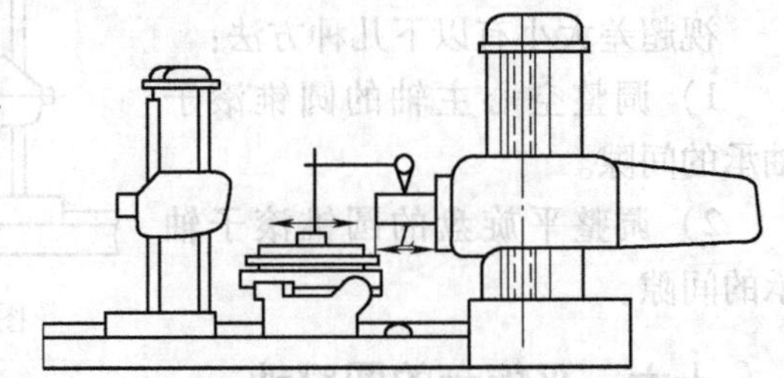

图1-32 工作台面对主轴中心线的平行度检验简图

2. 超差调整

视超差大小有以下几种方法：

1）修刮工作台上表面。

2）修刮下滑座下面导轨面。

十八、工作台横向移动对主轴中心线的垂直度

见图1-33。

1. 检验方法及误差值的确定

1）把主轴伸出5倍主轴直径的长度L处。

2）将滑座夹紧在床身导轨的中间位置，主轴箱夹紧在立柱导轨的中间位置。

3）先在工作台上放一根平尺，然后再将一个角形表杆装在主轴上，把指示表固定在角形表杆上，使其测头顶在平尺的检验面上，调整平尺，使其和工作台横向移动方向平行。

4）旋转主轴180°进行检验，指示表读数的最大差值即为垂直度误差。

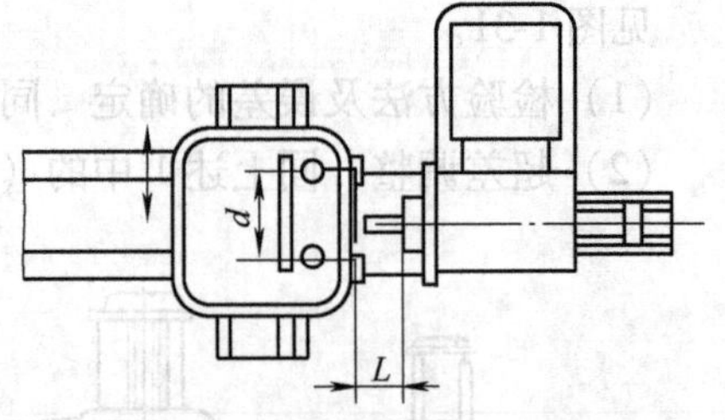

图1-33 工作台横向移动对主轴中心线的垂直度检验简图

2. 超差调整

修刮工作台下导轨面至要求。

十九、平旋盘径向刀架移动对主轴中心线的垂直度

见图1-34。

1. 检验方法及误差值的确定

1）把主轴伸出5倍主轴直径的长度L处。

2）分别将滑座和主轴箱夹紧在床身导轨的中间位置和立柱导轨的中间位置。

3）先在工作台上放一根平尺，然后再将一个角形表杆装在主轴上，把指示表固定在角形表杆上，使其测头顶在平尺的检验面上，旋转主轴，调整平尺，使其和主轴中心线垂直。

4）然后拆下角形表杆，把指示表固定在径向刀架上，使其测头顶在平尺检验面上，移动径向刀架进行检验，指示表读数的最大差值即为垂直度误差。

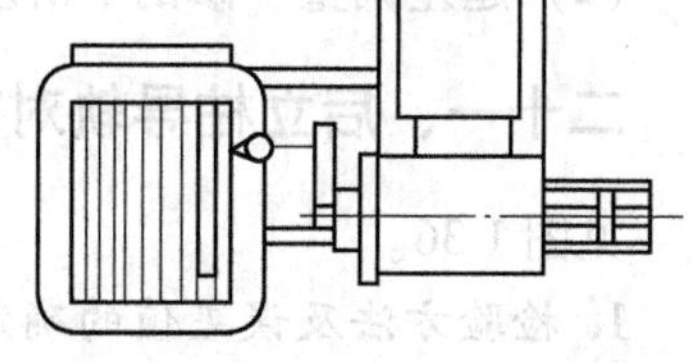

图 1-34　平旋盘径向刀架移动对主轴中心线的垂直度检验简图

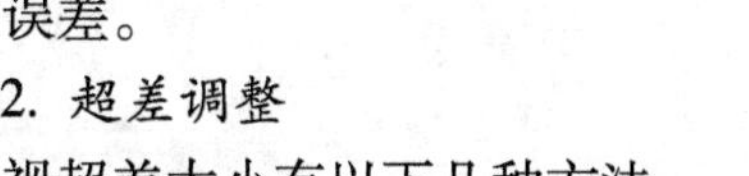

2. 超差调整

视超差大小有以下几种方法：

1）调整平旋盘平塞铁。

2）修刮平旋盘座的滑动导轨面。

二十、中央 T 形槽对主轴中心线的垂直度和中央 T 形槽对工作台移动方向的平行度

1. 工作台在 0°和 180°位置时，中央 T 形槽对主轴中心线的垂直度

见图 1-35a。

（1）检验方法及误差值的确定

1）将滑座夹紧在床身导轨中间位置，把工作台固定在 0°和 180°的位置；

2）将一根平尺放在工作台上，使其凸缘紧靠中央 T 形槽的同一侧面，把一个角形表杆装在主轴上，使固定其上的指示表测头顶在平尺检验面上。

3）旋转主轴 180°进行检验，指示表读数的最大差值即为垂直度误差。

（2）超差调整　修刮 T 形槽侧面至要求。

2. 工作台在 90°和 270°位置时，中央 T 形槽对工作台移动方向的平行度

见图 1-35b。

（1）检验方法及误差值的确定

1）上述 1 项合格后，将工作台回转 90°，并固定在 90°和 270°的位置上。

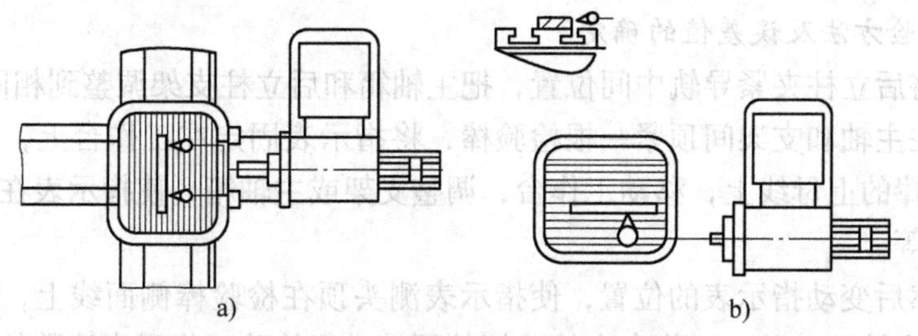

图 1-35　中央 T 形槽对主轴中心线的垂直度和中央 T 形槽对工作台移动方向的平行度检验简图

2）使指示表测头重新顶在平尺检验面上，移动下滑座进行检验，指示表读数的最大差值即为平行度误差。

（2）超差调整　修刮下滑座下导轨面至要求。

二十一、后立柱导轨对前立柱导轨的平行度

见图1-36。

1. 检验方法及误差值的确定

1）将后立柱夹紧在导轨中间位置。

2）把主轴箱调至升程的1/4高度处。

3）将水平仪依次靠置在前立柱及后立柱上部导轨上，分别在 a（纵向直立平面）内和 b（横向直立平面）内进行检验。

4）a、b 的误差分别计算，水平仪读数的最大差值即为平行度误差。

2. 超差调整

修刮后立柱滑座的下导轨面至要求。

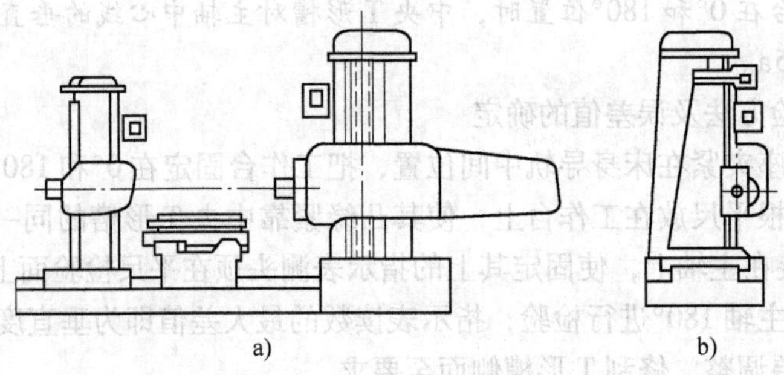

图1-36　后立柱导轨对前立柱导轨的平行度检验简图

二十二、后立柱支架轴承孔中心线和主轴中心线的重合度

见图1-37。

1. 检验方法及误差值的确定

1）将后立柱夹紧导轨中间位置，把主轴箱和后立柱支架调整到相同高度。

2）在主轴和支架间顶紧一根检验棒，将指示表固定在工作台上，使其测头顶在检验棒的上母线上，移动工作台，调整支架或主轴箱，使指示表在检验棒两端读数相等。

3）然后变动指示表的位置，使指示表测头顶在检验棒侧面线上，接着，夹紧支架和主轴箱，移动工作台在检验棒的两端进行检验，指示表读数的最大差值即为重合度误差。

2. 超差调整

视超差大小有以下几种方法：

1）修刮刀杆支架底面。

2）重镗刀杆支承孔。

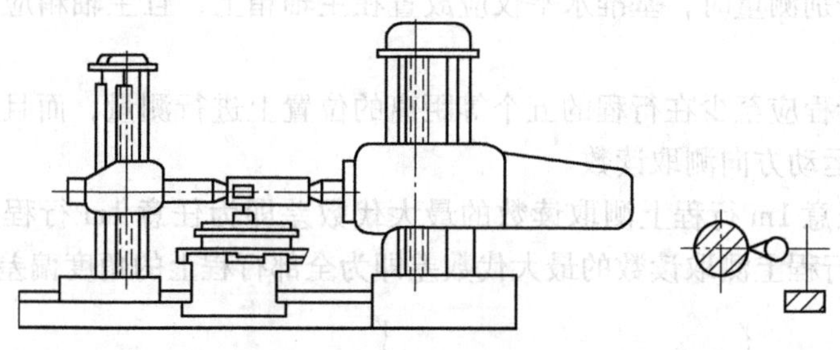

图 1-37　后立柱支架轴承孔中心线和主轴中心线的重合度

● 训练 3　龙门铣床的安装精度调整

一、工作台移动（X 轴线）在 XY 水平面内的直线度

见图 1-38。

1. 检验方法及误差值的确定

1）将钢丝固定在工作台的两端之间，使其平行于工作台 X 轴线运动方向。

2）将显微镜安置在主轴箱上，工作台沿 X 轴移动，测取读数。

2. 超差调整

修刮工作台下导轨面底面的导向定位侧面至要求。

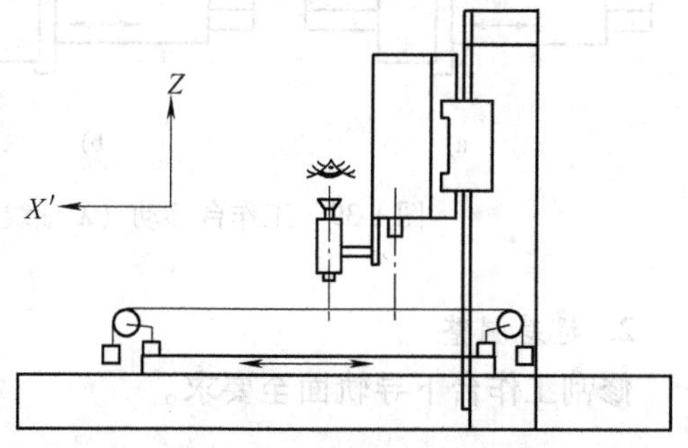

图 1-38　工作台移动（X 轴线）在 XY 水平面内的直线度检验简图

二、工作台移动（X 轴线）的角度偏差

见图 1-39。

1. 检验方法及误差值的确定

1）将水平仪或光学测量装置放在工作台上，其中：

a.（EBX：俯仰）即在 ZX 垂平面内沿 X 轴线方向垂直放置。

b.（EAX：倾斜）即在 YZ 垂直平面内沿 Y 轴线方向垂直放置。

注：对于 a 和 b 项检验，检验工具应放在工作台的两端并尽可能在中间位置

上进行测量。

c.（*ECX*：偏摆）即在*XY*水平面内沿*Z*轴线方向，自准直仪水平放置。

2）当*X*轴线运动引起主轴箱和工作台同时产生角度偏差时，这两种角度偏差应分别测量并加以标明。

3）当分别测量时，基准水平仪应放置在主轴箱上，且主轴箱应位于行程的中间位置。

4）沿行程应至少在行程的五个等距离的位置上进行测量，而且要在每个位置上的两个运动方向测取读数。

5）在任意1m行程上测取读数的最大代数差即为任意1m行程上的角度偏差；在全部行程上测取读数的最大代数差即为全部行程上的角度偏差。

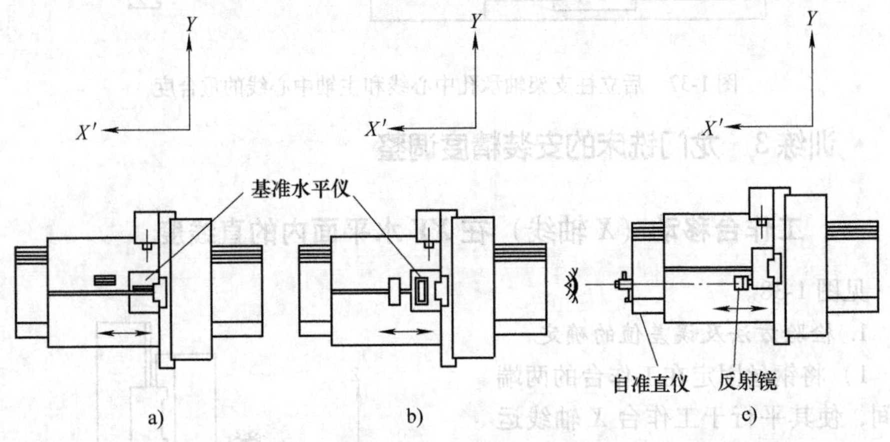

图1-39　工作台移动（*X*轴线）的角度偏差检验简图

2. 超差调整

修刮工作台下导轨面至要求。

三、铣头水平移动（*Y*轴线）的直线度

见图1-40。

1. 检验方法及误差值的确定

1）将横梁在行程的中间位置固定，使工作台位于行程的中间位置。

2）将平尺放在工作台上，使其与铣头的*Y*轴线移动方向相平行，并分别处在水平面内（即图1-40a）和垂直面内（即图1-40b）。

3）将指示表固定在铣头上，使其测头垂直于平尺的基准面，在*Y*轴线方向沿测量长度（通常指两立柱之间的长度并不是整个横梁的长度）移动铣头，测取读数，读数的最大差值即为直线度。

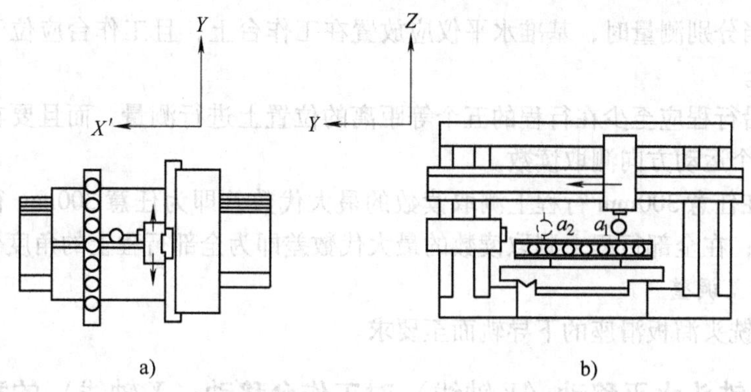

图 1-40 铣头水平移动（Y 轴线）的直线度检验简图

2. 超差调整

修刮铣头滑座的下导轨面至要求。

四、铣头水平移动（Y 轴线）的角度偏差

见图 1-41。

1. 检验方法及误差值的确定

1）将水平仪或光学测量装置放在铣头上，其中：

a. （*EAY*：俯仰）即在 *YZ* 垂直平面内沿 *Y* 轴线方向垂直放置。

b. （*EBY*：倾斜）即在 *ZX* 垂直平面内沿 *X* 轴线方向垂直放置。

c. （*ECY*：偏摆）即在 *XY* 水平面内沿 *Z* 轴线方向，自准直仪水平放置。

2）当 *Y* 轴线运动引起主轴箱和工作台同时产生角度偏差时，这两种角度偏差应分别测量并加以标明。

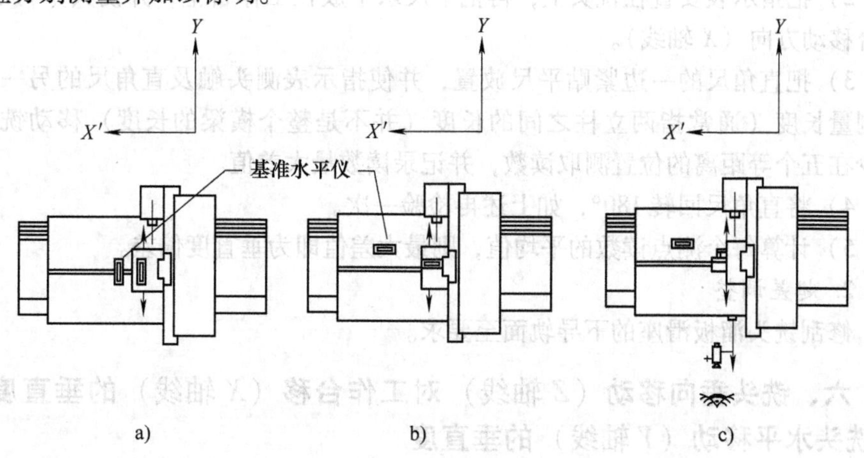

图 1-41 铣头水平移动（Y 轴线）的角度偏差检验简图

3）当分别测量时，基准水平仪应放置在工作台上，且工作台应位于行程的中间位置。

4）沿行程应至少在行程的五个等距离的位置上进行测量，而且要在每个位置上的两个运动方向测取读数。

5）在任意300mm行程上测取读数的最大代数差即为任意300mm行程上的角度偏差；在全部行程上测取读数的最大代数差即为全部行程上的角度偏差。

2. 超差调整

修刮铣头溜板滑座的下导轨面至要求。

五、铣头水平移动（Y 轴线）对工作台移动（X 轴线）的垂直度

见图1-42。

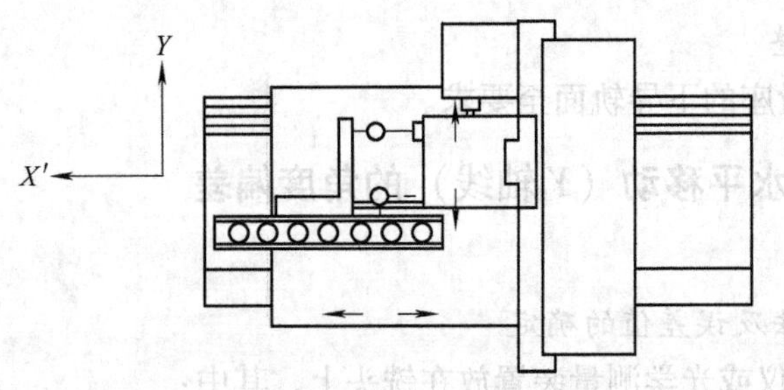

图1-42 铣头水平移动（Y 轴线）对工作台移动（X 轴线）的垂直度检验简图

1. 检验方法及误差值的确定

1）将横梁锁紧在其行程的中间位置。

2）把指示表安置在铣头上，再把平尺水平放在工作台上，并使其平行于工作台移动方向（X 轴线）。

3）把直角尺的一边紧贴平尺放置，并使指示表测头触及直角尺的另一边，沿测量长度（通常指两立柱之间的长度（并不是整个横梁的长度）移动铣头，至少在五个等距离的位置测取读数，并记录读数最大差值。

4）将直角尺回转180°，如上述再检验一次。

5）计算每个测点读数的平均值，则最大差值即为垂直度偏差。

2. 超差调整

修刮铣头溜板滑座的下导轨面至要求。

六、铣头垂向移动（Z 轴线）对工作台移（X 轴线）的垂直度和对铣头水平移动（Y 轴线）的垂直度

见图1-43。

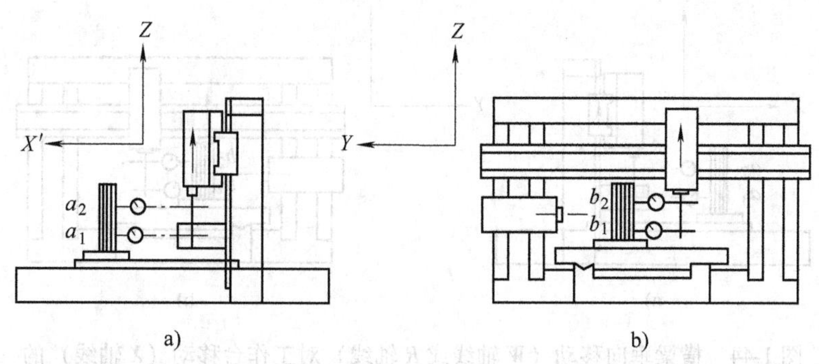

图 1-43 铣头垂向移动（Z 轴线）对工作台移动（X 轴线）的垂直度和对铣头水平移动（Y 轴线）的垂直度检验简图

1. 检验方法及误差值的确定

1）把平板放置在工作台面上，并使其顶平面与 X 轴线和 Y 轴线相平行，再将圆柱形直角尺安置在平板上。

2）将指示表放置在主轴上（主轴能够锁紧的情况下），否则就放置在铣头上且靠近主轴处，再把铣头溜板（Y 轴线）锁紧在横梁上。

3）将指示表测头在 X 方向触及圆柱形直角尺，沿测量长度 a_1a_2 移动铣头，并记录指示表读数的最大差值。

4）将圆柱形直角尺回转 180°，如上再检验一次。

5）两次最大差值的平均值即为铣头垂向移动（Z 轴线）对工作台移动（X 轴线）的垂直度偏差。

6）同样在 Y 方向，沿测量长度 b_1b_2 进行检验，即可获得铣头垂向移动（Z 轴线）对铣头水平移动（Y 轴线）的垂直度偏差。

2. 超差调整

修刮铣头溜板滑动导轨面至要求。

七、横梁垂向移动（W 轴线或 R 轴线）对工作台移动（X 轴线）的垂直度和对铣头水平移动（Y 轴线）的垂直度

见图 1-44。

1. 检验方法及误差值的确定

基本与六中的 1 相同，故略去。

2. 超差调整

修刮横梁下导轨面（即与两个主柱相滑动的面）至要求。

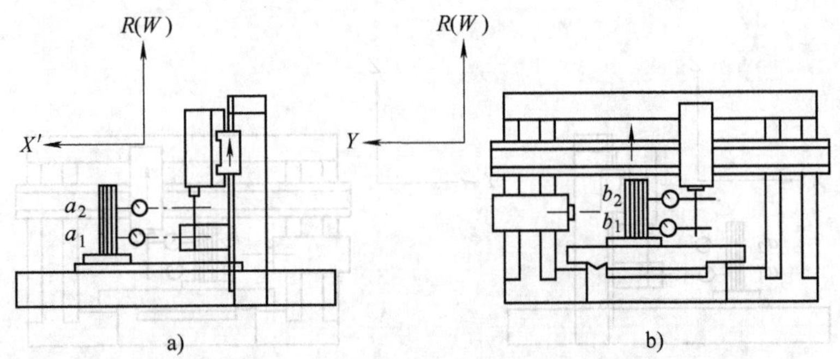

图1-44　横梁垂向移动（W轴线或R轴线）对工作台移动（X轴线）的垂直度和对铣头水平移动（Y轴线）的垂直度检验简图

八、横梁在*YX*垂直平面内沿*W*轴线或*R*轴线移动的角度变化

见图1-45。

1. 检验方法及误差值的确定

1）把水平仪放置在横梁上平面的中间位置，在低、中、高三个位置测取读数。

2）当*W*轴线或*R*轴线运动引起横梁和工作台同时产生角度偏差时，这两种角度偏差应分别测量并给予标注。

3）当分别测量时，应将基准水平仪放置在工作台上，且工作台应位于行程的中间位置。

4）横梁上若有两个垂直铣头，则应与工作台对称放置，若具有一个垂直铣头，则应位于横梁中间位置。

5）测量时，横梁在低、中、高各位置均应锁紧。

2. 超差调整

修刮横梁下导轨面（即与两个立柱相滑动的面）至要求。

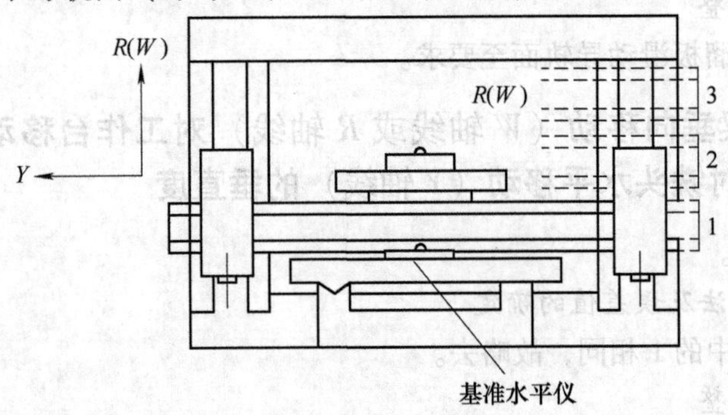

图1-45　横梁在*XY*垂直平面内沿*W*轴线或*R*轴线移动的角度变化检验简图

九、工作台面的平面度

见图1-46。

1. 检验方法及误差值的确定

1）使工作台位于行程的中间位置。

2）把精密水平仪和桥板放置在工作台上，沿 $O—X$ 和 $O—Y$ 两个方向，在间距为500mm的不同位置进行测量，并测取读数，进而得出工作台面的平面度偏差。

2. 超差调整

视平面度超差情况，可先精刨或导轨磨修整之后，再精刮工作台表面至要求，或直接精刮工作台表面至要求。

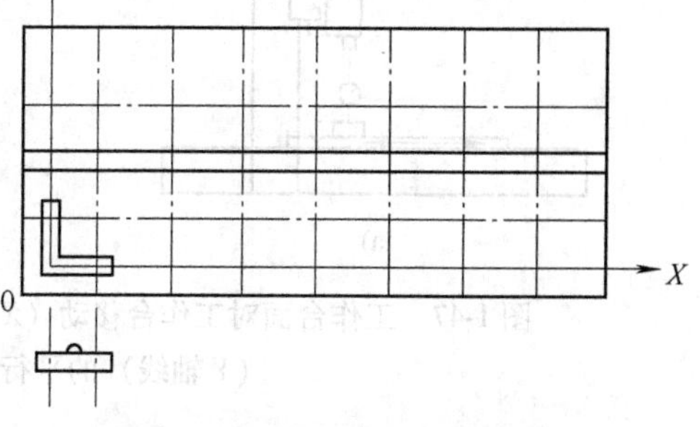

图1-46　工作台面的平面度检验简图

十、工作台面对工作台移动（X 轴线）的平行度和对铣头移动（Y 轴线）的平行度

1. 工作台面对工作台移动（X 轴线）的平行度

见图1-47a。

（1）检验方法及误差值的确定

1）将指示表固定在主轴上或靠近主轴处的铣头上，使其测头垂直触及工作台面或量块表面。

2）将横梁锁紧在行程的中间位置，使铣头位于 Y 向行程的中间位置。

3）沿 X 方向移动工作台，并记录下指示表读数的最大差值。

4）把铣头放在与中间位置相对称的其他两个位置（即靠近工作台两侧边缘处）分别如上再各检验一次，并记录下指示表读数的最大差值。

5）以上述三个最大差值中的最大值作为平行度偏差。

（2）超差调整　修刮工作台下导轨面至要求。

2. 工作台面对铣头移动（Y 轴线）的平行度

见图1-47b。

（1）检验方法及误差值的确定

1）同上述1的（1）中的1）。

2）将横梁锁紧在行程的中间位置，使工作台位于行程的中间位置。

3）沿 Y 方向移动铣头，并记录下指示表读数的最大差值。

4）将工作台置于与中间位置相对称的其他两个位置分别如上再各检验一

次，并记录下指示表读数的最大差值。

5）以上述三个最大差值中的最大值作为平行度偏差。

（2）超差调整　修刮铣头溜板滑座下导轨面的水平导向面至要求。

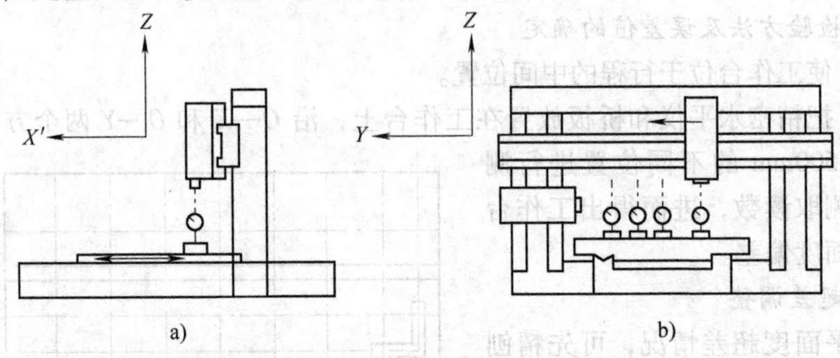

图1-47　工作台面对工作台移动（X轴线）的平行度和对铣头移动（Y轴线）的平行度检验简图

十一、中央或基准T形槽对工作台移动（X轴线）的平行度

见图1-48。

1. 检验方法及误差值的确定

1）把指示表安置在机床一固定部件上，使其测头触及基准T形槽测量面或T形角尺检验面。

2）移动工作台进行检验，指示表读数的最大差值即为平行度偏差。

2. 超差调整

修刮工作台下导轨面至要求。

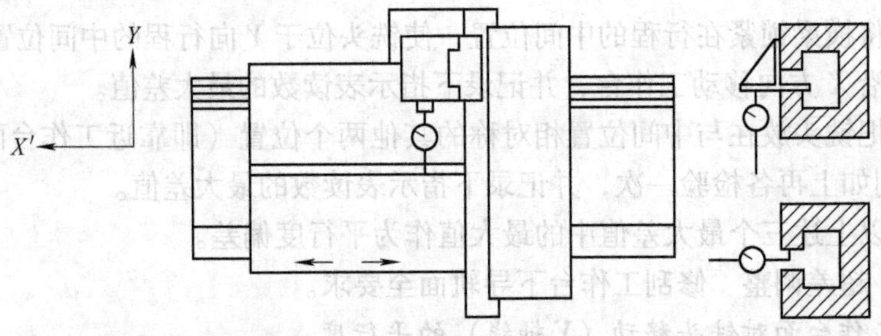

图1-48　中央或基准T形槽对工作台移动（X轴线）的平行度检验简图

十二、主轴锥孔的径向圆跳动

见图1-49。

1. 检验方法及误差值的确定

1）将指示表固定在铣头上，把检验棒插入主轴锥孔中。

2）使指示表测头触及尽可能靠近主轴端部的检验棒的表面上，旋转主轴进行检验，指示表读数的最大差值即为在主轴端部主轴锥孔的径向圆跳动偏差。

3）在距主轴端部300mm处如上再检验，即可得出距主轴端部300mm处主轴锥孔的径向圆跳动偏差。

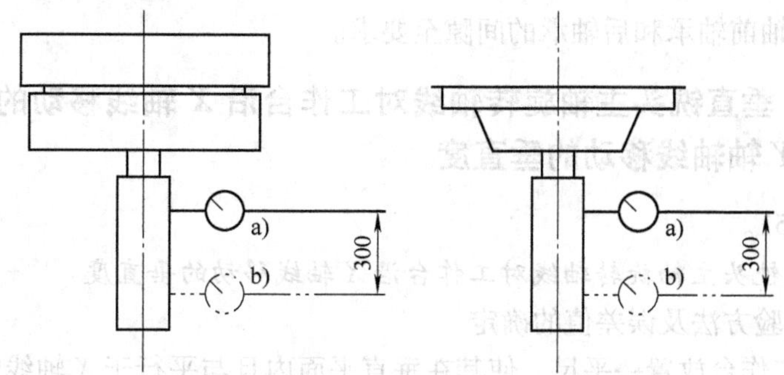

图1-49　主轴锥孔的径向圆跳动检验简图

2. 超差调整

调整主轴前轴承的间隙至要求。

十三、主轴定心轴径的径向圆跳动、轴向圆跳动及周期性轴向窜动

见图1-50。

1. 检验方法及误差值的确定

1）将指示表测头垂直触及主轴轴颈母线，旋转主轴进行检验，指示表读数的最大差值即为径向圆跳动偏差。

2）将指示表测头触及尽可能靠近主轴端面的外边缘 M 处，旋转主轴进行检验，记录下指示表读数的最大差值。

3）然后将指示表测头移至 N 处，如上再检验一次，并记录下指示表读数的最大差值。

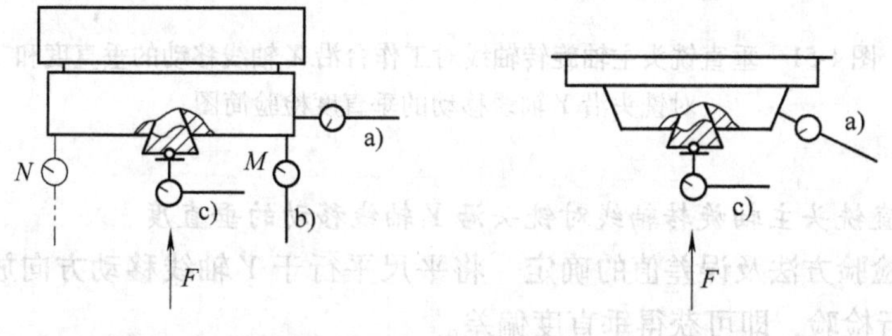

图1-50　主轴定心轴径的径向圆跳动、轴向圆跳动及周期性轴向窜动检验简图

4）两次最大差值的平均值即为轴向圆跳动偏差。

5）将一钢球放入主轴中心孔内；使指示表测头触及钢球表面，旋转主轴进行检验，指示表读数的最大差值即为周期性轴向窜动偏差。

2. 超差调整

调整主轴前轴承和后轴承的间隙至要求。

十四、垂直铣头主轴旋转轴线对工作台沿 *X* 轴线移动的垂直度和对铣头沿 *Y* 轴轴线移动的垂直度

见图1-51。

1. 垂直铣头主轴旋转轴线对工作台沿 *X* 轴线移动的垂直度

（1）检验方法及误差值的确定

1）在工作台放置一平尺，使其在垂直平面内且与平行于 *X* 轴线的移动方向相平行。

2）将工作台和横梁均锁紧在各自行程的中间位置，使套筒或滑枕从铣头伸出1/3行程。

3）将指示表固定在铣头上面，使其测头触及平尺检验面，记录下指示表的读数。

4）然后将主轴回转180°，再记录下指示表的读数，则两次读数的差值除以两测点间的距离所得结果即为垂直度偏差。

（2）超差调整　修刮工作台下导轨面至要求。

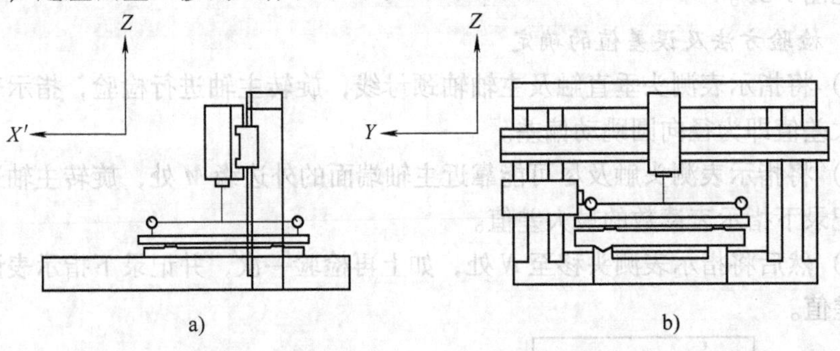

图1-51　垂直铣头主轴旋转轴线对工作台沿 *X* 轴线移动的垂直度和对铣头沿 *Y* 轴线移动的垂直度检验简图

2. 垂直铣头主轴旋转轴线对铣头沿 *Y* 轴线移动的垂直度

（1）检验方法及误差值的确定　将平尺平行于 *Y* 轴线移动方向放置，如上再一次进行检验，即可获得垂直度偏差。

（2）超差调整　修刮铣头溜板滑座的下导轨面的水平导向面至要求。

十五、回转铣头回转轴线对工作台移动（X轴线）的平行度

见图1-52。

1. *检验方法及误差值的确定*

1）将平板放在工作台面上，使其顶面与X轴线和Y轴线移动方向均相平行。

2）将直角尺放在平板上，使其垂直面平行于Y轴线移动方向。

3）将横梁和铣头溜板均锁紧在各自行程的中间位置。

4）把指示表固定在铣头上，使其测头置于距铣头回转轴线500mm处，并在X轴线方向触及直角尺，转动回转铣头进行检验，指示表读数的差值即为平行度偏差。

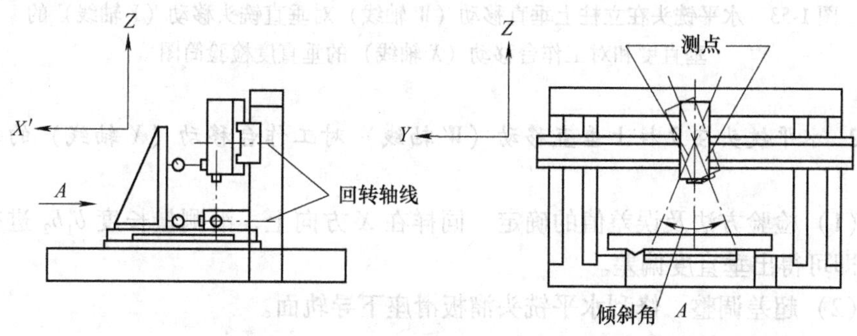

图1-52 回转铣头回转轴线对工作台移动（X轴线）的平行度检验简图

2. *超差调整*

修刮工作台下导轨面至要求。

十六、水平铣头在立柱上垂直移动（W轴线）对垂直铣头移动（Y轴线）的垂直度和对工作台移动（X轴线）的垂直度

见图1-53。

1. *水平铣头在立柱上垂直移动（W轴线）对垂直铣头移动（Y轴线）的垂直度*

（1）检验方法及误差值的确定

1）将一平板放在工作台面上，使其顶面与X轴线和Y轴线移动方向相平行。

2）然后把圆柱形直角尺放置在平板上。

3）将指示表固定在铣头A上，使其测头在Y方向触及圆柱形直角尺检验面，沿测量长度a_1a_2移动铣头进行检验，记录下指示表读数的最大差值。

4）将圆柱形直角尺回转180°，如上再检验一次，记录下指示表读数的最大差值，两次最大差值的平均值即为垂直度偏差。

（2）超差调整　修刮水平铣头溜板滑座下导轨面至要求。

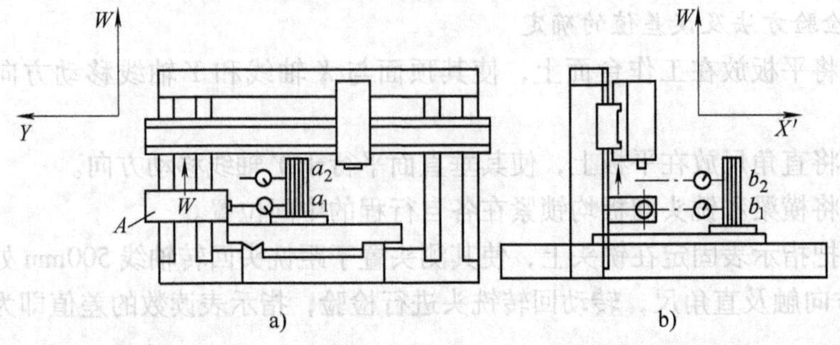

图1-53　水平铣头在立柱上垂直移动（W轴线）对垂直铣头移动（Y轴线）的垂直度和对工作台移动（X轴线）的垂直度检验简图

2. 水平铣头在立柱上垂直移动（W轴线）对工作台移动（X轴线）的垂直度

（1）检验方法及误差值的确定　同样在X方向上，沿测量长度b_1b_2进行检验，即可得出垂直度偏差。

（2）超差调整　修刮水平铣头溜板滑座下导轨面。

十七、水平铣头主轴旋转轴线对垂直铣头水平移动（Y轴线）的平行度

见图1-54。

1. 检验方法及误差值的确定

1）将水平铣头锁紧在其行程的较低位置，将横梁锁紧在其行程的中间位置。

2）把指示表固定在垂直铣头上，使其测头触及插入水平主轴锥孔内的检验棒表面，a在垂直平面内；b在水平面内，应尽可能靠近主轴端部进行检验。

3）沿测量长度移动垂直铣头进行检验，分别记录下在垂直平面内a和在水平面内b的指示表读数的最大差值。

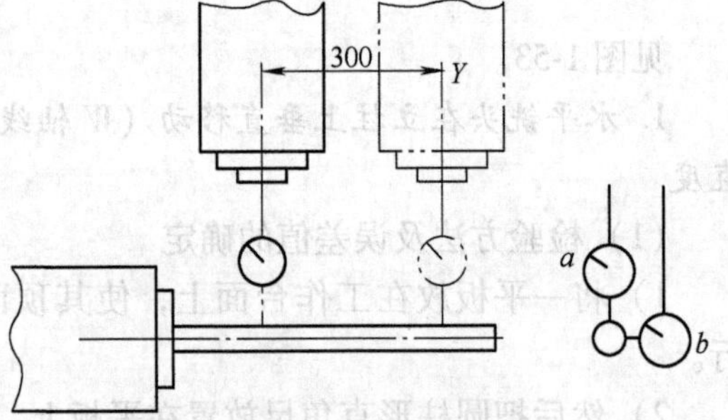

图1-54　水平铣头主轴旋转轴线对垂直铣头水平移动（Y轴线）的平行度检验简图

4）将水平主轴回转180°，如上再检验一次，并记录下在垂直平面内a和在水平面内b的指示表读数的最大差值，分别两次最大差值的平均值即为在垂直平面内a和在水平面内b的平行度偏差。

2. 超差调整

修刮垂直铣头溜板滑座下导轨面的水平导向面至要求。

十八、水平铣头主轴旋转轴线对工作台移动（X轴线）的垂直度

见图1-55。

1. 检验方法及误差值的确定

1）将平尺水平放置在工作台中心位置，且应与工作台移动方向（X轴线）相平行，并且将工作台锁紧在其行程的中间位置。

2）将水平铣头锁紧在其行程的较低位置。

3）将指示表固定在水平主轴上，使其测头触及平尺检验面，测取读数，然后使主轴回转180°，再测取读数，则两次读数的差值除以两点间的距离所得结果即为垂直度偏差。

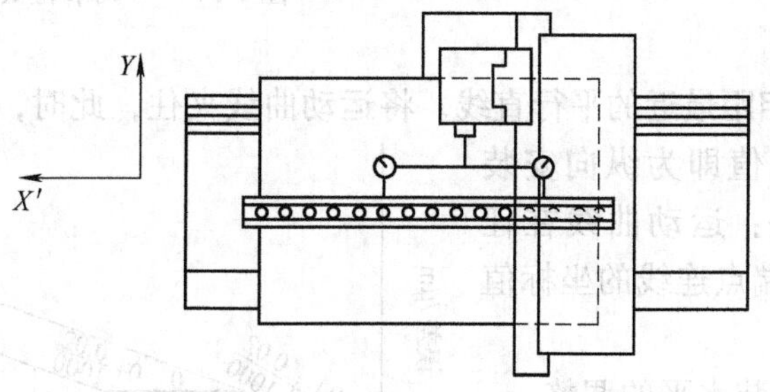

图1-55　水平铣头主轴旋转轴线对工作台移动（X轴线）的垂直度检验简图

2. 超差调整

修刮工作台下导轨面至要求。

• 训练4　磨床的安装与调试

下面以M1432A型外圆磨床为例进行介绍。

一、安装调试顺序

安装水平的调整——试运行检查。

二、安装调试步骤及方法

1. 安装水平的初步调整

1）按图 1-56 所示，在床身底部放置三块垫铁。

2）将工作台和砂轮架卸去，然后在床身和砂轮架的平导轨中央平行于导轨方向安放一个水平仪，依据水平仪的读数调整三块垫铁，直到合格为止。

2. 安装水平的精确调整

在床身底部再放置几块辅助垫铁。

（1）纵向安装水平的调整　调整辅助垫铁，测量床身导轨在垂直平面内的直线度误差，其方法如下：

1）采用图 1-57 所示的可调节检具进行测量，并画出检具运动曲线，如图 1-58 所示。

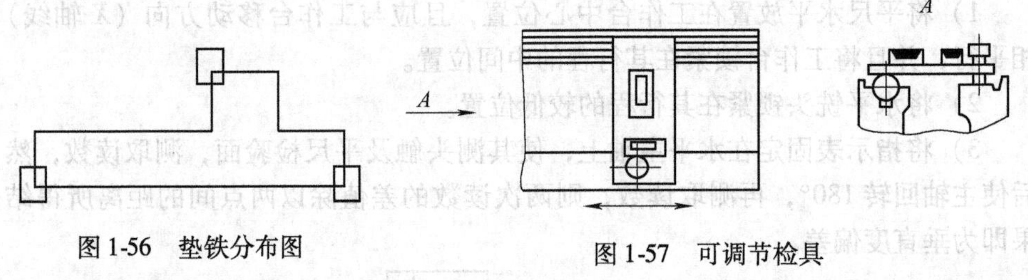

图 1-56　垫铁分布图

图 1-57　可调节检具

2）作一组相距最近的平行直线，将运动曲线夹住，此时，平行线与横坐标线的夹角的正切值即为纵向安装水平，其要求是：运动曲线在任意 1m 长度上两端点连线的坐标值不超过 0. 01mm。

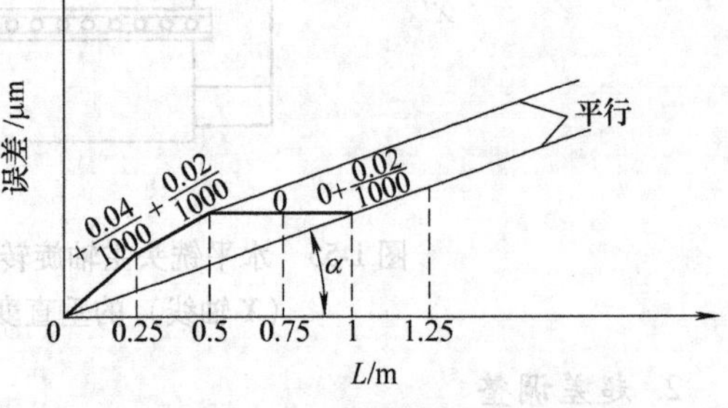

图 1-58　外圆磨床安装水平的调整

（2）横向安装水平的调整

1）在砂轮架平导轨的中间可调节检具的上面垂直于导轨方向放置一个水平仪，如图 1-57 所示。

2）依据水平仪读数调整垫铁，直到合格为止。

3. 试运行检查

金属切削机床一般在主传动部件装配完毕后，应先进行空运转试验。组装后，再空运转由于部件装配无法试验的主要部件，以观察整体运转状态。

（1）空运转试验前的准备

1）将各部件及油池中的污物清除，再用煤油或汽油清洗干净。

2）手动操作检查机床各个机构的动作情况，确保无异常现象发生。

3）对各润滑油路装置是否正常、油路是否畅通、油管是否变形进行检查，如发现异常，应立即解决。

4）按机床对各润滑部位的要求，相应地加注规定的润滑油（脂）。

5）往床身油池内加注油液至油标指示高度。油液为纯净中和矿物油，即L—AN32或L—AN46全损耗系统用油。

6）断开各操纵手柄，特别是磨头快速进刀操纵手柄应处于退出位置。紧固工作台的换向撞块，以防各运动部件相碰。

7）起动液压泵电动机，观察运转方向的正确性，按说明书规定将各油路的压力调至要求。

8）确保液压系统中的各管接头不能有泄漏，特别是低压区尤为重要。

（2）空运转试验

1）工作台往复换向运动试验

①要求

a. 在各级速度下（最低0.07m/min）不应有振动、显著的冲击和停滞现象。

b. 左右行程的速度差不得超过较低速度的10%。

c. 液压系统工作时，油池温度不能超过60℃，当环境温度高于或等于38℃时，油温不能超过70℃。

②试验方法

a. 方法。先进行低速（约0.1m/min）、短行程往复运动，观察换向是否正常。之后，将工作台调整至最大行程位置。先以低速运行数十次后，再逐渐换至最高速运行。运行中，仔细观察换向是否有撞击、显著停滞等现象，若没有，试验达到上述各要求为止。

b. 冲击或停滞的调整。利用操纵箱两侧调节螺钉调整。冲击时应将螺钉拧入，停滞时应将螺钉拧出。

调整时，应使所调整的调节螺钉与调整控制的一端相一致。调整完毕后，应将调节螺钉锁紧，再观察变异情况。此调整直到无冲击、无显著停滞现象为止。

2）磨头快进重复、定位精度试验

①要求

a. 重复定位精度不能超过0.003mm。

b. 自动进给量误差不能超过刻度值的10%。

②试验方法：慢速移动工作台，把左右两边的换向撞块紧固在适当的位置上，然后快速引进磨头进行试验，直到达到上述要求为止。

3）检查磨削内孔时，磨头快速进给的安全联锁装置是否可靠。

4）磨头空运转试验

①要求

a. 空运转时间不得少于1h。

b. 磨头及头架的轴承温升不能超过20℃；内圆磨具的轴承温升不能超过

15℃。

②试验方法：起动磨头电动机，待将电动机转向校正正确后，装上传动带。先点动起动磨头电动机，待磨头轴承油膜形成后，再正式起动磨头电动机，直到磨头空运转试验合格为止。

• 训练5　镗床的安装与调试

下面以TP619型卧式镗床为例进行介绍。

一、安装调试顺序

主要部件的装配⟶调整后立柱刀杆支座与主轴的重合度⟶总装精度调整⟶空运转试验⟶机床负荷试验。

二、安装调试步骤及方法

1. 主要部件的装配

（1）床身上装齿条（共有三根）　将齿条放在平板上，测量齿条中径与齿条底面的平行度，修刮使其等高。然后依照床身上的螺孔尺寸装配，应确保两齿条接缝处齿距相等。

（2）工作台部件装配

1）调整啮合间隙：把连接于下滑座、传动件及光杠的齿轮套吊在床身上进行装配，使斜齿轮对准床身上的斜齿条。当两者间隙小于1mm时，调整斜齿轮的固定法兰至要求；当间隙大于1mm时，在齿条底面与齿条水平方向之间加垫片（钢板），调整垫片厚度至要求。

2）校正光杠对床身导轨的平行度误差：先将下滑座移至床身中段，然后按图1-59所示检查两光杠的安装平行度，通过调整后支架使光杠两端平行。

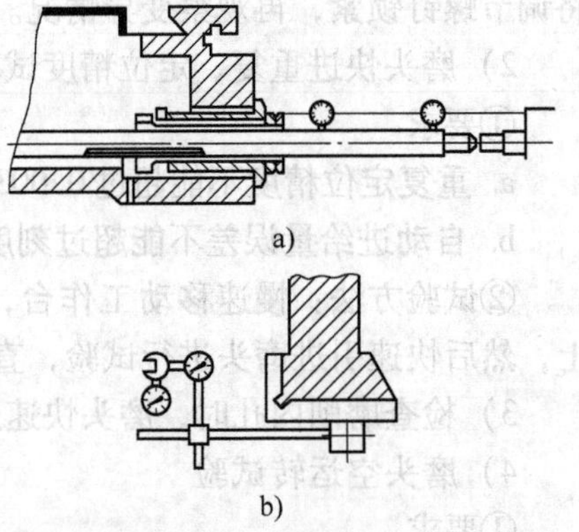

图1-59　校正光杠对床身导轨的平行度误差

3）安装调整镶条和压板：将镶条、压板分别装入导轨间和相应的部位，通过调整镶条螺钉使滑座移动，在摇动丝杠手柄时感到灵活、轻松，无负重感。

（3）装下滑座夹紧装置　按左右两侧夹紧轴螺钉的旋向，装好四块压板，达到四块压板能同时夹紧和松开，且转动压紧摇手要轻松自如。要求在压板与导轨间插入塞尺时，不得塞入25mm。为此，夹紧、塞入塞尺要逐次调整。调整完毕后拧紧防

松螺母。

（4）装前立柱

1）方法：对准锥形定位孔，将前立柱装上床身，并将螺钉插入锥形定位孔，初步定位；然后涂全损耗系统用油于 ϕ16mm×80mm 锥销上，用手将其压入锥孔内；同时用木锤轻轻敲击立柱底边的法兰边缘，使锥销自由滑入孔内，此时锥销外露约 10mm；最后用纯铜棒敲实。

2）检验前立柱对床身导轨的垂直度误差：先将前立柱法兰边四角的螺钉紧固，再记下床身水平读数和前立柱垂直方向的水平仪读数。若不符合要求，则依据读数，通过刮研床身与前立柱结合而至合格为止。

（5）装回转工作台　先将钢球工作台装上上滑座，然后在工作台上加 2000kg 的配重，再使用千分垫测量工作台圆环和上滑座圆导轨之间的平行度误差及其尺寸，然后按这个尺寸配磨钢环至要求并装上钢环。装中间定位轴承时，轴承内环不得过分被压紧，间隙尽可能小。

（6）装主轴箱

1）把主轴箱吊上前立柱，并装上压板。

2）在主轴箱底面放上千斤顶或木垫，此时应使主轴箱与前立柱导轨从上至下紧密贴合。

3）使滑轮架上的钢丝绳两端分别与主轴箱顶部的吊环和重锤吊孔相连接，装入丝杠螺母，并将其固定；再把主轴箱升至最高位置，配作丝杠上的支架固定螺孔及定位销孔，装上锥销。

4）装上主镶条，调整适当后，拧紧制动螺母。

5）最后装上主轴箱的夹紧机构。

（7）装垂直光杠

1）装上垂直花键轴，确保滑键与轴槽贴合。

2）装光杠轴：缓缓将光杠从上往下推，顺序通过箱孔、锥齿轮孔；转动光杠，找出第一个滑键，再推光杠到第二个滑键处；待锥齿轮上滑键对准光杠键槽后，继续下推光杠，降至第三个键槽；继续将光杠轴伸入蜗杆孔，对准滑键后再与床身的光杠接套联接。

2. 调整后立柱刀杆支座与主轴的重合度

1）游标尺对准刻线后，再依据主轴箱的游标读数手动调整刀杆支座，使读数与之相同。

2）将主轴箱和刀杆支座置于立柱中间位置，再使主轴箱和刀杆支座同时上升，以校正重合度。

3. 总装精度调整

1）工作台移动对工作台平面的平行度误差。若超差则修正滑座导轨。

2）主轴箱垂直移动对工作台平面的垂直度误差。若超差则调整床身垫铁，可能还需要对床身与立柱的结合面进行修刮。

3）主轴轴线对前立柱导轨的垂直度误差。若超差则修刮压板和镶条。

4）工作台移动对主轴侧素线的平行度误差。

5）工作台分度精度和角度重复定位精度。若超差则修磨工作台4个定位点的调整垫铁。

4. 空运转试验

1）从低速开始到高速，机床主传动机构依次运转，其每级速度运转时间不能少于2min。其中最高速运转时，当主轴轴承达到稳定温度时，其运转时间不能少于0.5h。

2）以最高速度运转时，主轴应能稳定温度。滑动轴承温升不超过35℃，滚动轴承温升小于40℃，其他结构温升不超过30℃。

3）进给机构要做低、中、高速的空运转试验。

4）快速机构要做快速空运转试验20min。

5）在低、中、高速下，工作机构应保持正常、平稳、无冲击，且噪声要小。

5. 机床负荷试验

试件材料为铸铁（150~180HBW）。

（1）最大切削抗力试验　用标准高速钢钻头钻孔，见表1-1。

表1-1　最大切削抗力试验

进给部件	钻孔直径 d/mm	主轴转速 n/(r/min)	进给量 f/(mm/r)	钻头长度 L/mm	切削抗力 F/N	离合器工作情况
主轴	ϕ50	50	0.37	大于100	小于13000	正常
工作台			0.37			
主轴			1.03	不规定	大于20000	脱开
工作台			1.03			

（2）主轴最大转矩和最大功率试验　用主轴铣削。刀具为硬质合金六刃面铣刀，采用莫氏5号锥柄，见表1-2。

表1-2　主轴最大转矩和最大功率试验

进给部件	铣刀直径 d/mm	侧吃刀量 a_w/mm	背吃刀量 a_p/mm	主轴转速 n/(r/min)	进给量 f/(mm/r)	铣削长度 L/mm	主轴转矩 M/(N·m)	功率 P/kW
主轴箱	ϕ200	180	10	64	2	300	1100	7.75
工作台								

• 训练6 龙门铣床的安装与调试

一、安装调试顺序

安放垫铁→安装床身→安装立柱和横梁→安装刀架→安装电动机→调整床身的水平和立柱的垂直度→试运转。

二、安装调试步骤及方法

1. 安放垫铁

按照说明书的要求，在每一地脚螺栓处安放一组垫铁（垫铁是随机带来的）。

2. 安装床身

其安装步骤及要点如下：

（1）安放地脚螺栓　先在预留孔内安放地脚螺栓，然后将床身移至安装位置上，并检查安装方向、位置是否与平面相符。

（2）初平　位置找正后，进行初平，其纵向和横向公差不得超过0.04/1000。

（3）二次灌浆　初平后进行二次灌浆。

（4）拧紧地脚螺栓　当混凝土强度达到要求后，拧紧地脚螺栓。

3. 安装立柱和横梁

（1）安装右立柱　吊装右立柱前，先将右立柱卧倒，将平衡锤推入立柱内，用钢丝绳绑扎牢固；吊装立柱时，要注意对准定位销孔，然后打入定位销，并拧紧联接螺钉。

（2）安装左立柱　右立柱装好后，再将左立柱同样吊起，并在立柱底部垫以滚杠，以方便移动。

（3）吊装横梁　当左立柱与床身接触面相距10mm时，即可吊装横梁；横梁要吊平，左右方向要对准，以便安装联接螺钉和补偿垫片；打入定位销时，要边紧螺钉边打定位销；拧螺钉时要均匀、对称地拧，拧到一定程度时，将横梁两端的联接螺钉全部拧松一点，再打紧定位销，然后再拧紧联接螺钉。

4. 安装刀架

其安装步骤及要点如下：

1）垫好方木：在导轨上垫好方木，并一边垫方木，一边放千斤顶。

2）吊放横刀架：把横刀架吊放到上面，放上压板，拧好螺钉，用千斤顶调整水平。

3）安装升降螺杆、横轴和齿轮箱。

4）调横刀架水平：利用升降螺杆顶端的螺母来调整横刀架的水平。

5）安装侧刀架：安装侧刀架时，其位置不宜装得太高，只要和平衡锤的钢丝绳联接上即可。

6）联接平衡锤钢丝绳：侧刀架安装好后，即可将平衡锤钢丝绳联接上，将临时的绑扎钢丝绳抽去。

5. 安装电动机

安装主轴电动机时，应对准联轴器的嵌合部分，并检查两轴的同轴度；电动机的接线方向要正确。

6. 调整床身的水平和立柱的垂直度

根据说明书的要求调整床身的水平和立柱的垂直度，并拧紧地脚螺栓。

7. 试运转

机床安装完毕并经全面检查合格后，即可进行试运转。

其步骤及要点如下：

1）低速：先用低速，以后由慢而快，逐渐增加速度。

2）高速。

3）铣头主轴试运转：由低速到高速，并且当转速达到最高时，要特别注意检查主轴端面的发热情况。

4）全部试运转：各局部试运转后，进行全部试运转，直到合格为止。

复习思考题

1. 设备安装环境包括哪几个方面?
2. 如何安装调整磨床的工作台?
3. 如何进行磨床的初步调整?
4. 如何进行磨床的精确调整?
5. 试述卧式镗床的安装顺序。
6. 如何调整卧式镗床的后立柱刀杆支座与主轴的重合度?
7. 卧式镗床总装精度调整包括哪几项?
8. 试述龙门铣床的安装顺序。
9. 试述龙门铣床的安装步骤及方法。
10. 试述磨床安装精度检测项目与要求。
11. 试述镗床安装精度检测项目与要求。
12. 试述龙门铣床精度检测项目与要求。
13. 试述磨床、镗床、龙门铣床的调试安全规程。

第二章

机械设备零部件加工

培训目标 掌握畸形、大型工件及凸轮的划线方法；掌握圆弧面的锉削方法，了解提高锉削精度和表面质量的方法；掌握钻、扩、铰削高精度孔系的方法；掌握群钻手工刃磨的方法，能够按不同的使用要求刃磨群钻；了解提高刮研精度质量方法；掌握超精研磨及抛光的方法；了解超精密表面的检测方法；能够刮削平板、轴瓦等精密检具和零件。

第一节　特殊工件的划线

一、畸形工件

所谓畸形工件，就是指形状奇特的工件。

1. 畸形工件的特点

畸形工件由不同的曲线组成，在工件上没有可供支承的平面，使划线中的找正、借料和翻转都比其他类型的工件困难。

2. 畸形工件的划线要点

（1）基准的选择　畸形工件由于形状奇特，在划线前，特别要注意应根据工件的装配位置，工件的加工特点及其与其他工件的配合关系，来确定合理的划线基准，以保证加工后能满足装配的要求。一般情况下，是以其设计时的中心线或主要表面，作为划线时的基准。

（2）安放位置　由于畸形工件表面不规则也不平整，故直接采用千斤顶支点支承或安放在平台上一般都不太方便，适应不了畸形工件的特殊情况。为保证划线的准确性和顺利进行，可以利用一些辅助工具，例如将带孔的工件穿在心轴上，带圆弧面的工件支持在V形块上，某些畸形工件固定在方箱上、直角铁上或自定心卡盘等工具上。

二、大型工件

大型工件是指重型机械中重量和体积都比较大的工件。

1. 大型工件的特点

对于一些特大工件的划线，最好只经过一次吊装、找正，在第一划线位置上把各面的加工线都划好，既提高了工效，又解决了多次翻转的困难。

2. 大型工件的划线要点

1）应选择待加工的孔和面最多的一面作为第一划线位置，减少由于翻转工件造成的困难。

2）大型工件的划线应有足够的安全措施，即要求有可靠的支承和保护措施，以防止发生工伤事故。

3）大型工件的造价高、工时多，划线是重要依据，责任重大，下述两点尤为重要：

①在划线过程中，每划一条线都要认真检查校对。

②特别是对翻转困难、不具备复查条件的大型工件，在每划完一个部位，便需及时复查一次，对一些重要的加工尺寸且需反复检查。

3. 大型工件划线的支承基准

在大型工件的划线中，首先需要解决的就是划线用的支承基准问题，除了可以利用大型机床的工作台划线外，一般较为常用的有以下几种方法：

（1）工件移位法　当大型工件的长度超过划线平台的三分之一时，先将工件放置在划线平台的中间位置，找正后，划出所有能够划到部位的线，然后将工件分别向左右移位，经过找正，使第一次划的线与划线平台平行，就可划出大件左右端所有的线。

（2）平台接长法　当大型工件的长度比划线平台略长时，则以最大的平台为基准，在工件需要划线的部位，用较长的平板或平尺，接出基准平台的外端，校正各平面之间的平行度，以及接长平台面至基准平台面之间的尺寸；然后将工件支承在基准平台面上，绝不能让工件接触长的平板或平尺。

（3）导轨与平尺的调整法　此法是将大型工件放置于坚实的水泥地的调整垫铁上。用两根导轨相互平行地置于大型工件两端（导轨可用平直的工字钢或经过加工的条形铸铁等，其长度与宽度根据大型工件的尺寸、形状选用），再在两根导轨的端部靠近大型工件的两边，分别放两根平尺，并将平尺面调整成同一水平位置。对大型工件的找正、划线，都以平尺面为基准，划线盘在平尺面上移动，进行划线。

（4）水准法拼凑平台　这种方法是将大型工件置于水泥地的调整垫铁上，在大件需要划线的部位，放置相应的平台，然后用水准法校平各平台之间的平行和等高，即可进行划线。

所谓水准法，如图 2-1 所示，将盛水的桶，置于一定高度的支架上，使水通过接口、橡皮管流到标准座内带刻度的玻璃管里。再将标准座置于某一平台面上，调整平台支承的高低位置和用水平仪校正平台面的水平位置，此时玻璃管内的水平面则对准某一刻度。之后利用这一刻度和水平仪，采用同样方法，依次校正其他平台面使其与第一次校正的平台面平行和等高。

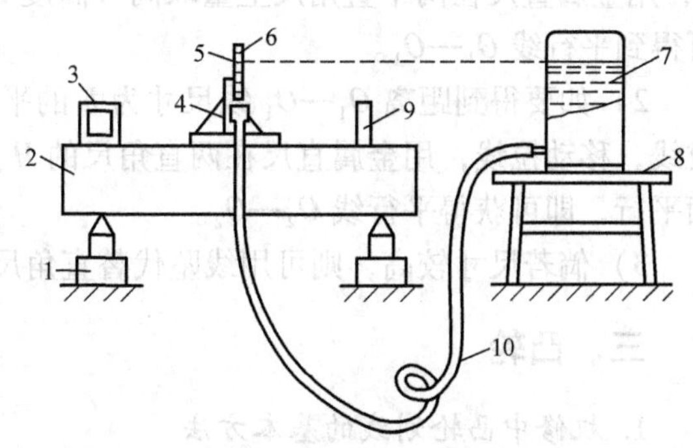

图 2-1　水准法拼凑大型平台的方法

1—可调支承座　2—中间平台　3—水平仪　4—标准座　5—玻璃管　6—刻度线　7—水桶　8—支架　9—水平仪　10—橡皮管

（5）特大型工件划线的拉线与吊线法　拉线与吊线法适用于特大型工件的划线，它只需经过一次吊装、找正，就能完成整个工件的划线，解决了多次翻转的困难。

拉线与吊线法原理如图 2-2 所示，这种方法是采用拉线（$\phi0.5 \sim \phi1.5$mm 的钢丝，通过拉线支架和线坠拉成的直线）、吊线（尼龙线，用 30°锥体线坠吊直）、线坠、角尺和金属直尺互相配合通过投影来引线的方法。

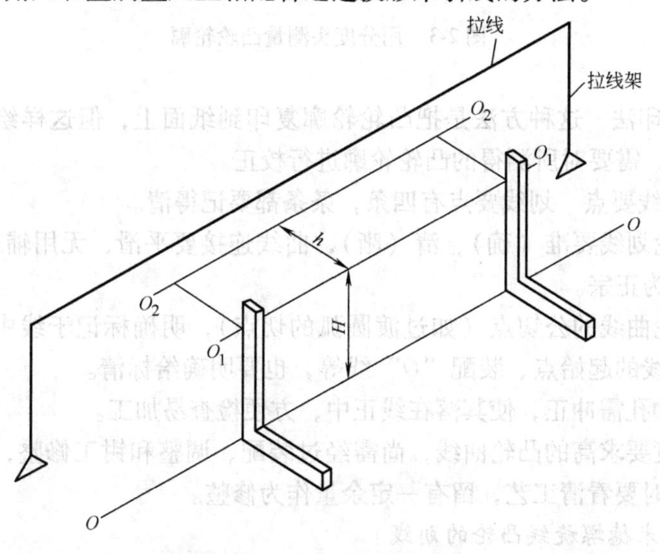

图 2-2　拉线与吊线法原理

工作原理：

1）若在平台面上设一基准直线 $O—O$，将两个直角尺上的测量面对准 $O—O$，用金属直尺在两个直角尺上量取同一高度 H，再用拉线或直尺连接两点，即可得到平行线 $O_1—O_1$。

2）如要得到距离 $O_1—O_1$ 线尺寸为 h 的平行线 $O_2—O_2$，可在相应位置设一拉线，移动拉线，用金属直尺在两直角尺的 H 点至拉线量准 h，并使拉线与平台面平行，即可获得平行线 $O_2—O_2$。

3）倘若尺寸较高，则可用线坠代替直角尺。

三、凸轮

1. 机修中凸轮划线的基本方法

（1）分度法　图2-3所示为在铣床分度头（或光学分度头）上划线配合指示表进行测绘端面凸轮工作曲线的情况，有些凸轮如圆柱凸轮在坐标镗床进行测绘更方便。这种方法所测绘出的凸轮轮廓比较准确，尽管这样，所绘出的凸轮轮廓尚需进一步校正。

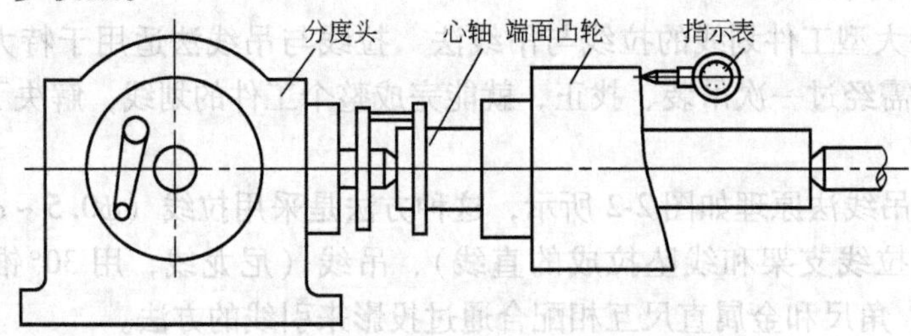

图2-3　用分度头测量凸轮轮廓

（2）拓印法　这种方法是把凸轮轮廓复印到纸面上，但这样绘出的凸轮轮廓不够准确，需要对所测得的凸轮轮廓进行校正。

（3）划线要点　划线要点有四条，条条都要记得清。

1）凸轮划线要准（确）、清（晰），曲线连接要平滑，无用辅助线要去掉，突出加工线为正宗。

2）凸轮曲线的公切点（如过渡圆弧的切点），明确标记于线中，定能方便机加工；曲线的起始点、装配“O”线等，也要明确给标清。

3）样冲孔需冲正，使其落在线正中，方便检查易加工。

4）精度要求高的凸轮曲线，尚需经过装配、调整和钳工修整，直至准确才定型，划线时要看清工艺，留有一定余量作为修整。

2. 阿基米德螺旋线凸轮的划线

图2-4a所示为铲齿车床所用的阿基米德螺旋线凸轮（即为等速上升曲线凸

轮）。划线前工件外圆为 ϕ82mm，其余部位都已加工到成品尺寸。其划线步骤如下：

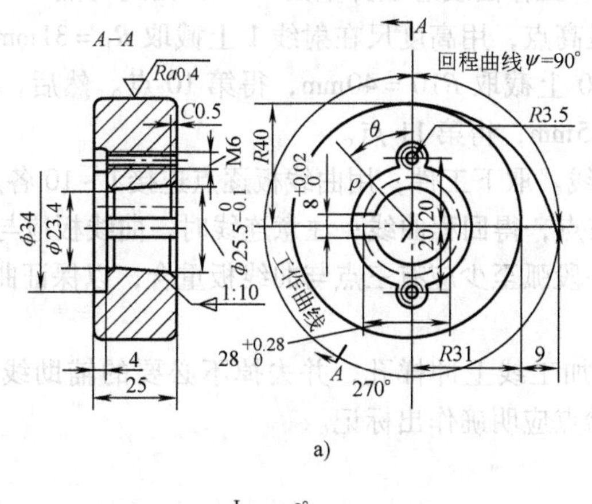

a)

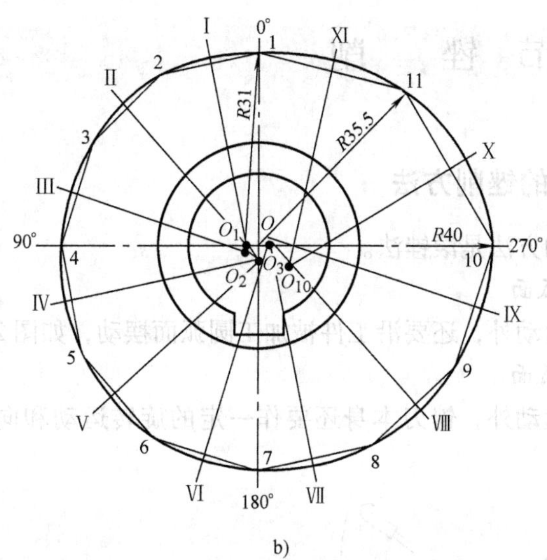

b)

图 2-4 阿基米德螺旋线凸轮的划线

a）铲齿车床所用的阿基米德螺旋线凸轮工件 b）凸轮曲线的划法

1）分析图样，装夹工件。选择划线的尺寸基准为锥孔和键槽，放置基准为锥孔。按孔配作一根锥度心轴，先将其夹在分度头的自定心卡盘中校正，再安装工件。

2）划中心十字线。其中一条应是键槽中心线，取其为 0 位，即凸轮曲线的最小半径处。

3）划分度射线。将 270°工作曲线分成若干等分；等分数越多，划线精度越高；在此取 9 等分，每等分为 30°角；从 0°开始，分度头每转过 30°，划一条射线，共划10条分度射线；此时，在下降曲线的等分中点再划一条射线。

4）定曲率半径。工作曲线总上升量是9mm，因此每隔30°应上升1mm；先将工件的0位转至最高点，用高度尺在射线1上截取 $R_1=31$mm，得1点，依次类推，直至在射线10上截取 $R10=40$mm，得第10点。然后，在回程曲线的射线11上，截取 $R35.5$mm，得第11点。

5）连接凸轮曲线。取下工件，用曲线板逐点连接1～10各点得到工作曲线，再连接10、11、1三点，得回程曲线；注意连线时，曲线板应与工件曲线的曲率变化方向一致，每一段弧至少应有三点与曲线板重合，以保证曲线的连接圆滑准确。

6）冲样孔。在加工线上冲样孔，并去掉不必要的辅助线，着重突出加工线，凸轮曲线的起始点应明确作出标记。

第二节　锉　　削

一、圆弧面的锉削方法

锉削圆弧面的方法是滚锉法。

1．锉削外圆弧面

锉刀除向前运动外，还要沿工件被加工圆弧面摆动，如图2-5a所示。

2．锉削内圆弧面

锉刀除向前运动外，锉刀本身还要作一定的旋转运动和向左移动，如图2-5b所示。

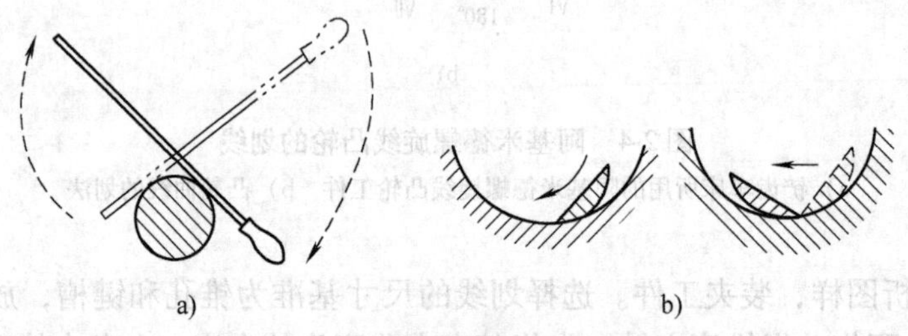

图2-5　锉削圆弧面法（滚锉法）

二、提高锉削精度和表面质量的方法

在锉削加工中，工件精度和表面质量经常会出现问题，甚至出现废品。有针对性地采取一些措施，就会提高工件的精度及其表面质量。具体说明如下：

1. 工件损坏

解决办法：正确夹持工件或适度地控制夹紧力。

2. 工件形状不正确（工件中间凸起、塌边、塌角）

解决办法：正确选择锉刀，正确地掌握操作技能。

3. 尺寸超过规定范围

解决办法：确保划线正确，或在操作过程中（特别是在精锉时）要经常检查尺寸的变化。

4. 表面粗糙

解决办法：锉刀选择要得当，抛光方法要正确。

第三节　孔系加工

多孔，在零件同一加工面上有较多轴线互相平行的孔，有的孔距也有一定的要求。这种孔可在钻床上用钻、扩、镗或钻、扩、铰的方法进行加工，适宜深度不大的孔。

一、加工时应采取的办法

1）钻孔前作好基准，划线要很准确，划线误差不超过0.10mm。对直径较大的孔需划出扩孔前的圆周线。

2）用0.5倍孔径的钻头按划线钻孔。

3）对基准边扩、镗，边测量（基准可以是待加工的孔，也可以是已加工好的孔），直至符合要求为止。

二、孔径和中心距精度要求较高的孔加工方法

1）在精度较高的钻床上，采用镗铰的方法进行加工。

2）准确划线。

3）分别在工件各孔的中心位置上钻、攻小螺纹孔（例如M5或M6）。

4）制作与孔数相同的、外径磨至同一尺寸的若干个带孔（孔径为6mm或7mm）的校正圆柱。

5）把若干个圆柱用螺钉装于工件各孔的中心位置，并用量具校正各圆柱的中心距尺寸与图样要求的各孔中心距相一致，然后紧固各校正好的圆柱。

6）工件加工前，在钻床主轴装上杠杆指示表并校正其中任意一个圆柱，使之与钻床主轴同轴，然后固定工件与机床主轴的相对位置并拆去该圆柱。

7）在拆去校正圆柱的工件位置上钻、扩、镗孔并留铰削余量，最后铰削至

符合图样要求。

8）按照上述方法依次逐个加工其他各孔直至符合图样要求为止。

第四节　群钻的手工刃磨

群钻的手工刃磨主要分三（四）步：磨外刃、磨圆弧刃、修磨横刃，对于直径较大的钻头，外刃上再刃磨分屑槽。

一、刃磨前的准备工作——修整砂轮

1. 要领

1）群钻手工刃磨也是在一般砂轮机上进行，砂轮型号和磨普通麻花钻相同，推荐用A46～80K、LA。

2）砂轮圆柱面母线与侧面应有较好平直性和合适的圆角，既可用修整器来修整砂轮，也可用粗粒度超硬的碳化硅砂轮（CC24Y1～Y2A）的碎块来修整砂轮，圆角半径可小于参数表中标出的圆弧刃的半径（R）值。

2. 口诀

砂轮要求不特殊，通用砂轮就满足，外圆、轮侧修平整，圆角成小月牙弧。

二、磨外刃

1. 要领

1）把主刃摆平，磨削点大致在砂轮的水平中心面上。

2）钻头轴线与砂轮圆柱面母线在水平面内的夹角 ϕ 应等于外刃半顶角 ϕ_0，如图2-6a所示。

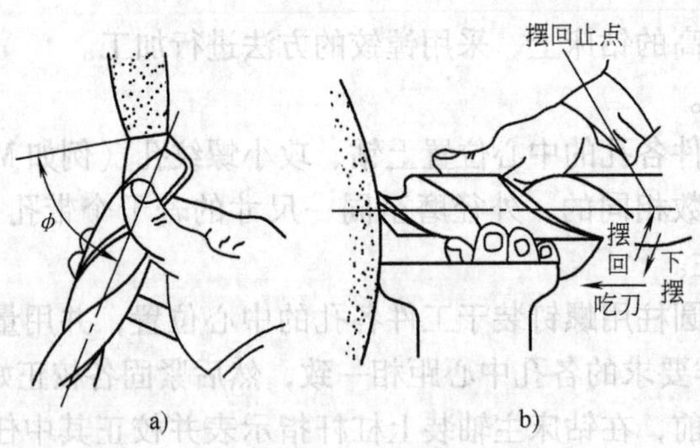

图2-6　磨外刃

3）开始刃磨，主刃接触砂轮，一手握住钻头某个固定的部位作定位支点，一手将钻尾上下摆动，同时控制沿砂轮径向的背吃刀量，磨出外刃后面，保证外刃结构后角 α_c。

4）钻尾摆动时不要高出水平面，以防止磨出负后角。

5）当主刃即将磨好成形时，应注意不要由刃瓣尾根向刃口方向进行磨削，以免刃口退火。溅水冷却要充分、要勤。若干磨则应有良好的空冷，同时要注意背吃刀量不能过大，如图 2-6b 所示。

6）要保证主刃顶角 2ϕ、两刃外缘结构后角 α_c 相同和刃口相对高度的对称，从而确保主刃对称，如图 2-7 所示。

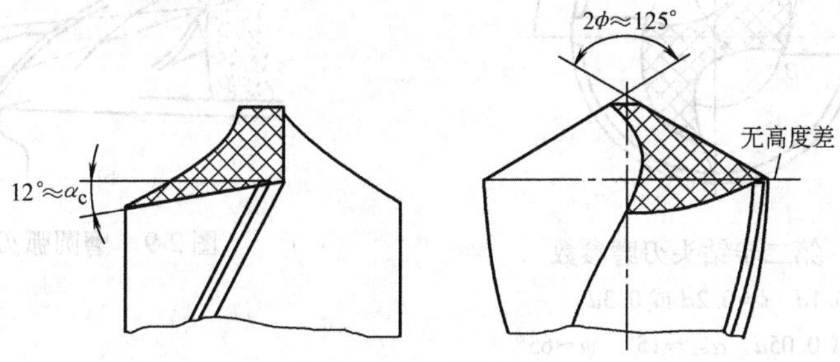

图 2-7　第一步钻头刃磨参数

7）在钻头翻转 180°时，其空间位置应不变，即：握住钻头以作定位支点的那只手的手腕或手指应始终靠住砂轮机的静止物上（如滑板、挡板或安全罩）的一个点，确保手的动作姿态不变，以保持刃磨时背吃刀量不变，手拿钻头的部位不变，人站立的位置和刃磨姿势不变。

8）把钻头竖起，立在眼前，两眼平视，背景要清晰，观看两刃时，往往感到左刃（前刃）高，然后，钻头绕自身轴线旋转 180°，这样反复几次，直到看下来的结果一样（说明主刃对称了）。

2. 口诀

主刃摆平轮面靠，钻轴左斜出顶角，由刃向背磨后面，上下摆动尾别翘。

三、磨月牙槽（圆弧刃）

1. 要领

1）手拿钻头，靠上砂轮圆角，磨削点大致在砂轮水平中心面上，使外刃基本放平，以保证横刃斜角适当和 B 点处的端面侧后角为正值（$\alpha_t>0°$），如图 2-8 所示。

2）使钻头轴线与砂轮右侧面的夹角为 55°~60°，如图 2-9a 所示。

3）钻尾压下，与水平面成一圆弧后角 α_R，如图 2-9b 所示。

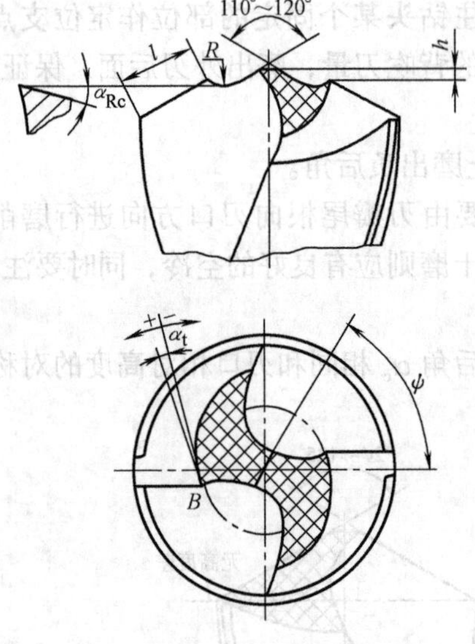

图 2-8　第二步钻头刃磨参数

$R\approx0.1d$　$l\approx0.2d$ 或 $0.3d$

$h\approx0.03d$ 或 $0.05d$　$\alpha_{Rc}\approx15°$　$\psi\approx65°$

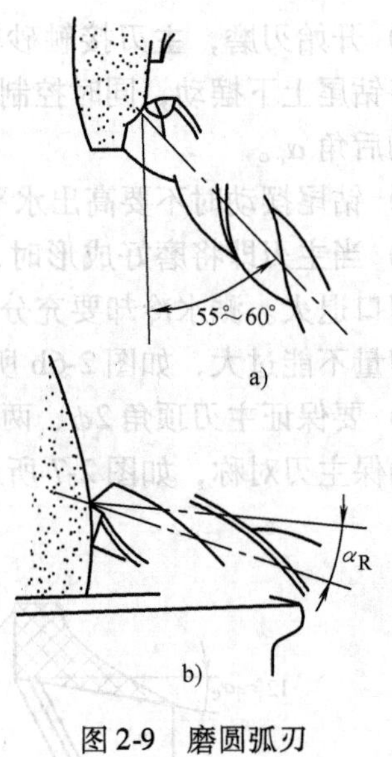

图 2-9　磨圆弧刃

4）开始刃磨，钻头向前缓慢平稳送进，磨出月牙槽后面，形成圆弧刃，应保证圆弧半径 R 和外刃长 l。如果砂轮圆角小于要求的圆弧半径 R 值，则钻头还应在水平面上作微小的平移与摆动，以得到表中的 R 值。

5）钻头不可像磨外刃时那样，在垂直面上下摆动，或绕钻轴转动，否则横刃变成 S 形，横刃斜角变小，而且圆弧形状也不易控制对称。

6）翻转 180°，刃磨另一边月牙槽后面，方法同上。保证尖高 h、横刃斜角 ψ 和圆弧、钻心尖的对称性，如图 2-8 所示。

2. 口诀

刃对轮角、刃别翘，钻尾压下弧后角，轮侧、钻轴夹 55（度），上下勿动平进刀。

四、修磨横刃

1. 要领

1）手拿钻头，使刃瓣的沟背转点靠近砂轮圆角，磨削点大致在砂轮水平中心面上。

2）钻头轴线左摆，在水平面内与砂轮侧面夹角约 15°，如图 2-10 所示。

3）钻尾压下，在钻头所在的垂直面内与水平线夹角约 55°。

4）开始刃磨，使钻头上的磨削点由刃瓣的沟背转点沿着后沟棱线逐渐向钻芯移动，此时钻头略有转动，磨削量应由大到小，磨出内刃前面。

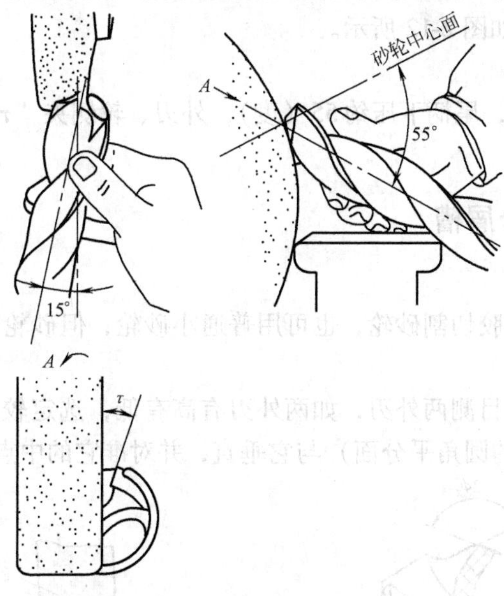

图 2-10　修磨横刃

5）磨至钻芯时，可将钻尾稍作水平摆动角度的调整，以保证内刃前角 $\gamma_{\tau c}$；钻尾下压角度也可稍作调整，使内刃各点的前角较均匀；此时动作要轻，防止刃口退火（烧糊）和钻芯过薄。

6）磨至钻芯时，还要注意不让磨削点处的砂轮素线超过钻头的轴心尖，否则，如图 2-11a 所示，钻芯将磨得过薄，削弱了钻芯强度，引起崩刃。

7）磨至钻芯时，要保证外刃与砂轮侧面留一夹角（“τ”约为 25°），防止此角过小，以致磨到圆弧刃甚至外刃，如图 2-11b 所示。

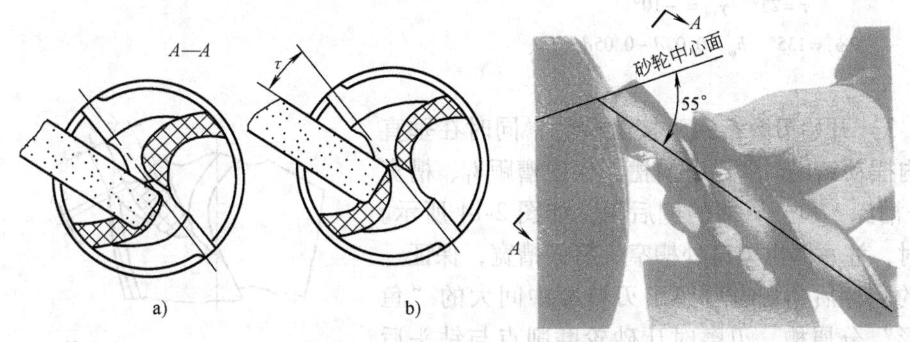

图 2-11　修磨横刃（侧视）

a）不正确　b）正确

8）翻过180°，刃磨另一边的内刃前面，方法同上，保证横刃长 b_{ψ}，和两“τ”角的对称性，如图2-12所示。

2. 口诀

钻轴左斜15度，尾柄下压约55（度），外刃、轮侧夹“τ”角，钻芯缓进别烧糊。

五、磨外刃分屑槽

1. 要领

1）最好选用橡胶切割砂轮，也可用普通小砂轮，但砂轮圆角半径要修小一点。

2）手拿钻头，目测两外刃，如两外刃有高有低，选定较高的一刃，使片砂轮侧面（或小砂轮的圆角平分面）与它垂直，并对准它的中点，如图2-13所示。

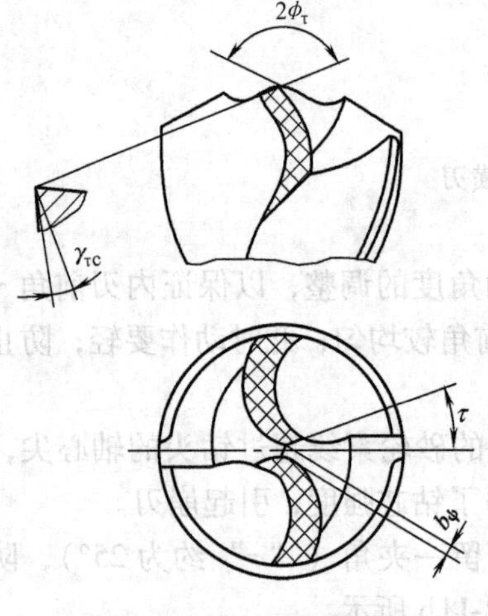

图2-12　第三步刃磨参数

$\tau = 25°$　$\gamma_{\tau c} = -10°$

$2\phi_{\tau} = 135°$　$b_{\psi} = 0.03d \sim 0.05d$

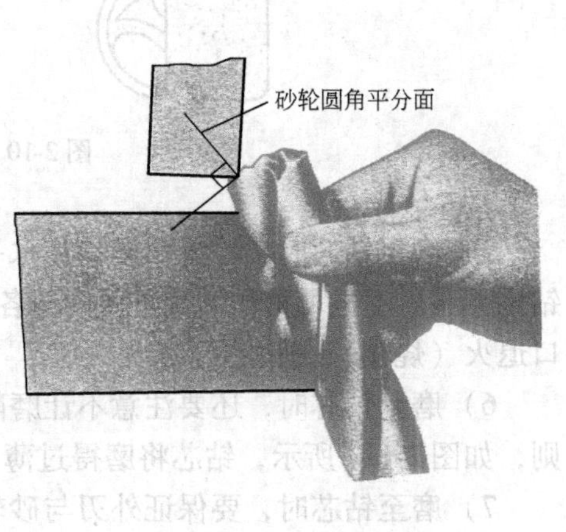

图2-13　磨外刃分屑槽

3）开始刃磨，钻头接触砂轮，同时在垂直面内摆动钻尾，磨出分屑槽，保证槽距 l_1、槽宽 l_2、槽深 c 和分屑槽的侧后角，如图2-14所示。同时，注意磨出刃口处槽窄、后面槽宽，保证一定的侧背后角；也可磨出刃口窄中间大的“鱼肚形”分屑槽，刃磨时让砂轮磨削点与钻头后面光接触即可。

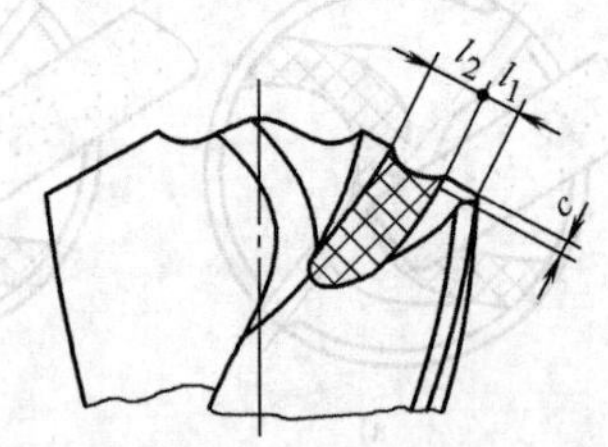

图2-14　第四步刃磨参数

$l_1 = l/3 \sim l/4$　$l_2 = l/2 \sim l/3$　$c = 1.5f$

2. 口诀

片砂轮、小砂轮，垂直外刃两平分，开槽选在高刃上，槽侧后角要留心。

◈◈◈ 第五节 刮削与研磨

一、提高刮削精度的方法

在刮削加工中，工件精度和表面质量经常会出现问题，甚至出现大的缺陷。针对性地采取一些措施，就会提高工件的精度及其表面质量。具体说明如下：

1. 沉凹痕

解决办法：粗刮时用力要均匀，局部落刀不能太重，避免出现多次刀迹重叠。

2. 撕痕

解决办法：要始终保持切削刃光洁且锋利；要避免切削刃有缺口或裂纹。

3. 振痕

解决办法：要避免多次同向刮削，刀迹应规律性地交叉。

4. 划道

解决办法：在研点时千万不要夹有砂粒、切屑等杂质，显示剂一定要保持清洁。

5. 刮削面精密度不准确

解决办法：推磨研点时压力要保持均匀；研具伸出工件要适当，不能太多，也不能太少；千万不要对出现的假点进行刮削；一定要保持研具本身的准确性。

二、提高研磨精度的方法

在研磨加工中，工件精度和表面质量经常会出现问题，甚至出现大的缺陷。针对性地采取一些措施，就会提高工件的精度及其表面质量。具体说明如下：

1. 表面粗糙度值高

解决办法：磨料选得不能太粗；研磨液选用要适当；研磨剂要涂得厚薄适当而且要匀；研磨时要保持清洁，千万不能混入杂质。

2. 平面成凸形

解决办法：研磨时压力要适度、不能过大；研磨剂要涂得厚薄适当，千万不能涂得太厚，以至于工作边缘挤出的研磨剂未及时擦去仍继续研磨；运动轨迹要错开；研磨平板选用要适当。

3. 孔口扩大

解决办法：研磨剂要涂抹均匀；研磨时，孔口挤出的研磨剂要及时擦去；研磨棒伸出的长度要适当，不能太长；研磨棒与工件孔之间的间隙不要太大；研磨时研具相对于工件孔的径向摆动不能太大；要确保工件内孔本身的锥度或研磨棒的锥度在公差允许的范围内。

4. 孔成椭圆形或圆柱有锥度

解决办法：研磨时要适当更换方向或及时调头；要确保工件材料硬度均匀，确保工件研磨前的加工质量；要确保研磨棒本身的制造精度。

◈◈◈ 第六节　超精研磨和抛光

所谓超精研磨和抛光就是一种特殊（不同于一般研磨）的精研方法。它可以使直径300mm的平晶的平面度误差达到0.01μm，使厚度在10mm以下的块规达到0.03μm的尺寸精度。

一、超精研磨

超精研磨都是采用压嵌法预先把磨料嵌附在研具上，而后用于研磨。研具通过多次对研，工作表面就能达到极平整而光洁的状态。用这种研具对工件进行研磨，通过以物理作用为主兼有化学作用的研磨过程，就能使工件获得准确的尺寸精度和位置精度以及很低的表面粗糙度值。

研磨方法

超精研磨块规需要4～5道工序，即细研、半精研、精研、超精研、抛光。研磨时其操作方法与研磨其他平面平行工件相同，即将块规顺直地摆放在研磨平板上，用双手捏持做直线往复运动，同时做微量的侧向移动。

小尺寸的薄片块规和大尺寸的块规在单件生产或修理时，一般仍靠手工研磨来达到或恢复其精度。在该操作方法中，最关键的是捏持问题，具体说明如下：

（1）小尺寸薄片块规的研磨和抛光　采用粘迭法，如图2-15所示。将薄片块规粘迭在同等精度的15～20mm厚的辅助垫块上，用右手捏牢辅助垫块两侧面，用左手拇指和中、食指等以八字形分别抓住它的两端面，做直线往复并伴以微量侧向移动的研磨运动。

（2）大尺寸块规的研磨　需用辅助夹具夹牢固。按图2-16所示将夹具与工件装好，并按图示位置调整适当后用螺钉固紧，使工件与夹具成为一体之后，用双手以八字形分别从工件两边捏牢夹具，并对夹具施加均匀的微量压力，做直线往复并伴以微量侧向移动的研磨运动。

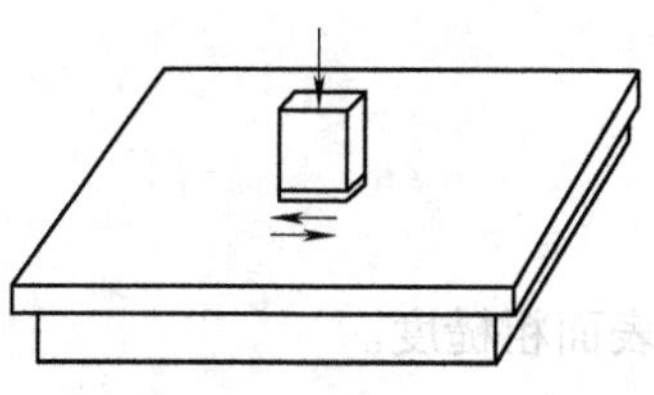

图 2-15 小尺寸薄片块规的研磨和抛光

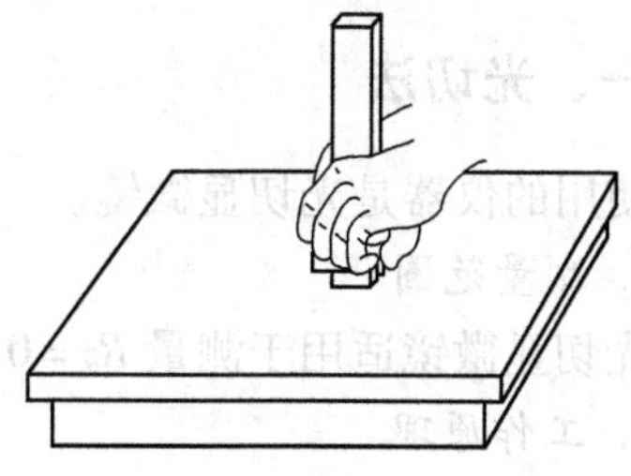

图 2-16 大尺寸块规的研磨

二、抛光

本书介绍的抛光是指量具、刃具和机械零件的抛光，不但有较高的表面粗糙度要求，而且有很高的尺寸精度要求。

抛光加工是物理作用、化学作用对加工表面的综合。

1. 抛光剂

常用的抛光剂是研磨膏或氧化铬；在研磨膏或氧化铬中一般都掺有硬脂酸（$C_{17}H_{35}COOH$）、油酸（$C_{17}H_{33}COOH$）、脂肪酸（$C_{17}H_{31}COOH$）、工业甘油［$C_3H_5(OH)_3$］和水（H_2O），以及少量的防锈剂——亚硝酸钠。

在研磨膏或氧化铬中掺入上述化学物质后，不但能够促进加工表面生成氧化膜，同时还对磨料起粘结作用，从而加速抛光加工的效率。

2. 抛光研具

抛光研具不但要具有一定的化学成分，而且要求有很高的制造精度。

抛光研具与所采用的抛光剂有关。用混合剂抛光精密表面时，多采用高磷铸铁作为研具；用氧化铬抛光精密表面时，则通常采用玻璃作为研具。

3. 抛光方法

在研具表面均匀地涂一层薄抛光剂，用研磨加工的操作方法对工件进行抛光，但要记住抛光加工速度要比研磨高。

第七节 超精密表面的检测方法

表面粗糙度常用的测量方法有目测检测、比较检测和测量仪器检测等。

对于那些明显不需要更精确方法检查工作表面的场合，就用目测法进行检测；当被测表面比较光滑时，可借助于比较样块通过视觉或触觉进行比较检测；当被测表面非常光滑时，即超精密表面，就必须采用适当的仪器进行测量检测。依据仪器的原理不同，测量检测可以分为光切法、干涉法、针描法等。

一、光切法

使用的仪器是光切显微镜。

1. 测量范围

光切显微镜适用于测量 $Rz=0.8\sim80\mu m$ 的表面粗糙度。

2. 工作原理

见本书第三章的第五节。

3. 检测方法

见本书第三章的第六节。

二、干涉法

使用的仪器是干涉显微镜。

1. 测量范围

干涉显微镜的测量范围为 $0.03\sim1\mu m$，适用于测量 Rz 的参数值。

2. 工作原理

见本书第三章第五节。

3. 检测方法

见本书第三章第六节。

三、针描法

针描法也称为感触法或轮廓法，使用的仪器是电动轮廓仪。

1. 测量范围

电动轮廓仪器通常直接显示数值，其测量范围为 $0.025\sim6.3\mu m$。

2. 工作原理

电动轮廓仪的工作原理图如图 2-17 所示。

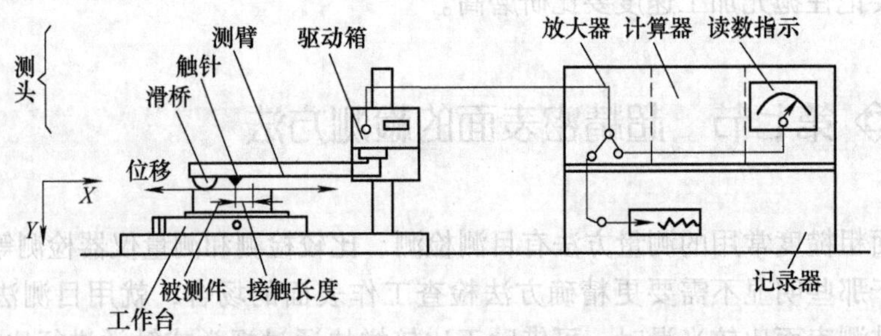

图 2-17　电动轮廓仪的工作原理图

利用仪器的触针在被测表面上轻轻划过，被测表面的微观不平轮廓将使触针做垂直方向的位移，然后通过传感器（测头）将位移变化量转换成电量的变化，再经信号放大后送入计算机，经其处理计算后显示出被测表面粗糙度的评定参考数值，还可将被测表面轮廓的误差绘制成图形，即误差图。

3. 检测方法

测量时，转动目镜上的千分尺，使其分划板上十字线的水平线先后与波峰及波谷相切即可进行测量。

第八节　机械设备零部件加工的技能训练实例

训练1　车床主轴箱的划线

主轴箱是车床的重要部件之一，图 7-18 所示为卧式车床主轴箱箱体图。从图中可以看出，箱体上加工的面和孔很多，而且位置精度和加工精度要求都比较高，虽然可以通过加工来保证，但在划线时对各孔间的位置精度仍需要特别注意。

在一般加工条件下该主轴箱箱体划线可分为三次进行。第一次确定箱体加工面的位置，划出各平面的加工线；第二次以加工后的平面为基准，划出各孔的加工线和十字校正线；第三次划出与加工后的孔和平面尺寸有关的螺孔、油孔等加工线。

主轴箱箱体的划线步骤：

一、第一次划线

第一次划线是在箱体毛坯件上划线，主要是合理分配箱体上每个孔和平面的加工余量，使加工后的孔壁均匀对称，为第二次划线时确定孔的正确位置奠定基础。

1）将箱体用三个千斤顶支承在划线平板上，如图 2-19 所示。

2）用划线盘找正 X、Y 孔（制动轴孔、主轴孔都是关键孔）的水平中心线及箱体的上下平面与划线平板基本平行。

3）用直角尺找正 X、Y 孔的两端面 C、D 和平面 G 与划线平板基本垂直，若差异较大，可能出现某处加工余量不足，应调整千斤顶与 A、B 的平行方向借料。

4）然后以 Y 孔内壁凸台的中心（在铸造误差较小的情况下，应与孔中心线基本重合）为依据，划出第一放置位置的基准线 Ⅰ—Ⅰ。

5）再以 Ⅰ—Ⅰ 线为依据，检查其他孔和平面在图样所要求的相应位置上，是否都有充分的加工余量，以及在 C、D 垂直面上，各孔周围的螺孔是否有合理的位置，一定要避免螺孔有大的偏移，如发现孔或平面的加工余量不足，都要进行借料，对加工余量进行合理调整，并重新划出 Ⅰ—Ⅰ 基准线。

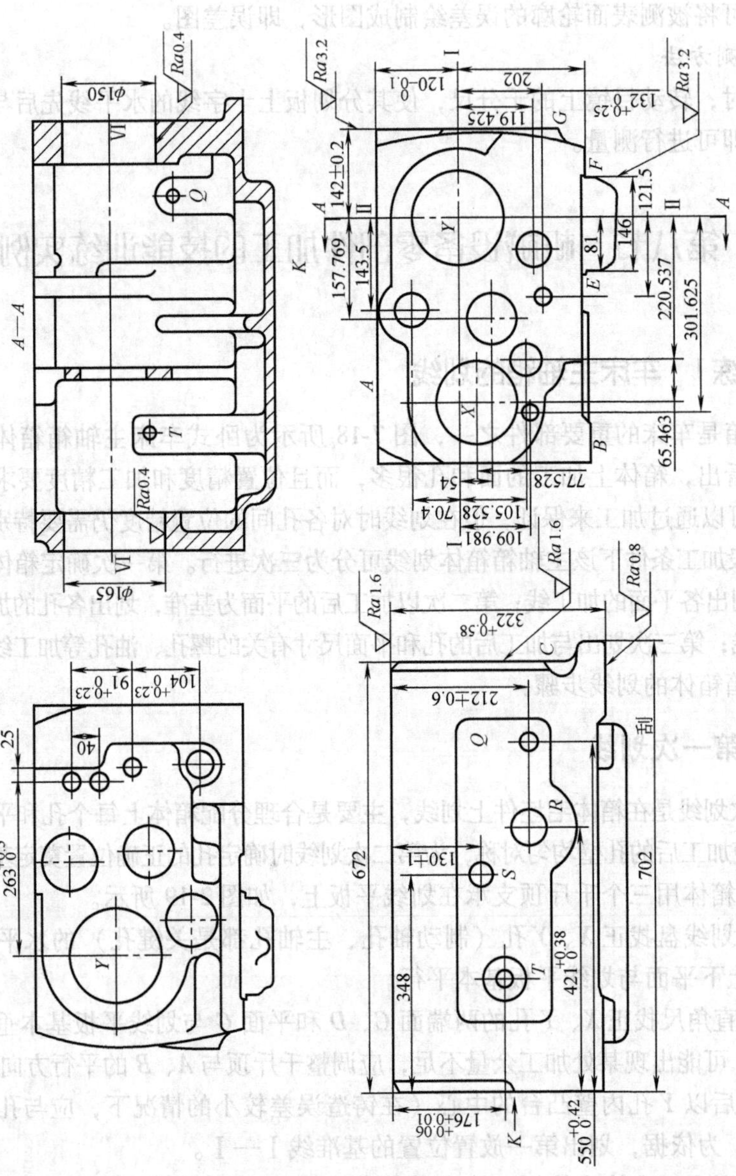

图2-18 车床主轴箱箱体

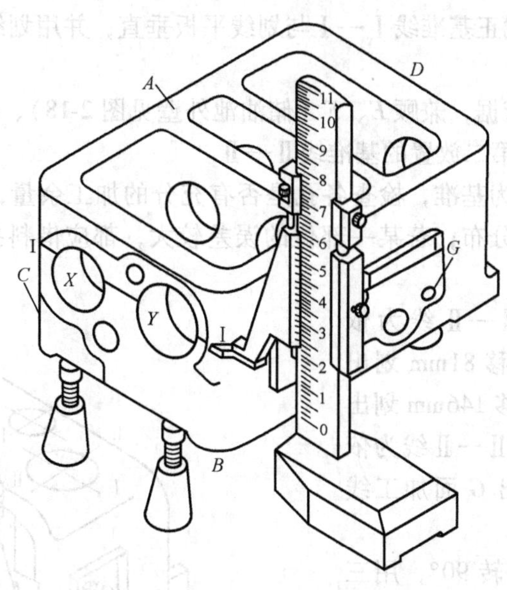

图 2-19 用三个千斤顶支承在平板上

6）最后以Ⅰ—Ⅰ线为基准，按图样尺寸上移 120mm 划出上表面加工线，再下移 322mm 划出底面加工线。

7）将箱体翻转 90°，用三个千斤顶支承，放置在划线平板上，如图 2-20 所示。

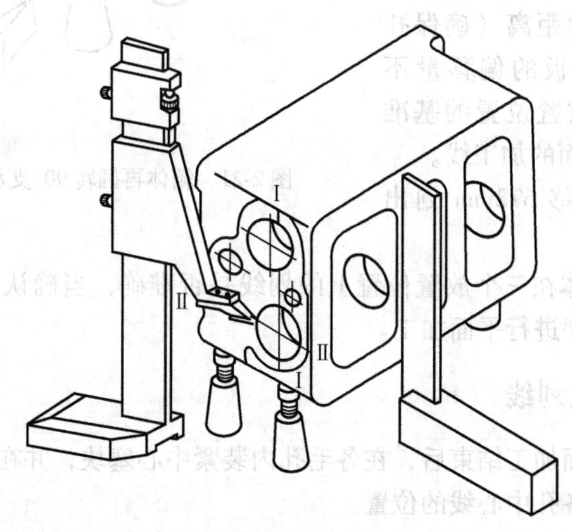

图 2-20 箱体翻转 90°支承在平板上

8）用直角尺找正基准线Ⅰ—Ⅰ与划线平板垂直，并用划线盘找正 *Y* 孔两壁凸台的中心位置。

9）再以此为依据，兼顾 *E*、*F*（储油池外壁见图 2-18）、*G* 平面都有加工余量的前提下，划出第二放置的基准线Ⅱ—Ⅱ。

10）以Ⅱ—Ⅱ为基准，检查各孔是否有充分的加工余量，*E*、*F*、*G* 平面的加工余量是否合理分布；若某一部位的误差较大，都应借料找正后，重新划出Ⅱ—Ⅱ基准线。

11）最后以Ⅱ—Ⅱ线为依据，按图样尺寸上移 81mm 划出 *E* 面加工线，再下移 146mm 划出 *F* 面加工线，仍以Ⅱ—Ⅱ线为依据下移 142mm 划出 *G* 面加工线（见图 2-18）。

12）将箱体翻转 90°，用三个千斤顶支承在划线平板上，如图 2-21 所示。

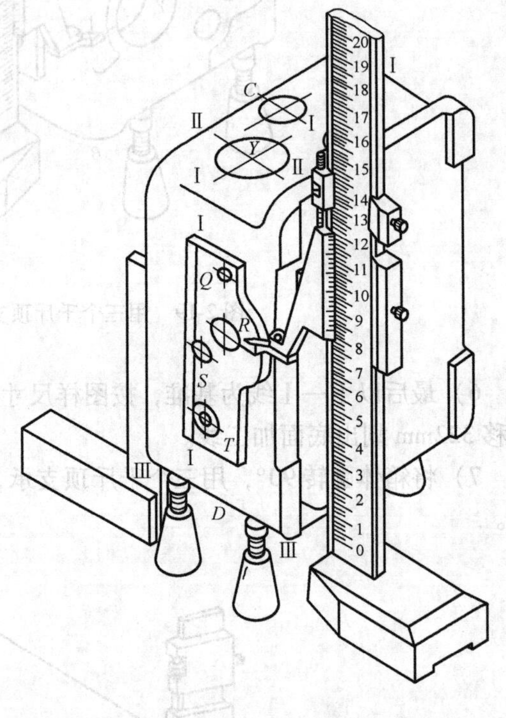

图 2-21　箱体再翻转 90°支承在平板上

13）用直角尺找正Ⅰ—Ⅰ、Ⅱ—Ⅱ两条基准线与划线平板垂直。

14）以主轴孔 *Y* 内壁凸台的高度为依据，兼顾 *D* 面加工后到 *T*、*S*、*R*、*Q* 孔的距离（确保孔对内壁凸台、肋板的偏移量不大），划出第三放置位置的基准线Ⅲ—Ⅲ，即 *D* 面的加工线。

15）然后上移 672mm 划出平面 *C* 的加工线。

16）检查箱体在三个放置位置上的划线是否准确，当确认无误后，冲出样冲孔，转加工工序进行平面加工。

二、第二次划线

箱体的各平面加工结束后，在各毛孔内装紧中心塞块，并在需要划线的位置涂色，以便划出各孔中心线的位置。

1）箱体的放置仍如图 2-19 所示，但不用千斤顶而是用两块平行垫铁安放在箱体底面和划线平板之间，垫铁厚度要大于储油池凸出部分的高度，应注意

箱体底面与垫铁和划线平板的接触面要擦干净，避免因夹有异物而使划线尺寸不准。

2）用游标高度卡尺从箱体的上平面 *A* 下移 120mm，划出主轴孔 *Y* 的水平位置线Ⅰ—Ⅰ。

3）再分别以上平面 *A* 和Ⅰ—Ⅰ线为尺寸基准，按图样的尺寸要求划出其他孔的水平位置线。

4）将箱体翻转 90°，仍如图 2-20 所示的位置，平面 *G* 直接放在划线平板上。

5）以划线平板为基准上移 142mm，用游标高度卡尺划出孔 *Y* 的垂直位置线（以主轴箱工作时的安放位置为基准）Ⅱ—Ⅱ。

6）然后按图样的尺寸要求分别划出各孔的垂直位置线。

7）将箱体翻转 90°，仍如图 2-21 所示的位置，平面 *D* 直接放在划线平板上。

8）以划线平板为基准分别上移 180mm、348mm、421mm、550mm，划出孔 *T*、*S*、*R*、*Q* 的垂直位置线（以主轴箱工作时的安放位置为基准）。

9）检查各平面内各孔的水平位置与垂直位置的尺寸是否准确，孔中心距是否有较大的误差，若发现有较大误差，应找出原因，及时纠正。

10）分别以各孔的水平线与垂直线的交点为圆心，按各孔的加工尺寸用划规划圆，并冲出样冲孔，转机加工序进行孔加工。

三、第三次划线

在各孔加工合格后，将箱体平稳地置于划线平板上，在需划线的部位涂色，然后以已加工平面和孔为基准划出各有关的螺孔和油孔的加工线。

● 训练 2　传动机架的划线

畸形工件传动机架如图 2-22 所示，该工件形状奇特，其中 ϕ40mm 孔的中心线与 ϕ75mm 孔的中心线成 45°夹角，而且其交点在空间，不在工件本体上，故划线时要采用辅助基准和辅助工具。

具体划线步骤如下：

1）用直角铁紧固工件。如图 2-23 所示，将工件先预紧在直角铁上，用划线盘找出 *A*、*B*、*C* 三个中心点（应在一条直线上），并用直角铁检查上、下两个凸台，使其与平台面垂直；然后把工件和直角铁一起转 90°，使直角铁的大平面与平台面平行；以 ϕ150mm 凸台下的不加工平面为依据，用划线盘找正，使其与平台面平行，如不平行，可用楔铁垫在 ϕ225mm 凸台与直角铁大平面之间进行调整；经过以上找正后用直角铁紧固工件。

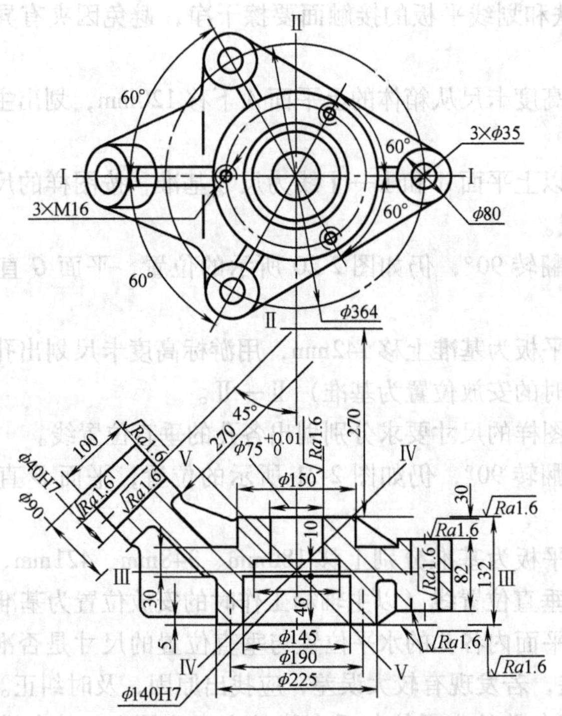

图2-22　传动机架

2）划第一划线位置。如图2-23a所示，经A、B、C三点划出中心线Ⅰ—Ⅰ（基准），然后按尺寸$a+\frac{364}{2}\cos30°$和$a-\frac{364}{2}\cos30°$分别划出上、下两ϕ35mm孔的中心线。

3）划第二划线位置。如图2-23b所示，根据各凸台外圆找正后划出ϕ75mm孔的中心线Ⅱ—Ⅱ（基准），再按尺寸$b+\frac{364}{2}\sin30°$和$b-\frac{364}{2}$分别划出上、下共三个ϕ35mm孔的中心线。

4）划第三划线位置线。如图2-23c所示，根据工件中部厚度30mm和各凸台两端的加工余量找正后划出中心线Ⅲ—Ⅲ（基准），再按尺寸$c+\frac{132}{2}$和$c-\frac{132}{2}$，分别划出中部ϕ150mm凸台的两端面加工线；按尺寸$c+\frac{132}{2}-30-82$分别划出三个ϕ80mm凸台的两端面加工线；基准Ⅱ—Ⅱ与Ⅲ—Ⅲ相交得交点A。

5）划第四划线位置。如图2-23d所示，将直角铁斜放，用角度规或游标万

能角度尺测量，使直角铁与平台面成45°倾角，通过交点 A，划出辅助基准Ⅳ—Ⅳ，再按尺寸 $\left(270+\frac{132}{2}\right)\sin45°=237.6$ 划出 $\phi40$mm 孔的中心线，此中心线与已划的Ⅰ—Ⅰ中心线相交的点，即为 $\phi40$mm 孔的圆心。

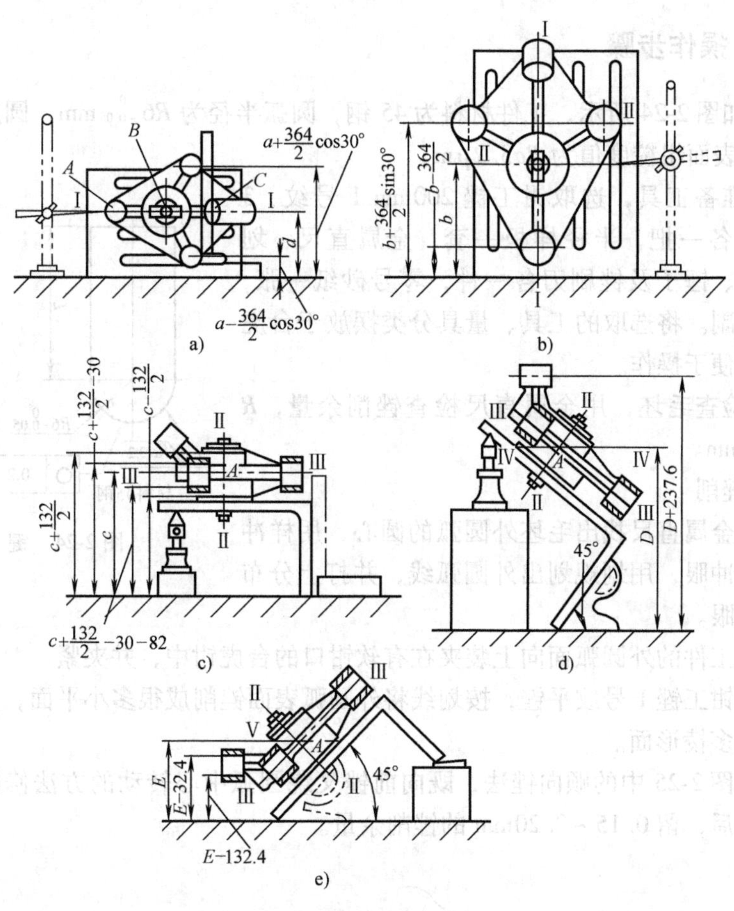

图2-23　传动机架划线

6）划第五划线位置线。如图2-23e所示，将直角铁向另一方向成45°斜放，通过交点 A，划出第二辅助基准线Ⅴ—Ⅴ，再按尺寸 $E-\left[270-\left(270+\frac{132}{2}\right)\sin45°\right]=E-32.4$ 划出 $\phi40$mm 孔上端面的加工线；按尺寸 $E-\left[270-\left(270+\frac{132}{2}\right)\sin45°\right]-100=E-132.4$ 划出 $\phi40$mm 孔下端面的加工线。

7）定圆心划圆周加工线。从直角铁上卸下工件，在 $\phi75$mm 孔和 $\phi145$mm

孔内装入中心塞块，用直尺将已划的中心线连接后，便可在中心塞块上得到相交的圆心，用圆规划出各孔的圆周加工线。

• 训练3 修配普通键圆弧面

一、操作步骤

1）如图2-24所示，工件材料为45钢，圆弧半径为$R6_{-0.05}^{\ 0}$mm，圆度公差为0.2mm，表面粗糙度值为$Ra3.2\mu m$。

2）准备工具，选取钳工锉200mm 1号纹、3号纹平锉各一把，半径样板一套，金属直尺、划规、样冲、锤子及锉刷刀各一件，零号砂纸一张，软钳口一副。将选取的工具、量具分类摆放于台虎钳旁，以便于操作。

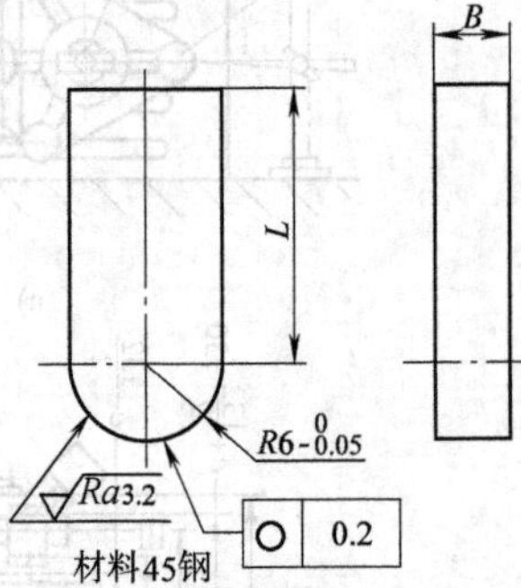

图2-24 键

3）检查毛坯，用金属直尺检查锉削余量，R处为0.5mm。

4）锉削

①用金属直尺找出毛坯外圆弧的圆心，用样冲打出中心冲眼，用划规划出外圆弧线，并打上分布均匀的冲眼。

②将工件的外圆弧面向上装夹在有软钳口的台虎钳中，并夹紧。

③用钳工锉1号纹平锉，按划线将外圆弧表面锉削成很多小平面，使之近似于圆弧的多棱形面。

④按图2-25中的顺向锉法，既向前锉又绕圆弧中心转动的方法修圆外圆弧面，粗锉后，留0.15~0.20mm的锉削余量。

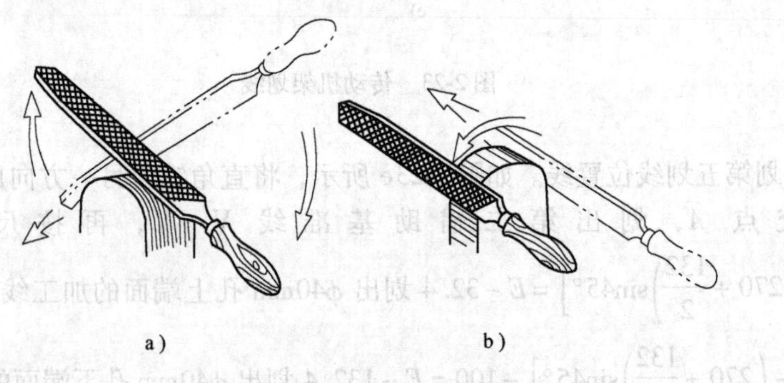

图2-25 外圆弧面的锉削方法

a）顺向锉法 b）横向锉法

⑤用钳工锉3号纹平锉，顺着外圆弧方向向前推锉的同时，右手向下压，左手随着上提，使锉刀的运动轨迹呈渐开线式（即顺向锉法），如图2-26所示。精锉外圆弧面，留0.02~0.04mm的锉削余量。

⑥在精锉过程中，要经常用半径样板进行检查，直至修锉到图样要求为止。

⑦从零号砂布上撕下一条稍宽于锉刀的砂布，包在3号纹平锉上，对工件的外圆弧表面进行修光。

5）卸下工件，按图样进行最终检查。

6）清除锉刀上切屑，清理工作现场。

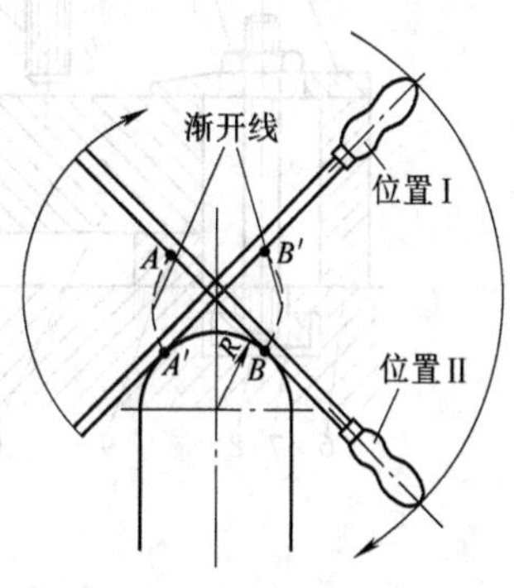

图2-26 锉刀转动

二、注意事项

1）顺锉倒圆法，能使圆弧面光滑，但锉削位置不易掌握，锉削量少，只适用于精锉。

2）绕圆心的摆动要均匀，否则会出现微小平面。

• 训练4 高精度孔系的钻铰加工

被加工的零件如图2-27所示。采用测量中心距法进行加工，加工的装夹方法如图2-28所示。

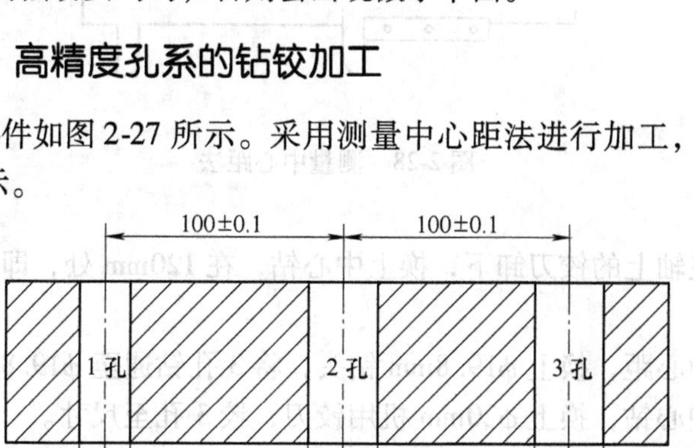

图2-27 零件图

具体操作步骤如下：

1）依照图2-27，划出十字线和1、2、3孔圆周线。

2）首先在摇臂钻床上，将2孔钻铰成ϕ20H7。

3）将一把ϕ20H7的手铰刀插入2孔内，再把摇臂钻主轴（此时其上的ϕ20H7铰刀没有卸下）移至3孔的位置，再用游标卡尺抵住ϕ20H7铰刀，量出距离120mm，即a处。

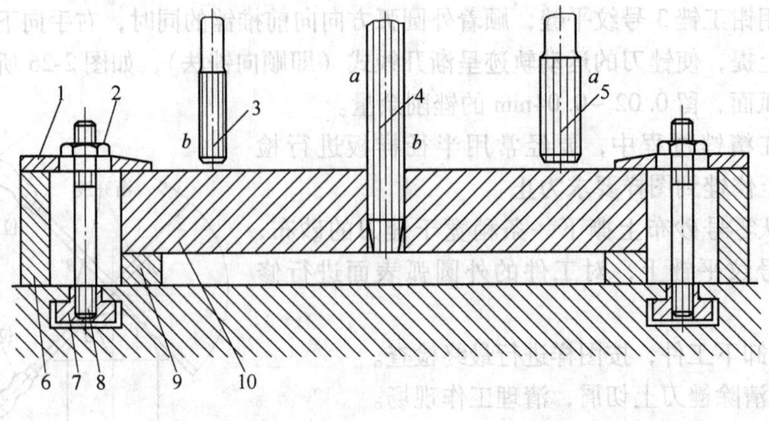

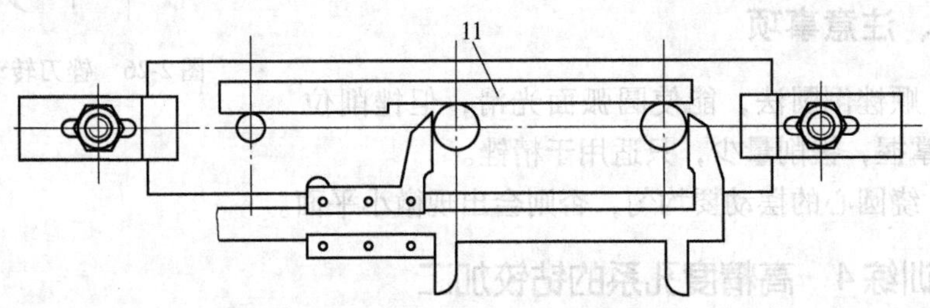

图 2-28　测量中心距法

4）再把主轴上的铰刀卸下，换上中心钻，在 120mm 处，即 3 孔的中心位置钻中心孔。

5）卸下中心距，换上 ϕ19. 8mm 钻头，将 3 孔钻通至 ϕ19. 8mm。

6）卸下中心钻，换上 ϕ20mm 机用铰刀，铰 3 孔至尺寸。

7）再将主轴移到 1 孔的位置，卸下 ϕ20mm 机用铰刀，换装上 ϕ16H7 铰刀，使用对刀样板和游标卡尺配合测量铰刀 6 处的距离为 118mm，按照上述 4）、5）、6）步骤将 1 孔钻铰至 ϕ16H7。

训练 5　按不同的使用要求刃磨群钻

一、钻铸铁群钻

见图 2-29。

1. 刃磨

（1）修磨横刃　为的是减小轴向抗力，以便加大进给量。

（2）磨出月牙圆弧槽　为的是使钻心尖低下来，以保护钻心尖。

（3）采用双重顶角　为的是减少磨损，提高钻头寿命。

（4）适当加大后角　为的是减少钻头后面与工件间的摩擦。

2. 钻铸铁群钻的特点口诀

铸铁屑碎赛磨料，转速稍低、大进给，三尖刃利加冷却，双重顶角寿命高。

二、钻不锈钢群钻

见图 2-30。

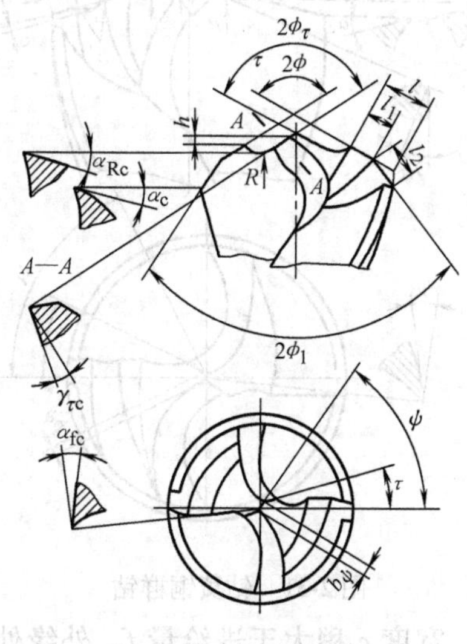

图 2-29　钻铸铁群钻

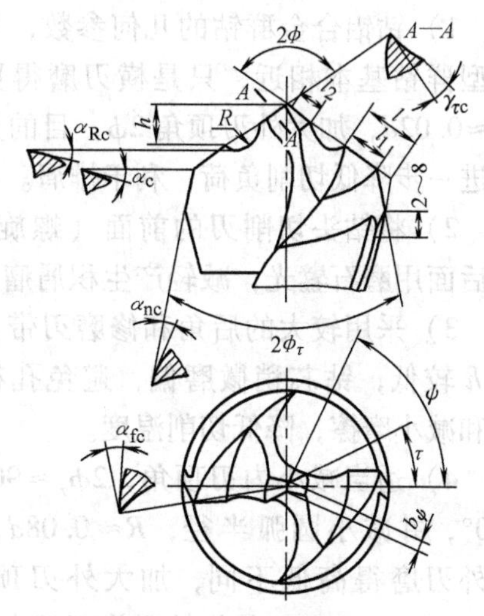

图 2-30　钻不锈钢群钻

1. 刃磨

外刃顶角较大，通常外刃顶角为 $2\phi\approx135°\sim140°$（此时，寿命最长），大钻头取较大值。

2. 钻不锈钢群钻的特点口诀

钻心稍高弧槽浅，刃磨对称是关键，一侧外刃浅开槽，时连时分屑易断。

三、钻黄铜群钻

见图 2-31。

1. 刃磨

1）适当修磨前面成三角形小平面，以减小前角，目的是为了避免“扎刀”。

2）缩短横刃长 b_{ψ}，减小轴向抗力，目的是为了钻出很精确的孔形。

3）外刃轴向结构前角 $\gamma_{c}\approx6°\sim10°$，钻压力加工黄铜取上限值，钻压力加工软黄铜时，将外刃轴向结构前角修磨成负前角（$\gamma_{c}\approx-5°\sim-8°$），把棱边磨窄，并将外缘刃尖磨成圆弧（$r=0.5\sim1\text{mm}$）。

2. 钻黄铜群钻的特点口诀

黄铜钻孔易“扎刀”，外缘前角要减小，刃带磨窄、修圆弧，孔圆、光整质量高。

四、钻铝合金群钻

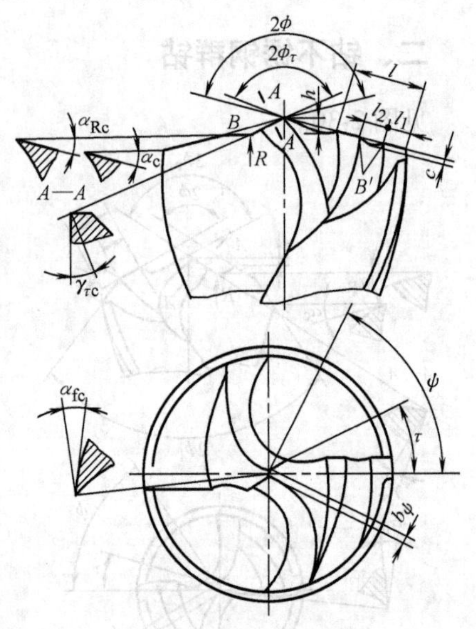

图2-31　钻黄铜群钻

1. 刃磨

1）钻铝合金群钻的几何参数，与基本型群钻基本相近，只是横刃磨得更窄 $b_\psi\approx0.02d$，加大外刃顶角 2ϕ，目的是为了进一步降低切削负荷，利于排屑。

2）将钻头切削刃的前面（螺旋槽）和后面用磨石鐾光，减轻产生积屑瘤。

3）采用较大的后角和修磨刃带，尖高 h 较低，钻芯稍微磨偏，避免孔径收缩和减小摩擦，降低切削温度。

4）适当减小内刃顶角，$2\phi_\tau\approx90°\sim110°$，并减小圆弧半径，$R\approx0.08d$，将两外刃磨得高低不同，加大外刃顶角，$2\phi\approx140°\sim170°$，并将外刃前面鐾出小平面，宽度 c 稍大于进给量 f，外缘处结构法前角 γ_{nc} 减小到 $8°\sim10°$。修磨横刃时，将刃瓣沿沟背棱多磨去一些。采用较高的转速（目的是为了加大容屑空间），改善分屑，减轻切屑与螺旋槽的摩擦。

2. 钻铝合金群钻的特点口诀

料粘、孔糙、积屑瘤，孔深排屑很棘手，鐾出平面、大顶角，精孔最好加煤油。

五、钻硬钢群钻

硬钢是指经过热处理后，其硬度达到38～43HRC，或在零件表面经过渗碳、碳氮共渗镀铬有一层很薄的表面硬化层的一般结构钢，或弹簧钢、工具钢以及其他逆磁钢（如50Mn18Cr4）、轴承钢、耐热合金和特种钢等难加工材料。上述材料可采用钻硬钢群钻来进行钻孔，见图2-32。

1. 刃磨

1）在外刃上磨出单边分屑槽，并适当减小它的前角。

2）选用较小的顶角（$2\phi=118°$）并加大月牙槽圆弧半径。

2. 钻硬钢材群钻的特点口诀

钻硬钢材钻头短，前角减小槽磨浅，最好使用切削液，慢转慢进能过关。

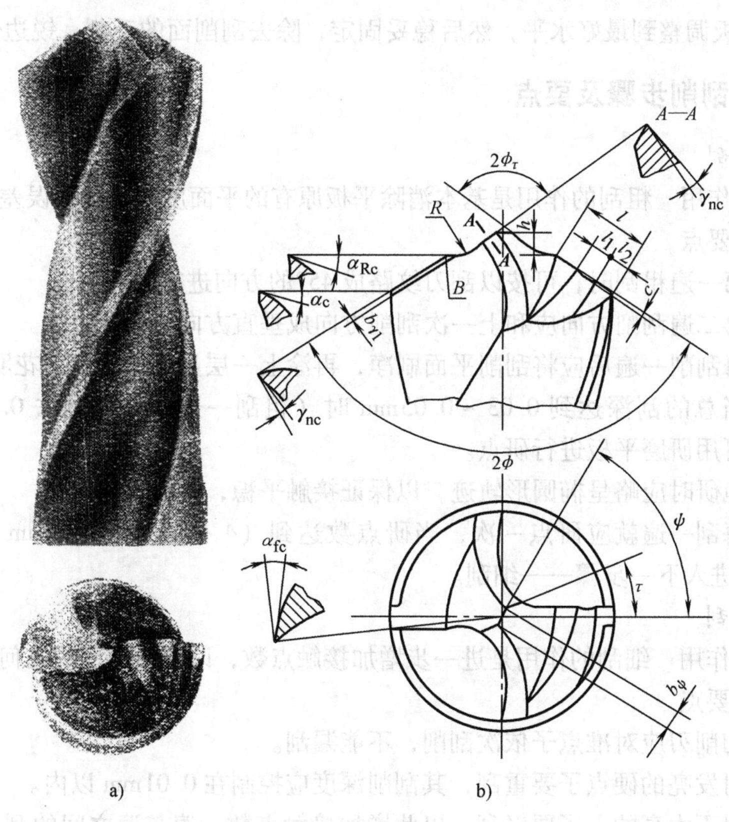

图 2-32 钻硬钢群钻

$2\phi=118°$ $2\phi_\tau=130°$ $\psi=75°$ $\tau=30°$ $\alpha_{Rc}=15°\sim20°$ $\alpha_{fc}=15°\sim20°$

($\alpha_c=10°\sim15°$) $\gamma_{nc}=0°\sim-5°$ $b_{\gamma1}=0.03d$ $h=0.1d$ $l=0.3d$

$l_1=l_2=l/3$ $R=0.4d$ $b_\psi=0.08d$ $c=0.2\text{mm}$

($d<15\text{mm}$ 时不开外刃分屑槽)

训练 6 零级精度平板的刮削

用零级精度的原始平板作为检验平板，对较低级、待刮削的平板进行研点。检出高点，接着只刮去高点，再研点，再刮去高点。如此反复进行，不断提高其与零级精度的原始平板研配的研点数，最终达到零级精度平板的精度要求。

现以 400mm×400mm 待刮成零级精度平板为例，其精度要求为：研点数≥25 点/(25mm×25mm)，表面粗糙度为 $Ra0.4\mu m$，直线度为 0.01mm/1000mm。

一、刮削前的准备

将平板调整到最好水平，然后稳妥固定，除去刮削面的毛刺、锐边倒角。

二、刮削步骤及要点

1. 粗刮

（1）作用　粗刮的作用是基本消除平板原有的平面度、直线度误差。

（2）要点

1）第一遍粗刮时，可按以刮刀纹路成45°的方向进行。

2）第二遍刮削方向应和上一次刮削方向成垂直方向进行。

3）每刮削一遍后应将刮削平面刷净，再涂上一层显示剂，使刀花明显。

4）当总的刮深达到0.03～0.05mm时（粗刮一遍一般可刮去0.01mm余量），即可用研磨平板进行研点。

5）拖研时应略呈椭圆形轨迹，以保证接触平稳，研磨均匀。

6）每刮一遍就应研点一次，当研点数达到（4～6）点/（25mm×25mm）时，便可进入下一步骤——细刮。

2. 细刮

（1）作用　细刮的作用是进一步增加接触点数，以提高表面的几何精度。

（2）要点

1）切削刃应对准点子依次刮削，不能漏刮。

2）对发亮的硬点子要重刮，其刮削深度应控制在0.01mm以内。

3）对不太亮的点子要轻刮，以此增加接触点数，遍与遍之间的刮削方向也应成90°。

4）当用一级平板研点时，其研点数达到12～15点/(25mm×25mm）时，即可进入最后一步——精刮。

3. 精刮

（1）作用　精刮的作用是提高平板的接触精度，使研点数达到25点/(25mm×25mm)。

（2）要点

1）此时，刀花宽度约为3～5mm，长度约为3～6mm。

2）起、落刀时，要轻落轻起，刀刀应落在点子上。

3）精刮时切削刃刃口必须适时研磨，始终保持刃口平整锐利，刀面表面粗糙度应为$Ra0.1\mu m$，刃口应成弧形，刃宽约为4～6mm。

4）精刮后，用零级精度的原始平板进行研点检验，研点数应为≥25点/(25mm×25mm)，当整个平板全部面积上均已达到技术要求时，则精刮结束。

• 训练7 三块式轴瓦的刮削

以外圆磨床磨头主轴“短三块”轴瓦的刮削为例。

操作要点如下：

1）磨头主轴轴瓦与球头螺钉相配的圆弧为对偶件，拆装时应打记号、按对装配，并保证其接触率不低于65%。

2）将主轴箱体置于标准平板上，刮研其底面，使其接触率不低于6～8点/(25mm×25mm)，其箱体前后主轴孔中心线对底面的平行度误差不超过0.02mm。

3）粗刮轴瓦，轴瓦的结构及粗刮的方法如图2-33所示。在标准平板上放两块V形块，将已修好的主轴放在V形块上，在轴颈上涂一层薄薄的蓝油，将轴瓦在主轴颈上着色刮研，同时在轴瓦的背面上用指示表测量，检查轴瓦两端的厚度差，一般不应超过0.01mm，且前后轴承相对应的两块轴瓦的厚度差也不应超过0.01mm，轴瓦表面的接触率刮至12～14点/(25mm×25mm) 即可。

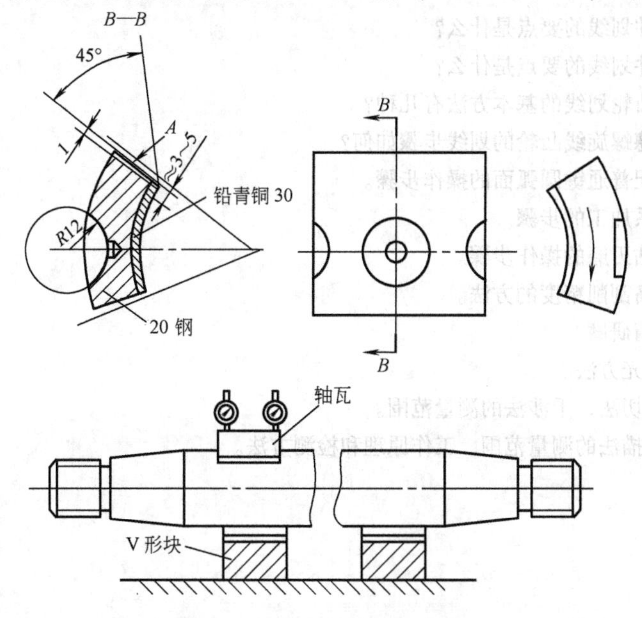

图2-33 轴瓦的结构及粗刮方法

4）合研精刮轴瓦

①精刮时不装主轴的止推环部分。将主轴下部的四块轴瓦分别按对放在固定支承头和球头螺钉上，将主轴放在这四块轴瓦上，然后插入上部两块轴瓦，调整球头螺钉和固定支承头的调整垫片厚度，使主轴在孔内对中，其方法是用塞尺检

查各轴瓦背面对箱体孔壁的间隙是否均匀。

②再将箱体置于标准平板上，检查主轴中心线对箱体底面的平行度，一般保持在0.02mm之内。

③用锁紧螺母将两块上轴瓦的球头螺钉锁紧。复查一次平行度与间隙是否变化，若发生变化应重新调整。

④然后扳动辅具，转动主轴给轴瓦着色（为了保证调好的轴线不动，在精刮和以后的调整过程中，上轴瓦的调整螺钉不能再动，拆卸主轴时只能松开下部两块轴瓦的调整螺钉）。

⑤最后取下主轴和轴瓦，进行精刮，其接触率应不低于18～20点/(25mm×25mm)，并将A边（图2-33）约3～5mm宽度上刮低0.3～0.5mm，以便润滑油进入轴瓦形成油膜。

复习思考题

1. 畸形工件划线的要点是什么？
2. 大型工件划线的要点是什么？
3. 机修中凸轮划线的基本方法有几种？
4. 阿基米德螺旋线凸轮的划线步骤如何？
5. 试述修配普通键圆弧面的操作步骤。
6. 试述孔系加工的步骤。
7. 试述群钻刃磨的操作步骤。
8. 试述提高刮削精度的方法。
9. 何为超精研磨？
10. 试述抛光方法。
11. 试述光切法、干涉法的测量范围。
12. 试述针描法的测量范围、工作原理和检测方法。

第三章 机械设备维修

培训目标 了解磨床、镗床及龙门铣床的组成；掌握磨床、镗床及龙门铣床的传动、结构及工作原理；了解各种光学测量仪器的用途、组成及工作原理；掌握各种光学测量仪器的使用方法；能直观诊断磨床、镗床、龙门铣床的故障；能通过试加工的方法检测磨床、镗床、龙门铣床的工作精度。

第一节 磨 床

使用砂轮进行切削加工的机床称为磨床。磨削可以加工外圆柱表面、内圆柱表面、平面、锥面、螺纹、曲轴、花键轴、齿轮及特种曲面等。磨床根据加工工件表面形状的不同，可分为外圆磨床、内圆磨床、平面磨床、刃具磨床和特种磨床等。现以外圆磨床为例进行介绍。

一、工作原理

外圆磨削的方式不同，磨床所具有的运动也不同。

（1）纵向进给外圆磨削 如图 3-1 所示，磨削时，工件装夹在两顶尖间或卡盘上，砂轮回转为主运动，工件由工作台带动作纵向进给运动，同时由工作台主轴箱带动作圆周进给运动。此外工作台每完成一次行程，砂轮就随砂轮主轴箱向工件作横向（切入）进给运动。

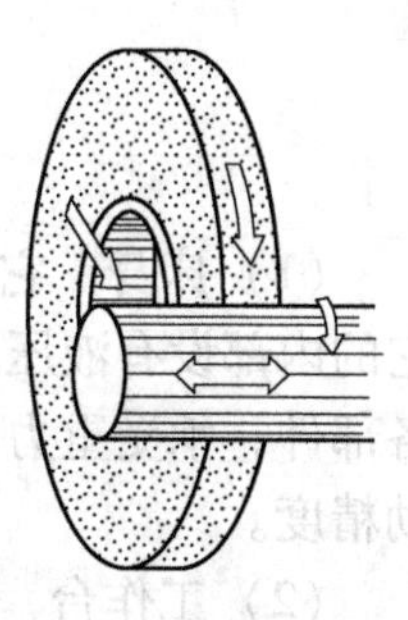

图 3-1 纵向进给外圆磨削工作原理

（2）横向进给外圆磨削 磨削时，砂轮除作回转运动（主运动）外，还作连续的横向（切入）进给运动；工件只作旋转（圆周进给）运动，不作往复移动。

（3）外圆无心磨削　如图3-2所示，磨削时，砂轮1作高速回转运动（即主运动）；导轮2作慢速回转运动，且转向与砂轮相同；工件以被磨表面为基准，浮动在支承拖板3上；当导轮2与工件4接触时，在摩擦力的作用下，导轮带动工件回转，构成了工件的圆周进给运动。工件安置在两轮中间，工件中心稍高于两轮中点的中心连线，支承拖板又具有一定斜度，这样工件的回转中心可在很小的范围内上、下自动调整，使工件能自动磨成圆柱形表面。导轮在垂直面内有一倾角，借助导轮回转摩擦力使工件作轴向运动，实现轴向进给。

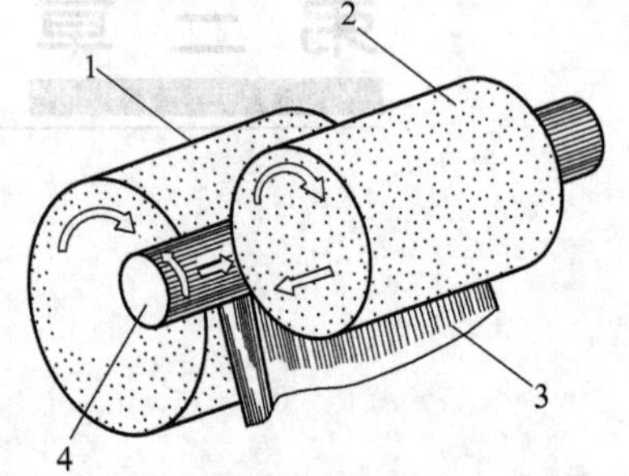

图3-2　外圆无心磨削工作原理

1—砂轮　2—导轮　3—支承拖板

4—工件

二、主要结构

下面以M1432A型万能外圆磨床为例进行介绍。

图3-3所示为M1432A型万能外圆磨床的外形，它由床身、工作台、头架、尾座、砂轮、砂轮架、内圆磨头等部件组成。

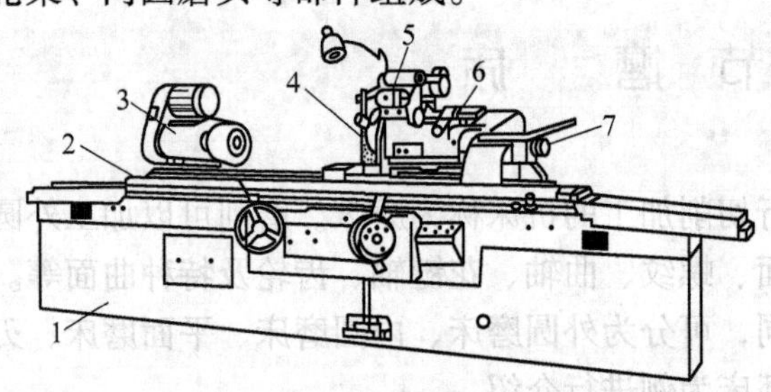

图3-3　M1432A型万能外圆磨床

1—床身　2—工作台　3—头架　4—砂轮

5—内圆磨头　6—砂轮架　7—尾座

（1）床身　它是万能外圆磨床的基础零部件。床身由铸铁制成，呈凸字形。它的内部设有液压系统用贮油池，它的顶面设有纵向、横向导轨。床身用来支承各部件，承受重力与切削力，并保证其上各部件的相对位置精度及移动部件的运动精度。

（2）工作台　它分上、下两层，下工作台底面有导轨，与床身纵向导轨相配合，通过液压传动或手动机械传动实现纵向进给运动。上工作台与下工作台通过四个螺钉和两块压板固定在一起，其上设有定位面及T形槽，用以安装头架

和尾座。上工作台可绕下工作台上的中间短轴转动，以磨削一定锥度的锥体。

（3）头架　头架安装在工作台左上部。图3-4所示为头架展开图。

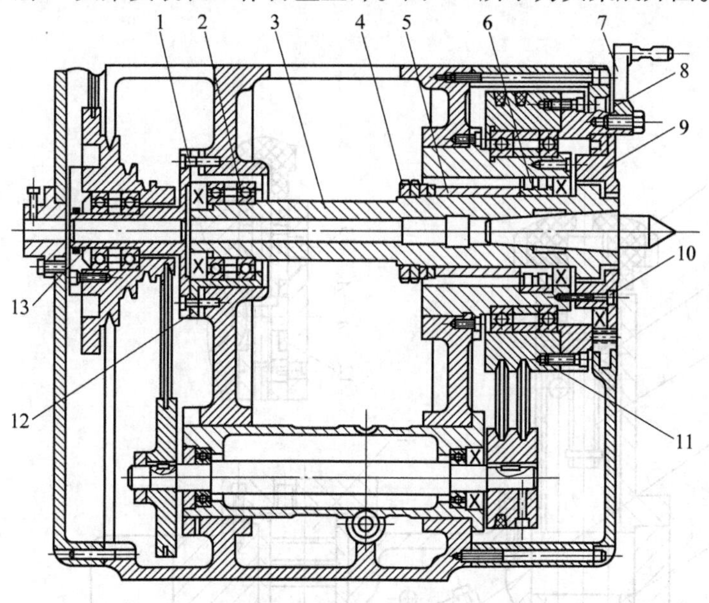

图3-4　头架展开图

1、10—螺钉　2—后轴承　3—主轴　4—螺母　5—中间套　6—前轴承　7—拨杆　8—拨盘　9—端盖　11—带轮　12—轴承座　13—轴套

头架箱体底盘用两个T形螺栓固定在工作台上，头架变速箱可绕底盘定心轴颈回转。头架既装夹工件，又实现圆周进给运动。

（4）尾座　尾座安装在工作台的右上部，图3-5所示为尾座结构。

尾座的主要作用是夹持工件。尾座套筒1的前端内锥孔中安装顶尖，用来支承工件。装卸工件时，套筒的后移可通过扳动手柄实现，也可以通过踩下尾座的控制板实现。此外，在尾座套筒的前油封盖上有一斜孔，用以安装金钢石笔，对砂轮进行修整。

（5）砂轮架　砂轮架装于后床身上。图3-6所示为砂轮架主轴部件剖视图及局部放大图。

砂轮架滑鞍下面的导轨与床身横向导轨配合，通过机械传动或液压传动带动砂轮架沿床身导轨作横向进给运动。砂轮主轴4装在两组多瓦式自动调位动压轴承3、8中。在主轴左右两端的锥体上，分别装着砂轮法兰盘1和V带轮9，并由砂轮架上的电动机经传动带直接传动旋转。砂轮主轴的径向精度由轴承3、8来保证。砂轮主轴的轴向位置依靠固定在壳体上的支架7、轴6，通过锥销与半圆轴套5联接。在半圆轴套5中装有半圆环12、13，借助弹簧11的压力将主轴的凸肩夹持在半圆环12、13之间，固定了砂轮主轴的轴向位置。

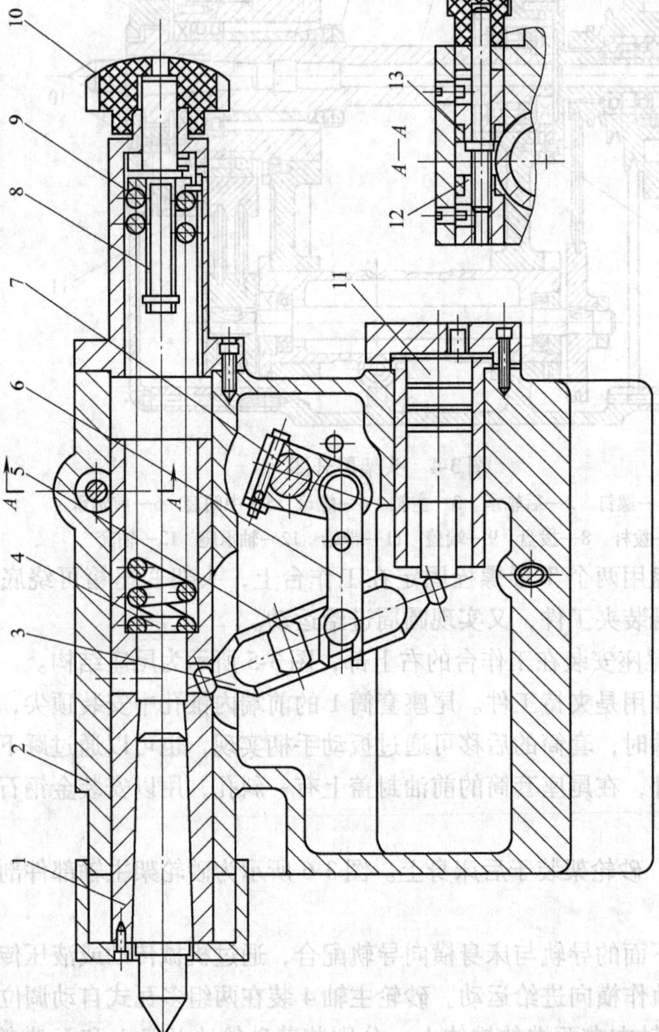

图 3-5 尾座结构

1—套筒 2—壳体 3—拨杆 4—弹簧 5—定轴 6—连杆 7—轴 8—调整螺杆
9—螺母 10—手柄 11—液压缸 12、13—锁紧块

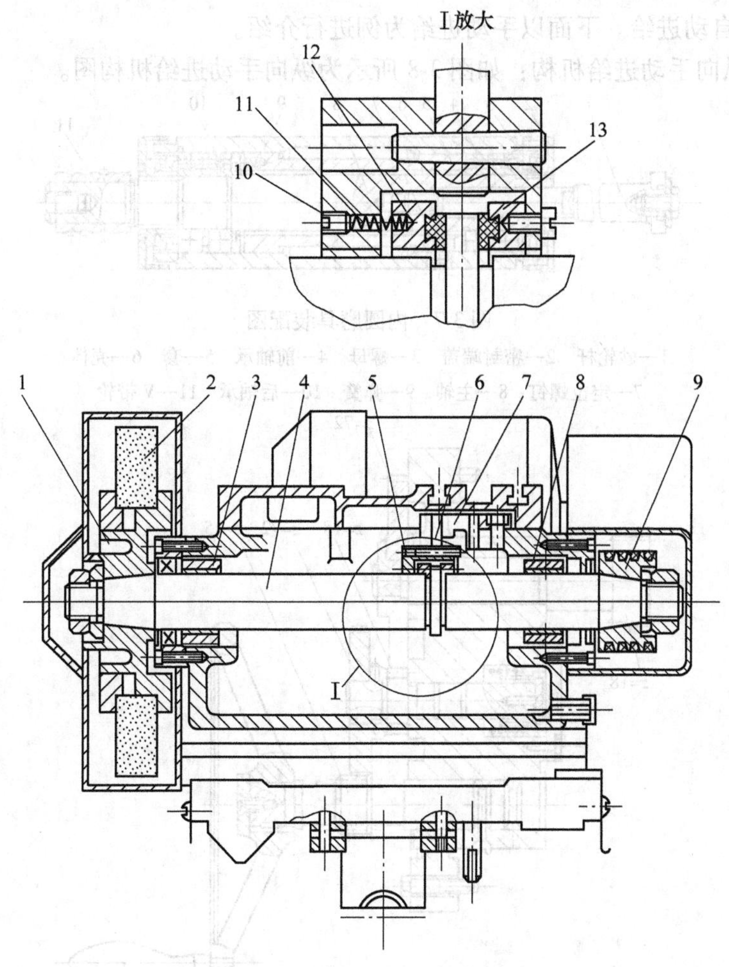

图 3-6　砂轮架主轴部件剖视图

1—法兰盘　2—砂轮　3、8—“短三块”滑动轴承　4—主轴　5—半圆轴套　6—轴　7—支架　9—V 带轮　10—螺钉　11—弹簧　12、13—半圆环

砂轮架中的主轴 4 和轴承 3、8 是磨床中非常重要的零件。主轴部件的回转精度对加工工件的表面粗糙度和精度都有直接影响。砂轮架除了具有主轴回转主运动和横向进给运动外，还可绕滑鞍定位孔中心作回转运动。

（6）内圆磨具　内圆磨具是磨削工件内孔和内锥孔的工具，其结构如图 3-7 所示。

内圆磨具装于支架内，而支架和电动机均装在砂轮架壳体上。电动机的运动经由平带传给内圆磨具主轴。当不用内圆磨具时，连同支架可绕支架轴抬起。

（7）进给机构　进给机构分为纵向进给和横向进给两种。每种又可分为手动进给和自动进给。下面以手动进给为例进行介绍。

1）纵向手动进给机构：如图3-8所示为纵向手动进给机构图。

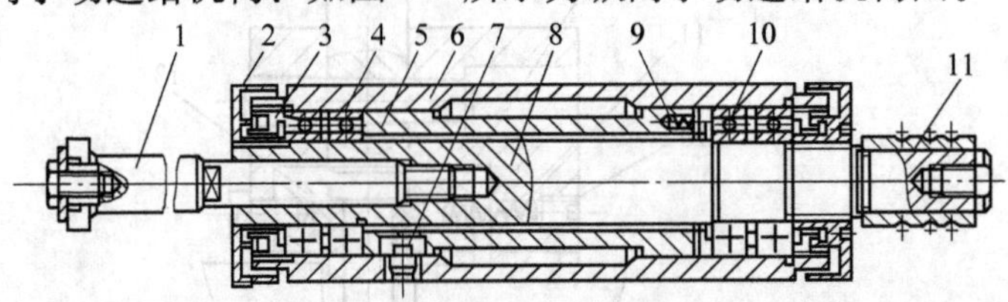

图3-7　内圆磨具装配图

1—砂轮杆　2—密封端盖　3—螺母　4—前轴承　5—套　6—壳体
7—定位螺钉　8—主轴　9—弹簧　10—后轴承　11—V带轮

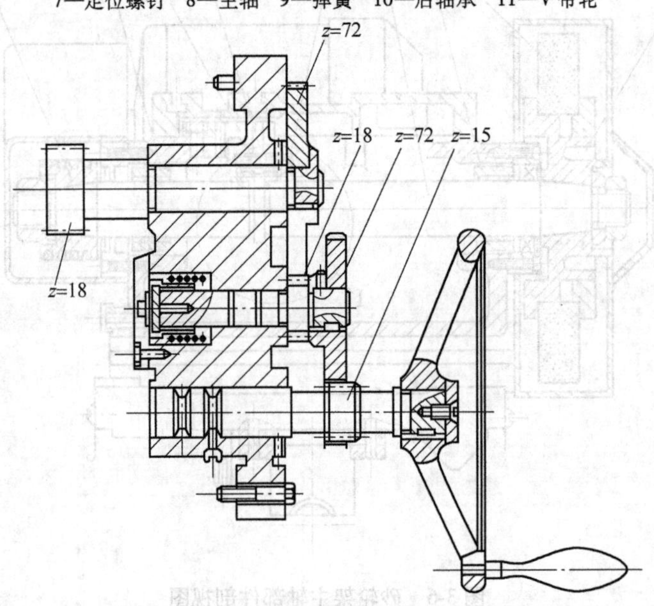

图3-8　纵向手动进给机构

手动纵向进给时，转动手轮，通过各级齿轮将运动传给齿条。齿条固定安装在下工作台底面上，工作台则作纵向往复进给运动。如果自动纵向进给，因液压油进入液压缸，推动活塞并压缩弹簧，使齿轮 $z=15$ 和 $z=72$ 脱开啮合面，切断手动纵向进给传动链，所以液压传动实现纵向往复进给运动。

2）横向手动进给机构：如图3-9所示为横向手动进给机构。

手动横向进给时，转动手轮1，带动套4共同转动；套4用链与轴10相连接，在轴10的另一端装有双联齿轮9，转动经双联齿轮9通过变速机构传给丝杠，带动半螺母，使砂轮架实现横向移动。

而自动进给是在工作台换向时，压力油推动撑牙阀16而实现的。

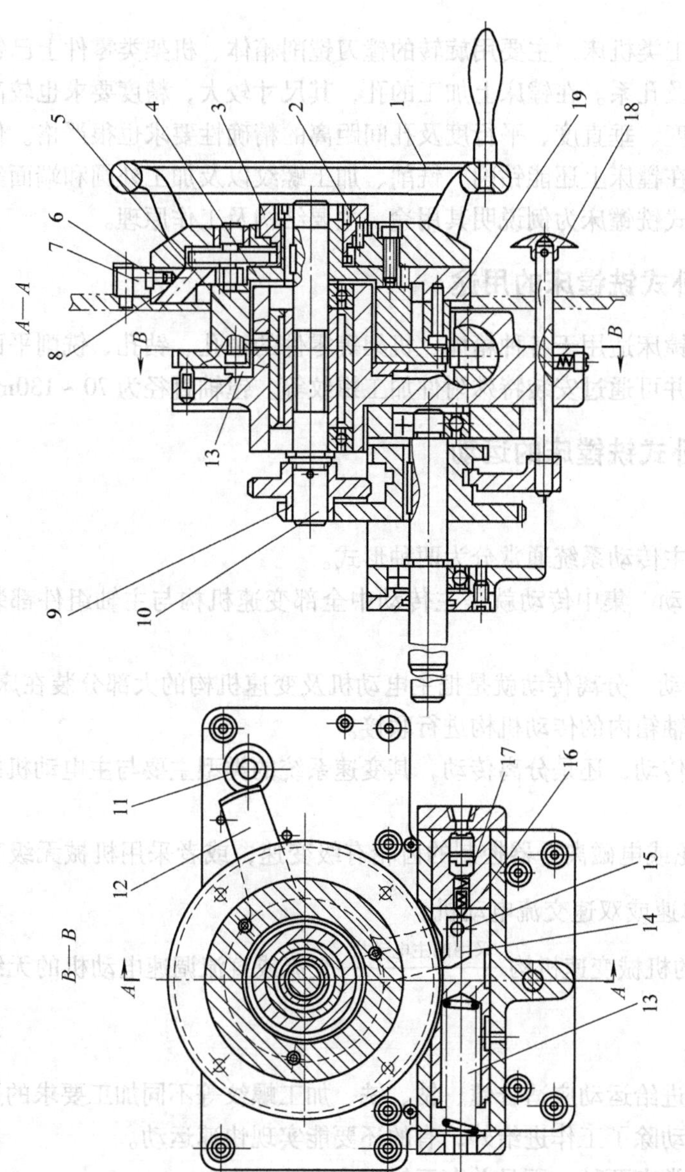

图 3-9 横向手动进给机构

1—手轮 2—销 3—旋钮 4—套 5—棘轮 6—零位撞块 7—定位爪 8—刻度盘 9—双联齿轮 10—轴
11—齿轮 12—遮板 13、17—弹簧 14—棘爪 15—销轴 16—撑牙阀 18—手柄 19—挡块

第二节 镗床

镗床是孔加工类机床，主要用旋转的镗刀镗削箱体、机架类零件上已铸出的孔或粗钻出的孔及孔系。在镗床上加工的孔，其尺寸较大，精度要求也较高，而且孔轴线的同轴度、垂直度、平行度及孔间距离的精确性要求也很严格。使用不同的刀具和附件在镗床上还能钻削、铣削、加工螺纹以及加工外圆和端面等。

现以台式卧式铣镗床为例说明其用途、主要结构及工作原理。

一、台式卧式铣镗床的用途

台式卧式铣镗床适用于各种箱体、机架等零件的镗孔、钻孔、铣削平面、外圆及端面加工，并可通过安装特殊附件加工螺纹等。镗轴直径为70～130mm。

二、台式卧式铣镗床的运动

1. 主运动

卧式铣镗床主传动系统通常分为两种形式。

（1）集中传动　集中传动就是主传动中全部变速机构与主轴组件都装在主轴箱内。

（2）分离传动　分离传动就是把主电动机及变速机构的大部分装在床身内，再由花键轴与主轴箱内的传动机构进行联接。

不管是集中传动，还是分离传动，其变速系统的类型主要与主电动机的种类有关：

1）滑移齿轮或电磁离合器控制的齿轮有级变速，或者采用机械无级变速器$\xrightarrow{\text{采用的主电动机}}$单速或双速交流电动机。

2）简化了的机械变速机构$\xrightarrow{\text{采用的主电动机}}$交流或直流调速电动机的无级调速系统。

2. 进给运动

卧式铣镗床进给运动应适合镗、钻、铣、加工螺纹等不同加工要求的进给方式，各个进给运动除了工作进给外，有的还要能实现快速运动。

进给方式通常有两种，而且并存于铣镗床上。

（1）转进给方式（mm/r）　适用于镗削、钻削、加工外圆中的进给，其特点如下：

1）传动链由主轴（或与主轴有固定传动比的轴）传出，进给运动调速范围

一般均比主运动调速范围大，且速度变化范围远大于分进给方式。

2）转进给方式一般为有级变速，由于传动链从主轴传出，所以当改变主轴转速时每转进给量不变。

3）变速机构多数为滑移齿轮，用手柄或液压拨叉操纵。

（2）分进给方式（mm/min） 适用于铣削中的进给。其特点如下：

1）传动链多数单独由电动机传出，与主轴转速无关。

2）因具有独立的驱动系统，故可以实现进给运动的快速趋近→工作进给→快速返回→停止这样的自动循环，所以便于实现机床的自动化。

3）能以最大进给量作空行程快速移动，故无需另设快速移动机构。

4）分进给方式的进给量直接表达生产率。

5）在结构上减轻了主轴箱的质量及相应的平衡重锤的质量。

三、台式卧式铣镗床的主要结构

1. 主轴及平旋盘

（1）主轴结构 通常有三种形式：

1）三层主轴结构（图3-10）

①结构。由外伸主轴（镗轴）2、空心主轴（铣轴）1及平旋盘主轴3组成。平旋盘主轴3由两个圆锥滚子轴承支承在主轴箱上，铣轴1的前轴承装在平旋盘主轴3内，后轴承支承在主轴箱上。镗轴2由铣轴1内的衬套4支承，并能轴向移动。

②缺点

a. 结构层次多，主轴回转精度低。

b. 支承零件增多，主轴刚度低。

c. 切削时振动较大。

d. 主轴箱相应增加了重量，对平衡配重不利。

e. 空心主轴轴承润滑困难。

2）两层半主轴结构（图3-11）

①结构。外伸主轴（镗轴）8支承在空心主轴（铣轴）5上，借助其前轴承3装在法兰盘4孔内，平旋盘1通过双列圆锥滚子轴承2支承在主轴箱前端的法兰盘4外圆上。由于空心主轴（铣轴）5的前轴承没直接装在主轴箱上，而是装在与主轴箱箱体孔前端有固定联接、刚性较强的长法兰盘4内，且相当于平旋盘主轴的法兰盘4长度很短（俗称半层主轴），所以把这类介于两层主轴和三层主轴之间的主轴结构称为两层半主轴结构。

②优点

a. 主轴精度不受平旋盘支承的影响。

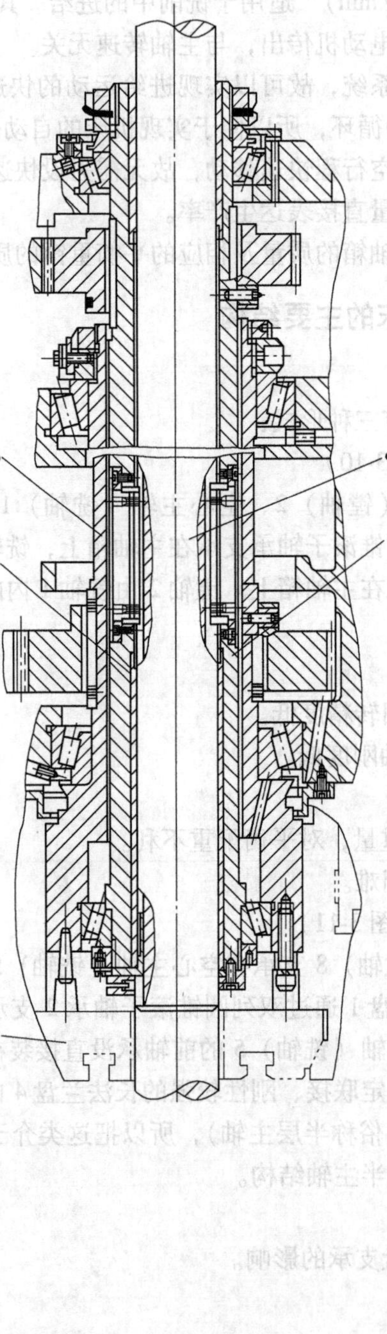

图3-10 三层主轴结构

1—空心主轴（铣轴） 2—外伸主轴（镗轴） 3—平旋盘主轴 4—衬套 5—平旋盘

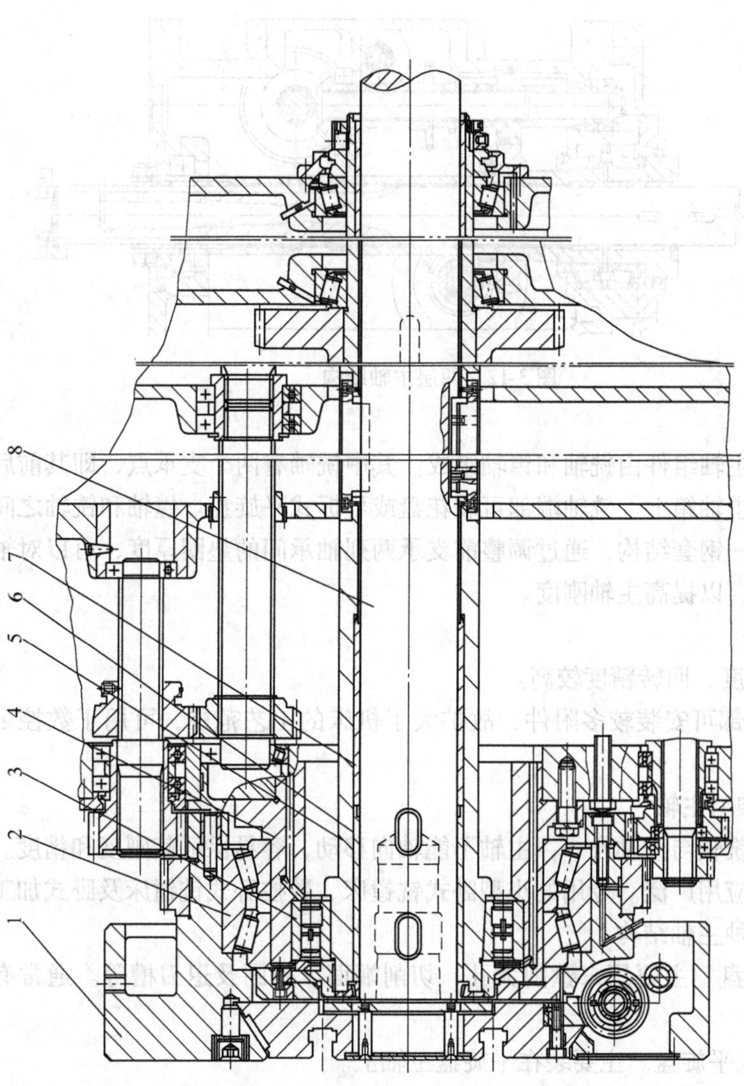

图3-11 两层半主轴结构

1—平旋盘 2—双列圆锥滚子轴承 3—空心主轴前轴承 4—法兰盘 5—空心主轴（铣轴）

6、7—衬套 8—外伸主轴（镗轴）

b. 外伸主轴刚度较高。

c. 平旋盘回转精度较高。

3）两层主轴结构（图3-12）

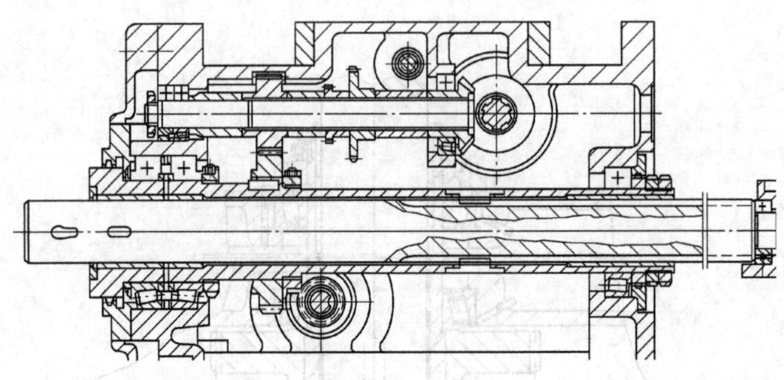

图3-12　两层主轴结构

①结构。主轴组件由铣轴和镗轴组成。其中铣轴有两个支承点，即其前后轴承直接支承在主轴箱上。铣轴端部可装花盘或可拆式平旋盘。镗轴和铣轴之间仍为滑动轴承——钢套结构，通过调整前支承两列轴承间的垫圈厚度，可以对轴承施加预加载荷，以提高主轴刚度。

②优点

a. 主轴刚度、回转精度较高。

b. 铣轴端部可安装较多附件，故扩大了机床的工艺范围，可用于数控卧式铣镗床。

4）非外伸型主轴

①结构。铣轴与镗轴合一，主轴不能轴向移动，容易保证其刚度和精度。

②优点为应用广泛。专用的小型卧式铣镗床、数控卧式铣镗床及卧式加工中心均可采用此种主轴结构。

（2）平旋盘　主要用来镗削大孔，切削端面、外圆及退刀槽等。通常有两种形式。

1）固定式平旋盘。主要装在平旋盘主轴上。

①结构。平旋盘主要由滑块和滑座组成。

②工作原理。回转运动一般由主传动系统的动力带动平旋盘上的大齿轮获得。主轴处于高速时可借助离合器脱开平旋盘的运动。平旋盘径向刀架进给运动，由其进给传动系统通过一套差动机构获得。常用的有两种差动机构：

a. 外行星式圆柱齿轮行星差动机构。如图3-13所示，平旋盘径向刀架获得

进给运动的条件是空套在花盘上的大齿轮 $z=116$ 与花盘的转速不相等，要实现这一条件就要接通进给传动链。当接通进给传动链时，差动机构中的太阳轮 $z=20$ 得到任一方向的转动，都会使齿轮 $z=116$ 的转速与花盘转速不相等，故使平旋盘径向刀架在相应的方向上有进给运动。当来自两个方向的运动同时传给差动机构时，即 由轴 Ⅰ 上的齿轮1经轴上的齿轮2、由主轴 Ⅱ 上的齿轮 $z=58$ 经齿轮 $z=22$ 同时传给→差动机构的太阳轮 $z=20$ 使其转动、行星轮转臂使其回转，通过差动机构输出轴Ⅱ上的齿轮3（$z=24$）→传给大齿轮 $z=116$→齿轮4→蜗杆5、蜗轮6→齿轮7→齿条8驱动平旋盘径向刀架，从而使径向刀架获得不同的进给量。

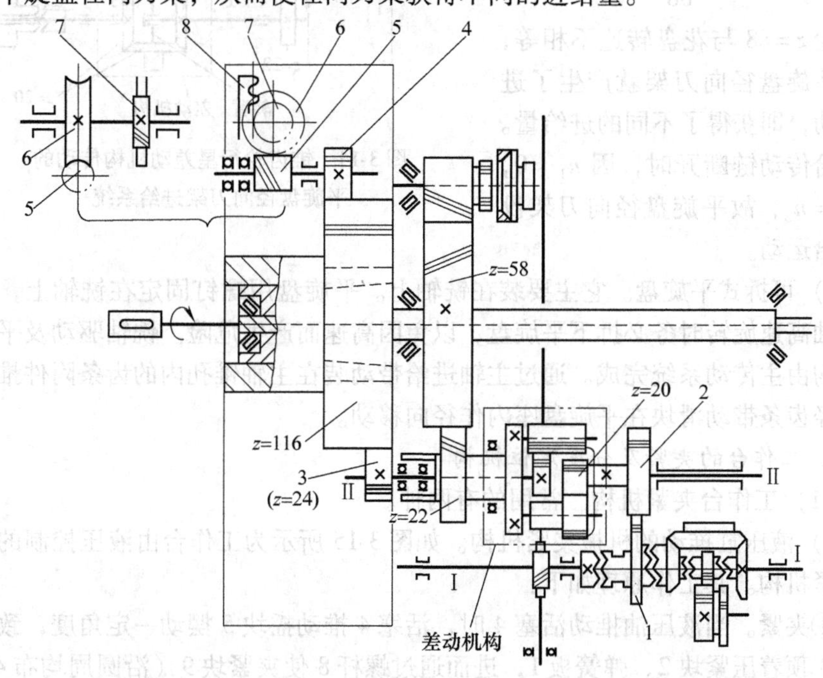

图 3-13 圆柱齿轮行星差动机构传动的平旋盘径向刀架进给系统

当进给传动链断开时，因差动机构太阳轮 $z=20$ 不转动，故使大齿轮 $z=116$ 与花盘的转速相等，所以此时平旋盘径向刀架就不会有进给运动。

b. 锥齿轮行星差动机构。如图 3-14 所示，此种差动机构由 4 个锥齿轮 $z=20$ 组成，其中左、右两个锥齿轮为太阳轮，而空套在转臂上的上、下两个锥齿轮为行星轮，转臂中间有孔，空套在轴 Ⅰ′上。大齿轮 $z=88$ 空套在花盘上。大齿轮 $z=88$ 的转速为 n_0；差动机构左边太阳轮的转速为 n_1'；差动机构右边太阳轮的转

速为 n_1；转臂的转速为 n_H，主轴转速为 n_S。它们之间的计算关系为 $n_0 = n_1' \frac{22}{88}$，$n_1' = 2n_H - n_1, n_H = n_S \frac{62}{31} = 2n_S$，所以 $n_0 = n_S - n_1 \frac{22}{88}$。

平旋盘径向刀架获得进给运动的条件仍然是空套在花盘上的大齿轮 $z=88$ 与花盘转速不相等。要实现这一条件就要接通进给传动链。当接通进给传动链时，$n_1 \neq 0$，$n_0 = n_S - n_1 \frac{22}{88} \neq n_S$，即空套大齿轮 $z=88$ 与花盘转速不相等，这样平旋盘径向刀架就产生了进给运动，即获得了不同的进给量。当进给传动链断开时，因 $n_1 = 0$，则 $n_0 = n_S$，故平旋盘径向刀架没有进给运动。

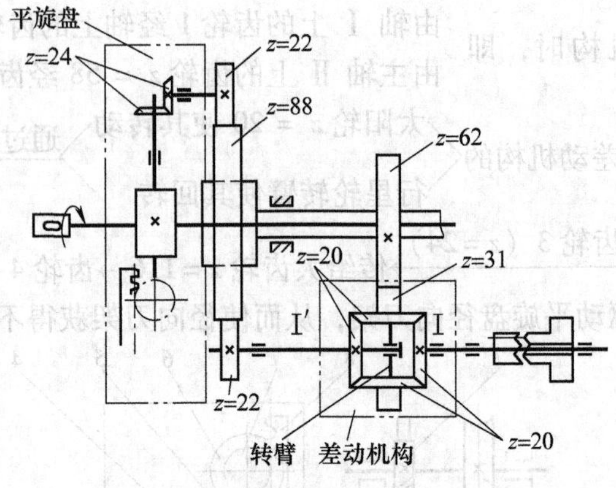

图 3-14　锥齿轮行星差动机构传动的平旋盘径向刀架进给系统

2）可拆式平旋盘。它主要装在铣轴上。平旋盘用螺钉固定在铣轴上，所以在铣轴高速旋转时务必拆下平旋盘，以免因高速而产生危险。铣轴驱动及平旋盘回转均由主传动系统完成。通过主轴进给带动装在主轴锥孔内的齿条附件推动齿轮，经齿条带动滑块在平旋盘座内作径向移动。

2. 工作台的夹紧及分度定位机构

（1）工作台夹紧机构　常用的有两种。

1）液压缸推动的机械夹紧机构。如图 3-15 所示为工作台由液压控制的菱形块夹紧机构。其工作原理如下：

①夹紧。当液压油推动活塞 4 时，活塞 4 推动摇块 5 摆动一定角度，致使菱形块 3 顶着压紧块 2、弹簧板 1，进而通过螺杆 8 使夹紧块 9（沿圆周均布 4 个）夹紧上滑座上的工作台（图 3-15a）。

②松开。当液压油推动另一侧的活塞使摇块 5 恢复夹紧前的状态时，菱形块 3、压紧块 2、弹簧板 1 均回到原来位置，从而使夹紧块 9 松开，进而工作台被松开。

③机械自锁。工作台回转时各夹紧点自行松开，工作台停转，定位时自动夹紧。

2）液压缸推动碟形弹簧夹紧液压松开的夹紧机构。如图 3-16 所示为通过电磁阀控制由液压缸推动碟形弹簧而松开，无液压推动时由碟形弹簧夹紧的结构。

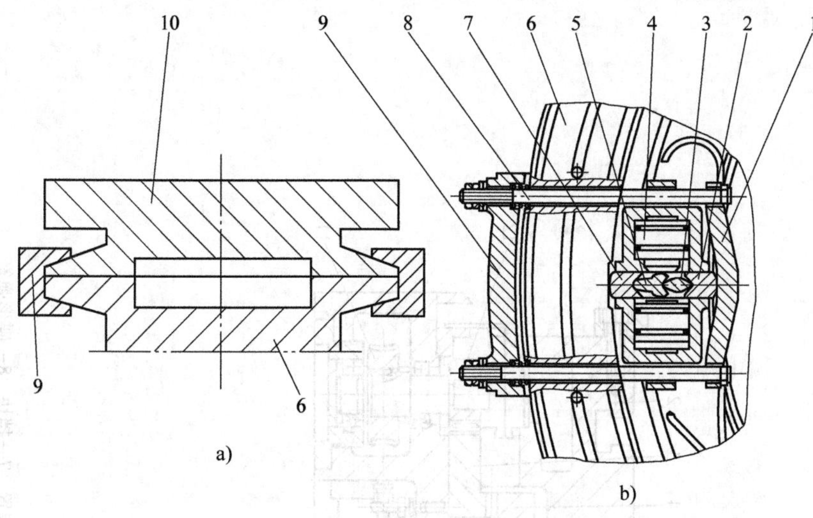

图 3-15　工作台由液压控制的菱形块夹紧机构

a）工作台夹紧示意图　b）菱形块夹紧机构

1—弹簧板　2、7—压紧块　3—菱形块　4—液压缸活塞　5—摇块

6—上滑座　8—螺杆　9—夹紧块　10—工作台

其工作原理如下：

①夹紧。在无松开工作台的控制指令时，碟形弹簧 3 始终处于夹紧状态，这样由碟形弹簧 3 顶着活塞 6，使活塞杆 5 推动夹紧螺栓 4，由夹紧杆 2 压紧工作台 1。

②松开。当控制系统令工作台松开时，液压油推动活塞 6 压缩碟形弹簧 3 使工作台松开。

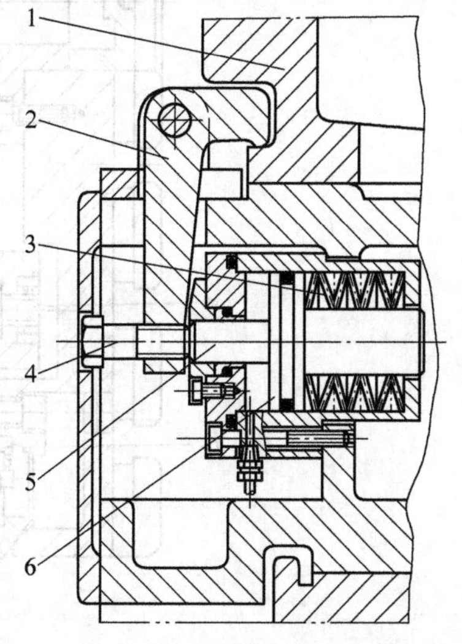

图 3-16　工作台由碟形弹簧夹紧液压松开的结构

1—工作台　2—夹紧杆　3—碟形弹簧　4—夹紧螺栓　5—活塞杆　6—活塞

（2）工作台分度定位机构　通常有以下三种：

1）定位销定位。可实现 90°回转定位，即通过装在滑座上的定位销（1 个或 2 个）依次与工作台上按圆周 4 等分安装的定位衬套孔精密配合，实现 90°回转定位。

定位销与定位衬套孔均经淬硬、研磨处理，装配时调整定位。

2）端齿盘定位。可实现多位置分度定位（凡能除尽端齿盘齿数的分度整数，均可进行分度），其结构如图 3-17 所示。

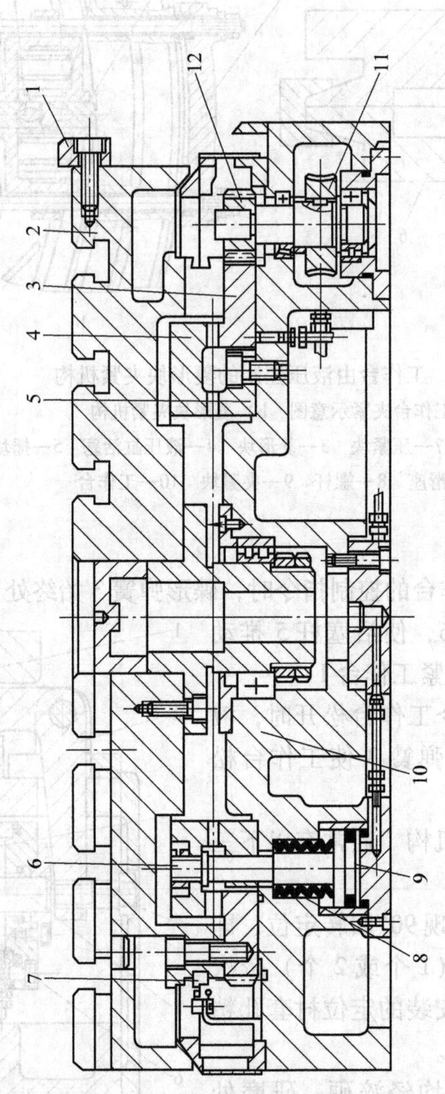

图3-17　端齿盘定位的分度工作台

1—挡块　2—工作台　3—下齿盘　4—上齿盘　5—零位下齿盘　6—夹紧装置　7—挡块　8—碟形弹簧　9—液压缸活塞　10—工作台底座　11—蜗杆副　12—小齿轮

①结构。上齿盘4有两圈端面齿分别与下齿盘3和零位下齿盘5啮合，且由6组碟形弹簧8将其压紧。零位下齿盘5固定在工作台底座10上，工作台2与下齿盘3联接并支承在圆导轨上。圆导轨采用强制润滑，可形成一定的浮起压力，而且只有当齿盘定位压紧后才停止供油。

②工作原理。当上齿盘4由液压缸活塞9顶起时，液压马达（图3-17中未示出）驱动蜗杆副11、小齿轮12和下齿盘3，从而使工作台产生分度运动；当工作台接近所需分度位置时，液压马达减速，转到规定位置时工作台2停止转动，上齿盘4压下定位。

③优点

a. 由于上齿盘4和下齿盘3的定位齿沿圆周呈放射状分布，故成对端齿盘啮合时起到自动定心的作用。

b. 端齿盘在使用过程中齿面越磨合，其接触面积就越大、越均匀，定位精度就越高。

c. 由于端齿盘是多齿重复定位，故重复定位精度稳定。

d. 分度精度高，一般为±3″，有时可达±0.5″甚至更高（主要取决于定位端齿盘的精度）。

3）圆光栅或圆感应同步器检测分度定位。这种方法可以实现任意角度的分度定位，应用于数控回转工作台，易实现自动化。

第三节　龙门铣床

龙门铣床常用来加工大型、重型或超重型零件的平面、斜面等。通常分为两大类：

一、横梁移动式

1. 结构及工作原理

如图3-18所示，该龙门铣床由两个立柱及顶梁组成门式框架，横梁在立柱上作升降运动。铣头配备数量与工作台宽度有关，当工作台宽度$B \leqslant 1250$mm时，铣床一般有三个铣头；当工作台宽度$B = 1600 \sim 2500$mm时，铣床一般有四个铣头；当工作台宽度$B \geqslant 3200$mm时，铣床有两个铣头。工作台与铣头都有微调运动装置，微调速度为5mm/min，并可实现点动。

2. 用途

它可用于加工大型零件的平面、斜面等。

二、龙门架移动式

1. 结构及工作原理

如图3-19所示，工作台及工件不动，龙门架沿导轨移动，因而机床占地面积小，承载能力大。但为保证双立柱移动同步，控制系统比较复杂。

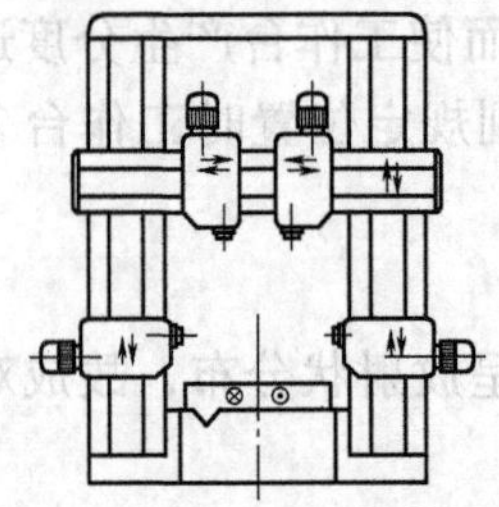

图3-18　横梁移动式龙门铣床

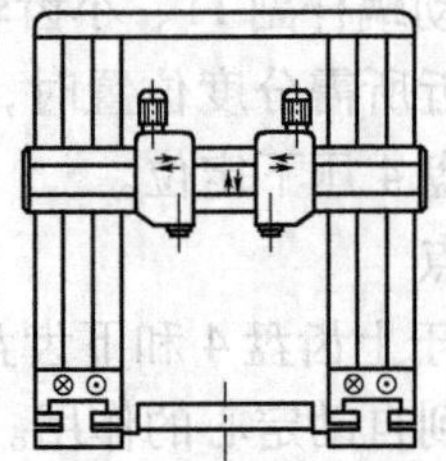

图3-19　龙门架移动式龙门铣床

2. 用途

它可用于加工重型或超重型零件的平面、斜面。

第四节　磨床、镗床、龙门铣床的常见故障

一、磨床常见故障

以M1432A㊀型万能外圆磨床为例（机械方面）。

1）工件表面出现螺旋线，如图3-20所示。

2）工件表面出现鱼鳞形粗糙面，如图3-21所示。

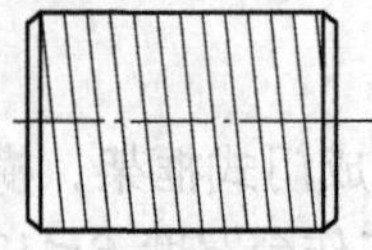

图3-20　工件表面出现螺旋线

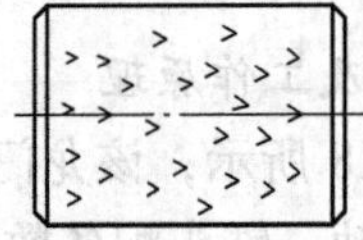

图3-21　工件表面出现鱼鳞形粗糙面

3）工件表面出现突然拉毛痕迹，如图3-22所示。

㊀ 虽然M1432A型万能外圆磨床已被列为淘汰型号，但因其具有典型性，所以本书仍以此机床为例进行讲解。后面内容中的T68卧式镗床也属此类情况。

4）工件表面出现细粒毛痕迹，如图 3-23 所示。

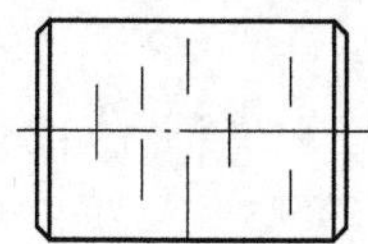
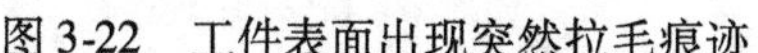

图 3-22 工件表面出现突然拉毛痕迹

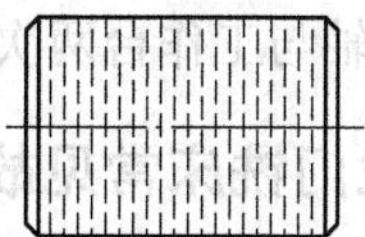

图 3-23 工件表面出现细粒毛痕迹

5）工件表面出现多角形，如图 3-24 所示。

6）工件表面鼓形和鞍形超差。

7）工件圆度超差。

8）大的工件表面出现螺旋线。

9）内圆磨削工件表面出现螺旋线多角形和鱼鳞形。

10）内圆磨削工件圆度超差。

图 3-24 工件表面出现多角形

二、镗床常见故障

以 T68 卧式镗床为例。

1）主轴实际转速与转速盘所指的速度不相符。

2）当变换发生顶牙和选好送刀量时，主电动机不起动。

3）主电动机运转时，主轴承受小负荷便停止运动。

4）停机时无制动。

5）运转时主轴箱内有周期性声响。

6）主轴和平旋盘轴向窜动和径向圆跳动量较大。

7）无快速移动。

8）工作台快速移动时，一个方向正常，而另一方向则发出“咔咔”声。

9）下滑座低速运动时有爬行现象，光杠有明显振动。

10）当下滑座做纵向运动时，主轴箱与上滑座同时或分别移动。

11）多次夹紧主轴箱后，主轴位置变化大。

12）小负荷切削时，快速离合器打滑，即使调节弹簧也无效。

13）小负荷时保险装置停止送刀。

14）切削力小。

15）镗削时工件表面出现波纹。

16）镗孔时出现均匀螺旋线。

17）镗杆镗孔与零件底面的平行度超差。

18）使用平旋盘刀架铣削平面与零件底面的垂直度超差。

19）工作台横向移动铣削平面及镗孔的垂直度超差。

20）使用镗杆镗孔时出现斜孔。

21）使用平旋盘刀座加工端面与使用主轴镗孔的垂直度超差。

22）主轴与工作台两次进刀接不平。

三、龙门铣床常见故障

以固定式龙门铣床为例。

1）铣头主轴的轴向窜动和径向圆跳动量较大。

2）垂直铣头垂直进给出现爬行现象。

3）工作台低速运动有爬行现象。

4）工作台快速移动时，一个方向正常，而另一个方向则发出“咔咔”声。

5）工作台运动不稳定。

6）床身导轨严重磨损或拉毛。

7）横梁升降时声音较大。

8）横梁分别在上、中、下位置时，与工作台上平面的平行度超差。

9）镗削时工件表面产生波纹。

10）用垂直铣头铣削工件上平面与工件底面的平行度超差。

11）用水平铣头铣削工件侧面与工件底面的垂直度超差。

第五节　光学测量仪器

一、光学平直仪

光学平直仪也叫自准直仪，如图3-25所示。

1. 用途

光学平直仪在机床制造和修理中，用来检查床身导轨在水平面内和垂直面内的直线度误差，并可检查检验用平板的平面度误差。光学平直仪的测量精度较高，操作也较简便，是当前导轨直线度误差测量仪器中较先进的一种。

2. 组成

光学平直仪由平行光管、测微机构和读数放大镜组成的本体及体外平面反射镜组合而成。

3. 工作原理（图3-25b）

（1）光源12发出的光的传播路径　光源12发出的光$\xrightarrow{\text{经}}$绿色滤光片11过滤后$\xrightarrow{\text{透过}}$分划板10的透明十字线$\xrightarrow{\text{经}}$立方棱镜4体内反射镜3和13$\xrightarrow{\text{反射到}}$物镜

2 $\xrightarrow{\text{再经}}$物镜 2 折射形成平行光束射出$\xrightarrow{\text{碰到}}$体外反射镜 1 后反射回来$\xrightarrow{\text{再经}}$物镜 2、体内反射镜 13 和 3、立方棱镜 4 $\xrightarrow{\text{成像于}}$固定分划板 5 和活动分划板 7 上。

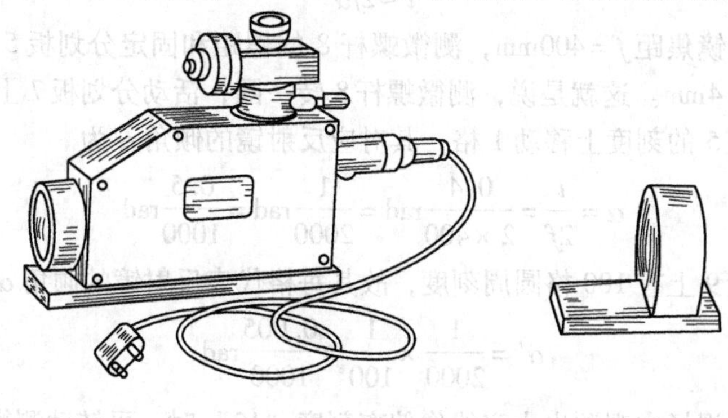

a)

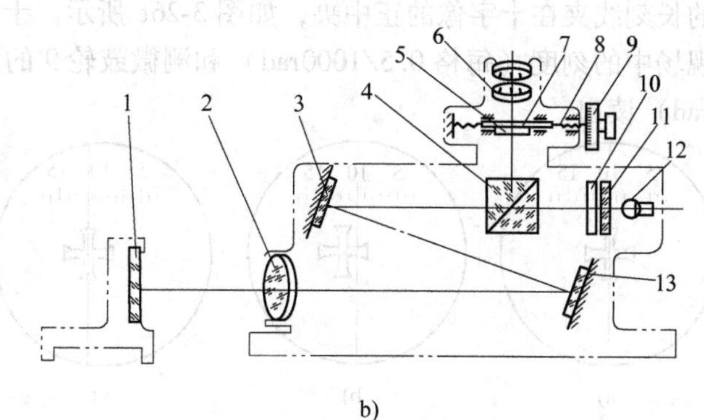

b)

图 3-25 HYQ-03 光学平直仪

a）外形 b）系统结构原理

1—体外反射镜 2—物镜 3、13—体内反射镜 4—立方棱镜 5—固定分划板 6—目镜组 7—活动分划板 8—测微螺杆 9—测微鼓轮 10—透明十字线分划板 11—绿色滤光片 12—光源

活动分划板 7 和固定分划板 5 的构造如下：活动分划板 7 的正中央有一条长刻线，如图 3-26 所示。转动测微鼓轮 9，通过测微螺杆 8 可使活动分划板 7 平移。固定分划板 5 上有等分线和字标，其中字标“10”为中心线。两块分划板的刻线间距小于 0.1mm，从目镜中看不出视差。

（2）观测 当体外反射镜 1 严格垂直于物镜 2 的光轴时，十字线成像在固定分划板 5 和活动分划板 7 的正中央，即对称于字标“10”，这时目镜视场如图 3-26a 所示；假如体外反射镜 1 对物镜 2 的光轴垂面有微小倾角 α，十字线像就会偏离固定分划板上的字标“10”，如图 3-26b 所示。偏离量 t 依据自准直原理

可求得，即

$$t=f\tan^2\alpha$$

当 α 很小时

$$t\approx 2f\alpha$$

仪器的物镜焦距 $f=400\text{mm}$，测微螺杆 8 的螺距和固定分划板 5 上的刻线分度间隔均为0.4mm。这就是说，测微螺杆 8 转一圈，活动分划板 7 上的长刻线就在固定分划板 5 的刻度上移动 1 格，其对应反射镜的倾角 α 为

$$\alpha=\frac{t}{2f}=\frac{0.4}{2\times 400}\text{rad}=\frac{1}{2000}\text{rad}=\frac{0.5}{1000}\text{rad}$$

测微鼓轮 9 上有 100 格圆周刻度，故其每格代表反射镜的倾角 α'，即

$$\alpha'=\frac{1}{2000}\times\frac{1}{100}=\frac{0.005}{1000}\text{rad}$$

当从目镜视场中观测出十字线像偏离刻度“10”时，可转动测微鼓轮 9，使活动分划板上的长刻线夹在十字像的正中央，如图 3-26c 所示。十字像的偏离量就可以从目镜视场中的刻度（每格 0.5/1000rad）和测微鼓轮 9 的圆周刻度（每格 0.005/1000rad）读出。

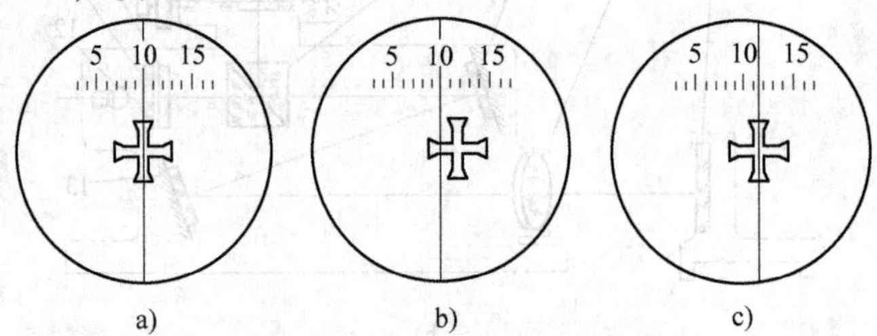

图 3-26　光学平直仪目镜视场

二、光学计

光学计是光学量仪中最常用的一种，也称为光学比较仪。

1. 用途

光学计主要用于比较测量。

1）测量零件的外径和长度尺寸。

2）测量外螺纹的中径（必须使用三针附件）。

3）将光学计管装在其他设备上，用于精密调整，检验和控制尺寸。

4）作为长度量值传递仪器，用来检定 5 等、6 等量块及量规等。

2. 组成

以立式光学计为例进行介绍，如图 3-27 所示。

（1）底座 1　光学计的全部机件都安置在底座 1 上。

（2）立柱 5　横臂 3 组件安装在立柱 5 上，并通过粗调螺母 2 可使其沿立柱

5 上下移动。

（3）横臂 3　微调螺钉 6、偏心手轮 7、光学计管 9、测杆提升器 10、测杆 11 等均安装在横臂 3 上，并随着横臂 3 一起沿着立柱 5 上下移动。

（4）光学计管 9　光学计管 9 的上下粗调借助粗调螺母 2 来实现，并可用锁紧螺钉 4 锁紧；光学计管 9 的上下细调借助偏心手轮 7 来实现，其调整量为 2mm，调好后可用锁紧螺钉 8 锁紧；光学计管 9 的上下精确调整借助微调螺钉 6 来实现，最终使仪器对零。

（5）工作台 12　工作台 12 有平面工作台、筋形工作台和球面工作台等几种，在它们的侧面均有四个调节螺钉 13，借助它们可调整工作台工作面对测杆 11 的垂直度。

3. 光学计管的光学系统和正切杠杆机构

光学计管的光学系统和正切杠杆机构如图 3-28 所示。

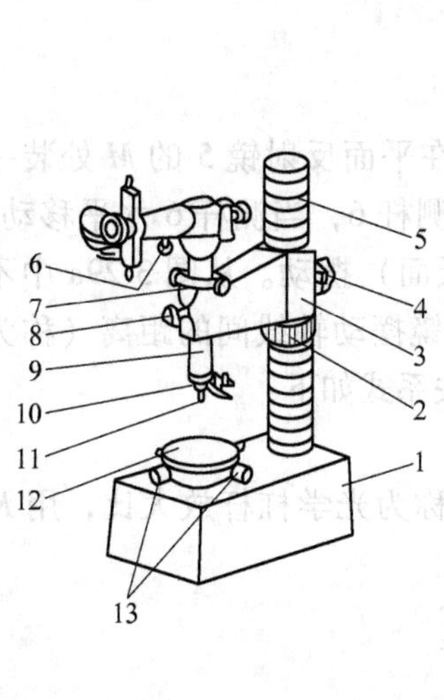

图 3-27　立式光学计

1—底座　2—粗调螺母　3—横臂　4、8—锁紧螺钉　5—立柱　6—微调螺钉　7—偏心手轮　9—光学计管　10—测杆提升器　11—测杆　12—工作台　13—工作台调节螺钉（4 个）

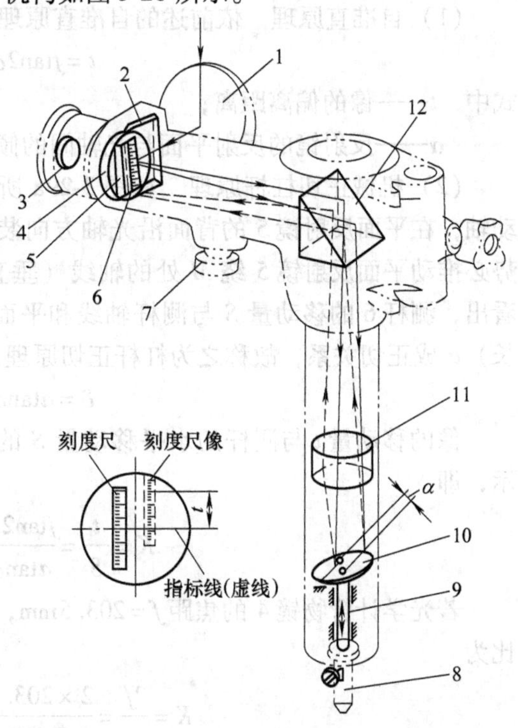

图 3-28　光学计管的光学系统和正切杠杆机构

1—进光反射镜　2、12—全反射棱镜　3—目镜　4—分划板　5—刻度尺成像面　6—刻度尺　7—微调旋钮　8—测帽　9—测杆　10—平面反光镜　11—物镜

光线的传播路径如下：

光线$\xrightarrow{经}$进光反射镜1反射后$\xrightarrow{进入}$光学计管中$\xrightarrow{通过}$全反射棱镜2转折90°$\xrightarrow{照亮}$分划板4左半部的刻度尺6，从刻度尺6刻线中透出的光$\xrightarrow{经}$全反射棱镜12转折90°$\xrightarrow{透过}$物镜11变成平行光$\xrightarrow{射向}$平面反光镜10，反射回来的光$\xrightarrow{再经}$物镜11、全反射棱镜12$\xrightarrow{成像在}$分划板右半部的刻度尺成像面5上。

当平面反光镜10与物镜11的光轴垂直时，刻度尺6所成的像相对于指标虚线对称，否则将发生偏离，其偏离量t可通过目镜3进行读数。

4. 工作原理

光学计管主要采用两个原理进行工作，即自准直原理和机械正切杠杆原则，如图3-29所示。

（1）自准直原理　依前述的自准直原理得出

$$t = f\tan 2\alpha$$

式中　t——像的偏离距离；

α——反射镜的反射平面与光轴间的倾角。

（2）机械正切杠杆原理　如图3-29a所示，在平面反射镜5的M处装一摆动轴，在平面反射镜5的背面沿光轴方向装置一测杆6，当测杆6水平移动时，势必推动平面反射镜5绕M处的轴线（垂直于纸面）摆动。从图3-29a中不难看出，测杆6的移动量S与测杆轴线和平面反射镜摆动轴线间的距离（称为臂长）a成正切关系，故称之为杠杆正切原理，其关系式如下：

$$\delta = a\tan\alpha$$

像的移动量t与测杆的水平移动量S的比值称为光学杠杆放大比，用K表示，即

$$K = \frac{t}{S} = \frac{f\tan 2\alpha}{a\tan\alpha} \approx \frac{2f}{a}$$

若光学计管物镜4的焦距f = 203.5mm，臂长a = 5.089mm，则光学杠杆放大比为

$$K = \frac{2f}{a} = \frac{2\times 203.5\text{mm}}{5.089\text{mm}} \approx 80$$

就是说测杆移动1μm时，像就移动80μm。

（3）观测出像的移动量t　光学计管采用了阿贝型自准直光路，如图3-29b所示。

1）分划板3的构造。分划板3被分成两部分，在其上半部即与物镜4的光轴相距为b的O_1处刻一刻度尺，共有±100个分度，其分度值为1μm，故其示

值范围为 ±0.1mm；在分划板 3 的下半部刻一条指标虚线。

2）阿贝型自准直光路。如图 3-29b 所示，光源 $S \xrightarrow{\text{通过}}$ 反射棱镜 2 $\xrightarrow{\text{照亮}}$ 分划板 3，从刻度尺刻线中透射的光线 $\xrightarrow{\text{经}}$ 物镜 4 折射后，是一束与光轴线 θ 角的平行光线 $\xrightarrow{\text{经}}$ 垂直于光轴的平面反射镜 5 反射后 $\xrightarrow{\text{又经}}$ 物镜 4 折射 $\xrightarrow{\text{成像于}}$ 分划板 3 的下半部，即与光轴相距为 b 的 O_2 处。

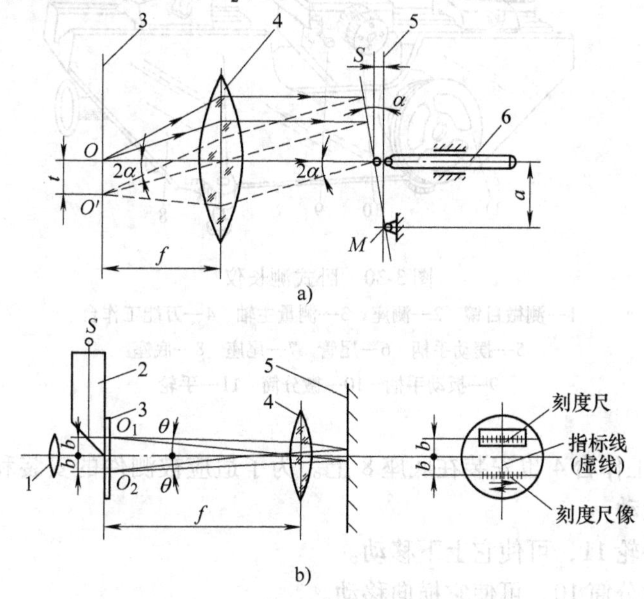

图 3-29　光学计管的工作原理

1—目镜　2—反射棱镜　3—分划板　4—物镜　5—平面反射镜　6—测杆

从图 3-29b 中不难看出，由于平面反射镜 5 只能绕垂直于刻度尺的轴线摆动，故距离 b 和指标虚线不会改变，这样在目镜 1 的视场中看到（只能看到）分划板的下半部分（即刻度尺的像和指标虚线）时，就会发现刻度尺的像可相对于指标虚线左右移动，这样依据当测杆 6 移动 1μm 时，刻度尺在分划板上所成的像正好偏离 1 格，即 $1\mu m \times 80 = 80\mu m = 0.08mm$，就可观测出像的移动量 t。

三、卧式测长仪

1. 用途

卧式测长仪主要用于测量平行平面的长度、球和圆柱体的直径等。若配以附件，还可测量孔的直径、螺纹的中径和螺距等。

2. 组成

卧式测长仪主要由测座、尾座、万能工作台和底座等组成，其外形如图 3-30

所示。其具体结构如下：

1）测座2和尾座7安装在底座8的导轨上且可左右滑动，以适应被测零件的长度。

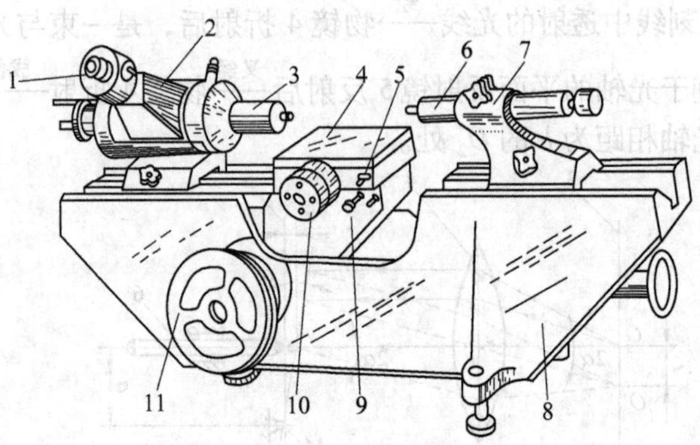

图3-30　卧式测长仪

1—测微目镜　2—测座　3—测量主轴　4—万能工作台
5—摆动手柄　6—尾管　7—尾座　8—底座
9—扳动手柄　10—微分筒　11—手轮

2）万能工作台4也安装在底座8上。为了适应被测件的安装和调整，它具有以下五种运动：

①转动手轮11，可使它上下移动。

②转动微分筒10，可使它横向移动。

③操作摆动手柄5，可使它左右摆动±3°。

④操纵扳动手柄9，可使它水平转动±4°。

⑤它还可以沿测量轴轴线方向左右移动±5mm。

3）测座2由测量主轴3、微动装置和读数显微镜等组成，其中测量主轴3的轴线位置上装有精密玻璃刻度尺，能和测量主轴3同步移动。

4）尾管6装在尾座7上，其尾部的螺旋机构能使测头作轴向移动，以便对零或定位。侧面的螺钉可调整测头与测量主轴3同轴。

3. 工作原理

（1）光源10发出的光的传播路径　如图3-31a所示，光源10发出的光$\xrightarrow{\text{经}}$滤色片9过滤后成绿色光$\xrightarrow{\text{经}}$聚光镜8会聚后$\xrightarrow{\text{由}}$反射镜7$\xrightarrow{\text{反射到}}$精密玻璃刻度尺6上（其分度值为1mm，示值范围为100mm）$\xrightarrow{\text{透过的}}$光线$\xrightarrow{\text{经}}$物镜5、光阑4形成一个放大的倒立实像$\xrightarrow{\text{再由}}$目镜组放大成一个正立的虚像$\xrightarrow{\text{落在}}$螺旋线分划板2上。

螺旋线分划板2的构造如下：在其上刻有10圈双阿基米德螺旋线，其螺距（即分度值）为0.1mm，如图3-31b所示。在从内数第一圈双阿基米德螺旋线相邻近处有一圈圆周刻线，共100格，其每格值为0.001mm。

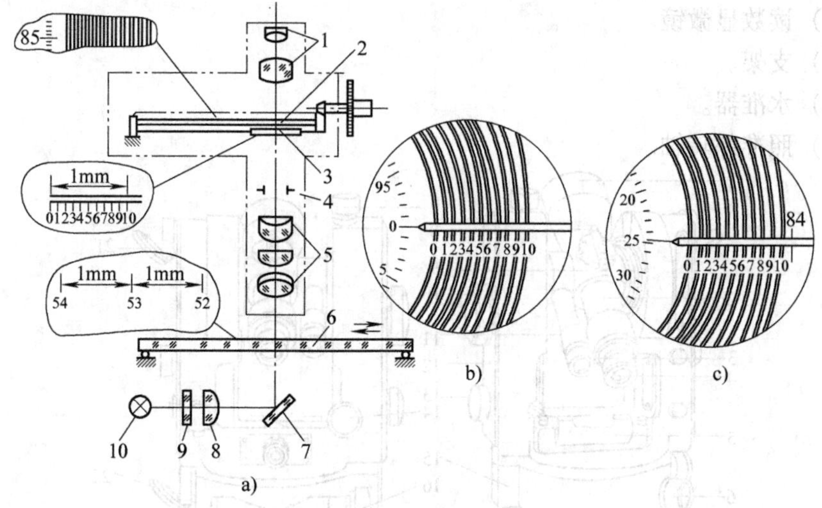

图3-31　JD5型测长仪的光路系统

a）光路系统　b）对准零位　c）所测长度的示值

1—目镜　2—螺旋线分划板　3—固定分划尺　4—光阑　5—物镜　6—精密玻璃刻度尺　7—反射镜　8—聚光镜　9—滤色片　10—光源

固定分划尺3的构造：如图3-31a所示，其上有一带箭头的双线，线旁有11条刻线，每格值为0.1mm，示值范围为1mm。

（2）读数方法　如图3-31b、c所示，其读数顺序为精密玻璃刻度尺6→固定分划尺3→螺旋线分划板2。即由精密玻璃刻度尺6的像上读得85mm，由固定分划尺3上读得0.1mm，由螺旋线分划板2内的圆周刻线尺上估读得0.0246mm，则总示值为三者相加，即85.1246mm。

四、经纬仪

1. 用途

经纬仪是用于测量角度和分度的高精度光学仪器。机械行业中常用精密光学经纬仪来测量精密机床，如坐标镗床的水平转台、万能转台以及精密滚齿机和齿轮磨床的分度精度的测量。

2. 组成

经纬仪的外形如图3-32所示，其结构主要由三部分组成：

（1）照准部分　本部分主要由七部分组成。

1）望远镜。它在支架上可绕横轴作俯仰转动。

2）横轴。

3）竖直度盘。它被装在横轴的一侧，可随望远镜一起转动。

4）读数显微镜。

5）支架。

6）水准器。

7）照准部转轴。

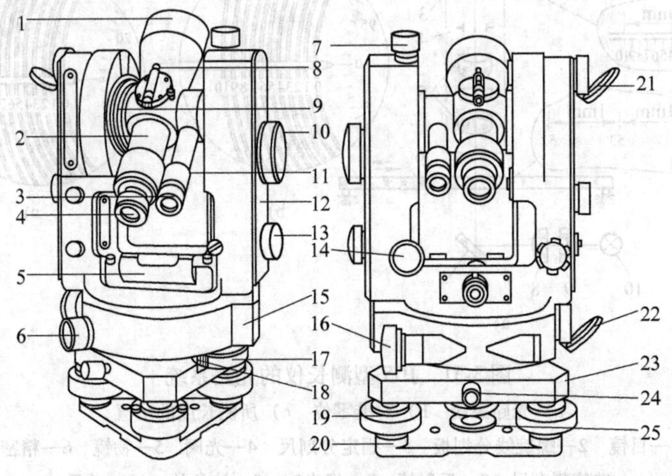

图 3-32　DJ2 型经纬仪

1—望远镜物镜　2—望远镜调焦手轮　3—读数显微镜目镜　4—望远镜目镜　5—水准器　6—照准部制动手轮　7—望远镜制动手轮　8—光学瞄准器　9—竖直度盘　10—测微手轮　11—读数显微镜镜管　12—支架　13—换像手轮　14—望远镜微动手轮　15—水平度盘部分　16—照准部微动手轮　17—换盘手轮护盖　18—换盘手轮　19—脚螺旋　20—三角基座底板　21—竖直度盘照明反光镜　22—水平度盘照明反光镜　23—基座　24—三角基座制动手轮　25—固紧螺母

（2）水平度盘部分　本部分主要由五部分组成。

1）水平度盘。它由光学玻璃制成，其上刻有 0°～360°刻线，其方向为顺时针，用来测量水平角。

2）轴套。

3）度盘旋转轴。它是空心轴，套在轴套外面，可自由转动。

4）复侧盘。它位于水平度盘的下面，并与度盘旋转轴固定在一起。

5）换盘手轮。它可使水平度盘与照准部分连接和分离。

（3）基座部分　本部分主要由四部分组成。

1）基座。它用于支承仪器。

2）基座底板。

3）脚螺旋。它用于整平仪器。

4）制动手轮。

3. 工作原理

（1）经纬仪的光学系统（图 3-33）。

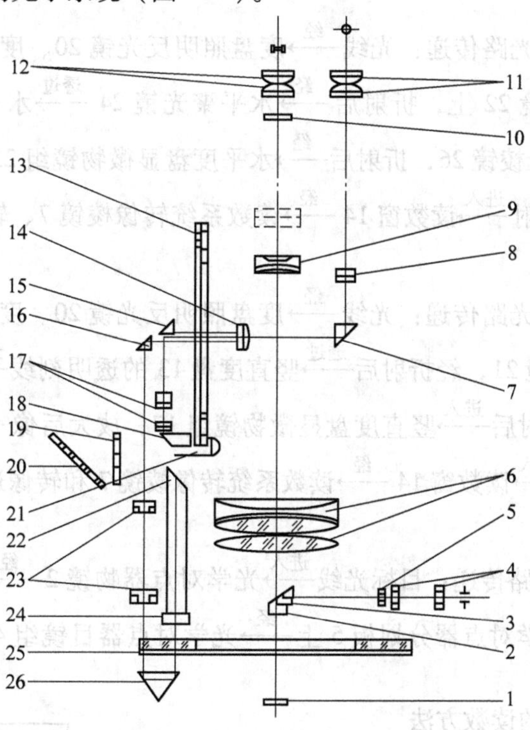

图 3-33 DJ6 型经纬仪的光学系统

1—保护玻璃 2—光学对点器物镜 3—光学对点器转像棱镜 4—光学对点器目镜组 5—光学对点器分划板 6—望远镜物镜 7—读数系统转像棱镜 8—转像透镜 9—望远镜调焦镜 10—望远镜分划板 11—读数显微目镜组 12—望远镜目镜组（DJ6E 在 9 和 12 间增加一组正像棱镜） 13—竖直度盘 14—读数窗 15、18—竖直度盘转像棱镜 16—水平度盘转像棱镜 17—竖直度盘显微物镜组 19—度盘照明窗 20—度盘照明反光镜 21—竖直度盘照明棱镜 22—水平度盘照明棱镜 23—水平度盘显微物镜组 24—水平聚光镜 25—水平度盘 26—水平度盘反光棱镜

1）望远镜光路传递：目标光线$\xrightarrow{\text{经}}$物镜 6 的折射、放大$\xrightarrow{\text{成像于}}$分划板 10 上$\xrightarrow{\text{再经}}$目镜组 12 放大$\xrightarrow{\text{进入}}$观察者的视线。

望远镜的构成如下：

①物镜6。

②调焦镜9。它用来调整目标像的位置，以消除视差。

③分划板10。物镜6的光心和分划板10的十字线中心构成视准轴线。

④目镜组12。

2）水平度盘光路传递：光线$\xrightarrow{经}$度盘照明反光镜20、度盘照明窗19$\xrightarrow{射到}$水平度盘照明棱镜22上，折射后$\xrightarrow{经}$水平聚光镜24$\xrightarrow{透过}$水平度盘25的刻线$\xrightarrow{进入}$水平度盘反光棱镜26，折射后$\xrightarrow{经}$水平度盘显微物镜组23放大$\xrightarrow{经}$水平度盘转像棱镜16折射$\xrightarrow{进入}$读数窗14$\xrightarrow{经}$读数系统转像棱镜7、转像透镜8$\xrightarrow{到}$读数显微目镜组11。

3）竖直度盘光路传递：光线$\xrightarrow{经}$度盘照明反光镜20、度盘照明窗19$\xrightarrow{射入}$竖直度盘照明棱镜21，经折射后$\xrightarrow{透过}$竖直度盘13的透明刻线$\xrightarrow{进入}$竖直度盘转像棱镜18，再经折射后$\xrightarrow{进入}$竖直度盘显微物镜组17，放大后像$\xrightarrow{经}$竖直度盘转像棱镜15折射后$\xrightarrow{进入}$读数窗14$\xrightarrow{经}$读数系统转像棱镜7和转像透镜8$\xrightarrow{到}$读数显微目镜组11。

4）对点器光路传递：目标光线$\xrightarrow{进入}$光学对点器物镜2$\xrightarrow{经}$光学对点器转像棱镜3$\xrightarrow{成像在}$光学对点器分划板5上$\xrightarrow{经}$光学对点器目镜组4放大并显示目标点。

（2）经纬仪的读数方法

1）读数显微镜视场构造（图3-34）。

①图3-34中右上方读数窗的数字为整度数，中间凸出部分的数字为10′的整倍数。

②右下方为对径分划线视窗。

③左边的小框为测微尺读数窗。测微尺分为600个小格，每格的分度值为1″，可估读到0.1″，全程测微范围为10′。

测微尺读数窗左边的数值为分数值，右边的数字为10″的整数倍。

2）读数方法。转动测微手轮，使对径分划线精确重合后读数，如图3-34b所示。图中读数为74°+10′×5+7′+10″×1+4.4″=74°57′14.4″。

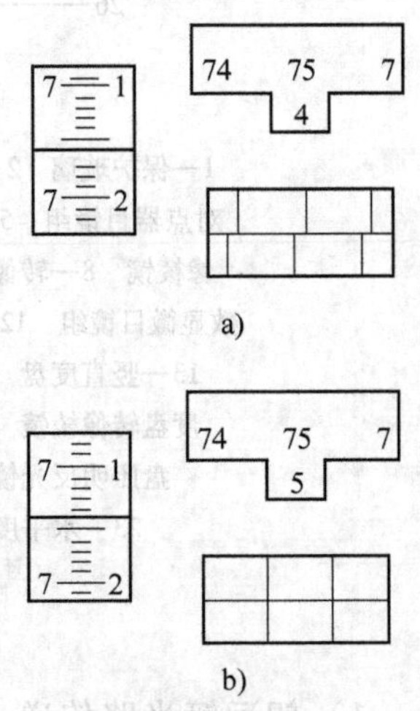

图3-34　DJ2型经纬仪的度盘视场

注意：

①对径分划线不重合时不能读数，如图 3-34a 所示。

②DJ2 型光学经纬仪的读数显微镜视窗中只有一个度盘的影像，故若要读取另一个度盘的角度数值，需要用换盘手轮转换，使读数显微镜视窗中显示出该度盘的影像后，方可读数。

五、投影仪

投影仪是利用光学元件将被测零件的外形放大并投射在投影屏上显示出影像，然后进行测量或检验的光学仪器。

1. 用途

投影仪用来测量复杂形状和细小零件的轮廓形状及有关尺寸，如成形刀具、凸轮、样板、量规等。

2. 组成

投影仪外形如图 3-35 所示。投影仪主要由以下六部分组成：

（1）投影屏 1　它位于仪器上方，用来显示被测件影像，可作 360° 回转。投影屏上刻有米字线，可对被测件的影像轮廓进行瞄准并作坐标测量。

（2）中壳体 2　投影屏 1、工作台 3、升降架 4 和底座 5 靠中壳体 2 连接成一体，升降架 4 可沿中壳体 2 上的燕尾导轨作垂直运动。

（3）工作台 3　它支承在升降架 4 上，并在其上能作纵、横向移动。

（4）读数装置　它安装在工作台 3 上，可读出工作台的移动量。如图 3-36 所示，其读数为 56. 72°。

（5）底座 5　其底部有 4 只脚螺钉，用来调整水平。

（6）光学系统　其中透射聚光镜 6 用于轮廓测量时的照明。

3. 工作原理（光学系统）

投影仪的光学系统如图 3-37 所

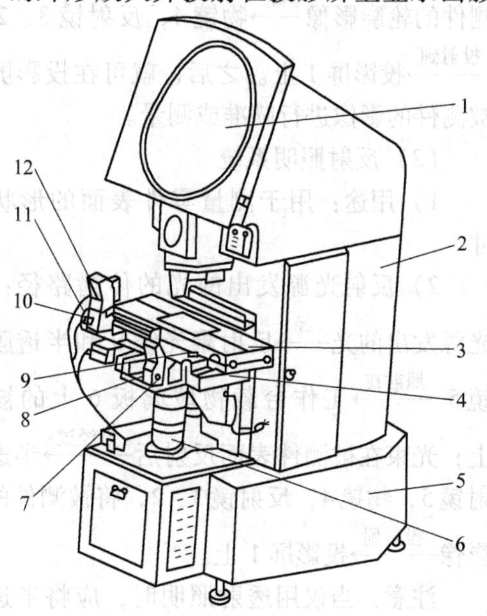

图 3-35　ϕ500 投影仪

1—投影屏　2—中壳体　3—工作台　4—升降架　5—底座　6—透射聚光镜　7—横向测微手轮　8—横向微动手轮　9—横向锁紧手轮　10—纵向锁紧手轮　11—纵向微动手轮　12—纵向测微手轮

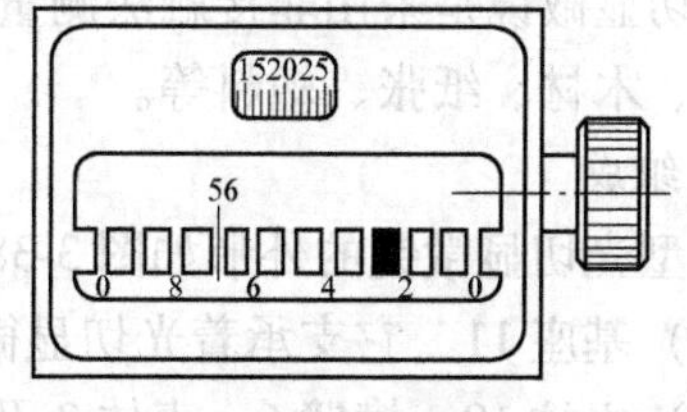

图 3-36　投影仪工作台读数装置视场

示。其照明系统有如下两套，两者既可同时使用，又可单独使用。

（1）透射照明系统

1）用途：用于测量零件的轮廓形状或尺寸。

2）透射光源8发出的光的传播路径：透射光源8发出的光$\xrightarrow{\text{经}}$透射聚光镜7汇聚后为安放在工作台载物玻璃板6上的被测件照明；被测件的轮廓影像$\xrightarrow{\text{经}}$物镜4，反射镜3、2放大$\xrightarrow{\text{投射到}}$投影屏1上。之后，就可在投影屏上对被测件的影像进行瞄准或测量。

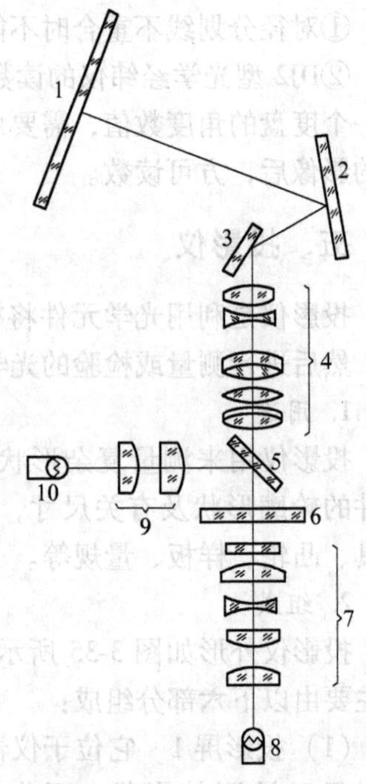

图3-37　投影仪的光学系统

1—投影屏　2、3—反射镜　4—物镜　5—半透膜反射镜　6—载物玻璃板　7—透射聚光镜　8—透射光源　9—反射聚光镜　10—反射光源

（2）反射照明系统

1）用途：用于测量零件表面的形状或尺寸。

2）反射光源发出的光的传播路径：反射光源发出的光$\xrightarrow{\text{经}}$反射聚光镜9和半透膜反射镜5$\xrightarrow{\text{照射在}}$工作台载物玻璃板6上的被测件上；光束在被测件表面反射后$\xrightarrow{\text{再经过}}$半透膜反射镜5，物镜4，反射镜3、2，将被测件的表面影像$\xrightarrow{\text{投射到}}$投影屏1上。

注意：当仅用透射照明时，应将半透膜反射镜5拆下。只有在用作反射照明或反射照明、透射照明同时用时才装上半透膜反射镜5。

六、光切显微镜

1. 用途

光切显微镜是采用非接触法测量表面粗糙度的光学仪器。其被测量材料可以是金属、木材、纸张、塑料等。

2. 组成

9J型光切显微镜的外形如图3-38所示，其主要组成如下：

（1）基座11　它支承着光切显微镜的全部机件。

（2）立柱10　横臂6、壳体3及安装在其上的各机件一起装在立柱10上。

（3）壳体3　在封闭的壳体3内安装有光学系统，可换物镜组1、测微目镜

4、照明灯 5 乃摄像装置的插座等也都安装在壳体 3 上。

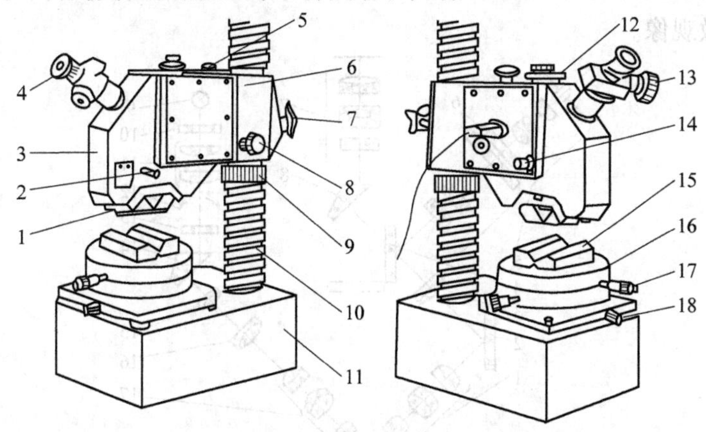

图 3-38　9J 型光切显微镜

1—可换物镜组　2—手柄　3—壳体　4—测微目镜　5—照明灯　6—横臂　7、18—旋手　8—微调手轮　9、14—手轮　10—立柱　11—基座　12—防尘盖　13—测微鼓轮　15—V 形块　16—坐标工作台　17—测微手轮

(4) 横臂 6　转动手轮 9，可使其沿立柱 10 上下移动，以对显微镜粗调焦；使用旋手 7 可将横臂 6 锁紧在立柱 10 上，这时，微调手轮 8 就可对显微镜进行微调焦；拿下防尘盖 12，换上摄像装置，再把手轮 14 转到“摄像”位置即可拍照摄像。

(5) 坐标工作台 16　松开旋手 18，坐标工作台 16 可作 360°旋转。测微手轮 17 可对工作台的工作位置进行调整和坐标测量。放上 V 形块 15，就可放置圆柱形零件；撤掉 V 形块 15，就可放置平面零件。

(6) 测微鼓轮 13　其圆周上刻有 100 格刻线，每格为 0. 01mm，通过螺距为 1mm 的测微螺杆将测微鼓轮 13 与活动分划板相连，转动测微鼓轮 13 可带动活动分划板移动。

3. 9J 型光切显微镜的光学系统

9J 型光切显微镜的光学系统如图 3-39 所示。

光源 9 发出的光$\xrightarrow{\text{经过}}$滤光片 10 和聚光镜 11 $\xrightarrow{\text{照亮}}$狭缝光阑 12 $\xrightarrow{\text{再经}}$平行平板 13、转向棱镜 14、辅助物镜 15 与 16、物镜 17 呈狭缝绿色光带$\xrightarrow{\text{并照在}}$被测表面上，形成反射光带$\xrightarrow{\text{再经}}$物镜 1、反射镜 2 和可动反射镜 4 $\xrightarrow{\text{成像在}}$分划板 6 上，这时从测微目镜 5 中就可以看到放大了的光带像，其视场如图 3-40 所示。

固定分划板和活动分划板的构造如下：如图 3-40 所示，0～8 的字标和单线是固定分划板上的刻线，双线和十字线是活动分划板上的刻线，其中波纹线为被测表面的微观像。

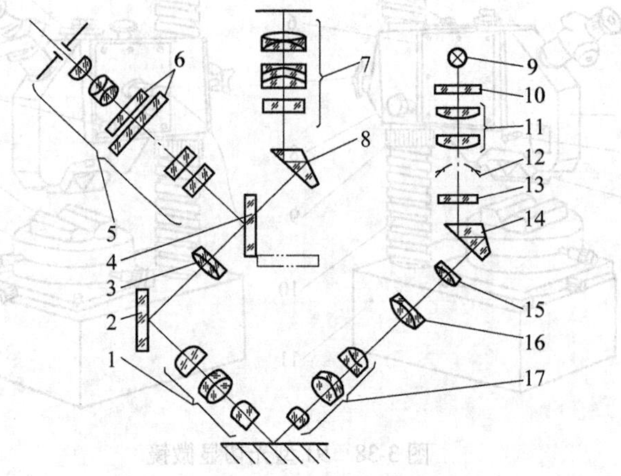

图 3-39　9J 型光切显微镜光学系统

1—物镜　2—反射镜　3—辅助物镜　4—可动反射镜　5—测微目镜　6—分划板　7—摄影物镜　8—转向棱镜　9—光源　10—滤光片　11—聚光镜　12—狭缝光阑　13—平行平板　14—转向棱镜　15、16—辅助物镜　17—物镜

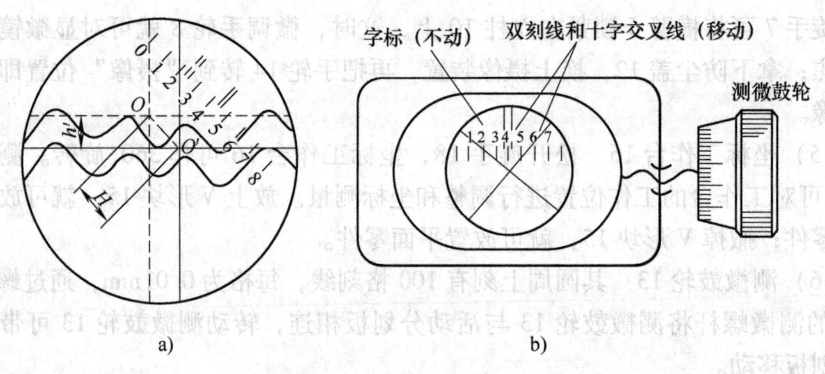

图 3-40　测微目镜视场和结构

欲拍照摄像可按如下步骤操作：将可动反射镜 4 转到虚线位置，如图 3-39 所示。这样光带像通过转向棱镜 8 和摄影物镜 7 在底板平面上成像，即可供照相。

4. 工作原理

光切显微镜是以光带切割零件表面来观察和测量表面微小峰谷轮廓的，具体工作原理如图 3-41 所示。

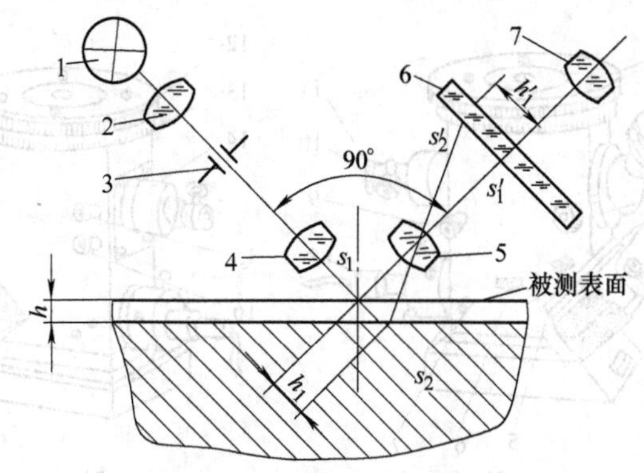

图 3-41 光切显微镜的工作原理

1—光源 2—聚光镜 3—狭缝 4、5—物镜 6—分划板 7—目镜

光源 1 发出的光$\xrightarrow{经}$聚光镜 2、狭缝 3 和物镜 4 $\xrightarrow{形成的}$光带$\xrightarrow{斜射在}$被测表面的峰顶 s_1 和谷底 s_2 上，反射后$\xrightarrow{经}$物镜 5 $\xrightarrow{成像于}$分划板 6 上，此时，就可通过目镜 7 进行观察和测量。

当物面最清晰时，即照明光轴和观察光轴均与被测表面的法线成 45°夹角时，就可计算被测表面轮廓的峰顶与谷底的高度 h，即

$$h = h_1\cos45° = \frac{h_1'}{\beta}\cos45° = \frac{h_1'}{\sqrt{2}\beta}$$

式中 β——物镜的放大倍数，$\beta = \frac{h_1'}{h_1}$；

h_1'——通过目镜和测微机构可测出。

七、干涉显微镜

1. 用途

干涉显微镜是利用光波干涉原理，把具有微观不平的被测表面与标准光学镜面相比较，以光的波长为基准来测量零件的表面粗糙度。其测量范围：Ra = 0.05 ~ 0.8μm 的微观不平度十点高度，还可测量轮廓最大高度 Rz 值。

2. 组成

干涉显微镜的外形如图 3-42 所示。干涉显微镜主体为一方形箱体，其主要组成如下：

（1）主体顶部　在主体顶部装有工作台 1，用来放置被测件。

1）工作台 1 的旋转和纵向、横向移动通过转动位移滚轮 12 实现。

2）工作台 1 的上、下移动通过转动升降滚轮 13 实现，用于调焦。

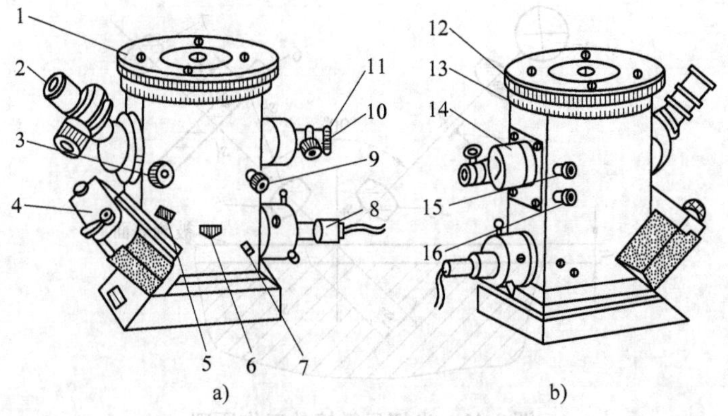

图3-42 干涉显微镜

1—工作台 2—目镜 3—照相与测量选择手轮 4—照相机 5—照相机锁紧螺钉 6—孔径光阑手轮 7—滤光片移动手轮 8—光源 9—干涉条纹宽度调节手轮 10—调焦手轮 11—光程调节手轮 12—工作台位移滚轮 13—工作台升降滚轮 14—物镜套筒 15—遮光板手轮 16—方向调节手轮

（2）主体内部（图3-43）

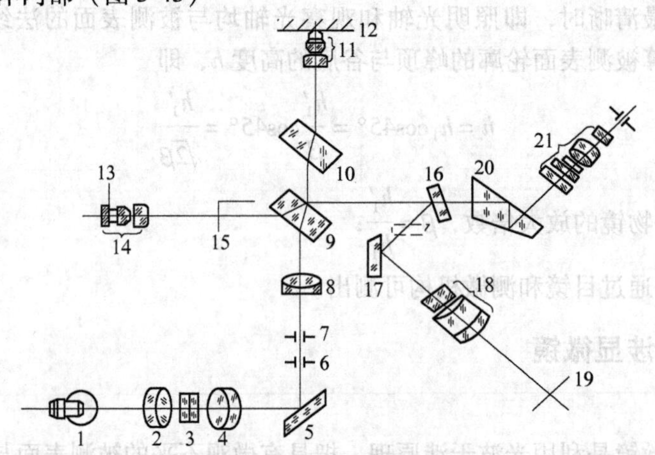

图3-43 干涉显微镜的光学系统

1—光源 2、4、8—聚光镜 3—滤光片 5—折射镜 6—孔径光阑 7—视场光阑 9—分光镜 10—补偿板 11—物镜 12—被测表面 13—标准参考镜 14—物镜组 15—遮光板 16—可调反光镜 17—折射镜 18—照相物镜 19—照相底片 20—棱镜 21—目镜

1）上部：装有被测件物镜11、补偿板10。

2）中部：装有分光镜9，在其两边分别装有遮光板15、可调反射镜16。

3）下部：装有聚光镜8、视场光阑7、孔径光阑6和折射镜5等。

（3）主体外部　装有目镜2、干涉头、照相机4、照明系统及各种调节手轮。

1）干涉头：其内装有标准参考镜13和物镜组14（图3-43），调焦用调焦手轮10，调节光程用光程调节手轮11（图3-42）。

2）目镜：其内装有棱镜20和目镜21（图3-43），外部有测微鼓轮。

3）照明系统：其内装有光源1和聚光镜2等（图3-43），光源可作径向和轴向移动，目的是为了看到清晰的灯丝像。

3. 工作原理

干涉显微镜的光学系统如图3-43所示。

（1）光源1发出的光的传播路径

光源1发出的光 $\xrightarrow{\text{经}}$ 聚光镜2、4汇聚后 $\xrightarrow{\text{射向}}$ 折射镜5，折射后的光 $\xrightarrow{\text{经}}$ 孔径光阑6、视场光阑7、聚光镜8 $\xrightarrow{\text{射到}}$ 分光镜9上，⟶光束：一部分 $\xrightarrow{\text{透过}}$ 分光镜9 $\xrightarrow{\text{经}}$ 补偿板10、物镜11 $\xrightarrow{\text{射向}}$ 被测件表面，反射后 $\xrightarrow{\text{经}}$ 原路 $\xrightarrow{\text{返回到}}$ 分光镜9；另一部分 $\xrightarrow{\text{由}}$ 分光镜9折射后 $\xrightarrow{\text{经}}$ 物镜组14 $\xrightarrow{\text{射向}}$ 标准参考镜13，经它反射后 $\xrightarrow{\text{再经}}$ 物镜组14 $\xrightarrow{\text{再经}}$ 棱镜20 $\xrightarrow{\text{折射到}}$ 目镜21

$\xrightarrow{\text{返回到}}$ 分光镜9 $\xrightarrow{\text{并透过}}$ 分光镜9 $\xrightarrow{\text{射向}}$ 棱镜20 $\left\{\begin{array}{l}\xrightarrow{\text{折射到}} \text{目镜21} \\ \xrightarrow{\text{再折射到}} \text{目镜21}\end{array}\right\}$ ⟶两束光线相遇时，由于存在光程差而产生干涉，从而形成明暗的干涉条纹。

说明如下：

1）滤光片3可移入和移出光路。移入后，光线经其过滤便形成单色光，有利于寻找干涉条纹，从而提高测量精度。

2）可调反光镜16可移动，图3-43所示位置可用于拍照；若移到虚线位置，可用于观察和测量。

（2）比较、计算

1）若干涉条纹为等距离平行直纹（图3-44a），则被测件表面为理想平面。

2）若干涉条纹呈弯曲条纹（图3-44b），则被测件表面存在微观平面度。此时，峰顶至谷底的高度 Y_i 可按如下公式求得：

$$Y_i = \frac{h_i}{b_i} \cdot \frac{\lambda}{2}$$

式中　h_i——干涉条纹的弯曲度，可测出；

b_i——干涉条纹的间隔宽度，可测出；

λ——光波波长（自然光，μm），其中，自然光（白光）$\lambda=0.66\mu m$；绿色单光 $\lambda=0.509\mu m$；红色单光 $\lambda=0.644\mu m$。

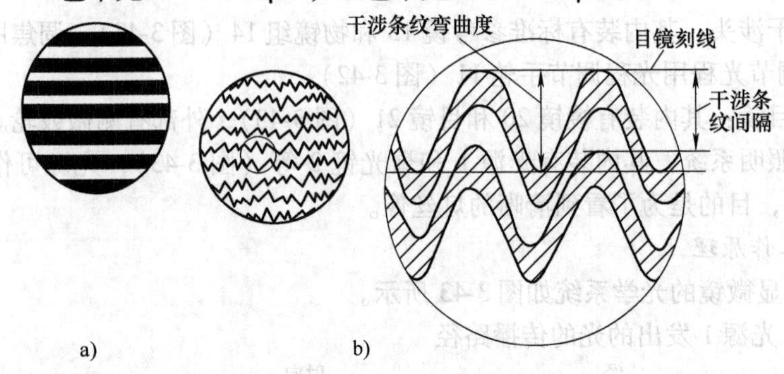

图 3-44　目镜视场中的干涉条纹

八、工具显微镜

1. 用途

工具显微镜用影像法和轴切法两种方法进行测量。可按直角坐标和极坐标精确地测量工件的长度和角度，并可检定零件的形状。其测量范围横向为200mm，纵向为100mm。测量精度可达到0.5μm或0.2μm。

2. 组成

以19JA型万能工具显微镜为例进行介绍，其外形如图3-45所示。

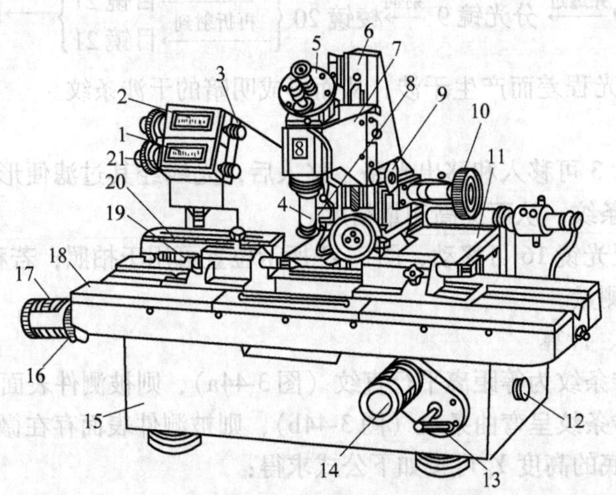

图 3-45　19JA 型万能工具显微镜

1—横向投影读数器　2—纵向投影读数器　3—调零手轮　4—物镜　5—测角目镜　6—立柱　7—臂架　8—反射照明器　9、10、16—手轮　11—横向滑台　12—仪器调平螺钉　13—手柄　14—横向微动装置鼓轮　15—底座　17—纵向微动装置鼓轮　18—纵向滑台　19—紧固螺钉　20—玻璃刻度尺　21—读数器鼓轮

（1）底座15　工具显微镜全部机件都安装在底座15上。

（2）纵向滑台18　在其上安装有顶尖架、V形架、分度台、平工作台、测量刀及垫板等。

转动手轮16可使纵向滑台在底座15的导轨上左右移动，并能锁紧在任意位置上；转动纵向微动装置鼓轮17，可使纵向滑台18微动到测量位置。

长200mm的玻璃刻度尺20装在纵向滑台18的侧面，借助纵向投影读数器2可读取纵向移动量。

（3）横向滑台11　在其上安装有主显微镜（由4、5等组成）、臂架7、立柱6和主照明装置等。

推拉手柄13可使横向滑台在底座15的导轨上前后移动，并能锁紧在任意位置上；转动横向微动装置鼓轮14，可使横向滑台11微动到所需的测量位置。

长100mm的玻璃刻度尺装在横向滑台的测面，借助横向投影读数器1可读取横向移动量。

（4）主显微镜（4、5等）　主显微镜安装在臂架7上，旋转手轮9，可使主显微镜（4、5等）沿立柱6的垂直导轨上、下移动；转动手轮10，可使立柱6向左、向右各倾斜15°。

（5）纵、横向投影读数器（1和2）　如图3-46所示，在其投影屏上有11个光缝，其相邻间隔为0.1mm，故示值范围为1mm。在读数器鼓轮21的圆周上刻有100条分度线，每小格的分度值为0.001mm。鼓轮21旋转一圈，带动投影屏移动1个光缝，即0.1mm。图3-46所示的读数值为53.764mm。

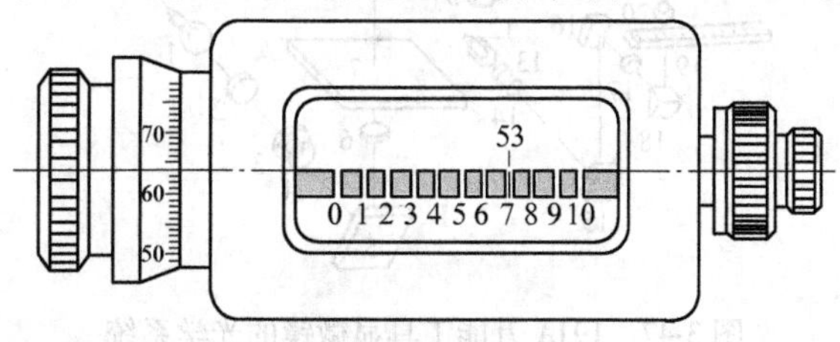

图3-46　投影读数器

欲将读数器的读数调零，可使用调零手轮3。

3. 工作原理

（1）万能工具显微镜的光学系统（图3-47）。

1）主显微镜光学系统：用于瞄准目标，所以又称为瞄准显微镜。其光线传播的路径如下：

点亮照明灯1后，光线$\xrightarrow{\text{通过}}$聚光镜2、可变光阑3、滤光片4$\xrightarrow{\text{射向}}$反射镜5，经反射镜5$\xrightarrow{\text{反射到}}$主聚光镜6，经再次聚光后$\xrightarrow{\text{射向}}$被测零件（被安置在玻璃工作台7上）$\xrightarrow{\text{由}}$物镜8和转向棱镜9将被测件$\xrightarrow{\text{清晰地成像在}}$米字线分划板10上。这样，测量者可通过目镜11进行观察。

目镜11的视场大小由可变光阑3控制。

2）投影读数光学系统：分为纵、横两个方向。

①纵向投影读数光学系统。其光线传播的路径如下：

纵向光源12发出的光$\xrightarrow{\text{经}}$聚光镜13、隔热片14$\xrightarrow{\text{再经}}$反射镜15和16、主聚光镜17、棱镜18$\xrightarrow{\text{射向}}$纵向标尺（玻璃刻度尺）19，把标尺上的毫米线$\xrightarrow{\text{经}}$投影物镜20、棱镜21、反射镜22$\xrightarrow{\text{成像在}}$纵向投影屏23上。

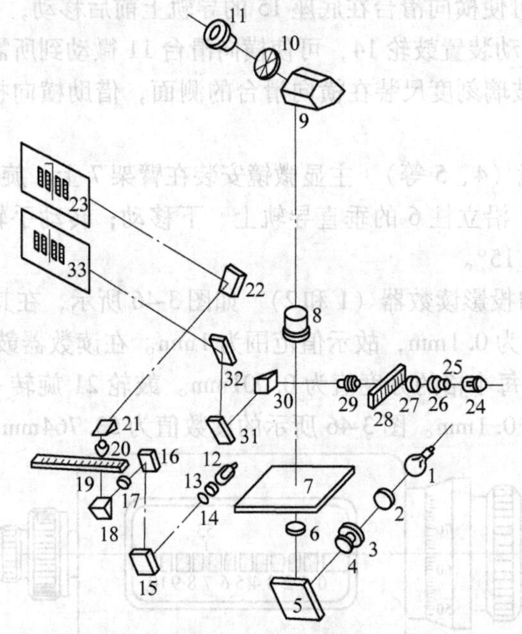

图3-47　19JA万能工具显微镜的光学系统

1—照明灯　2、13、25—聚光镜　3—可变光阑　4—滤光片　5、15、16、22、31、32—反射镜　6、17、27—主聚光镜　7—玻璃工作台　8—物镜　9—转向棱镜　10—米字线分划板　11—目镜　12—纵向光源　14、26—隔热片　18、21、30—棱镜　19—纵向标尺　20、29—投影物镜　23—纵向投影屏　24—横向光源　28—横向标尺　33—横向投影屏

②横向投影读数光学系统。其光线的传播路径如下：

横向光源24发出的光$\xrightarrow{\text{经}}$聚光镜25、隔热片26、主聚光镜27$\xrightarrow{\text{射向}}$标尺28，把标尺上的毫米线$\xrightarrow{\text{经}}$投影物镜29、棱镜30、反射镜31和32$\xrightarrow{\text{成像在}}$横向投影屏33上。

（2）万能工具显微镜的目镜头　常用的目镜头有轮廓目镜头、测角目镜头和双像目镜头等。

1）轮廓目镜头（图3-48）

①轮廓目镜头的功用。轮廓目镜头是用来把刻制在分划板上的被测件的标准轮廓与被测件的实际轮廓相比较，从而确定被测轮廓的误差。

②轮廓目镜头的操作。图3-48b所示为标准轮廓分划板，通过目镜1进行观测时，只能看到两种情景：其一是标准轮廓的一部分；其二就是固定角度标尺，其分度值为10′，示值范围为±7°。

具体操作如下：图3-48c所示为螺距为1.25mm螺纹的标准断面平均线处在零位的场景。若被测螺纹轮廓与标准断面相重合，则说明无角度误差；若被测螺纹轮廓与标准断面不相重合，可转动滚花环2，使标准轮廓的一侧与被测螺纹的相同各侧相平行，这样标准轮廓的平均线偏离固定标尺的角度值就是被测螺纹该侧半角的偏差值。再测另半侧的半角偏差值，可用上述同样的方法。

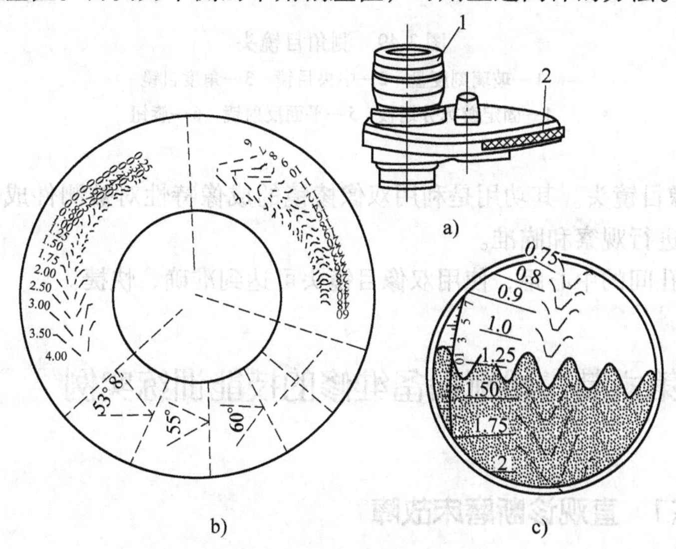

图3-48　螺纹轮廓目镜头

a）螺纹轮廓目镜头　b）标准轮廓分划板　c）目镜视场

1—目镜　2—滚花环

2）测角目镜头（图3-49）

①测角目镜头的功用。它是用来瞄准被测件和测量角度的。

②测角目镜头的结构：如图3-49b所示，中央目镜分划板上刻有米字形虚线和四条平行虚线；如图3-49c所示，玻璃刻度盘1的边缘刻有360°分度线。玻璃刻度盘1与固定游标分划板4同轴线并能联动，转动旋钮6可使它们转动。

③测角目镜头的操作：光线经平面反射镜的反射$\xrightarrow{\text{通过}}$分度值为1的固定游标分划板4和玻璃刻度盘1$\xrightarrow{\text{到}}$角度目镜3中。此时，从图3-49d所示的视场中读取的读数为30°26′。

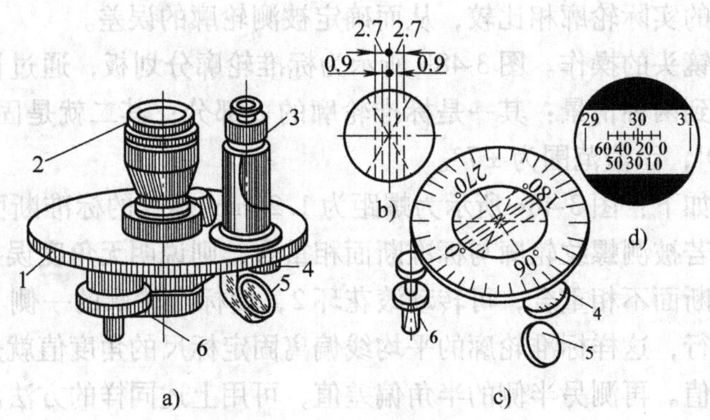

图3-49　测角目镜头

1—玻璃刻度盘　2—中央目镜　3—角度目镜

4—固定游标分划板　5—平面反射镜　6—旋钮

3）双像目镜头。其功用是利用双像棱镜的成像特性对被测件成像，再通过目镜放大，进行观察和瞄准。

测量两孔间的中心距，使用双像目镜头可达到准确、快捷。

◈◈◈ 第六节　机械设备维修的技能训练实例

• 训练1　直观诊断磨床故障

一、工件表面出现螺旋线

直观诊断：

1）砂轮修整不良。

2）修整砂轮时未用切削液。

3）砂轮的边角未倒角。

4）工作台纵向进给速度和工件转速过高。

5）横向进给量过大。

6）工作台润滑油压力太高。

二、工件表面出现鱼鳞粗糙面

1）砂轮表面被堵塞。
2）砂轮未修圆。
3）砂轮修整得不够锋利。
4）砂轮修整器没有紧固牢或金刚石笔没有焊牢，修整砂轮时引起跳动。
5）金刚石笔伸出过长，致使在修整砂轮时引起跳动。

三、工件表面出现突然拉毛痕迹

直观诊断：
1）精磨时未磨掉粗磨时遗留下来的痕迹。
2）在切削液中存有粗粒度磨粒。
3）材料韧性太大。
4）砂轮太软。
5）刚修整好的粗粒度砂轮其磨粒易于脱落。
6）砂轮未修整好，其上存有凸起的磨粒。

四、工件表面出现细粒毛痕迹

直观诊断：
1）砂轮太软。
2）砂轮磨粒韧性和工件材料韧性不相配。
3）切削液不清洁，存在有微小的磨粒。

训练2 直观诊断镗床故障

一、主轴实际转速与转速盘所指的速度不相符

直观诊断：

1）在装速度盘时，各相关的刻线未对准，使得相对应的传动零件的相对位置出错。

2）双速电动机相互变换时电极转换出错。

二、下滑座低速运动时有爬行现象，光杠有明显振动

直观诊断：
1）下滑座的镶条调整得过紧。
2）下滑座传动齿轮与齿条的间隙调整不当。

3）导轨接触不良或有较严重的研伤。

4）光杠弯曲。

三、多次夹紧主轴箱后，主轴位置变化大

直观诊断：

1）主轴箱上的镶条配合松动。

2）夹紧装置调整不妥，其夹紧力不均匀。

四、切削力小

直观诊断：

1）传动带松紧不一致或过松。

2）保险离合器中的弹簧太松。

3）摩擦片打滑。

• 训练3　直观诊断龙门铣床故障

一、铣头主轴的轴向窜动和径向圆跳动量较大

直观诊断：

主轴前后轴承的间隙调整不当或轴承磨损严重。

二、床身导轨严重磨损或拉毛

直观诊断：

1）地基刚度不足或机床一个侧面置于日光直射下，造成床身导轨变形。

2）机床长期加工短工件或承受过分集中的负荷，造成床身导轨局部磨损严重。

3）润滑油不清洁或润滑油路堵塞。

4）机床日常维护不良，导轨面上落入切屑或脏物，造成导轨研伤。

三、横梁分别在上、中、下位置时，与工作台上平面的平行度超差

直观诊断：

1）横梁夹紧装置与立柱夹紧面接触不良，由于横梁被夹紧时受力分布不均匀，造成横梁移动时，其平行度发生变化。

2）由于两根横梁升降丝杠的磨损程度不一样，或在同等高度上两根丝杠的螺距累积误差值正好方向相反，从而造成平行度超差。

四、镗削时工件表面产生波纹

直观诊断：

1）电动机振动。

2）机床振动：

①主轴后支承点与支座孔同轴度超差。

②传动齿轮有缺陷，齿面有碰伤，有毛刺或缺牙。

③主轴上的轴承松动。

五、垂直铣头垂直进给出现爬行现象

直观诊断：

1）垂直铣头溜板的镶条、压板调整得过紧。

2）镶条有较大弯度。

3）滑动导轨面润滑不良。

• 训练4　使用光学平直仪测量V形导轨的直线度误差

由于光学平直仪在测量V形导轨时具有明显的优越性，而且比测量其他类型工件的难度稍大，所以就以测量V形导轨为例，介绍光学平直仪的使用方法。

（1）测量V形导轨在垂直平面内的直线度误差　在垂直平面内的直线度误差，是指沿导轨长度方向，作一假想垂直平面 M 与导轨相截，如图3-50a所示，得交线 Ofg，该交线即为导轨在垂直平面内的实际轮廓。包容 Ofg 曲线而距离为最小的两平行线之间的坐标值 Δ_1，即为导轨在垂直平面内的直线度误差。

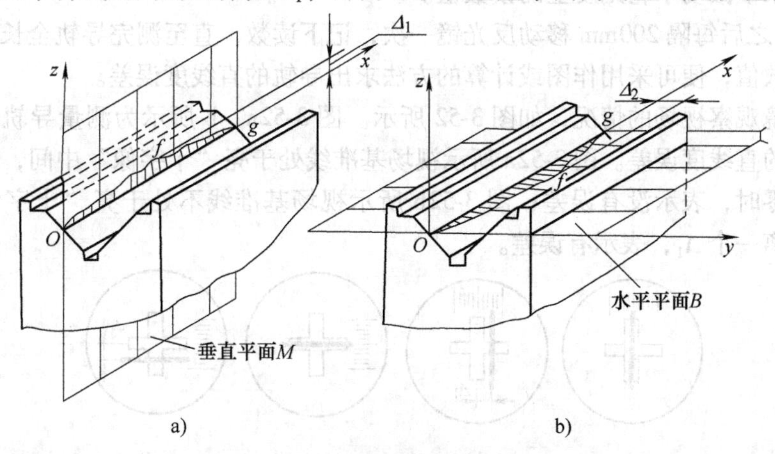

图3-50　V形导轨的直线度误差

a）垂直平面内的直线度误差　b）水平平面内的直线度误差

图 3-51 所示为使用光学平直仪测量 V 形导轨在垂直平面内直线度误差的示意图，具体操作步骤如下：

1）将反光镜放在导轨一端的 V 形垫块上（垫块与 V 形导轨必须配刮研）。在导轨另一端外也放一个升降可调支架，支架上固定着光学平直仪本体。

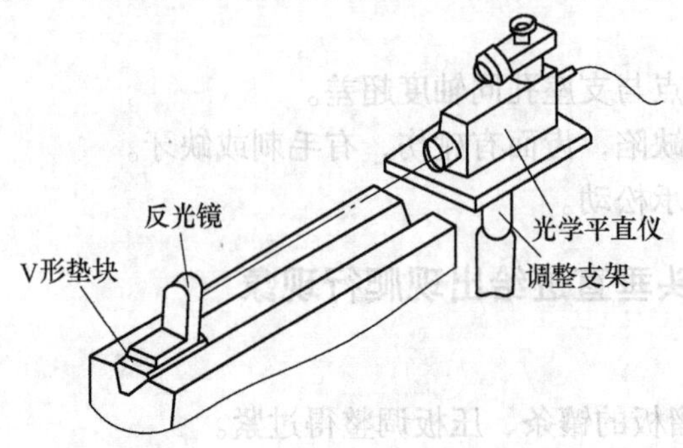

图 3-51　光学平直仪测量 V 形导轨

2）移动反光镜垫板，使其接近光学平直仪本体。左右摆动反光镜，同时观察目镜，直至反射回来的亮“十字像”位于视场中心为止。

3）之后再将反光镜垫板移至原来的端点，再观察“十字像”是否仍在视场中，否则需重新调整平直仪本体和反光镜（可用薄纸等垫塞）使其达到上述要求。调整好以后，平直仪本体即不许移动。

4）此时将反光镜用橡皮泥或压板固定在垫块上，然后将反光镜及垫板一起移至导轨的起始测量位置。转动手轮，使目镜中指示的黑线在亮“十字像”中间，记录下微动手轮刻度上的读数值。

5）之后每隔 200mm 移动反光镜一次，记下读数，直至测完导轨全长。根据记下的数值，便可采用作图或计算的方法求出导轨的直线度误差。

目镜观察视场的情况，如图 3-52 所示。图 3-52a、b 所示为测量导轨在垂直平面内的直线度误差。图 3-52a 所示视场基准线处于亮“十字像”中间，当测微手轮为零时，表示没有误差；图 3-52b 所示视场基准线不处于亮“十字像”中间，距离一个 Δ_1，表示有误差。

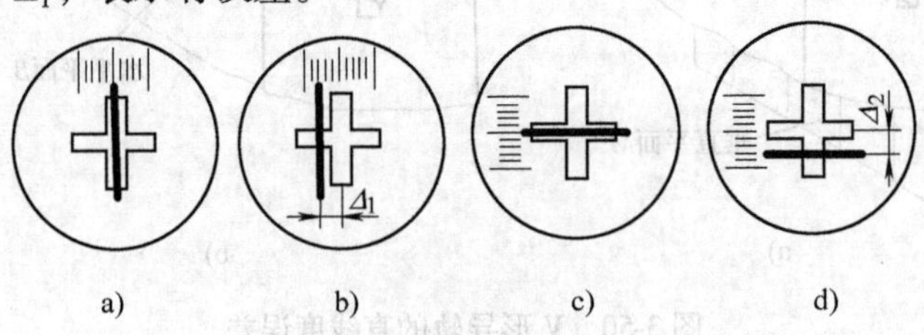

图 3-52　目镜观察视场图

（2）测量V形导轨在水平平面内的直线度误差　在水平面内的直线度误差是指沿着导轨长度方向误差作一假想水平平面 H 与导轨相截，如图3-50b所示，得交线 Ofg，其包容线之间的坐标值 Δ_2，即为导轨在水平平面内的直线度误差。

用光学平直仪测量V形导轨在水平平面内的直线度误差，只需将平直仪目镜座的定位紧定螺钉松开，使目镜座顺时针方向转90°，使测微手轮与物镜射出的光线垂直即可进行测量。其目镜观察视场的情况如图3-52c、d所示，具体的测量方法与测量导轨在垂直平面内的直线度误差相同。

（3）误差计算方法　用光学平直仪对导轨或其他工件进行测量，在获得准确的数据以后，可用作图法或计算法求出被测表面的直线度误差。

1）作图法：作图法是按测量时所获得的读数直接作图，其原理和方法与方框水平仪作图法基本相同。例如：用刻度值为0.005mm/1000mm的光学平直仪，测量2000mm长的导轨，反射镜的垫板长度为200mm。

①将1～10挡测量结果列于表3-1：由后向前测量的读数顺序填入第一行；由前向后再测量一遍，将读数顺序填入第二行。

②取两组读数的平均值填入第三行。

③将读数的平均值减去一个数值28写在第四行上（28－28＝0；30.5－28＝2.5；…；43.5－28＝15.5），其目的是使各读数值靠近在 O—x 轴附近，便于作图。也可减少出现差错的可能性。因此，这个数值应取平均值附近的任意近似整数。在该例中，可取28～43内任意数值。

表3-1　导轨直线度计算表

序号	测量位置/mm	0～200	200～400	400～600	600～800	800～1000	1000～1200	1200～1400	1400～1600	1600～1800	1800～2000
1	由后向前读数/μm	27.5	30	30.5	33	35.4	38	38	38.5	40.5	43
2	由前向后读数/μm	28.5	31	31.5	34	36.2	39	40	39.1	41.5	44
3	平均值/μm	28	30.5	31	33.5	35.8	38.5	39	38.8	41	43.5
4	简化读数减去一个任意数28	0	2.5	3	5.5	7.8	10.5	11	10.8	13	15.5
		+↗↓	+↗↓	+↗↓	+↗↓	+↗↓	+↗↓	+↗↓	+↗↓	+↗↓	+↗↓
5	各点迭加数（原点为零）	00	2.5	5.5	11	18.8	29.3	40.3	51.1	64.1	79.6

④顺序迭加，即第四行第一位数相加后拖向下格，再与第二位置简化读数迭加后拖向下格，然后与第三位简化读数迭加拖向下格直至末项（表3-2中箭头）。

⑤作图，取坐标轴 O—x 为1∶20；O—y 轴精度偏差值取1000∶1。将迭加后第五行数值标于坐标纸上，并顺次连接各坐标点得一曲线，如图3-53所示。

连接首尾两端点成一基准轴线，导轨水平面内直线度误差可由曲线对基准线的垂直坐标 O—y 轴读出，从图中可见为21μm。

2）计算法

①~③步，与作图法相同。

④求算术平均值时将各简化数相加，除以测量挡数。

⑤求减后读数值时，将各简化数减去（或加上）算术平均值。

⑥求各点迭加数时，即把各减后读数值顺序连续迭加，由数列中看出 -21μm 为导轨在水平面内直线度最大误差，计算各步骤列入表3-2。

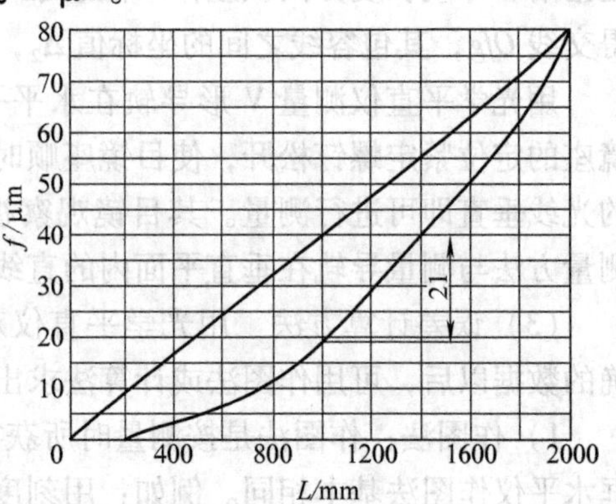

图3-53　作曲线图

表3-2　导轨直线度计算表

序号	测量位置/mm	0~200	200~400	400~600	600~800	800~1000	1000~1200	1200~1400	1400~1600	1600~1800	1800~2000
1	由后向前读数	27.5	30	30.5	33	35.4	38	38	38.5	40.5	43
2	由前向后读数	28.5	31	31.5	34	36.2	39	40	39.1	41.5	44
3	平均值	28	30.5	31	33.5	35.8	38.5	39	38.8	41	43.5
4	简化读数减去一个数35	-7	-4.5	-4	-1.5	0.8	3.5	4	3.8	6	8.5
5	求算术平均值	(-7-4.5-4-1.5+0.8+3.5+4+3.8+6+8.5)÷10=0.96									
6	求减后读数	-7.96	-5.46	-4.96	-2.46	-0.16	2.54	3.04	2.84	5.04	7.54
7	各点迭加数（原点为0）	0 -7.96	-13.42	-18.38	-20.84	-21	-18.46	-15.42	-12.58	-7.54	0

使用注意事项

1）不同型号的光学平直仪的技术规格是不同的。HYQ-03型光学平直仪的读数精度为1″，能测导轨长度约5m，不要超出过远测量。

2）测量时，反射镜与平直仪本体的底平面应清洗干净。

3）物镜与平面镜间应保证光线畅通。

• 训练5 通过试加工检测磨床的工作精度

一、磨削顶尖间试件外圆的精度

试件尺寸及简图如图 3-54 所示。

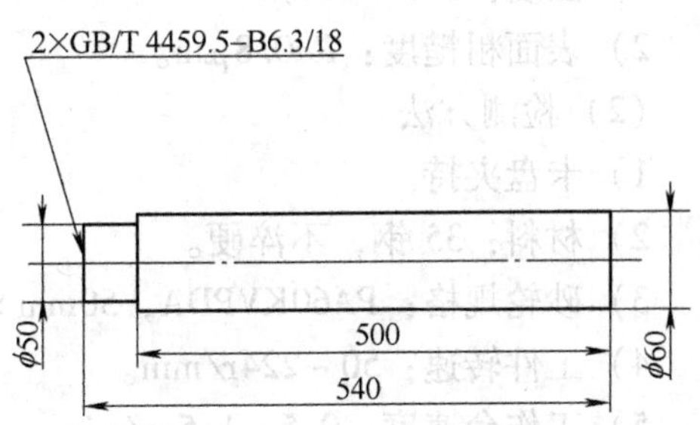

图 3-54 试件尺寸及简图

(1) 公差。

1) 圆度：0.003mm。

2) 圆柱度：0.006mm。

3) 表面粗糙度：*Ra*0.4μm。

(2) 检测方法

1) 顶尖装夹，不用中心架。

2) 材料：35 钢，不淬硬。

3) 砂轮规格：PA60KBP，400mm ×50mm×203mm。

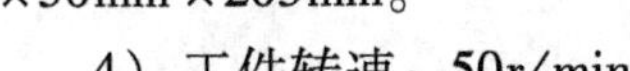

4) 工件转速：50r/min。

5) 工作台速度：0.5 ~1.5m/min。

6) 进给量：0.0025mm/行程。

7) 进给次数：1 次。

8) 无火花行程：5 个双行程。

二、卡盘上磨削短外圆试件的精度

试件尺寸及简图如图 3-55 所示。

Ra 3.2
φ30
150
210
φ50

图 3-55 试件尺寸及简图

(1) 公差

1) 圆度：0.005mm。

2) 圆柱度：0.007mm。

3) 表面粗糙度：*Ra*0.4μm。

(2) 检测方法

1) 卡盘夹持，不用中心架。

2) 材料：35 钢，不淬硬。

3) 砂轮规格：PA60KBP，400mm×50mm×203mm。

4) 工件转速：50 ~224r/min。

5) 工作台速度：0.5 ~1.5m/min。

6) 进给量：0.0025mm/行程。

7) 进给次数：1 次。

8) 无火花行程：5 个双行程。

三、卡盘上磨内孔试件的精度

试件尺寸及简图如图3-56所示。

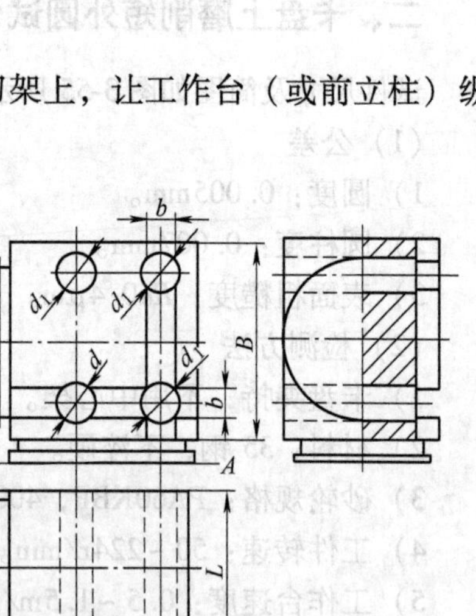

图3-56　试件尺寸及简图

（1）公差

1）圆度：0.005mm。

2）表面粗糙度：Ra0.8μm。

（2）检测方法

1）卡盘夹持。

2）材料：35钢，不淬硬。

3）砂轮规格：PA60KVPDA，50mm×25mm×13mm。

4）工件转速：50～224r/min。

5）工作台速度：0.5～1.5m/min。

6）进给量：0.0025mm/行程。

7）进给次数：1次。

8）无火花行程：5个双行程。

训练6　通过试加工检测镗床的工作精度

一、精镗外圆 D 的精度

试件尺寸及简图如图3-57所示。

（1）公差　椭圆度：0.02mm/φ300mm。

（2）检测方法　将镗刀装在平旋盘径向刀架上，让工作台（或前立柱）纵向运动精镗外圆后，检验其椭圆度。

二、精车端面的精度

试件尺寸及简图如图3-57所示。

（1）公差　平面度：0.02mm/300mm，只允许中凹。

（2）检测方法　将镗刀装在平旋盘径向刀架上，让平旋盘刀架径向进给精车端面后，检验其平面度。

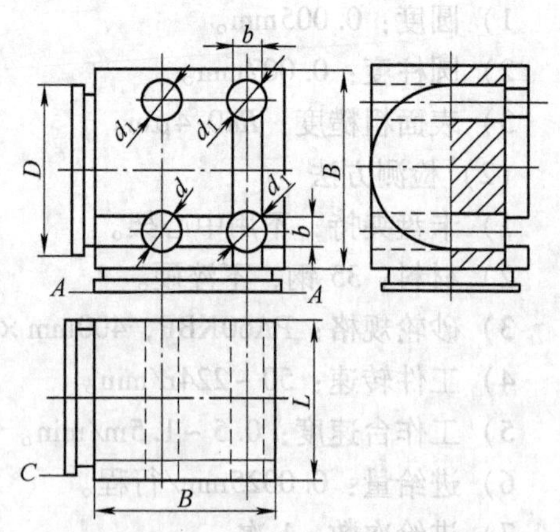

图3-57　试件尺寸及简图

三、精镗孔的精度

试件尺寸及简图如图3-57所示。

（1）公差

1）椭圆度：0.02mm。

2）圆锥度：0.02mm/200mm。

3）孔 d_1 中心线和孔 d 中心线的平行度：0.03mm/300mm。

（2）检测方法　将镗刀装在镗杆上，让镗杆进给镗孔 d，再让工作台（或前立柱）纵向进给镗孔 d_1，精镗之后，即可检验其椭圆度、圆锥度、孔 d_1 中心线与孔 d 中心线的平行度。

四、工作台横向进给和主轴箱垂直进刀铣槽对孔 d_1 和 d 的中心线的精度

试件尺寸及简图如图 3-57 所示。

（1）公差　垂直度：0.03mm/300mm。

（2）检测方法　将精铣刀装夹在主轴上，主轴箱进给铣槽，再让工作台横向进给铣另一个槽之后，即可检验两个槽对 d_1 和孔 d 的中心线的垂直度。

• 训练 7　通过试加工检测龙门铣床的工作精度

一、用平面铣削检验试件的平面度

试件尺寸及简图如图 3-58 所示。

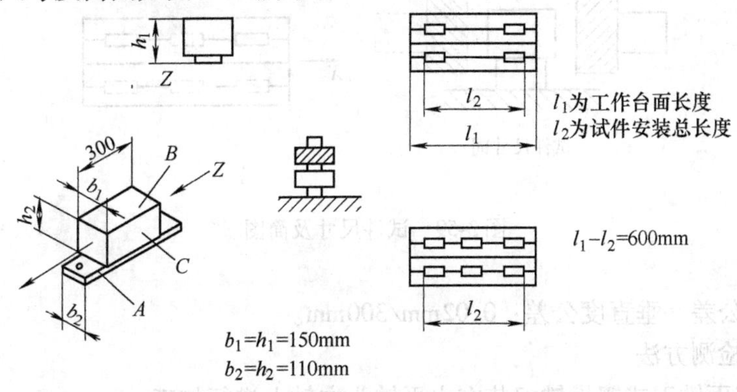

图 3-58　试件尺寸及简图

（1）公差

1）每个试件 B 面的平面度：0.02mm。

2）试件高度 h_1 应等高。

①当 $l_2 \leqslant 2000$mm 时，公差为 0.03mm。

②当 2000mm $< l_2 \leqslant 5000$mm 时，公差为 0.05mm。

③当 5000mm $< l_2 \leqslant 10000$mm 时，公差为 0.08mm。

（2）检测方法

1）将端铣刀或镶齿铣刀装在垂直铣头上进行加工。

2）铣刀安装：径向圆跳动≤0. 02mm，轴向圆跳动≤0. 03mm。

3）试件平行于工作台移动方向（X 轴线）放置。

4）用工作台沿 X 轴线机动进给铣削平面 B。

5）当工作台长度≤2000mm 时，铣削 4 个试件；当工作台长度＞2000mm 时，可按图 3-58 所示放置 6 个（或 8 个）试件。

6）刀具质量和规格、切削速度和进给率、试件材料等应由供应商/制造商规定。

7）全部试件应具有相同的硬度。

二、侧面铣削检验试件的侧面 C 对其 B 面的垂直度

试件尺寸及简图如图 3-59 所示。

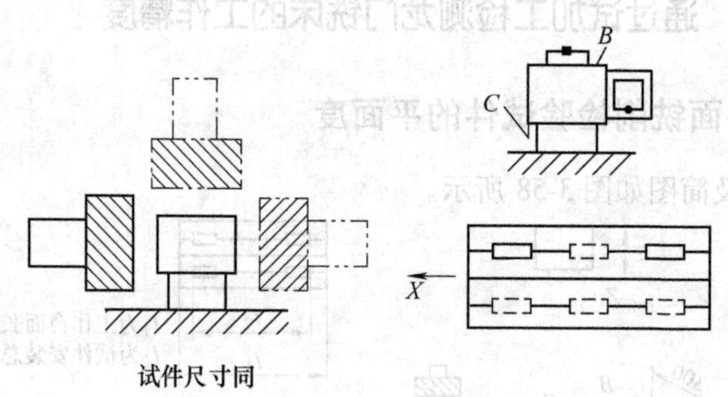

图 3-59　试件尺寸及简图

（1）公差　垂直度公差：0. 02mm/300mm。

（2）检测方法

1）将面铣刀或镶齿铣刀装在水平铣头主轴上进行加工。

2）试件平行于工作台沿 X 轴线移动方向放置。

3）沿 X 轴线铣削放置在工作台上的两个或三个试件的侧面。

4）可用右立柱或左立柱上的水平铣头铣削垂直于 B 面的一个侧面。

5）刀具质量和规格、切削速度和进给率、试件材料等应由供应商/制造商规定。

6）全部试件应具有相同的硬度。

复习思考题

1. 试述镗床的主要结构。
2. 试述镗床三层主轴的结构。
3. 试述镗床二层半主轴的结构。
4. 试述镗床平旋盘的工作原理。
5. 试述镗床工作台分度定位机构的工作原理。
6. 龙门铣床分为哪几类？龙门铣床有哪些用途？龙门铣床结构如何？
7. 试述光学平直仪的工作原理及使用方法。
8. 试述光学计的工作原理。
9. 试述卧式测长仪的工作原理。
10. 试述经纬仪的工作原理。
11. 试述投影仪的工作原理。
12. 试述光切显微镜和干涉显微镜的工作原理。
13. 试述万能工具显微镜的工作原理。
14. 试述磨床、镗床、龙门铣床的常见故障。
15. 试述磨床、镗床、龙门铣床的工作精度的检测方法。

第四章

精密传动机构的维修

培训目标 了解滚珠丝杠螺母机构的结构及丝杠的分类，掌握丝杠标记方法和消除滚珠丝杠副的轴向间隙及预紧调整方法；了解静压螺旋传动机构的定义、特点及用途，掌握其结构及工作原理；了解离合器的分类，掌握离合器的结构及工作原理；掌握滚珠丝杠螺母机构、静压螺旋传动机构及各种离合器的维修。

第一节 滚珠丝杠螺母机构

滚珠丝杠是在丝杠与螺母之间装有钢球，因此，摩擦力小，传动效率高，易实现由直线运动转换为旋转运动，磨损小，寿命长，可实现同步运动，但应附加自锁机构或制动装置。

一、丝杠结构

（1）单圆弧形结构

1）接触角多取45°，且随着初始径向间隙和轴向力而变化。

2）r_0/R 比值过高时，摩擦损失增加；比值过低时，承载能力降低。

3）效率、承载能力及轴向刚度不稳定。

4）必须采用双螺母结构，且脏物易进入，如图4-1所示。

（2）双圆弧形结构

1）接触角多取45°，工作中接触角不变化。

2）r_0/R 比值高，摩擦损失增加；比值过低时，承载能力下降。

3）承载能力及轴向刚度比较稳定。

4）易实现无间隙或有预紧力的传动副。

5）磨损比较小，如图 4-2 所示。

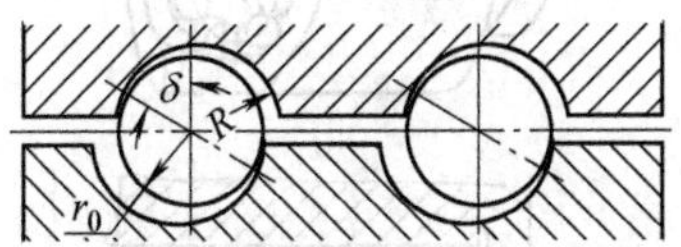

图 4-1 单圆弧形滚珠丝杠螺母机构

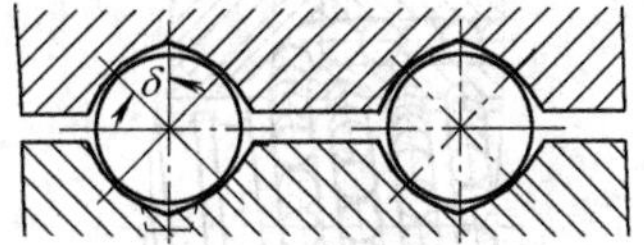

图 4-2 双圆弧滚珠丝杠螺母机构

二、丝杠分类

按滚珠循环方式分类：

（1）外循环 滚珠的循环在返回过程中与丝杠脱离接触的，称为外循环。

1）插管式，就是利用弯管插入螺母的通孔代替螺旋回珠槽作为滚珠返回通道，这种方式工艺性好，但螺母径向外形尺寸较大，不易在设备上安装，如图 4-3 所示。

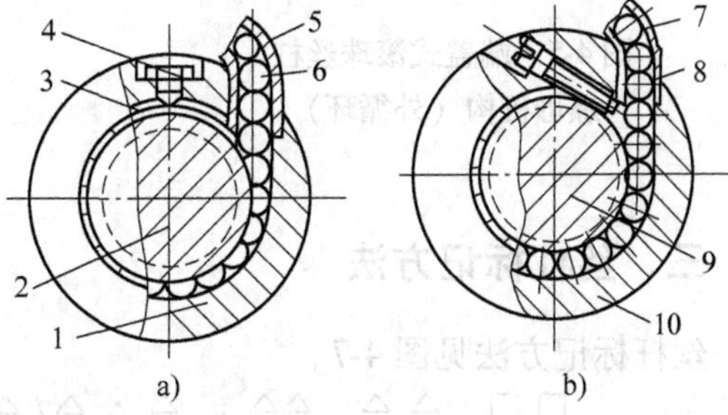

图 4-3 插管式滚珠丝杠螺母机构（外循环）

a）埋入式 b）凸出式

1、4、10—螺母 2、9—丝杠

3—挡珠器 5、7—弯管 6、8—滚珠

2）螺旋槽式，其特点是径向尺寸较小，便于安装，加工工艺性好，挡珠器形状复杂易磨损，刚性差，如图 4-4 所示。

3）端盖式，其特点是结构紧凑，工艺性较好，但滚珠经过滚道短槽时易发生卡珠现象，如图 4-5 所示。

（2）内循环 滚珠的循环在返回过程中与丝杠始终保持接触的，称为内循环。内循环方式滚珠循环回路短，工作珠少，流畅性好，摩擦损失小，传动效率高，但反向器结构复杂，制造比较困难，如图 4-6 所示。

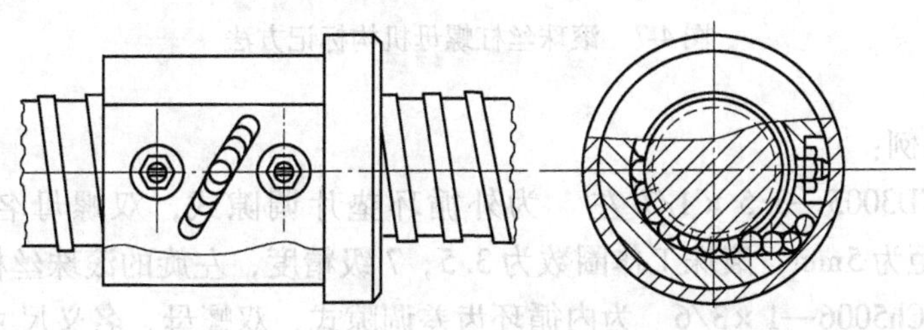

图 4-4 螺旋槽式滚珠丝杠螺母机构（外循环）

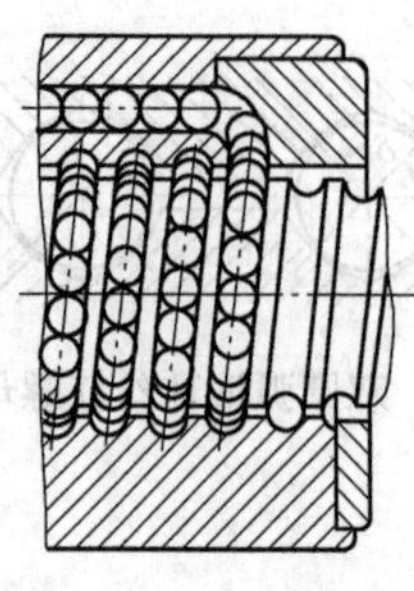

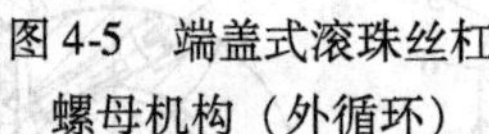

图 4-5　端盖式滚珠丝杠螺母机构（外循环）

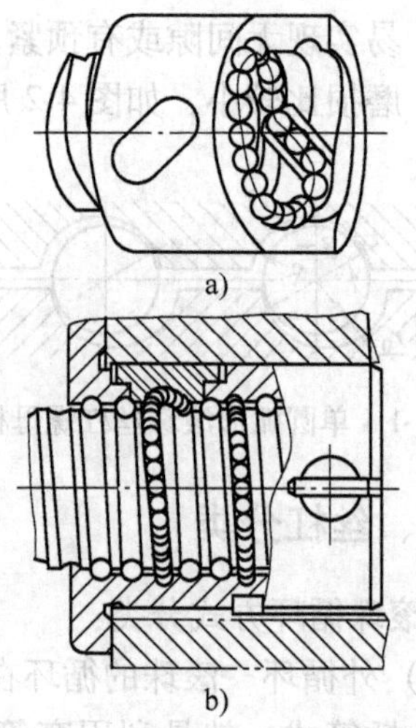

图 4-6　内循环式滚珠丝杠螺母机构
a）固定式　b）浮动式

三、丝杠标记方法

丝杆标记方法见图 4-7。

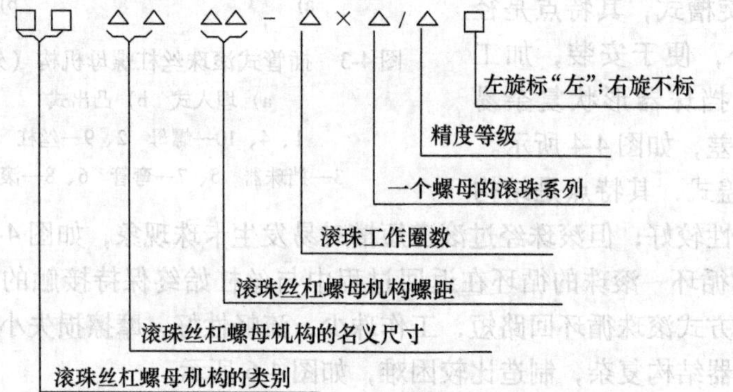

图 4-7　滚珠丝杠螺母机构标记方法

标记示例：

（1）WD3005—3.5 × 1/7 左　为外循环垫片调隙式，双螺母名义直径为 30mm，螺距为 5mm，滚珠工作圈数为 3.5，7 级精度，左旋的滚珠丝杠螺母。

（2）NCh5006—1 × 3/6　为内循环齿差调隙式，双螺母，名义尺寸为 50mm，螺距为 6mm，每个螺母三列，6 级精度，右旋的滚珠丝杠螺母。

表 4-1 为滚珠丝杠各种代号的意义。

表 4-1 滚珠丝杠各种代号的意义

序 号	代 号	意 义
1	W	外循环单螺母滚珠丝杠螺母机构
2	W_1	外循环不带衬套的单螺母滚珠丝杠螺母机构
3	C	外循环插管式的单螺母滚珠丝杠螺母机构
4	N	内循环单螺母滚珠丝杠螺母机构
5	WCh	外循环齿差调隙式的双螺母滚珠丝杠螺母机构
6	W_1Ch	外循环不带衬套齿差式调隙的双螺母滚珠丝杠螺母机构
7	WD	外循环垫片调隙式的双螺母滚珠丝杠螺母机构
8	W_1D	外循环不带衬套垫片调隙式的双螺母滚珠丝杠螺母机构
9	W_1L	外循环不带衬套螺纹调隙式的双螺母滚珠丝杠螺母机构
10	CCh	插管式齿差调隙式双螺母滚珠丝杠螺母机构
11	CD	插管形垫片调隙式的双螺母滚珠丝杠螺母机构
12	CL	插管形螺纹调隙式的双螺母滚珠丝杠螺母机构
13	NCh	内循环齿差式调隙的双螺母滚珠丝杠螺母机构
14	ND	内循环垫片式调隙双螺母滚珠丝杠螺母机构
15	NL	内循环螺纹调隙式的双螺母滚珠丝杠螺母机构

四、消除轴向间隙和预紧调整

通过预紧轴向力来消除滚珠丝杠螺母机构的轴向间隙并施加预紧力，达到无间隙传动并提高丝杠的轴向刚度，这是滚珠丝杠螺母机构的主要特点之一。对于新制的滚珠丝杠，专业制造厂在装配时已按用户要求进行了预紧，因此在安装时无需再进行预紧。但滚珠丝杠经过较长时间的使用后，滚珠及滚道不可避免地要产生磨损，其结果是预紧力减小，甚至出现轴向间隙。在这样的情况下，必须适时地进行预紧调整，这是滚珠丝杠螺母机构的主要维修工作之一。

（1）调整机构的形式

1）垫片式调整机构：这种结构形式如图 4-8 所示。它是通过改变垫片的厚度，以使螺母产生轴向位移来实现消除间隙和预紧的调整。这种调整机构的特点是结构简单，预紧可靠，拆装方便。但精度的调整比较困难，且在使用过程中不便调整。

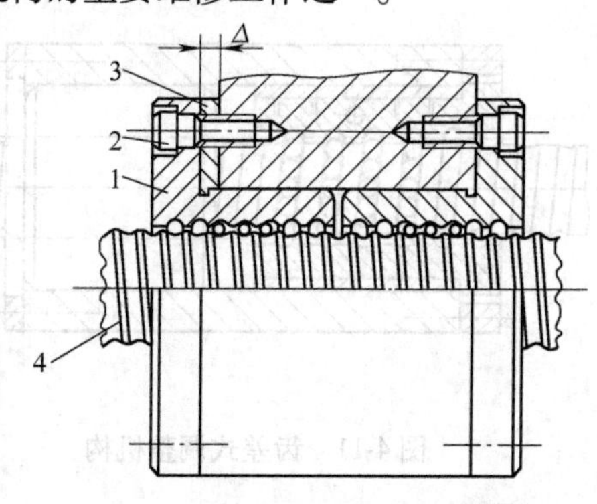

图 4-8 双滚珠螺母垫片式预紧

1—双滚珠螺母 2—螺钉 3—垫片 4—丝杠

2）螺纹式调整机构：其结构形式如图 4-9 所示。

调整时，带调整螺纹的螺母1伸出螺母座的外端，用螺母3、4调整轴向间隙，长键5的作用是限制两个螺母的相对转动。这种形式的特点是结构紧凑，可随时调整，但很难获得准确的预紧力。

3）弹簧式：其结构形式如图4-10所示。图中左边的螺母可以借助于弹簧在轴向上的压紧力而作轴向移动，从而达到调整的目的。这种结构形式显得复杂，刚性较低，但具有单向自锁作用。

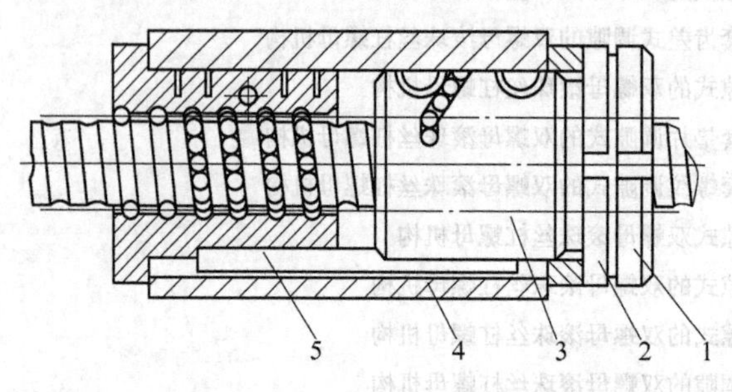

图4-9　螺纹式调整机构

1、3、4—螺母　2—螺母座　5—长键

图4-10　弹簧式调整机构

4）齿差式：其结构形式如图4-11所示。它是改变两个螺母上齿数差来调整螺母在角度上的相对位置，实现轴向位置的调整间隙和预紧。此方法调整简单，但不是非常精确。

5）另一种弹簧式：如图4-12所示，这是另一种弹簧式调整机构。这种结构是在固定螺母和活动螺母之间装有弹簧，使螺母作相对的扭转来消除轴向间隙。这种方法结构复杂，刚性低，但具有单向自锁作用。

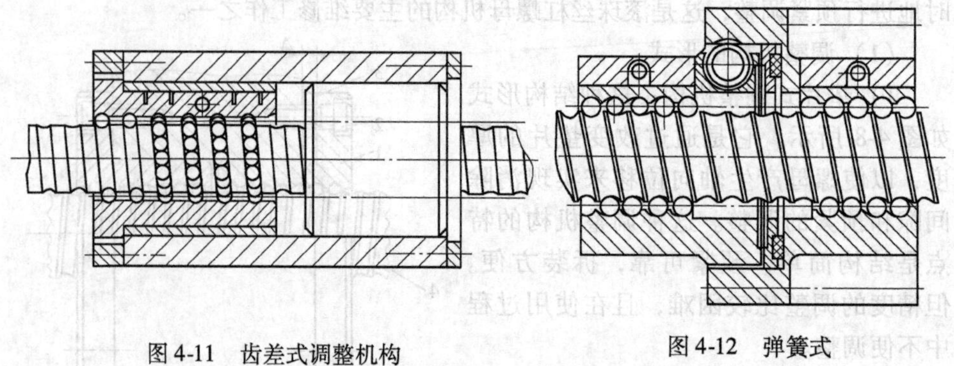

图4-11　齿差式调整机构

图4-12　弹簧式

6）随动式：其结构形式如图4-13所示。活动螺母1和固定螺母2之间有滚针轴承，工作中可相对扭转来消除间隙。这种结构的特点是结构复杂，接触刚度

低，但具有双向自锁作用。

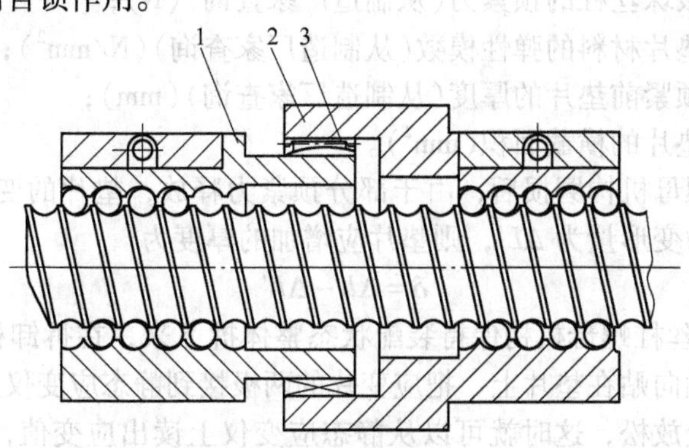

图 4-13 随动式

1—活动螺母 2—固定螺母 3—滚针轴承

(2) 预紧力的确定 滚珠丝杠螺母机构的预紧力过小，在载荷作用下，传动精度会因此出现间隙而降低；预紧力过大，传动效率和使用寿命又会降低。一般预紧力可取最大轴向负荷的1/3。

预紧力产生的接触变形量可用下式计算

$$\delta = 0.00028\frac{F_a}{\sqrt[3]{d_0 F_\gamma (Z_\Sigma)^2}}$$

式中 δ——预紧力产生的变形量(mm)；

F_γ——轴向预紧力(N)；

Z_Σ——滚珠数量($Z_\Sigma = Z \times$圈数$\times$列数)；

Z——一圈的滚珠数 $Z = \frac{\pi D_0}{d_0}$(外循环)；$Z = \frac{\pi D_0}{d_0} - 3$(内循环)；

F_a——轴向负荷(N)；

d_0——滚珠直径(mm)；

D_0——滚珠丝杠的公称直径(mm)。

(3) 滚珠丝杠螺母机构磨损后预紧力的调整 以垫片式结构为例，当滚珠丝杠螺母机构经较长时间使用后，滚道及滚珠磨损，部分预紧力释放，会影响加工精度，需要进行调整，可通过增加垫片的厚度来恢复预紧力。垫片厚度的增加量δ、新垫片厚度及装配，可以采用如下方法确定及操作。

1) 制造厂在装配滚珠丝杠螺母机构预紧时，垫片的厚度按游隙和预紧变形量确定。垫片的预压变形量ΔL用下式计算

$$\Delta L = \frac{F_{预} L}{EA}$$

式中 $F_{预}$——滚珠丝杠的预紧力（从制造厂家查询）(N)；

E——垫片材料的弹性模数（从制造厂家查询）(N/mm^2)；

L——预紧前垫片的厚度（从制造厂家查询）(mm)；

A——垫片的横截面积(mm^2)。

滚珠丝杠螺母机构磨损后，由于部分预紧力释放，垫片的变形量相应减小。设丝杠磨损后的变形量为 $\Delta L'$，则垫片应增加的厚度为

$$\delta = \Delta L - \Delta L'$$

2）把滚珠丝杠螺母机构保持装配状态整体拆下来，在拆卸松开螺母前，把电阻应变片沿轴向贴在垫片上，把应变片的两极接到静态应变仪上，然后松开螺母，使垫片完全放松，这时就可以从静态应变仪上读出应变值，此值即为 $\Delta L'$，由此就可求出 δ 值。

拆卸完螺母后，应校核垫片的实际厚度 L，必要时按校核的 L 值修正 ΔL。这样就可确定新垫片的厚度为 $L+\delta$。

3）按确定的厚度制造新垫片，并用新垫片重新装配滚珠丝杠螺母机构，再装配到机床上去，就可以正常生产了。

◈◈◈ 第二节 静压螺旋传动机构

一、定义

螺纹工作面间形成液体静压油膜润滑的螺旋传动即为静压螺旋传动。

二、特点

1. 优点

1）摩擦因数小，传动效率可达99%，转动灵敏。

2）无机械磨损，无爬行现象。

3）无反向空程。

4）刚性和抗振性较好。

5）不自锁，具有传动的可逆性。

6）适于各种转速、载荷下工作。

2. 缺点

结构复杂，需要一套过滤精度高的压力供油装置，故成本高。

三、用途

静压螺旋常被用作精密机床进给和分动机构的传动螺旋。

四、结构及工作原理

1. 结构

静压螺旋传动机构采用的是牙较高的梯形螺纹。在螺母每圈螺纹的中径处开有3~6个间隔均匀的油腔。同一素线上同一侧的油腔相连通，并用一个节流阀控制螺纹牙两侧的间隙和油腔压力。

2. 工作原理

静压螺旋传动机构的工作原理如图4-14所示。

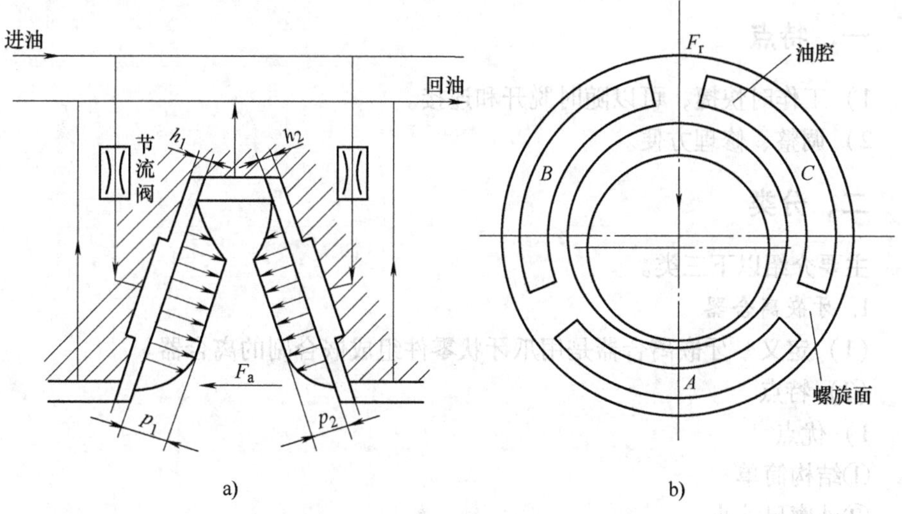

图4-14 静压螺旋的工作原理

从图4-14中不难看出：压力油是经节流阀进入螺母螺纹牙两侧的油腔内，再通过阻油边、回油孔流回油箱。

具体工作原理如下：

1）当螺杆不受力时，由于螺纹牙两侧的间隙和油腔压力均相等，故螺杆处于中间位置。

2）当螺杆受到一个左向轴向力后而左移时，由图4-14a不难看出：螺纹牙左侧间隙 h_1 减小，而螺纹牙右侧间隙 h_2 相应增大，这时，油压通过节流阀的自动调节作用，使螺纹牙左侧油压 p_1 大于其右侧油压 p_2，从而产生一个平衡轴向力 F_a 的液压力，这样螺杆平衡于某一位置，并保持某一油膜厚度。

3）当螺杆受到一个向下的径向力 F_r 而下移时，由图4-14b不难看出：一圈螺纹牙侧的3个油腔中，油腔 A 侧的间隙减小，油腔 B 和 C 侧的间隙增大，油压通过节流阀的自动调节作用，使 A 侧压力增高，B、C 侧压降低，从而产生一

个平衡径向力 F_r 的液压力，这样螺杆平衡于某一位置，并保持某一油膜厚度。

当螺杆受弯曲力矩时，也具有平衡能力。

◇◇◇ 第三节　离　合　器

离合器是主、从动部分在同一轴线上传递动力或运动时，具有接合或分离功能的装置。其功用就是通过接通和脱开传递或切断两轴间的运动及转矩。

一、特点

1）工作时快捷，可以随时脱开和连接。

2）调整、修理方便。

二、分类

主要介绍以下三类。

1. 牙嵌离合器

（1）定义　牙嵌离合器是用爪牙状零件组成嵌合副的离合器。

（2）特点

1）优点

①结构简单。

②外廓尺寸小。

③两轴接合后不会发生相对移动。

④传递转矩较大。

⑤可双向传动。

2）缺点：接合时有冲击，故只能在低速或停车时接合。

（3）结构　如图4-15所示，牙嵌离合器主要由以下零件组成：

1）固定套筒1，其端面上制有凸牙。

2）滑动套筒3，其端面上制有凹牙，在与固定套筒相接合时，要凸凹牙相扣合。

3）对中环2，其功用就是使固定套筒与滑动套筒对中。

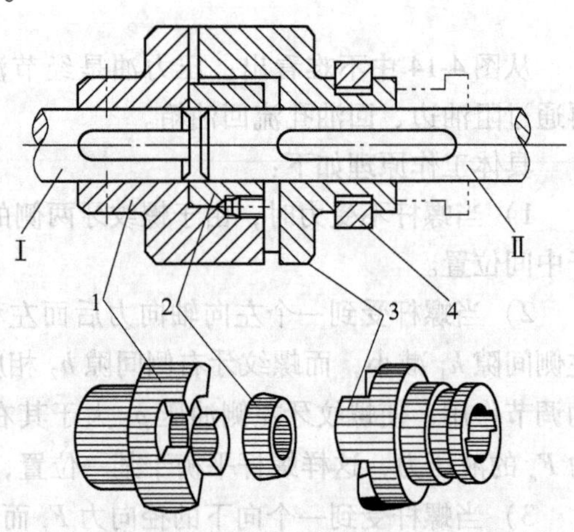

图4-15　牙嵌离合器

1—固定套筒　2—对中环　3—滑动套筒　4—滑环

4）滑环4，其功用就是使滑动套筒3轴向移动。

（4）牙形分类 通常分为四种，如图4-16所示。

（5）工作原理 如图4-15所示，固定套筒1固定在主动轴Ⅰ上，滑动套筒3用导向平键（或花键）与从动轴Ⅱ连接，这样通过操作操纵杆借助滑环4使滑动套筒3轴向移动，从而实现离合器主、从动部分的接合或分离。牙嵌离合器是通过凸牙的啮合来传递转矩和运动的。

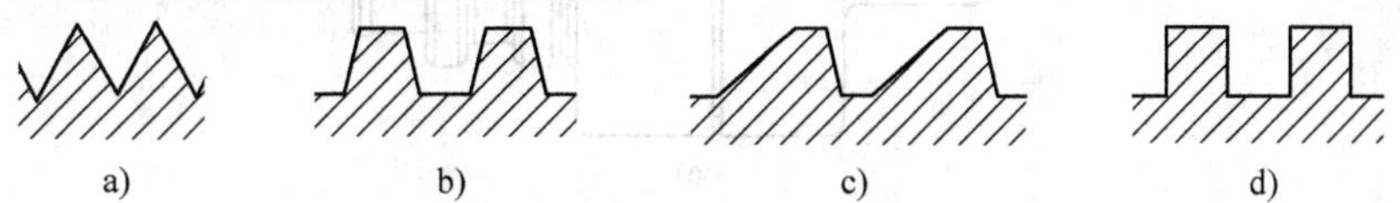

图4-16 牙嵌离合器的常用牙型

a）正三角形 b）正梯形 c）锯齿形 d）矩形

1）正三角形。

2）正梯形。其凸牙强度高、且易于接合，可传递较大转矩而且凸牙的磨损与间隙能自动补偿。

3）锯齿形。它只能传递单向转矩。

4）矩形。

2. 片式离合器

（1）定义 片式离合器是用圆环片的端平面组成摩擦副的离合器。

（2）特点

1）优点

①在任何转速条件下，主、从动两轴均可以分离或接合。

②接合平稳，冲击和振动小。

③过载时两摩擦面之间打滑，自动起保护作用。

2）缺点

①需要较大的轴向力。

②传递的转矩较小。为了提高离合器传递转矩的能力，通常采用多片离合器。

（3）结构 以多片离合器为例，其结构如图4-17所示。

1）外鼓轮2。外鼓轮2用平键与主动轴1相连接，并靠锁紧螺钉将其固定在主动轴1上。

2）内套筒4。内套筒4用平键与从动轴3相连接。其外缘上有3个轴向凸齿，与这3个轴向凸齿相间还开有3个轴向凹槽，槽中装有可绕销轴转动的角形杠杆10。

3）摩擦片6、7。摩擦片分为外摩擦片6和内摩擦片7。

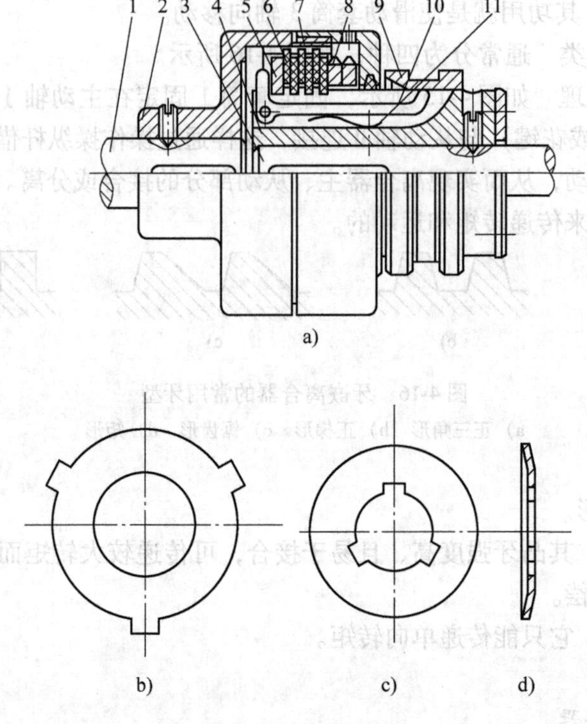

图4-17　多片离合器

1—主动轴　2—外鼓轮　3—从动轴　4—内套筒　5—压板　6—外摩擦片　7—内摩擦片　8—调节螺母　9—滑环　10—角形杠杆　11—弹簧片

①外摩擦片6。其形状如图4-17b所示，外缘上的3个凸齿与外鼓轮2内孔的3条轴向凹槽相配。其内孔空套在内套筒4上，而外摩擦片6跟随主动轴1同步回转。

②内摩擦片7。其形状如图4-17c所示，内孔壁上的3个凹槽与内套筒4外缘上的3个轴向凸齿相配，而其外缘与任何零件不相接触，而内摩擦片7跟随从动轴一起回转。

内、外摩擦片相间安装，且两组摩擦片都可沿轴向移动。

（4）工作原理　如图4-17a所示，当操纵使滑环9向左移动时，角形杠杆10通过压板5将两组摩擦片压向调节螺母8，离合器处于接合状态，即靠内、外摩擦片间的摩擦力传递转矩和运动；当操纵使滑环9向右移动时，弹簧片11顶起角形杠杆10，从而使内、外摩擦片松开，即离合器处于分离状态，从而使主动轴1与从动轴3间的传动被断开。

调节螺母8用于调节内、外摩擦片间的压力。

内摩擦片也可制成碟形，其目的是在松开时，可迅速与外摩擦片相分离，如

图 4-17d 所示。

上述介绍的多片离合器是由机械操纵的，除此而外，还可用电磁、液压、气压等进行操纵，但其主体部分的工作原理是相同的。

3. 超越离合器

（1）定义　超越离合器是通过主、从动部分的速度变化或旋转方向的变化，而具有离合功能的离合器。

（2）特点　超越离合器最大的特点就是能自动控制离合。

（3）分类　它可分为单向和双向两类。

1）单向

①结构（图 4-18）

a. 星轮 1。星轮 1 通过平键与轴 6 联接，星轮外圆有 3 个均布的缺口，在每一个缺口内装有一个滚柱 3，滚柱 3 被弹簧 5、顶杆 4 推向由外圈与星轮的缺口所形成的楔缝中。

b. 外圈 2。外圈 2 的外轮廓通常为齿轮，并空套在星轮 1 上。

c. 滚柱 3。共有三个滚柱。

d. 顶杆 4。共有三个顶杆。

e. 弹簧 5。共有三个弹簧。

f. 轴 6。

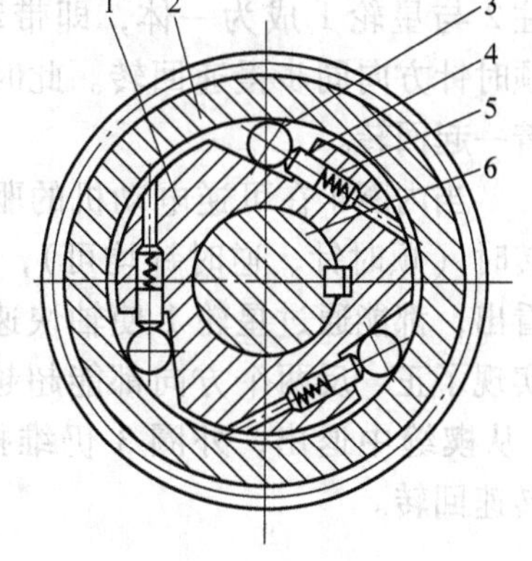

图 4-18　滚柱式单向超越离合器

1—星轮　2—外圈　3—滚柱

4—顶杆　5—弹簧　6—轴

②工作原理。如图 4-18 所示，当运动源不带动轴快速回转时，只是外圈 2（齿轮）以慢速逆时针方向回转，这样滚柱 3 在摩擦力的作用下，被楔紧在外圈 2 与星轮 1 之间，致使外圈 2 通过滚柱 3 与星轮 1 成为一体，即带动星轮 1（轴）逆时针方向同步慢速回转。

当外圈 2 以慢速逆时针方向回转的同时，轴由另外一个运动源带动作快速同方向回转（此时轴有两个运动同时输入），此时星轮 1 的回转速度高于外圈 2（轴与星轮 1 靠平键联为一体），致使滚柱 3 从楔缝中松动回退，使外圈 2 与星轮 1 脱开，即不再是一体，这样外圈 2 与星轮 1（轴）按各自的速度回转而互不干扰。

当切断轴的快速回转时，滚柱 3 又被楔紧在外圈 2 与星轮 1 之间，使轴只随外圈 2 作慢速回转。

2）双向

①结构（图 4-19）

a. 星轮 1。星轮 1 通过平键与轴 5 联接。星轮 1 外圆有 3 个均布的屋脊形缺口，在每一个缺口内装有一个滚柱2，滚柱2被弹簧推向由外圈3、星轮1及内圈4形成的楔缝中。

b. 外圈3。外圈3空套在内圈4及星轮1上。

c. 内圈4。内圈4空套在星轮1上，内圈4顺时针、逆时针快速回转时均能带动星轮1（轴）作同向同步回转。

d. 滚柱2。共有三个滚柱。

e. 弹簧。共有三个弹簧。

f. 轴5。

②工作原理（见图4-19）

当内圈4没有在可逆电动机的驱动下作快速回转时，只是外圈3顺时针方向慢速回转，在摩擦力的作用下，使滚柱2楔紧在外圈3与星轮1之间，从而使外圈3通过滚柱2与星轮1成为一体，即带动星轮1（轴）顺时针方向同步慢速回转。此时，内圈4也随着一起回转。

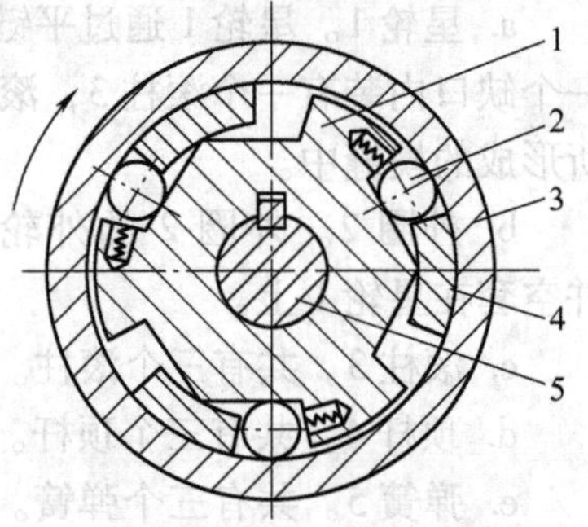

图4-19　滚柱式双向超越离合器
1—星轮　2—滚柱
3—外圈　4—内圈　5—轴

当内圈4在可逆电动机的驱动下作快速回转时（顺时针、逆时针均可），从图4-19中可看出，都能通过星轮1使轴快速回转，这样就实现了正、反两个方向都能超越。此时，滚柱2从楔缝中退出，外圈3仍维持原来的转向、转速回转。

◆◆◆ 第四节　传动机构维修的技能训练实例

• 训练1　滚珠丝杠螺母机构的维修

一、滚珠丝杠螺母机构的常见故障

滚珠丝杠螺母机构在使用过程中常发生的故障是：丝杠、螺母的滚道和滚珠表面磨损、腐蚀和疲劳剥落。

（1）表面磨损　在长时间的使用过程中，滚珠丝杠、螺母的滚道和滚珠的表面总会逐渐磨损，且磨损往往是不均匀的，初期不易被发现，到了中后期，用肉眼可以明显地看出磨损的痕迹，甚至有擦伤现象。不均匀的磨损不但会使丝杠螺母机构的精度降低，还可能产生振动。

（2）表面腐蚀 由于润滑油中有水分，油的酸值过大，或外界环境的影响，可能使滚道或滚珠表面腐蚀。腐蚀会加大表面粗糙度值，加速表面的磨损和加剧振动。

（3）表面疲劳 由于装配不当，承受交变载荷，超载运行，润滑不良等原因，长期使用后，滚珠丝杠螺母机构的滚道和滚珠表面会出现接触疲劳的麻点，以至金属表层的剥落，使丝杠副失效。

二、滚珠丝杠螺母机构的故障诊断

滚珠丝杠螺母机构的转速一般都在300r/min以下，振动频率在30kHz以内。滚珠丝杠、螺母缺陷产生的频率大约分别为转速乘以滚珠数的40%～60%。这样，滚珠丝杠螺母机构早期的故障主要是由低振平引起，但诊断中常常被较高的振平所淹没，使早期故障不易被发现。较好的解决办法是定期使用动态信号分析仪进行监测。当故障的后期，滚珠表面出现擦伤时，振动较为容易在靠近螺母附近的支座外壳上测出。测量的方法最好是采用加速度计或速度传感器，振动变化的特征频率将随着滚道和滚珠表面擦伤缺陷的扩展，振动变成了无规则的噪声，频谱中将不出现尖峰。

检测滚珠丝杠螺母机构振动特征频率时，应注意以下几个问题：

1）因振动为低平，容易被其他较高振平淹没，所以，检测时机床的其他运动应停止，单独开动此机构进行检测。

2）对于原始良好的滚珠丝杠螺母机构，产生缺陷后，用原始频谱进行比较就可判断缺陷及其发展程度。

3）由于滚珠丝杠螺母机构在使用中不断磨损，缺陷的发展使产生的振动变成杂乱无章的噪声，记录的频谱尖峰将会降低，或不呈现尖峰。由于磨损或缺乏润滑而产生的振动，也会出现这种情况。

4）在使用加速度计监测时，由于振动信号非常敏感，对特征频率范围之外的大量其他成分也由加速度计测出。如果使用动态信号分析仪来完成上述的测量和分析，其测量结果显得不易理解，因此，监测振平的变化最好选择速度传感器直接测量。

三、滚珠丝杠螺母机构的修复方法

1）当出现滚珠不均匀磨损或少数滚珠的表面产生接触疲劳损伤时，应更换掉全部滚珠。更换时，要求购入2～3倍数量的精度等级的滚珠，用测微计对全部滚珠进行测量，并按测量结果分组，然后选择尺寸和形状公差均在允许范围内的滚珠，进行装配和预紧调整。

2）滚珠丝杠、螺母的螺旋滚道因磨损严重而丧失精度时，通常需修磨滚道才能恢复精度。修复时，丝杠和螺母应同时修磨，修磨后，更换全部滚珠，装配后进行预紧调整。

3）对滚道表面有轻微疲劳点蚀或腐蚀的丝杠，可考虑修磨滚道恢复精度。对疲劳损伤严重的丝杠螺母机构必须更换。

四、滚珠丝杠螺母机构的装配

1）装配滚珠丝杠螺母机构时，应保证各装配件的高清洁度。

2）在滚珠丝杠螺母机构装配调整期间，不要加注润滑剂，应在装配调整达到要求后，再按规定加注润滑剂。

3）在装配挡珠器（或反向器）时应注意以下几点：

①滚珠进出口与螺槽相切的孔，必须保证能准确地同螺槽圆滑衔接。

②螺母上的螺旋回程道必须与两个切向孔衔接好，确保滚珠在运行时，不发生冲击，卡珠或伴随产生滑动摩擦的不良现象。

③挡珠器（或反向器）在装配修整时，不能与螺母的滚道发生接触，但与滚珠接触的端部应具有正确的形状和位置，保证滚珠在轨道中顺利运行。

4）在装入滚珠时应注意以下几点：

①滚珠直径应符合要求，而且在一套滚珠中其直径应保持一致性。

②装入的滚珠不能排得过满，保证一个滚珠直径左右的间隙即可。

5）在调整间隙时应注意以下几点：

①作为传递动力的滚珠丝杠螺母机构，应在整个行程中保持有一定的较小的间隙。

②作为传递精确运动的滚珠丝杠螺母机构，可调整到有一定的过盈量，以提高其轴向精度和位移精度，而且应保证在整个行程中摩擦力矩基本恒定，不存在局部过紧的现象。

• 训练2 静压螺旋传动机构的维修

静压螺旋传动机构的常见故障及修理方法如下：

1. 漏油

故障原因：阻油环边磨损或损坏。

修理方法：修复或更换螺杆和螺母。

2. 油流动不顺畅，油压波动

故障原因：因油液中混入的杂质微粒积存在节流口而致使节流阀堵塞。

修理方法：采用清洗节流阀、更换膜片、更换过滤器等方法进行修复。

3. 螺杆振动

故障原因：螺杆变形、弯曲所致。

修理方法：修复或更换象螺杆和螺母。

训练3　离合器的维修

损坏形式和修理：

（1）牙嵌离合器的损坏形式通常是接合牙齿的磨损、变形或崩裂　其修理方法：轻微的磨损可以重新铣削、磨削或补焊进行修整。

（2）摩擦片离合器中摩擦体或摩擦片的摩擦表面出现不均匀磨损　其修理方法为：仅靠调整不能满足要求的，可根据情况加以修理和更换，摩擦片变形或严重擦伤，必须更换。

（3）超越离合器常见的故障是传递转矩降低，打滑。

故障原因是：

1）弹簧疲劳（塑性变形）和断裂。

修理方法：更换弹簧。

2）星形体平面磨损，产生沟痕会影响圆柱的灵活移动，从而影响转矩的正常传递。

修理方法：更换星形体。

复习思考题

1. 滚珠丝杠螺母机构分哪几类？
2. 试述丝杠标记方法。
3. 试述滚珠丝杠螺母机构消除轴向间隙和预紧调整的方法。
4. 离合器主要分为哪几类？
5. 牙嵌离合器的牙形有哪几类？
6. 试述牙嵌离合器的工作原理。
7. 试述多片离合器的结构及工作原理。
8. 试述超越离合器的结构及工作原理。
9. 何谓静压螺旋传动？
10. 试述静压螺旋传动的结构及工作原理。

第五章

典型零部件的维修

培训目标　了解静压轴承的分类、特点，掌握静压轴承的工作原理及常见故障；掌握各类主轴的测量方法和修复工艺；能够对静压轴承、镗床主轴、拼接导轨进行维修。

第一节　静压滑动轴承

静压滑动轴承是借助液压系统强制地把压力油送入轴与轴承的配合间隙中，利用液体的静压力支承载荷的一种滑动轴承。

这种轴承处在纯液体摩擦状态下工作，它的承载能力取决于轴承的结构尺寸及供油系统供给的能量，而与轴的转速、油液的粘度关系不大，即使轴在静止或低速状态下，也具有很大的承载能力，这是静压滑动轴承与动压滑动轴承的本质区别。

一、静压滑动轴承的工作原理

静压滑动轴承的整个系统，一般是由供油系统、节流器和轴承三部分组成。

如图 5-1 所示，压力为 p_s 的压力油，经过四个节流器(其阻力分别为 R_{G1}、R_{G2}、R_{G3}、R_{G4})分别流入轴承的四个油腔，油腔中的油又经过两端的间隙 h_0 流入油池。

当轴没有受到载荷时，如果四个节流器阻力相同，则四个油腔的压力也相同，即 $p_{r1}=p_{r2}=p_{r3}=p_{r4}$，主轴轴颈被浮在轴承中心。

当轴受到载荷 W 的作用时，轴颈中心要向下产生一定的位移，此时油腔 1

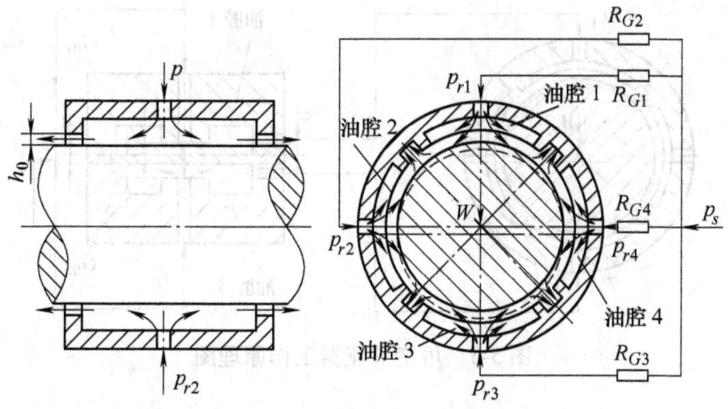

图 5-1 静压滑动轴承工作原理图

的回油间隙 h_0 增大，回油阻力减小，使油腔压力 p_{r1} 降低；反之，油腔 3 的回油间隙减小，回油阻力增大，使油膜压力 p_{r3} 升高。只要使油腔 1、3 油压变化而产生的压力 $p_{r3}-p_{r1}=\frac{W}{S}$，轴颈便能处在新的平衡位置，其中 S 为每个油腔的有效承载面积。由此可见，为了平衡载荷 W，轴颈需要向下偏移一段距离（偏心距），经过妥善设计，此偏心距可以极微小。

载荷变化（ΔW）与轴颈偏心距变化（Δl）的比值$\frac{\Delta W}{\Delta l}$，通常称为静压滑动轴承的刚度。对于精密的机械设备常要求其静压滑动轴承有足够的刚度。

上述系统的油腔压力的变化，是通过回流阻力的改变达到的，而节流器的阻力是不变的，这种节流器称为固定节流器。常用的形式有毛细管节流器（图 5-2a）和小孔节流器（图 5-2b）。

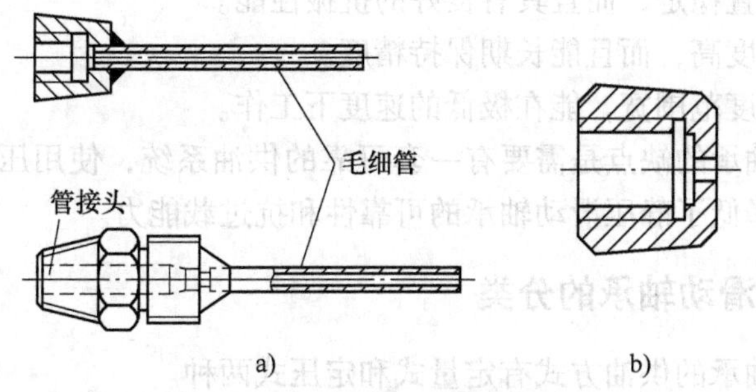

图 5-2 固定节流器
a）毛细管节流器 b）小孔节流器

如果要进一步提高静压滑动轴承的刚度和旋转精度，可采用可变节流器，如图 5-3 所示。

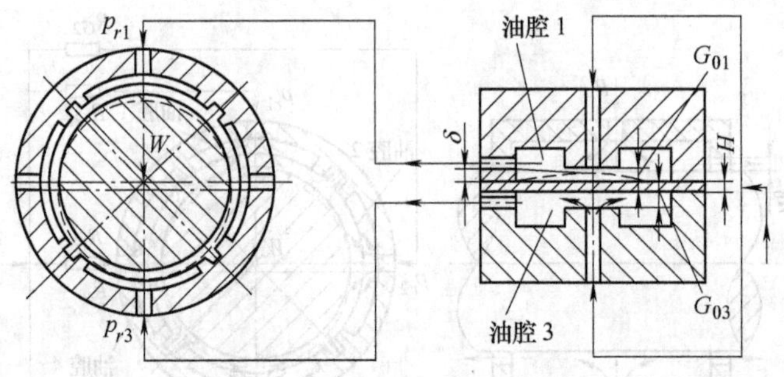

图 5-3　可变节流器工作原理图

采用可变节流器的静压滑动轴承,当轴受到载荷 W 作用时,轴颈向下偏移,使上下油腔的回油间隙改变,产生压力差为 $p_{r3}-p_{r1}$,此压力差除了能平衡载荷外,同时还使节流器中的薄膜变形。设其变形量为 δ,此时油腔 1 的节流间隙 G_{01} 被减小,节流阻力增大,使 p_{r1} 更进一步降低;反之,油腔 3 的节流间隙 G_{03} 增大,节流阻力减小,使 p_{r3} 更进一步升高。因此,平衡载荷的力又多了一个由可变节流阻力变形而形成的反馈力,所以轴心的实际偏移量比用固定节流器时要小。

可变节流器静压滑动轴承，适用于重载或工作载荷变化范围大的精密机床和重型机床。

二、静压滑动轴承的特点

静压滑动轴承是依靠轴承外部供给的压力油进入轴承油腔，而使轴颈浮起达到液体润滑的目的，它具有以下优点：

1）起动和正常运转时的耗功均很小。

2）轴心位置稳定，而且具有良好的抗振性能。

3）旋转精度高，而且能长期保持精度。

4）适用速度范围宽，能在极低的速度下工作。

静压滑动轴承的缺点是需要有一套可靠的供油系统，使用压力油源成本高，节流器的结构降低了静压滑动轴承的可靠性和抗过载能力。

三、静压滑动轴承的分类

静压滑动轴承的供油方式有定量式和定压式两种。

（1）定量式静压滑动轴承　即每个油腔各有一个定量泵供给恒定的流量。

（2）定压式静压滑动轴承　即由一个共同的液压泵供油，在通往轴承各油腔的油路上设置节流器，利用节流器的调压作用，使各个承载油腔的压力按外载荷的变化自行调节，从而平衡外载荷。

定压式静压滑动轴承分为固定节流器静压滑动轴承和可变节流器静压滑动

轴承。

固定节流器静压滑动轴承又分为小孔节流静压滑动轴承和毛细管节流静压滑动轴承。

可变节流器静压滑动轴承又分为薄膜反馈节流静压滑动轴承和滑阀反馈节流静压滑动轴承。

以上均为径向静压滑动轴承。还有一种止推静压滑动轴承，用于承受轴向载荷，一般需与径向静压滑动轴承配合使用。

四、静压滑动轴承的常见故障

1）轴承油腔漏油，加剧轴颈和轴承的摩擦，使轴承发热、“抱轴”。

2）节流器间隙堵塞，致使四个油腔压力不等。

3）油腔压力产生波动，使主轴产生振动。

第二节　主轴的测量方法和修复方法

一、采用调心滚子轴承的主轴的测量方法和修复方法

调心滚子轴承广泛应用在车床、镗床、铣床和磨床的主轴机构中，这些轴承旋转精度高、刚性好、承载能力大、结构尺寸小、径向间隙可以调整，而且调整方法简单方便。

1. 组成

C630 车床主轴结构的组成如图 5-4 所示。

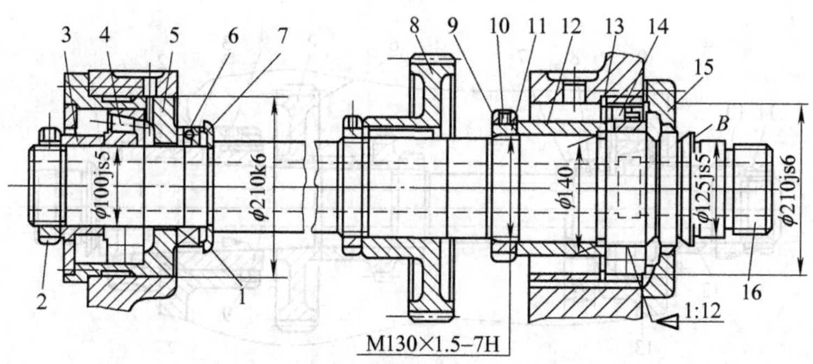

图 5-4　C630 车床的主轴结构

1—垫圈　2、11—圆螺母　3、12—衬套　4—圆锥滚子轴承(后轴承)　5—后轴承壳体　6—止推球轴承　7—对开垫圈　8—大齿轮　9—锁紧螺块　10—螺钉　13—卡环　14—调心滚子轴承(前轴承)　15—前法兰　16—主轴

2. 主轴的测量和修复方法

（1）测量方法　参见主轴单件精度的检查。

（2）修复方法　主轴的修复最好是采用刷镀修复，也可以采用镀铬或其他修复方法。刷镀修复的方法如下：

1）将主轴外锥键槽处配镶键（可镶胶木键），高度留余量0.5mm供磨削。

2）在主轴两端配车堵头，并在车床上以前后主轴颈（ϕ140mm和ϕ100mm）未磨损部分为基准找正，打好两端中心孔。

3）在磨床上将ϕ100mm外圆面、安装推力轴承的外圆面、安装大齿轮8的外锥面、1∶12外锥面及安装卡盘的ϕ125mm外圆面磨小0.05～0.15mm。

4）在所有磨小的外圆表面刷镀（铁），单边镀层厚度不小于0.1mm。

5）磨制刷镀后的各轴颈：1∶12外锥表面按新轴承配磨锥体角度，后轴承轴颈ϕ100mm处与新轴承内孔配磨过盈0～0.005mm，安装齿轮8的外锥面也应与需要装配的齿轮内孔配磨，卡盘定位外圆表面应磨制标准尺寸，同时轻靠平卡盘定位B端面。

二、采用整体滑动轴承的主轴的测量方法和修复方法

主轴采用整体滑动轴承，与采用滚动轴承相比，具有承载能力强、运转平稳的优点，但又因其摩擦阻力大，仅适用于1000r/min以下较低转速的工作场合。

滑动轴承修理的精度高低，取决于主轴本身的精度及刮研质量的高低。

1. 组成

以C618车床为例，图5-5为C618车床主轴结构图。

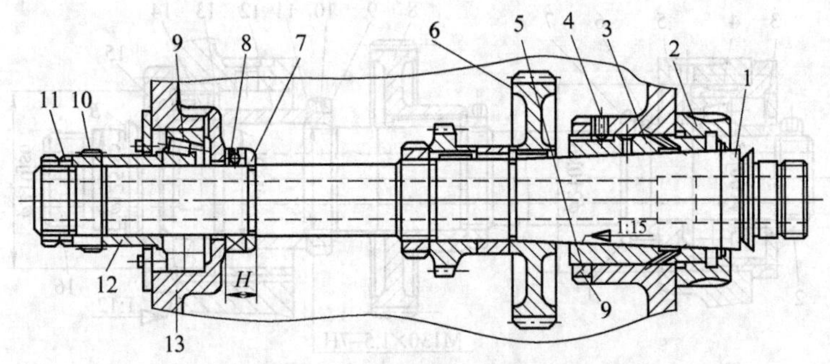

图5-5　C618车床主轴结构

1—主轴　2、5、11—圆螺母　3—滑动轴承（前轴承）

4—导向螺钉　6—大齿轮　7—垫圈　8—止推球轴承（后轴承）

9—圆锥滚子轴承　10—小齿轮　12—衬套　13—箱体

2. 主轴的测量方法和修复方法

滑动轴承的内孔刮研是以主轴轴颈为最终依据的，故主轴颈的圆度误差、母线的直线度误差、前后轴颈的同心度误差以及表面粗糙度值，都直接影响滑动轴承刮研的精度。

（1）测量方法　主轴精度的检查可在车床、磨床上进行，也可在 V 形块上进行。图 5-6 及图 5-7 分别是在 V 形块上和在车床上检查主轴精度的方法。

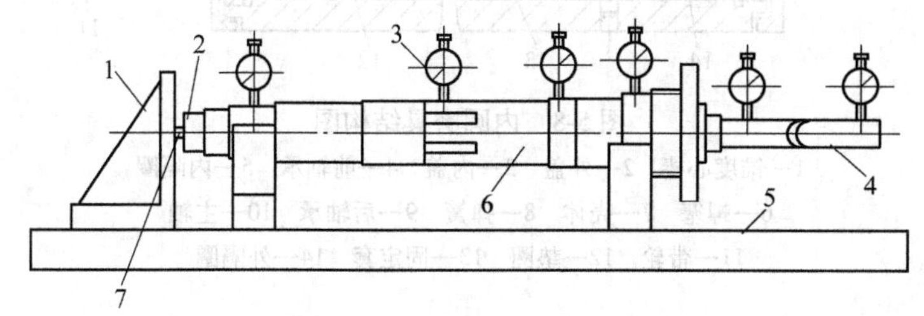

图 5-6　在 V 形块上测量主轴精度

1—弯板　2—堵头　3—指示表　4—检验棒

5—平板　6—车床主轴　7—钢珠

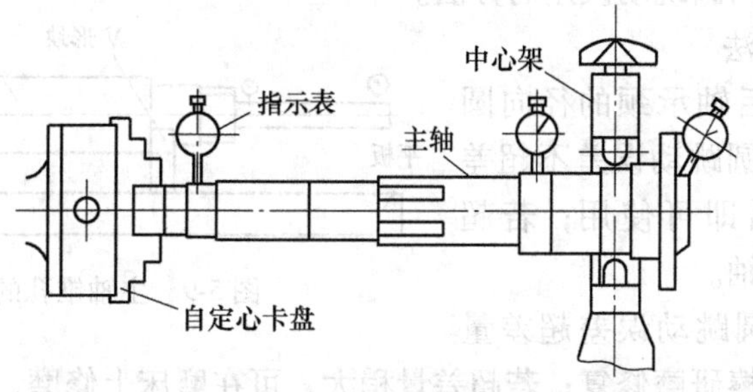

图 5-7　在车床上测量主轴精度

（2）测复方法　主轴锥体磨损轻微时，可采用抛光修复。应保证修后主轴颈的圆度误差在 0.005mm 之内，锥部母线的直线度误差在 0.01mm 之内，前后轴承颈同心度误差在 0.01mm 之内。表面粗糙度值不高于 $Ra0.32\mu m$。磨损较严重时可采用镀铬修复或更换新主轴。

三、采用角接触球轴承的主轴的测量方法和修复方法

角接触球轴承具有较高的旋转精度，能承受一定的轴向推力，在调整时需要给予一定的预加载荷才能充分显示它的优点。现以外圆磨床的内圆磨具为例。

1. 组成

内圆磨具结构如图5-8所示。

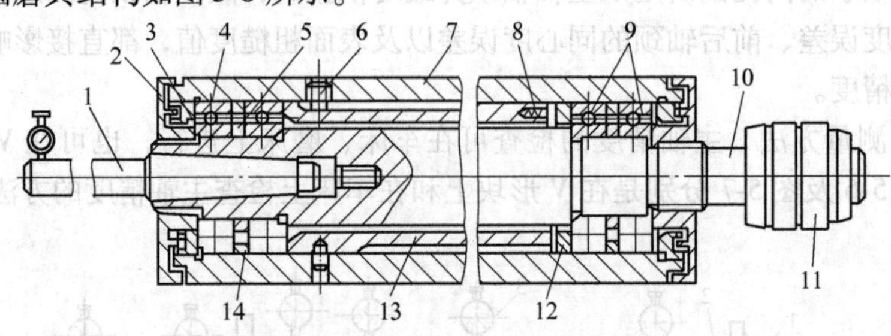

图5-8 内圆磨具结构图

1—锥度心棒 2—外盖 3—内盖 4—前轴承 5—内隔圈 6—螺塞 7—壳体 8—弹簧 9—后轴承 10—主轴 11—带轮 12—垫圈 13—固定套 14—外隔圈

2. 主轴的测量方法和修复方法

（1）测量方法 主轴可在外圆磨床上进行检查。检查时，先修整中心孔，再以中心孔定位，用指示表测量主轴轴承安装表面的径向圆跳动误差，同时检查轴承安装表面轴向圆跳动误差。如图5-9所示为在V形块上检查锥孔轴线对主轴轴承安装表面径向圆跳动误差的方法。

（2）修复方法

1）主轴前后轴承颈的径向圆跳动误差、轴向圆跳动误差不超差时，修磨锥孔后即可使用；若超差，则应更换主轴。

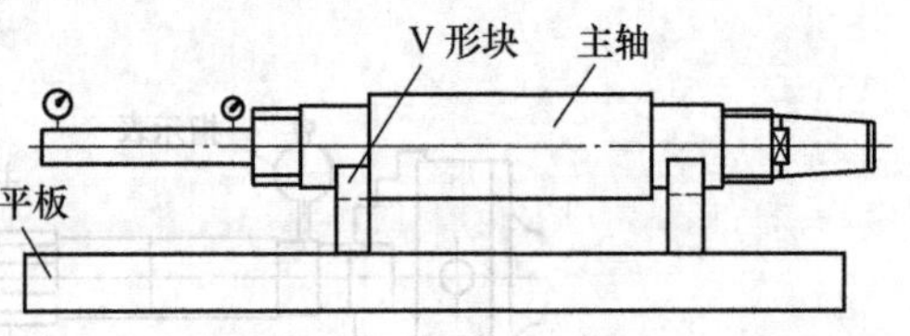

图5-9 主轴锥孔的测量

2）锥孔的圆跳动误差超差量小时，可用研磨棒研磨修复；若超差量稍大，可在磨床上修磨，修磨量控制在最小范围内。

四、轴瓦式主轴的测量方法和修复方法

轴瓦式滑动轴承是一种高精度的滑动轴承，一般应用在磨床主轴上，如果调整修理得当，其磨削圆度误差不超过0.005mm，表面粗糙度值可达到*Ra*0.4～0.16μm。

1. 组成

外圆磨床主轴结构如图5-10所示。

2. 主轴的测量方法和修复方法

砂轮主轴的结构如图5-11所示。

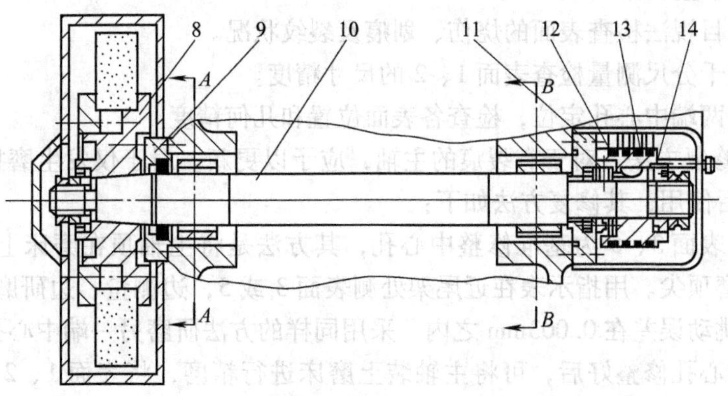

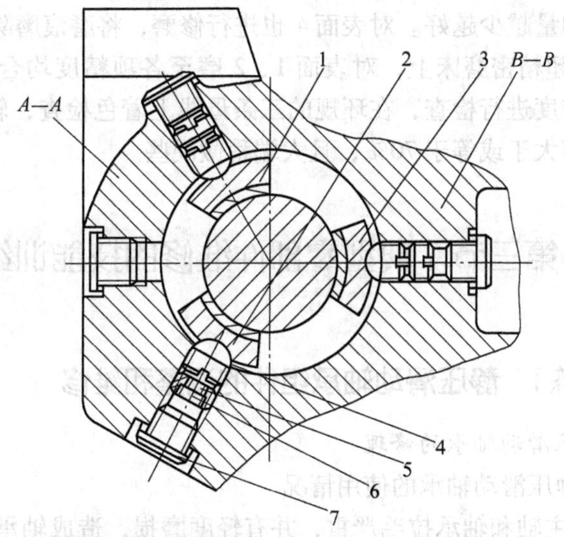

图 5-10　外圆磨床主轴结构

1、2、3—短三块式轴瓦　4—球头支承螺钉　5、14—螺母　6—螺钉

7—油塞　8—砂轮　9—前端盖　10—主轴　11—后端盖

12—传动带　13—带轮

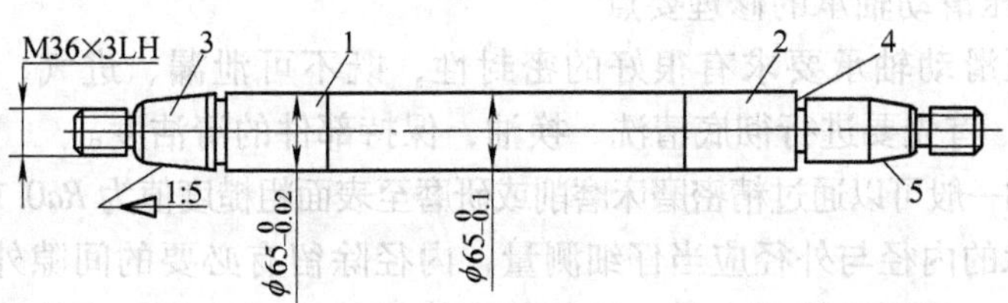

图 5-11　砂轮主轴

（1）测量方法

1）用目视法检查表面的烧伤、划痕及裂纹状况。

2）用千分尺测量检查表面1、2的尺寸精度。

3）以两端中心孔定位，检查各表面位置和几何精度。

（2）修复方法：对于有裂痕的主轴，应予以更新。对于仅发生磨损的主轴，可以修复后使用，其修复方法如下：

1）以表面3、5为基准修整中心孔，其方法是将主轴顶在磨床上，在尾架上装一研磨顶尖。用指示表在近尾架处测表面3或5，边测量、边研磨，直到此锥面的圆跳动误差在0.003mm之内。采用同样的方法研磨另一端中心孔。

2）中心孔修整好后，可将主轴装上磨床进行精磨，将表面1、2的磨损痕迹全部磨掉，且圆度误差和圆柱度误差均合格或接近合格，同时对表面3进行修磨，磨掉的量越少越好。对表面4也进行修磨，将磨痕磨除即可。

3）在超精密磨床上，对表面1、2磨至各项精度均合格为止。表面3修磨后，应对锥度进行检查，在环规的三条母线上着色检查，转动应小于60°，使表面的接触率大于或等于70%，且大端稍微硬些。

◈◈◈ 第三节　典型零部件维修的技能训练实例

• 训练1　静压滑动轴承组件的调整和维修

1. 静压滑动轴承的修理

（1）静压滑动轴承的使用情况

1）当主轴和轴承拉毛严重，并有轻度磨损，造成轴承间隙过大和节流比不符合要求时，其主轴和轴承均需进行修理，但应注意，静压滑动轴承的封油面是不允许刮研的。

2）当轴承严重磨损，轴承封油面不起封油作用，建立不起正常的油腔压力时，则应修理轴和更换轴承，或采取其他修理方法来恢复其原精度。

（2）静压滑动轴承的修理要点

1）静压滑动轴承要求有很好的密封性，既不可泄漏、进气，也不可有杂质。修理时，首先要进行彻底清洗、换油，保持部件的清洁度。

2）主轴一般可以通过精密磨床磨削或研磨至表面粗糙度值为$Ra0.16\sim0.04\mu m$。

3）轴承的内径与外径应当仔细测量，内径除留有必要的间隙外，还应留有0.02~0.03mm的研磨修理余量，以便研磨修理轴承；轴承与壳体的配合，当轴承外径小于100mm时，过盈量应取0.003~0.007mm；当轴承直径大于100mm

时，过盈量或间隙约为0.003mm。轴承装入箱体时，最好采用冷装。

4）节流器和供油系统应满足正常工作要求，除修理、调整至精度要求外，还应清洗换油。

5）静压滑动轴承的内径用研磨棒研至配合要求，研磨棒和轴承孔的配合间隙应在0.02～0.025mm，几何形状误差为0.003mm左右，表面粗糙度值在$Ra0.2\mu m$以下。粗研时采用300#碳化硅，精研时采用600#碳化硅或800#碳化硅，最后用全损耗系统用油光研。主轴和静压滑动轴承直径的配合间隙应满足设计要求。

6）研磨修理后，将各种零件全部清洗干净。

2. 静压滑动轴承的装配与调整

（1）装配要求　保证零件间的配合尺寸是很重要的。

1）轴承外径与座孔径的配合应有过盈量，如果过盈太小或有间隙，将使外径上的油槽互通，引起轴承载能力降低，甚至不能工作。

2）轴承内径与轴颈的配合间隙对轴承刚度影响也很大，在配磨（研）轴承时，应保证达到间隙要求。

3）要保证轴向间隙，通常可采用配磨调整垫片达到工艺要求。调整垫片的平行度对推力轴承的间隙影响很大，必须保证其两面平行。间隙太小，可能会造成金属直接摩擦而损坏轴承。

（2）装配与调整要点

1）装配前，零件的毛刺应去除并应冲洗干净。零件、主轴箱内部及管路系统都要冲洗干净，不应残留有金属屑、棉纱等杂物。装配时工具也要清洗干净。装配完后，应先用煤油输入轴承及管路中冲洗一段时间，将残存的杂质脏物冲出。

2）检查管路，不允许有漏油现象，系统内也不允许有空气，否则会引起压力波动。

3）主轴运转之前，先用手试转主轴，如感到太紧，则应排除故障。

4）主轴试运转时，要检查进油压力与油腔压力之比是否正常。液压油的粘度应按说明书规定严格掌握，否则会引起温升或压力下降。

5）使用的压力表应加以校正。对于具有压力继电器的供油系统，装配后，应检查压力继电器是否正常工作。

6）在蓄能器的供油系统装配后，工作前应检查一下是否正常工作。

训练2　镗床主轴的维修

镗床主轴结构的种类有单层的、两层的、三层的，层数越多，刚性越差。现以三层的镗床主轴结构为例简述如下：

1. 主轴结构的组成（图5-12）

主轴由主轴1、空心轴3、平旋盘轴5等组成。

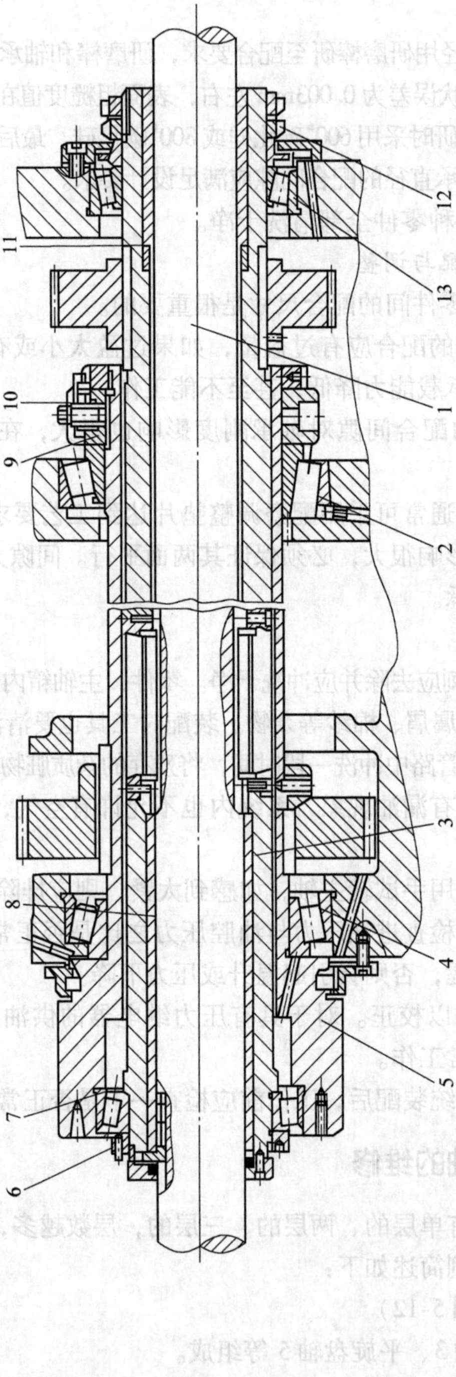

图5-12 镗床主轴结构图

1—主轴 2、4—圆锥滚子轴承 3—空心轴 5—平旋盘轴
6、9—螺母 7、13—轴承 8、11—钢套 10—梳形定位器 12—调整锁紧螺母

（1）主轴

1）主轴前后的支承轴承为两个钢套，支承主轴旋转及移动，保证了主轴的精度及刚性。

2）主轴是实心轴，采用38CrMoAl钢经渗氮处理，上面有两个对称开通的键槽，空心轴将旋转运动经滑键传给主轴。主轴前端有5号莫氏锥孔和两个横孔，用以安装锥柄刀具，主轴与滑座用推力轴承连接，以实现主轴的支承。

（2）空心轴

1）空心轴前后用两个精密级轴承支承，分别安装在平旋盘轴前端的内孔中和主轴箱后边的箱壁孔中，起支承空心轴的作用。

2）空心轴通过两个轴承支承在平旋盘轴内，其内部安装有两个淬火钢套支承着主轴。这种结构形式，虽然万能性好些，但显得较为复杂，轴承用得多，零件层次重叠，累积误差较大。同时，主轴部件的回转精度及支承刚度均受到影响。

（3）平旋盘轴

1）两个轴承均为P5级圆锥滚子轴承，以支承平旋盘轴旋转。

2）旋盘轴在两个精密的圆锥滚子轴承上旋转。轴承外圈安装在主轴箱两端和中间的壁孔中，靠轴承后端的螺母来调整间隙，并以梳形定位器定位，保证其调好的回转精度。

2. 零部件的修复

由于主轴各零件、轴承的磨损和变形以及失调，都将影响主轴结构的回转精度。影响主轴回转精度的主要因素有：主轴、钢套、空心轴、轴承、主轴箱体等的本身精度和装配精度。现将主要零件的检查、修复方法介绍如下。

（1）主轴和钢套　主轴和钢套的主要失效形式有磨损、变形、局部性损伤三种。

1）检查方法

①主轴的检查方法：如图5-13所示。主要检查磨损和弯曲程度。检查时，为了避免两条键槽对测量的影响，事先可做成两个支承套，要求它的内外同轴度和圆度误差均小于0.005mm，内孔按主轴外圆的实际尺寸配磨，配合为$\frac{D1}{p5}$。具体检查步骤如下：

a. 检查主轴表面时，在主轴的ϕ85mm外圆的两端装上支承套后，放入斜置平板上的两V形块中，并在主轴尾座的中心孔中放入ϕ6mm钢珠，紧紧地顶在平台后端的直角铁上，用手转动主轴。在主轴外圆上每隔250~300mm的长度上测量一次，记录下全长的弯曲值，找出最大弯曲处，其圆度误差小于0.005mm。

b. 检查表面2与表面1的同轴度误差。第一种方法为同轴度误差小于0.01mm，用千分尺和内径指示表检查表面2与轴承的配合间隙，应小于或等

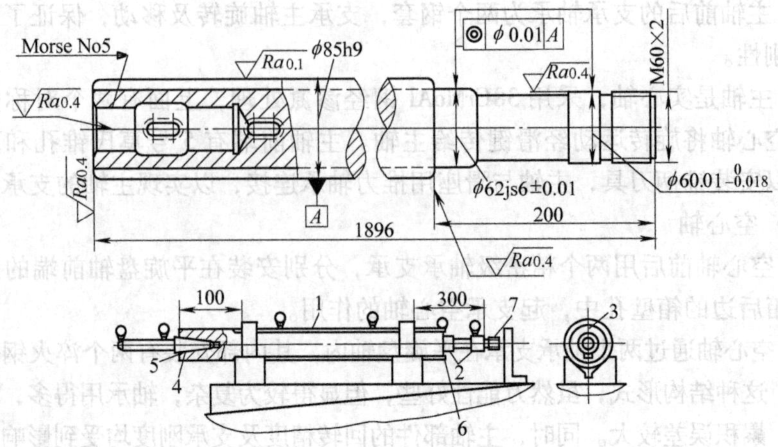

图 5-13　主轴检查图

于 0.02mm。

c. 检查键槽 3 时，将主轴旋转，使键槽面 3 成水平位置，用指示表进行检查，要求 0.03mm/1000mm。

d. 检查锥孔表面 4 时，在主轴锥孔中插入心轴，在近主轴端的径向圆跳动误差小于或等于 0.01mm，在 300mm 处小于或等于 0.02mm。

e. 检查 5、6 端面对表面 1 的垂直度误差小于或等于 0.005mm（可用指示表直接量取）。

f. 检查螺纹表面 7 时，将螺母端面修去毛刺后旋上表面 7，用指示表触及螺母端面，测量螺母轴向圆跳动误差来检查螺纹的歪斜量，测量螺母轴向圆跳动误差小于或等于 0.05mm。

②钢套与主轴配合间隙的检查方法：可用内径指示表及外径指示表来检查，要求间隙在 0.015 ~ 0.02mm。

2）修复方法：见表 5-1。若锥孔超差，可在高精度万能磨床上直接进行磨削。

表 5-1　主轴、钢套修复方法

内容	变形和磨损情况	推荐修复方法	简要工艺	效果	备注
主轴	主轴无变形，磨损不严重，圆度小于 0.03mm	研磨主轴	在车床上用研磨套加 250^#^ ~ 600^#^ 研磨粉研磨、抛光	时间短，能恢复精度	如果间隙过松，研磨主轴后需更换钢套

（续）

内容	变形和磨损情况	推荐修复方法	简要工艺	效果	备注
主轴	磨损较大，圆度在 0.03 ~ 0.15mm 内，变形量小于0.2mm	镀铬处理	主轴先经粗磨，镀硬铬后，镶键，在外圆磨床上精磨	镀后外圆硬度低于原件，其余项目尚能达到要求	必须具备电镀条件，镀层过厚以及镀后处理不当，会产生镀层剥落，造成咬轴
		重新渗氮	磨去变形和磨损层后，重新渗氮处理，经粗磨、精磨后抛光	恢复原精度	必须更换钢套
	磨损严重，不易修复	更换新件	按工艺制造或外购	达到原精度	只适用主轴镀铬处理
钢套	套孔磨损不大	珩孔	将套孔珩至要求，间隙按主轴镀后尺寸配珩	时间较短	只适用于主轴镀铬后处理
	与主轴配合间隙大，以及主轴重新渗氮处理后	更换新钢套	按工艺制作		需要热套和冷套条件

（2）空心轴

1）检查方法：如图 5-14 和图 5-15 所示。具体检查步骤如下：

①检查表面 1、2，用千分尺和内径指示表分别测量出表面 1、2 尺寸及轴承内孔尺寸，若间隙能保证 j5 要求，则合格；否则，可镀铬处理，其圆度误差为 0.005mm。

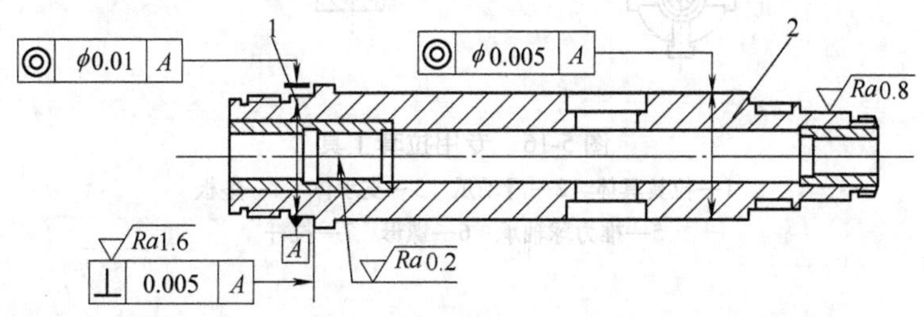

图 5-14　空心轴

②检查(空心轴内钢套)表面3时，将空心轴放入斜置平台两个V形块中，用手转动空心轴测量表面3的径向圆跳动误差，应小于或等于0.02mm；钢套与主轴的配合间隙可用千分尺和内径指示表测出，其值在0.015~0.02mm。

③检查表面4时，直接用指示表测量表面4与表面1、2的垂直度误差，应小于或等于0.005mm。

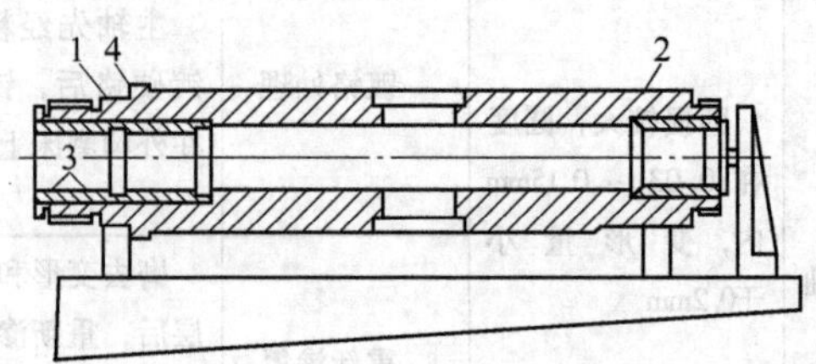

2）修理方法

①表面1、2尺寸超差，可以采用镀铬修理后精磨至尺寸。

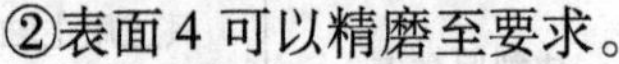

图5-15　空心轴检查图

②表面4可以精磨至要求。

③表面粗糙度值达不到要求时，应更换淬火钢套，然后修磨内孔。一般情况下，钢套的取出有以下三种方法：

a. 用内磨砂轮将钢套磨出一个轴向开口，撬开取出钢套。

b. 将空心轴置于车床上，一端卡住，一端架在中心架上，将钢套内孔车去一层，去除过盈后，取出钢套。

c. 利用专用拉套工具拉出，如图5-16所示。

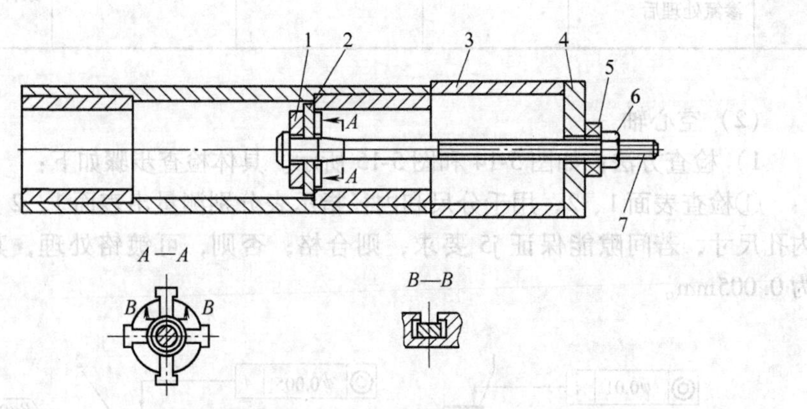

图5-16　专用拉套工具

1—拉具具体　2—滑动爪　3—支承体　4—垫板

5—推力球轴承　6—螺母　7—拉杆

安装新钢套时，可用热套和冷套方法。热套时，将空心轴镶套孔胀大0.15~0.20mm；冷套时，使钢套冷缩0.2mm左右，钢套配进空心轴内孔后，如空心轴的两轴承安装后变形，应进行修整后再配磨内孔。

(3) 平旋盘轴

1) 检查方法如图5-17所示，具体检查步骤如下：

①将花盘主轴放入斜置平台上的两个V形块中，后端孔中放入堵塞，堵端放入ϕ6mm钢球，将主轴转动进行检查。

②检查表面1对3、4面的径向圆跳动误差，应小于或等于0.01mm；其圆度公差为0.01mm。

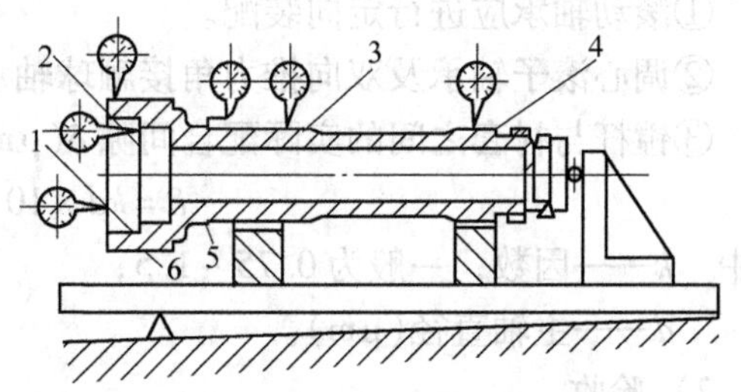

图5-17　花盘主轴检测

③检查表面6对3、4面径向圆跳动误差及其圆度误差，应小于或等于0.01mm。

④检查表面5对3、4面的径向圆跳动误差及其圆度误差，应小于或等于0.01mm。

⑤检查表面4对表面1的垂直度误差，应小于或等于0.005mm。

2) 修复方法：若平旋盘轴(空心盘主轴)各表面超差，可用镀铬后精磨的方法修理。

3. 装配与调整

(1) 主轴结构的装配　零件经过修理、制造总是不可避免地产生误差，这些误差如果累积起来，很可能使主轴结构装配后达不到精度要求。故应采取定向装配法，以提高主轴的回转精度。

①将空心轴轴承外圈径向圆跳动误差最小处，应和平旋盘轴孔的径向圆跳动误差的最大处相对应装配。

②将空心轴的最小径向圆跳动误差处，分别和两轴承内圈最大径向圆跳动误差处相对应装配。

③如果主轴箱三孔存在微量同轴度误差，也可将其按径向圆跳动误差实际误差的相位予以补偿。

④轴承采取热装配法，即先将轴承放入80～100℃全损耗系统用油中浸15min，然后取出装配。

⑤将空心轴的轴承装好后，钢套内孔与镗杆应保持0.01～0.015mm的间隙。镗杆装配，可在主轴箱装在立柱上后，再装入空心轴。由于镗杆和空心轴接触面积大、间隙小，装配时，可用粘度小的润滑油。尾部箱的导轨经磨削和修刮等，使镗杆尾端固定的轴承孔与镗杆产生中心线偏移，这个问题应在总装中解决。其补修方法一般有补偿、镶装或胶接补偿垫等。最后将镗杆尾部各件配齐全，调整好间隙。

（2）主轴结构的调整与验收　主轴结构的旋转精度，取决于轴承的制造精度、与主轴轴承相配合零件的制造精度、装配质量、轴承的间隙或过盈量等，其中，起决定性作用的是轴承的精度。

1）调整

①滚动轴承应进行定向装配。

②调心滚子轴承及双向推力角接触球轴承应进行预加负荷。

③镗杆与衬套之间的实际配合间隙δ(μm)可按下式计算

$$\delta = kd \times 10^{-4}$$

式中　k——因数，一般为0.75～1.5；

d——主轴直径(μm)。

2）验收

①将镗杆伸出300mm，将指示表固定在机床上，转动镗杆，径向圆跳动误差应小于0.025mm。

②将心轴插入镗杆中，在近镗杆端为0.02mm；在300mm处为0.04mm。

③在心轴前端中心孔处放置一钢球，用黄油粘住，转动镗杆，窜动误差为0.015mm。

④平旋盘轴端面圆跳动误差和定位凸台径向圆跳动公差为0.02mm。

以上四项检测如有超差，可能是滚动轴承间隙调整不当，也可能是定向装配时把误差方向搞错。属于后者，应当重新装配；属于前者，可通过主轴箱后端的带槽螺母来调整平旋盘轴的圆锥滚子轴承。

• 训练3　拼接导轨的维修

B228—14型龙门刨床床身导轨的长度为29m，工作台长度为14m。可加工长度为14m、宽度为2.8m的零件。其床身由五段连接而成，有四个接合面。可先拼装，后刮研。如有必要拆开床身分段修理，则需重新刮研两段床身的接合面，其研点数要达到8～10点/(25mm×25mm)，与床身导轨的垂直度误差为0.03mm/1000mm。

1. 床身的拼装

（1）技术要求　拼装时，首先要严格保证各部件自身的几何精度，同时还必须选择好适宜的拼装基准面、确定误差补偿环节及其补偿方法，不得有渗油现象发生及0.04mm塞尺可塞入夹缝的情况出现。

（2）操作要点

1）先在拼装面的防油槽内放入耐油橡胶带或挤满液态密封胶，以防接合面处漏油。耐油橡胶带直径为ϕ6～ϕ8mm，防油槽的截面为4mm×4mm或6mm×6mm的正方形(ϕ6mm对应4mm×4mm，ϕ8mm对应6mm×6mm)。

2）在拼装起吊时，床身落下后，若两段床身接头处间隙较大，这时不允许用联接螺钉直接拉紧，以免变形，而要用千斤顶在床身的另一端加力，使其逐渐拼合。还应在每段床身导轨的两端及中间，检查纵向、横向水平，使连接的床身导轨保持一致性，可用调整垫块进行调整。

3）检查接合面的平面度误差，调整或修刮到 0.02mm/1000mm 的要求。然后钻、铰销孔，用涂色法检查销的接触率，应达到60%后方可锁紧定位。

（3）操作步骤

1）先将床身第3段吊装在调整垫块上，调整导轨的直线度误差和平行度误差。然后拧紧底脚螺钉，以它作为拼装基准，如图5-18所示。

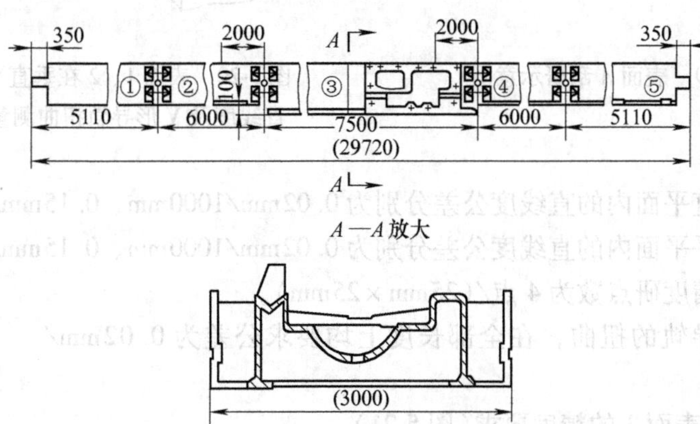

图5-18　龙门刨床床身

2）依次拼装床身2段、4段、1段、5段，均用千斤顶顶到位后，拧上螺钉（不拧紧）。

3）用指示表找正接头处导轨面，拧紧联接螺钉。接合面用0.03mm塞尺不得插入，然后铰定位销孔并配上销子，并自然调平整个床身。

4）全部松开接缝处的联接螺钉，目的在于消除由于床身调平时所产生的内应力，然后再拧紧全部联接螺钉。

2. 床身导轨的刮研及测量

（1）精度要求

1）刮研表面 *A*（图5-19）时的精度要求

①对表面1、2、3的垂直度要求公差为0.03mm/1000mm。

②接触精度研点数为4点/（25mm×25mm）。

③与相邻床身结合面的密合程度（在联接螺钉紧固的状态下）要求0.04mm塞尺不得塞入。

2）刮研V形导轨表面1、2时的精度要求如图5-20所示

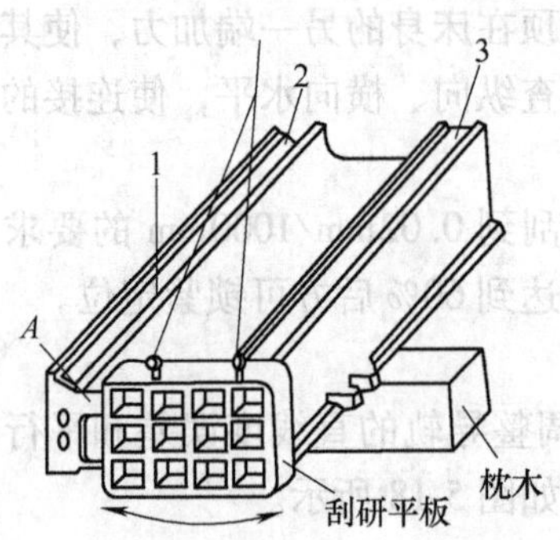

图5-19　表面A刮研示意图

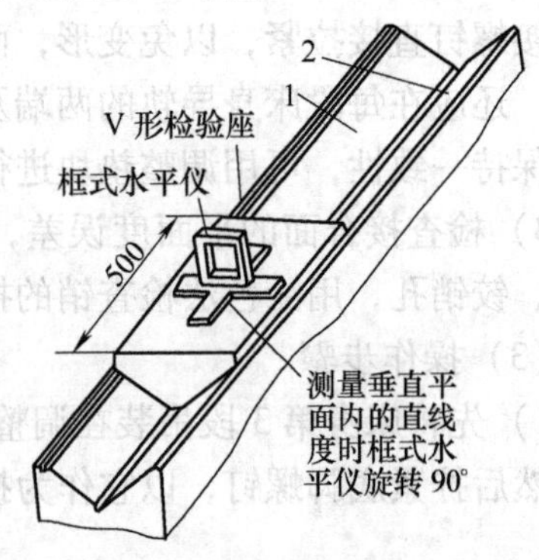

图5-20　表面1、2在垂直平面内的直线度及V形导轨扭曲测量示意图

①在垂直平面内的直线度公差分别为0.02mm/1000mm、0.15mm/全长。

②在水平平面内的直线度公差分别为0.02mm/1000mm、0.15mm/全长。

③接触精度研点数为4点/(25mm×25mm)。

④V形导轨的扭曲，在全部长度上均要求公差为0.02mm/1000mm。

3）刮研表面3的精度要求(图5-21)

①在垂直平面内的直线度公差分别为0.02mm/1000mm；0.15mm/全长。

②单导轨扭曲公差为0.02mm/1000mm。

③对表面1、2的平行度公差分别为0.02mm/1000mm；0.04mm/全长。

④接触精度研点数为6点/(25mm×25mm)。

4）刮研表面4的精度要求(图5-22)

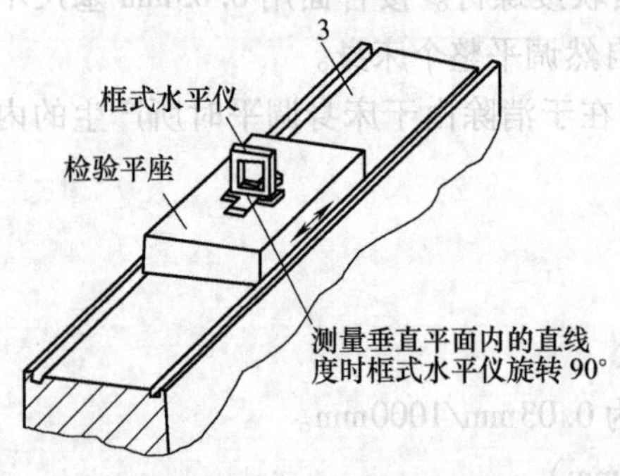

图5-21　表面3在垂直平面内的直线度及单导轨扭曲示意图

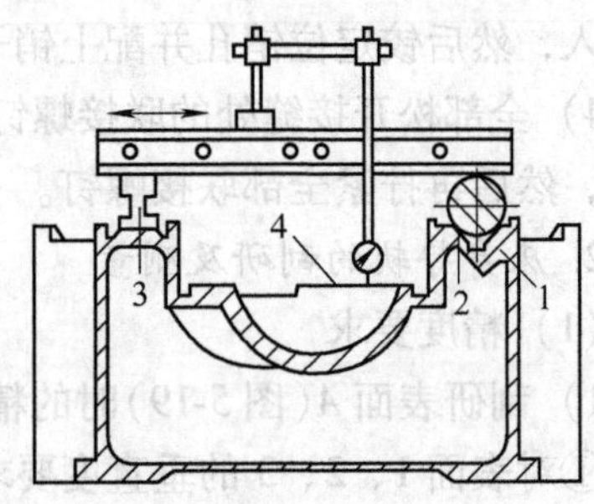

图5-22　表面4对表面1、2、3的平行度误差示意图

①对表面 1、2、3 的平行度允差为 0.1mm/全长。

②接触精度研点数为 4 点/(25mm×25mm)。

（2）操作要点

1）刮研表面 A 时的操作要点

①如图 5-19 所示，将床身一端适当垫高，以平板刮研表面 A，刮研达到要求。

②若有地坑，可将床身置于坑内，使表面 A 向上平放，以便于刮削。

③在刮研相结合的另一段床身的接合面时，垂直度公差为 0.03mm/1000mm，但误差方向应相反，这样可使两段床身连接后导轨趋向一致。

④按图 5-23 所示检验表面 A 对表面 1、2 和 3 的垂直度误差。

2）刮研表面 1、2 时的操作要点

①用外 110°研具研点、刮削。

②因导轨面长，又是以单个短研具研点，故在研刮过程中，应按图 5-20 所示用框式水平仪测量。由导轨的一端到另一端，按移动座的长度，依次测量下去，同时要控制 V 形导轨的扭曲，在全部长度上为 0.02mm/1000mm，这样便于达到精度要求。

③按图 5-24 所示，检查导轨表面 1、2 在水平面内的直线度误差。

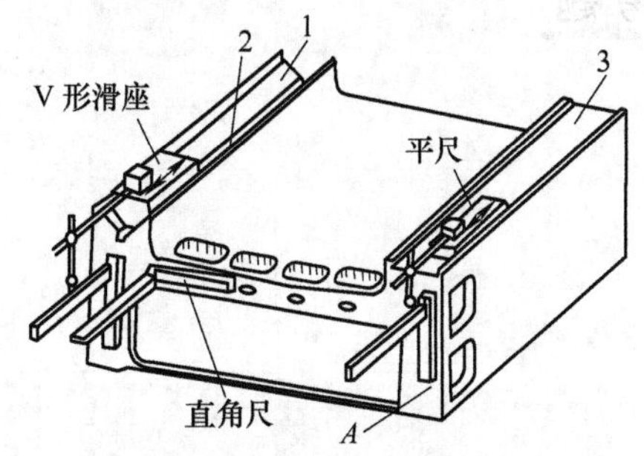

图 5-23　表面 A 对表面 1、2 及 3 的垂直度检查示意图

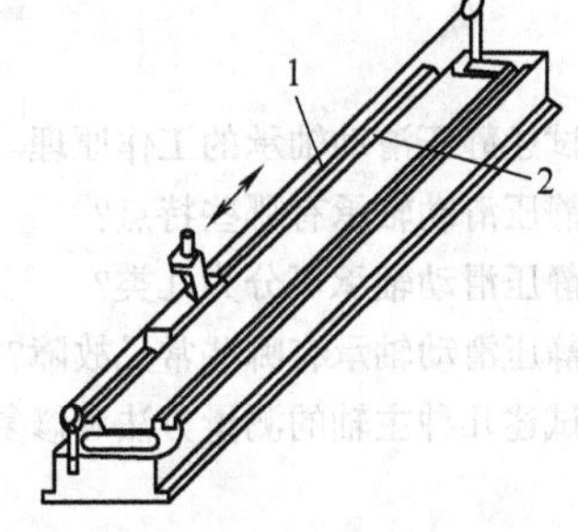

图 5-24　表面 1、2 在水平面内直线度检查示意图

④用准直仪检查表面 1、2 在垂直、水平面内的直线度误差。

3）刮研表面 3 时的操作要点

①用 $L=1600$mm 长平面研具研点、刮削。

②按图 5-21 所示，检验表面 3 的单导轨扭曲及在垂直平面内的直线度误差。

③检查表面 3 与表面 1、2 的平行度误差。

4）刮研表面 4 时的操作要点，用平板研点、刮研表面 4，并按图 5-22 所示的方法进行检查。

（3）操作步骤

1）按机床专业标准 JB/T 2732.1—2011 中的 G01、G02、G03 三项精度要求逐项检验，首先自由调平床身安装水平到最小值。

2）在自由状态下粗刮及半粗刮床身。

3）均匀地紧固地脚螺钉，在调整后半精刮时的精度不应丧失。

4）精刮床身。

3. 注意事项

1）大型机床床身导轨的刮削，应在原机床基础上进行，并保持立柱、横梁等为不拆除的状态，这样可保持刮削后精度稳定。否则，刮完后再将它们装上，将会造成基础和床身受压变形，而使导轨精度遭到破坏。即使再强制调整床身垫铁，往往也不能获得要求的精度。

2）另外，刮削长导轨时，应考虑季节气温的差异。导轨热胀冷缩后，直线度误差会发生变化。导轨热胀时，中部要凸起，若在夏季气温高的环境下，把导轨刮成中凹状态，则在秋冬季，导轨面势必变得更凹，可能超出精度范围。因此，在刮削时，应适当掌握凸凹程度，以便在气温变化时，精度仍不超出允许的范围。

复习思考题

1. 试述静压滑动轴承的工作原理。
2. 静压滑动轴承有哪些特点？
3. 静压滑动轴承可分为几类？
4. 静压滑动轴承有哪些常见故障？
5. 试述几种主轴的测量方法和修复方法。

第六章

动平衡、噪声和机械振动

培训目标 了解动平衡原理，掌握平衡精度的计算方法及去除不平衡因素的方法；了解并掌握机械运行噪声测量方法及降噪途径；掌握机械振动监测的有关知识；掌握设备简易诊断仪器的工作原理及使用方法；掌握振动监测标准，能够判断机械零部件振动的源头，分析振动的原因。

第一节 动 平 衡

对于长径比较大的旋转零部件，只进行静平衡试验是不够的，还应进行动平衡试验，这种试验是在零部件旋转状态下进行的。有些转速和要求不高的旋转零部件，只需做低速动平衡就可以，而转速较高的旋转件则必须进行高速动平衡试验。

为了防止动平衡时，因不平衡量过大而产生剧烈的振动，在低速动平衡前一般都要先经过静平衡试验；而在高速动平衡前要先做低速动平衡试验。

一、基本力学原理

如图 6-1 所示，假设一根转子存在着两个不平衡量 T_1 和 T_2，当转子旋转时，它们产生的离心力分别为 P 和 Q。P、Q 都垂直于转子的轴线，但不在同一轴向平面上。P 处在 B_1 平面上，Q 处在 B_2 平面上，为了平衡这两个力，可在转子上选择两个与轴线垂直的截面Ⅰ和Ⅱ，作为动平衡的两个校正面。将离心力 P 和 Q 分别分解到Ⅰ和Ⅱ两个校正面上，并使它们都符合静力学原理，再将 P_1 和 Q_1 合成得出合力 F_1；将 P_2 和 Q_2 合成得出合力 F_2。可见，合力 F_1 和 F_2 与不平衡离心力 P 和 Q 是等效的。如果在 F_1 和 F_2 两力的对面各加上一个相应的平衡重量，

使它们产生的离心力分别为 $-F_1$ 和 $-F_2$，那么转子就实现了动平衡(在 F_1 和 F_2 方向上去除相应的重量也一样)。

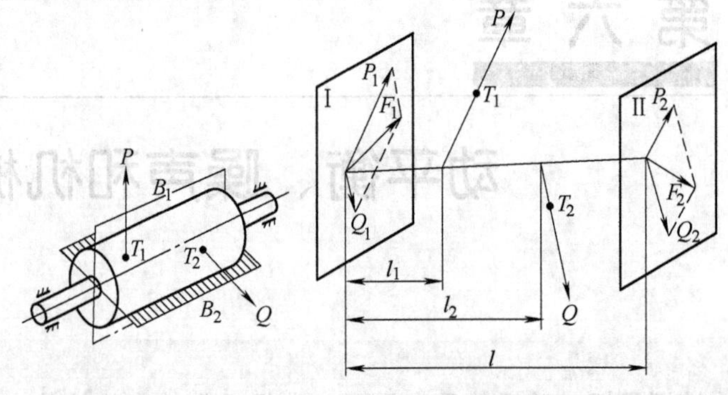

图 6-1　动平衡力学原理

通过上述分析可以看出，对于任何不平衡的转子，都可将其不平衡离心力(可多达两个以上)分解到两个任意选定的校正面上。所以，只需在两个校正面上进行平衡校正，就能使不平衡的转子获得动平衡。

低速动平衡机的平衡转速较低，通常为 150～500r/min；而高速动平衡转速则较高，通常要在旋转件的工作转速下进行平衡。

二、动平衡试验设备

1. 结构

现代的通用动平衡机一般由驱动系统、支承系统、解算和标定电路，以及幅值和相位指示系统等组成。图 6-2 所示为动平衡机框图，它依靠电子电路放大测试得到的振动信号，以提高平衡的精度。

(1) 驱动系统　驱动系统带动转子以选定的转速转动。驱动方式有万向联轴器驱动、围带驱动、摩擦轮驱动、气驱动、磁驱动以及转子自身驱动等多种形式。

(2) 支承系统　支承系统用以支持转子，并在转子不平衡离心惯性力激发下作确定的振动，振动经过适当的传感器转换成电信号，传输给解算电路。

(3) 解算和标定电路　解算和标定电路将传感器送来的电信号加以分析和变换，针对具体的转子及所选校正平面的位置，分离左右两个校正平面的相互影响，确定指示系统的灵敏度。

(4) 幅值和相位指示系统　幅值和相位指示系统，根据解算结果指出校正质量的大小和方位。

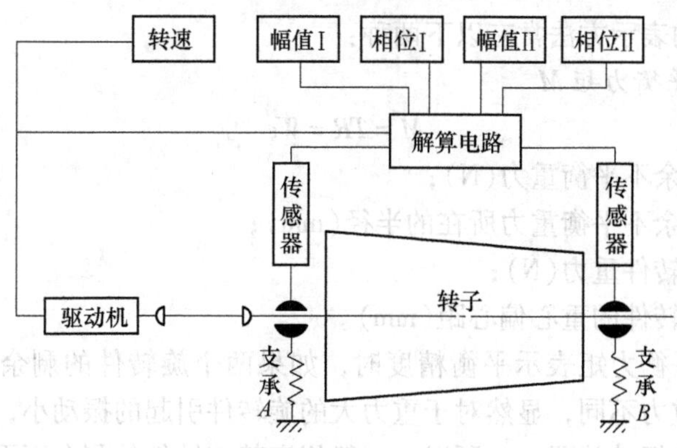

图 6-2　动平衡机框图

(5) 校正装置　有些平衡机上还装有校正装置，能根据求出的校正质量，在转子上自动加重或去重。

2. 分类

根据支承系统动力性能的不同，动平衡机分为软支承和硬支承两大类。硬支承动平衡机是近十几年出现的一种新型平衡机，因其不需对具体转子进行针对性的标定工作，应用日益广泛。

三、基本要求

1）旋转零件轴颈加工精度及其与旋转零件中心线的同轴度，应在规定的范围之内。

2）一般平衡精度的旋转零、部件，可采用动平衡试验机的支承；平衡精度要求高的旋转零、部件，以采用原配轴承为宜。

3）对于组合式旋转体，其中某些零、部件需经过选配或先行单独平衡，组合后再进行整体动平衡，经平衡后，不应再任意移动或调换这些零、部件。

4）两校正平面应选择在两端支承附近，且有足够大半径的、易于去重或配重的平面。

5）平衡精度要求高的旋转零、部件，在做完低速动平衡后，还需再进行高速动平衡。

6）试验时，要注意安全，以防止试物飞出或联轴器松动脱出。

四、平衡精度

转子经过平衡后，还会存在剩余不平衡量。平衡精度就是转子经平衡后允许其存在不平衡量的大小。对于不同类型和功能要求的设备，根据其结构和工作条件，都规定了合理的平衡精度。

平衡精度的表示方法常有以下两种：

1. 剩余不平衡力矩 M

$$M = TR = We$$

式中 T——剩余不平衡重力(N)；

R——剩余不平衡重力所在的半径(mm)；

W——旋转件重力(N)；

e——旋转件的重心偏心距(mm)。

用剩余不平衡力矩表示平衡精度时，如果两个旋转件的剩余不平衡力矩相等，而它们的重力不同，显然对于重力大的旋转件引起的振动小，而对于重力小的旋转件引起的振动就要大。所以，一般规定某旋转件的剩余不平衡力矩时，都要考虑其重力大小。

2. 偏心速度 v_e

所谓偏心，就是旋转件的重心偏离旋转中心的距离，因此，偏心速度是指旋转件在旋转时的重心振动速度，即

$$v_e = \frac{e\omega}{1000}$$

式中 v_e——偏心速度(mm/s)；

e——偏心距(μm)；

ω——旋转件的角速度 $\omega = \frac{2\pi n}{60}$(rad/s)；

n——旋转件的转速(r/min)。

偏心速度的许用值有标准规定，根据平衡精度等级而异。平衡精度等级有：G0.4、G1、G2.5、G6.3、G16、G40、G100、G250、G630、G1600、G4000 共 11 种。G0.4 为最高级，G4000 为最低级。机械的旋转精度和使用寿命要求越高时，其平衡精度等级要求也越高。

例如，某旋转件规定的平衡精度等级为 G2.5，则表示平衡后的偏心速度许用值为 2.5mm/s。

又如某旋转件的重力为 9.8×1000N，工件转速为 1000r/min，平衡精度等级规定为 G1，则平衡后允许的偏心距

$$e = \frac{1000v_e}{\omega} = \frac{1000 \times 60}{2\pi \times 1000}\mu m = 9.5\mu m$$

根据偏心距，还可以换算出剩余不平衡力矩

$$M = TR = We = 9.8 \times 1000N \times 9.5\mu m = 93.1N \cdot mm$$

假定此旋转件上两个动平衡校正面在轴向是与旋转件的重心等距的，则每一校正面上允许的不平衡力矩可取 $\frac{M}{2} = 46.5N \cdot mm$，这相当于在半径为 46.5mm 处

允许的剩余不平衡重力为1N。

第二节　噪　　声

一、噪声概述

机械运行中所发生的机械噪声，是机械振动通过媒质传播而得到的声音。噪声可分为空气噪声、液体噪声和固体噪声。在机械设备中，固体噪声通常又称为结构噪声。通常人耳能感受到的空气噪声，一般频率约在20Hz～20kHz左右，称为可闻声频域，低于此值者称为次声，高于此值者称为超声。

表6-1为工厂设备噪声状况。

表6-1　工厂设备噪声状况

声级/dB(A)	设备名称
130	风铲、风铆、大型鼓风机、锅炉排气放空
125	轧材热锯(峰值)、锻锤(峰值)、818-N8鼓风机
120	有齿锯、大型球磨机、加压制砖机(炉砖)
115	柴油机试运转、双水内冷发电机试运转、振捣台热风炉鼓风机、振动筛、桥梁生产线
110	罗茨鼓风机、电锯、无齿锯
105	织布机、电刨、大螺杆压缩机、破碎机
100	麻毛化纤织机、柴油发电机、大型鼓风机站电焊机
95	织带机、棉纺厂细纱车间、轮转印刷机
90	经纺机、纬纺机、梳纺机、空压机站、泵房、冷冻机房、轧钢车间、汽水封盖、柴油机加工流水线
85	车床、铣床、刨床、凹印、铅印、平台印刷机、折页机、装订联动机、酥糖包装机、制砖机、切草机
80	纺织机、漆包线机、挤塑机
75	上胶机、过板机、蒸发机
75以下	放大机、电子刻板、真空镀膜

二、噪声测量

1. *声压级*

对工作场所噪声通常只测量声压级，用于表示噪声的高低。在研究机械设备噪声时，通常可用某一固定测点上的声压级作对比测量，对比的结果可以看出噪声的变化和降噪效果。

声压级定义为

$$L = 20\lg\frac{p}{p_0}$$

式中　L——声压级(dB)；

p——被测声压(Pa)；

p_0——基准声压 $p_0 = 2 \times 10^{-5}$Pa。

2. 声级

噪声测量中往往使用声级,特别是 A 声级用来表示噪声的强弱(A 声级为常用)。声级是经过频率计权网络测得的声压级,按所采用的计权网络的不同,分别称为 A 声级(LA)、B 声级(LB)、C 声级(LC),其 dB 数也分别标为 dB(A)、dB(B)、dB(C)。

3. 声级计

声压级和声级是采用声级计测得的。对不同特征的噪声，应采用不同的声级计测量。

（1）组成　声级计的基本组成如图 6-3 所示，点画线框内为声级计，可直接从指示表上读出总声压级或统计权网络后读出计权声压级，点画线框外的外接设备，可根据测量的具体要求选用。采用这些设备的目的，在于分析噪声频谱。其中除了磁带记录仪外，频率分析仪与电平记录仪均可立即获得噪声频谱。

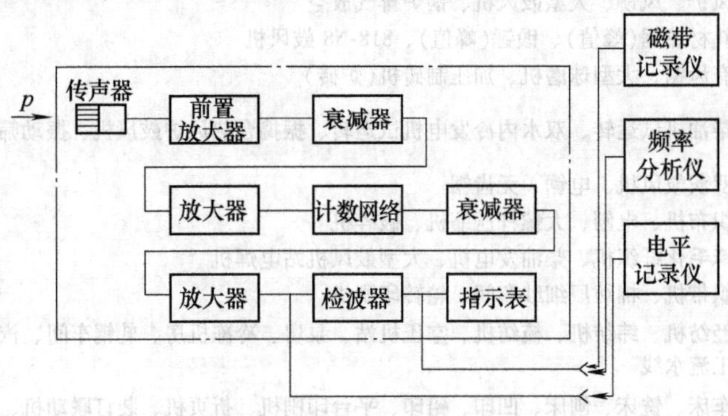

图 6-3　声级计的基本组成

（2）分类　声级计分为普通声级计和精密声级计两类。普通声级计频率范围为 20 ~ 8000Hz，固有误差为 ±1.5dB；精密声级计频率范围为 20 ~ 12500Hz，固有误差为 ±0.7dB。

三、声压级测量方法

声压级测量与测点的位置关系极大，在现场测量时更应注意测点的位置，应当用简图标明测点的位置。例如测量机械设备噪声时，应当标出测点距离机械设备的水平距离及离地面的高度。为了能使测量结果相互进行比较和评定，我国和许多国家都制定了声压级测量方法标准。

1. 测点位置

1）传声器位置(即测点位置)应处于直达声场内，尽量减少反射声的干扰。

一般机械设备测点离它表面1~1.5m，大型机械可更远一些。

2）测点的高度一般离地面为1.2~1.5m。

3）对于气力输送机械或有进气及排气的机械，应在进气口轴线上1m处设一测点；在排气口中心45°方向上设一测点，距离管口中心0.5~1m。

4）对于一般机械，常布置5个测点，即四面各取一点。

5）在确定测点位置时，应考虑到近场误差和反射声波的影响。

2. 测量环境

在测量噪声时，会受到周围环境噪声的干扰，导致测量的准确性降低，所以，在现场测量时，应先测定本底噪声。

本底噪声是被测噪声源停止发声时的周围环境噪声。当环境噪声大于或等于被测噪声源时，就不能进行噪声测量。若被测噪声的声压级大于相应的本底噪声10dB以上时，环境噪声的影响可以忽略不计，若相差不到10dB时，则应按表6-2进行修正。从测得的噪声级中减去修正值，就是机械设备的实际噪声级。

表6-2　被测噪声源的修正值　（单位:dB）

被测噪声与本底噪声之差	3	4	5	6	7	8	9	10
修正值	3	2	2	1	1	1	1	0

3. 测量条件

大气压强、湿度、风速等对噪声测量也有一定的影响。

1）大气压强主要影响传声器的校准,当大气压强改变时,应适当修正读数。

2）空气的相对湿度对噪声测量也有影响，当潮湿空气进入电容传声器并凝结时，会使电容传声器的极板与膜片产生放电现象，影响测量结果。

3）当有空气流过传声器时，在传声器吸流一侧产生湍流，因而使传声器的膜片压力产生变化而出现风噪声，风噪声的大小与风速成正比。

4）风速对噪声测量能引起很大的误差，在大风(风速高于20km/h)时不能使用声级计，因为此时的被测噪声将被风掩蔽。

四、噪声源识别

1. 主观评价和估计法

经过长期实践的人，有可能主观判断噪声源的频率和产生的位置。此外，还可以借助听音器，听那些人耳听不到的部位的声音。

2. 近场测量法

所谓近场测量是指传声器离声源的距离很小，由于传声器离某一噪声源近，因此所得噪声主要是来自这一被测噪声源，而其他噪声源对它的影响较小。但这种方法只能用于主要发生部位的一般识别，或用作精确测定前的粗定位。

3. 分别运行法

复杂的机械设备往往存在有多个发声的部件或组件，如能将它们依次脱开分别运行，就能获得各个部件或组件的噪声数据及对总噪声的影响份额，从而确定主要噪声源和它的频率特征。

4. 表面振速测量法

将振动表面分割成许多小的区域，测量出各小区域点的振动速度，画出等振速曲线图，从而可非常形象地表现出声辐射表面各点辐射声能的量值及最强的辐射点。

5. 频谱分析法

经测量得到的噪声频谱做纯音峰值分析，可用来识别主要噪声源。由于纯音峰频率是数个零部件所共有的，所以要配合其他方法才能最终判定究竟哪些零部件是主要噪声源。

6. 声强法

采用双通道傅里叶变换分析仪进行测定，由于它的声强探头具有明显的指向特性，这使声强法在近年来发展很快，受到广泛地重视。

在解决实际噪声源识别问题时，应正确地选择其中的一种方法或把几种方法配合起来使用。

◈◈◈ 第三节　机 械 振 动

设备因设计、制造、安装、调整、磨损、动平衡差、润滑冷却不良均能引起振动。使用简易诊断仪器对设备进行振动状态监测和故障诊断，通常可以获得好的结果。

一、机械振动的监测及分析仪器

1. 设备简易诊断仪器

简易诊断仪通过测量振动幅值等参数，对设备机械振动作出初步判断，按其功能可以分为：

（1）振动计　振动计一般只测一个物理量，读取一个有效值或峰值，读数由指针显示或液晶数值显示。振动计外形小巧，有表式和笔式两种，便于携带。

（2）振动测量仪　振动测量仪可测振动位移、速度和加速度三个物理量，频率范围较大，其测量值可直接由表头指针显示或液晶显示，通常备有输出插座，可外接示波器、记录仪和信号分析仪，可进行现场测试、记录、分析。

（3）冲击振动测量仪　它主要用于测量振动高频成分的大小，特别适合检测滚动轴承。

2. 离线监测与巡检系统

离线监测与巡检系统由传感器、采集器、监测诊断软件和微机组成。其操作

步骤如下：

1）利用监测诊断软件建立测试数据库。

2）将测试信息传输给数据采集器。

3）用数据采集器完成现场巡回测试。

4）将数据放到计算机软件（数据库）中进行分析诊断等。

3. 在线监测与保护系统

常用的在线监测与保护系统包括在主要测点上固定安装的振动传感器、前置放大器、振动监测与显示仪表、继电器保护等部分。

二、振动监测参数及其选择

1. 测定参数的选定

（1）测定参数　测定参数有3个即位移、速度、加速度。

1）高频振动强度由加速度值度量。

2）中频振动强度由速度值度量。

3）低频振动强度由位移值度量。

（2）从异常的种类来区分

1）冲击时测量加速度。

2）振动能量和疲劳时测量速度。

3）振动幅度和位移时测量位移。

（3）最佳参数的选择　对于大多数机械振动测量，速度是最佳的参数选择。

2. 测量位置的选定

实际测量中，一般以轴承部位作为测量点。

（1）选择测量点的步骤

1）从轴承一边开始确定测量点，并依次编号为①、②、③……

2）测量点确定后，画出测量点草图，并在图上注明被测设备的名称、转速、安装位置，以便在实测时进行对照，如图6-4所示。

3）测量点选定以后，可将测量传感器用螺钉联接固定、蜂蜡固定、胶合固定、磁铁固定等形式固定在测量点上。

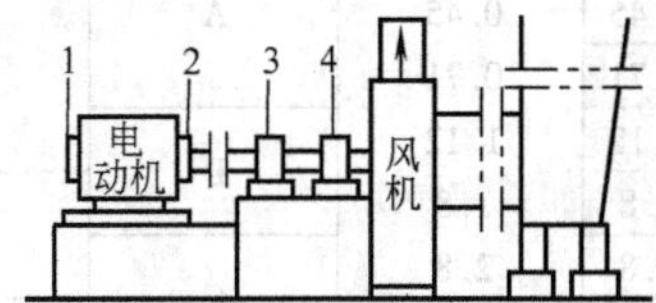

图6-4　设备简图及测量点

（2）选择测量点的实例

1）测量轴承振动的速度参数时，要选择反映振动最直观和最灵敏的部位。

2）测量轴承垂直方向的振动值时，应选择轴承宽度中央的正上方作为测量点位置。

3）测量轴承水平方向的振动值时，应选择轴承宽度中央的中分面处作为测量点位置。

4）测量轴承的轴向振动时，应选择轴承中心线附近的端面为测量点位置。

3. 监测周期的确定

监测周期通常分成三类，即：

（1）定期巡检

1）高速、大型的关键设备，检测周期要短一些。

2）振动状态变化明显的设备，检测周期应缩短。

3）新安装及维修后的设备，检测应频繁进行（直到运转正常）。

（2）随机点检　对不重要的设备，发现有异常时，应临时进行测试和诊断。

（3）长期连续监测　对于关键设备的在线监测，一旦测定值超标，立即报警，并对设备采取相应的保护措施。

三、振动监测标准

机械状态标准共分三类

1. 绝对判断标准

（1）定义　将被测量值与事先设定的“标准状态值”相比较，以判定设备的运行状态。

（2）常用的机械设备振动速度分级标准（表6-3）。

表6-3　机械设备振动速度分级标准

ISO 2372（适用于转速为10～200r/s，信号频率在10～1000Hz范围内的旋转机械）						ISO 3495（适用于转速为10～200r/s的大型机器）	
振动烈度		小型机器（≤15kW）	中型机器（15～75kW）	大型机器	汽轮机	支承分类	
范围	v_{max}/(mm/s)					刚性支承	柔性支承
0.28	0.28	A	A	A	A	好	好
0.45	0.45						
0.71	0.71						
1.12	1.12	B					
1.8	1.8		B				
2.8	2.8	C		B		满意	
4.5	4.5		C		B		满意
7.1	7.1	D		C		不满意	
11.2	11.2		D		C		不满意
18	18			D		不能接受	
28	28				D		不能接受
45	45						
71							

1）A 表示设备状态完好。

2）B 表示允许。

3）C 表示较差。

4）D 表示不允许状态。

2. 相对判断标准

（1）定义　对同一部位定期进行测定，并按时间先后进行比较，以正常情况下的值为原始值，根据实测值与该值的倍数比来进行判断的方法。

（2）分类

1）对于低频振动

①实测值达到原始值的 1.5 ~2 倍时为注意区域。

②实测值达到原始值的 4 倍时为异常值。

2）对于高频振动

①实测值达到原始值的 3 倍时为注意区域。

②实测值达到原始值的 6 倍左右时为异常区域。

3. 类比判断标准

数台同样规格的设备在相同条件下运行时，通过对各台设备的同一部分进行测定和相互比较来掌握异常程度的方法。

使用三种标准时，应优先考虑绝对标准；若不然，考虑到设备的老化状况等因素，过去的判断标准就不能全部适用。所以，在那种情况下必须由用户单独按对象设备确定合适的判断标准，即包括相对判断标准和类比判断标准。

第四节　动平衡、噪声和机械振动的技能训练实例

训练 1　平面磨床主轴的动平衡

1. 平面磨床砂轮架的结构（图 6-5）

在砂轮架体壳 1 前部长圆柱孔内装有两对短三角油膜滑动轴承，由两个封油环 2 隔开，形成两个单独的封闭油室，主轴 9 在两个滑动轴承中旋转。

主轴 9 上安装有平衡环 3，平衡环两侧面各有 12 个孔，孔内可装入起平衡作用的铅，还可承受向右的轴向载荷，起止推作用。平衡环右端安装有两个球面止推轴承 4，使主轴轴向定位。它与球面环 6 配合，可以自动调位。左边的球面环用定位螺钉固定，以防转动和轴向移动。球面止推轴承与球面环由圆柱销 5 联接在一起，使其不能随主轴转动。两个球面环之间的弹簧 7 和圆柱销 8，用于消除止推轴承的间隙和防止右边的球面环转动。

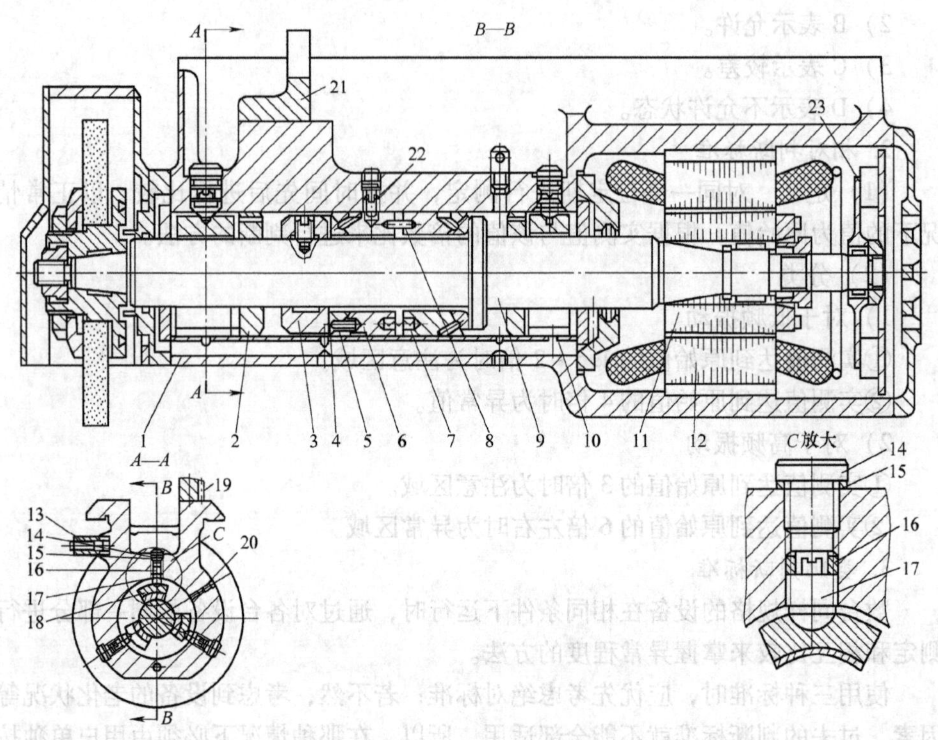

图6-5 平面磨床砂轮架结构

1—体壳 2—封油环 3—平衡环 4—球面止推轴承 5、8—圆柱销 6—球面环 7—弹簧 9—主轴 10—纵向油孔 11—转子 12—定子 13—油孔 14—垫圈 15—封油螺钉 16—锁紧螺钉 17—球头螺钉 18—轴瓦 19—齿条 20—进油孔 21—支架 22—紧定螺钉 23—风扇

主轴轴承采用循环润滑方式，由液压泵输出的润滑油，从油管接头进入纵向油孔13，再经过径向油孔进入左、右轴承，使轴承全部浸在润滑油中，轴承中的润滑油从径向油孔流入砂轮架体壳下部纵向油孔10中，由另一液压泵将其输回油箱，形成循环润滑。止推轴承也从纵向油孔13，经过径向油孔进入润滑油，在球面止推轴承4与主轴止推面(平衡环3和主轴肩端面)间形成润滑油膜。

主轴的尾部安装有电动机转子11，定子12安装在体壳1后部的孔中。主轴末端安装有风扇23，可起冷却电动机的作用。

由于平面磨床主轴的转速很高，长度又长，稍有不平衡，就会引起振动，影响磨削质量。所以，磨床主轴在装入电动机转子和风扇后，必须在动平衡机上进

行动平衡试验。根据试验结果，在平衡环和风扇后端用配重法或去重法进行平衡。

2. *动平衡试验机和试验方法*

平面磨床主轴的动平衡是在H20BU硬支承平衡机上进行。

图6-6是H20BU硬支承平衡机外形图，它是由床身、传动装置、支承架、限位架、电控箱、电测箱、光电头、机械放大机构和传感器等组成。电测箱有CAB590和CAB690两种微机电测系统。当工件平衡转速大于820r/min时，它们的最大指示灵敏度分别为1.5g·mm和0.5g·mm。

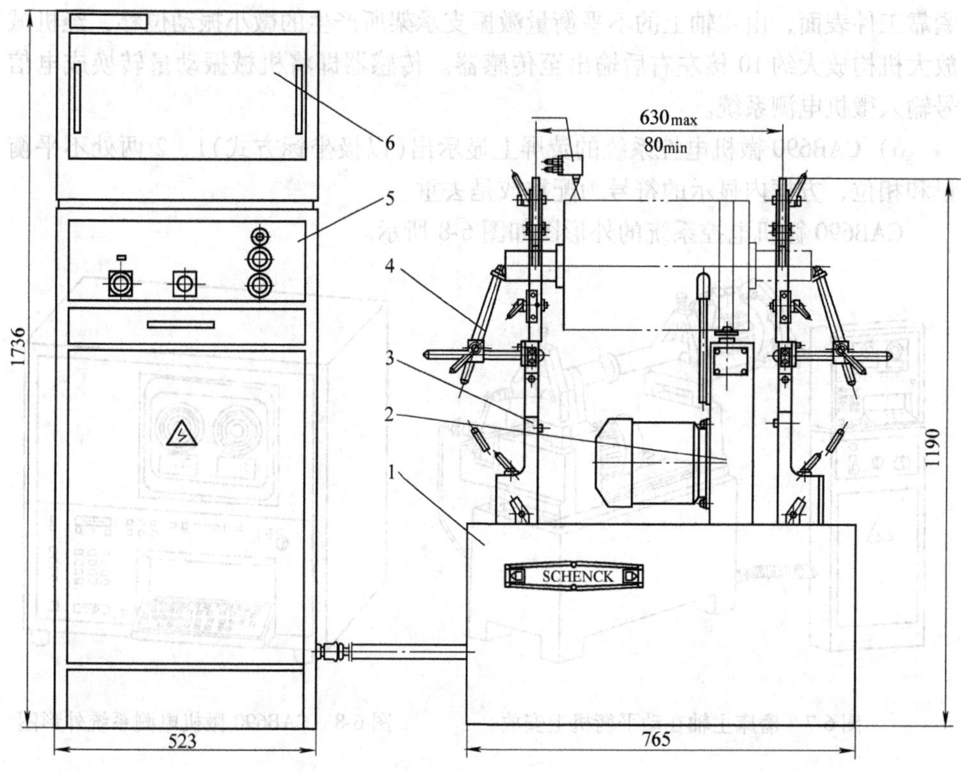

图6-6 H20BU硬支承平衡机外形图

1—床身 2—传动装置 3—支承架 4—限位架 5—电控箱 6—电测箱

试验步骤：

1）将磨床主轴安放在两支承架上，带有风扇的一端必须放在左边，安装平衡环处在右边，用安全架上的压板将主轴轴颈调节好。

2）将主轴压紧在滚轮上，通过聚氨酯基型平带，由电动机经传动装置带动旋转。

3）调节导向轮的位置，可调整传动带的松紧，使其传动平稳。再调节左右限位架，防止主轴产生轴向窜动。

磨床主轴在平衡机上的安放如图 6-7 所示。

4）在主轴风扇端面处粘贴一条环形反光标记，使试验机光电头的光束能照射到反光标记处。经过反射被光电头内的光敏二极管所接收，作为转速测量和不平衡量相位判别的依据。

5）在右支承架上安装有放大机构，其测振杆在弹簧片产生的弹性作用下，紧靠工件表面，由主轴上的不平衡量激振支承架所产生的微小振动位移，经机械放大机构放大约 10 倍左右后输出至传感器。传感器即将机械振动量转换成电信号输入微机电测系统。

6）CAB690 微机电控系统的荧屏上显示出（以极坐标方式）1、2 两处不平衡量和相位，方框内显示的符号为配重或是去重。

CAB690 微机电控系统的外形图如图 6-8 所示。

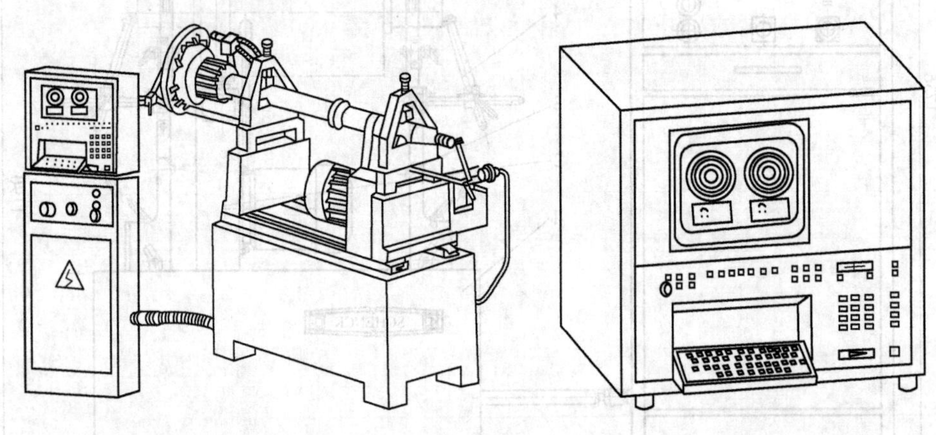

图 6-7　磨床主轴在动平衡机上安放　　　　图 6-8　CAB690 微机电测系统外形图

7）根据荧屏上显示出 1、2 两处的不平衡量和相位，进行配重和去重。其中，安装平衡环处（2 处）因为只能在端面孔中装入铅块配重，而风扇处一般采用电钻在端面钻孔去重，如图 6-9 所示。若用去重法仍不能达到动平衡精度的要求时，则可用图 6-10 所示的方法在应去重处的对面风扇翼片上钻孔，插入螺钉、弹簧垫圈和螺母固定。

8）经过配重和去重的主轴，需在动平衡机上再次进行动平衡，直至最小剩余不平衡量符合要求为止，至此动平衡试验完毕。

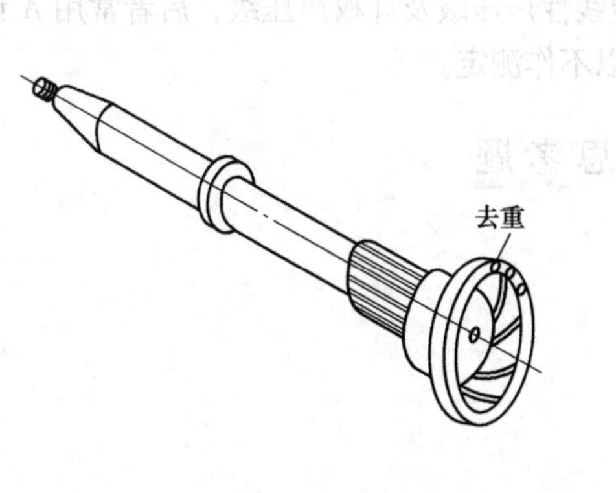

图 6-9　去重方法

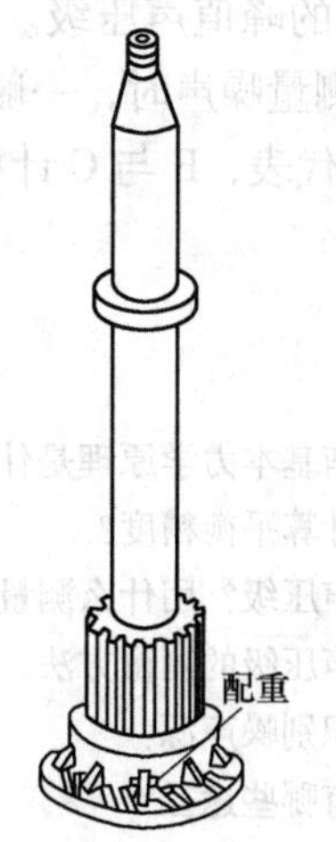

图 6-10　配重方法

训练 2　机械设备的噪声测量

噪声测量中应用最普遍的是用声级计测量噪声的声压级，用它来表征噪声的高低。现将其操作步骤简要介绍如下(近场测量)：

1）准备 ND2 型精密声级计和声级计支架(用以减少或消除人对测量读数的影响)。

2）选择计权网络级，一般是采用 A 声级。

3）确定测量仪器的安装位置及设备的测量点。

4）对设备安装地的测量环境、测量条件进行考察，并分析它们对测量精确度的影响。

5）本底噪声测定，计算修正值。

6）设备噪声测定和计算。设备噪声 = 测定噪声值 - 本底噪声修正值。

7）设备噪声源或故障源的识别。

8）根据测量结果，制定降低噪声措施。

9）写出噪声测量分析报告。

10）采用精密声级计测量噪声时的注意事项

① 若被测噪声是稳定的，指针摆动较小，可用快挡，读出表头指针摆动的平均值。

② 若被测噪声是波动的，用快挡测量时指针摆动比较大，可选用慢挡测量，读出指针摆动的平均值。

③ 对于脉冲噪声，应采用脉冲精密声级计。除了应读出平均值之外，还可

增读脉冲声的峰值声压级。

④ 在测量噪声时，一般应同时测定线性声压级及计权声压级，后者常用A计权声压级作代表，B与C计权声压级可以不作测定。

复习思考题

1. 动平衡基本力学原理是什么？
2. 如何计算平衡精度？
3. 何为声压级？用什么测量？
4. 试述声压级的测量方法。
5. 如何识别噪声源？
6. 降噪有哪些途径？
7. 振动监测参数有哪些？如何选择？
8. 振动监测标准有几大类？

第七章

液压系统的维修

培训目标 掌握液压泵的基本工作原理；了解液压泵的分类；了解齿轮泵、叶片泵及柱塞泵的特点，掌握齿轮泵、叶片泵及柱塞泵的工作原理；掌握齿轮液压马达、叶片液压马达及单作用连杆型径向柱塞马达的工作原理；了解液压缸的特点和分类；掌握单、双活塞杆液压缸的工作原理，掌握柱塞式液压缸的工作原理；掌握液压缸的技术特点；掌握液压基本回路与液压系统常见故障及排除方法；了解液压油的失效形式与特征；能够对各种液压泵、液压缸进行维修。

第一节 液 压 泵

液压泵就是将原动机输入的机械能转换为压力能输出，为液压系统提供压力油，它是液压系统的动力元件。

一、基本工作原理

现以单柱塞泵为例说明液压泵的基本工作原理。

1. 结构

单柱塞泵的工作原理如图 7-1 所示。

1）偏心轮 1：由原动机驱动偏心轮 1 旋转。

2）柱塞 2：柱塞 2 装在缸体 4 中，形成一个密闭空间。

3）缸体 4。

4）弹簧 3：弹簧 3 的作用就是顶压柱塞 2 使其始终压紧在偏心轮 1 上。

5）单向阀 5、6：控制油液进出。

2. 工作原理

（1）吸油　当原动机驱动偏心轮1顺时针方向旋转时，柱塞2在弹簧3的作用下向下运动，柱塞2与缸体4形成的密闭空间容积增大，即形成真空，这样油箱中的油液在大气压作用下，经吸油管顶开单向阀5进入油腔（此时单向阀6关闭），从而实现吸油。这一吸油过程一直持续到偏心轮1的几何中心转到最下点 O_1'，即柱塞2与缸体4之间的密闭空间容积增大到极限为止。

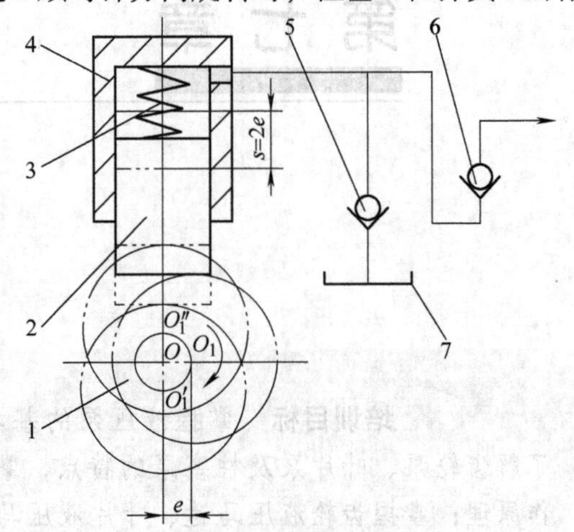

图7-1　单柱塞泵的工作原理

1—偏心轮　2—柱塞　3—弹簧

4—缸体　5、6—单向阀　7—油箱

（2）排油　吸油过程终了，偏心轮1继续旋转，柱塞2随着偏心轮1向上运动，致使柱塞2与缸体4形成的密闭空间容积减小，这时油腔中的油液受挤压顶开单向阀6而排出（单向阀5关闭），从而实现排油。这一排油过程一直持续到偏心轮1的几何中心转到最上点 O_1''，即柱塞2与缸体4之间的密闭空间容积减小到极限时为止。

这样原动机带动偏心轮1不断旋转，致使柱塞2与缸体4之间形成的密闭空间容积大小发生周期性的交替变化，即液压泵不断地吸油排油，实现了液压泵将输入的机械能转换为压力能输出。

二、分类

1. 按主要运动构件的形状和运动方式分类

1）齿轮泵。

2）叶片泵。

3）柱塞泵。

4）螺杆泵。

2. 按排量能否改变分类

1）定量泵。

2）变量泵。

3. 按进、出油口的方向是否可变分类

1）单向泵。

2）双向泵。

三、齿轮泵

齿轮泵是利用齿轮啮合原理工作的，有外啮合和内啮合两种结构形式，其中以外啮合齿轮泵应用最广。

1. 特点

（1）优点

1）结构简单。

2）制造方便。

3）价格低廉。

4）体积小、质量轻。

5）自吸性能好。

6）对油的污染不敏感。

7）工作可靠。

8）便于维修。

（2）缺点

1）流量脉动大。

2）噪声大。

3）排量不可调。

2. 工作原理

（1）结构　外啮合齿轮泵的结构如图 7-2 所示。

1）主、从动齿轮的几何参数完全相同。主、从动齿轮与前盖板 8、后盖板 4 及泵体 7 一起构成密封工作容积。

2）主动齿轮通过键 5 与长轴 12 相联接，从动齿轮通过键 5（另一个）与短轴 15 相联接。

其余零件如图 7-2 所示。

（2）工作原理　从图 7-3 中可以看出：两啮合的齿轮将泵体、前后盖板和齿轮包围的密闭容积分成两部分，即上部和下部（Ⅰ为主动轮、Ⅱ为从动轮）。

1）吸油：当原动机通过长轴 12 带动主动齿轮、从动齿轮按图 7-3 所示方向旋转时，下部（即吸油腔）内的轮齿脱离啮合，其密封工作容积不断增大，形成部分真空，这样油液在大气压力作用下从油箱经吸油管进入下部，并被旋转的轮齿带入上部（即压油腔），这样就完成了吸油过程。

2）排（压）油：上部内的轮齿不断进入啮合，致使密封工作腔容积减小，油液因受到挤压而被排往系统，这样就完成了排（压）油过程。

齿轮不断地旋转，齿轮泵就连续不断地吸油和压油。

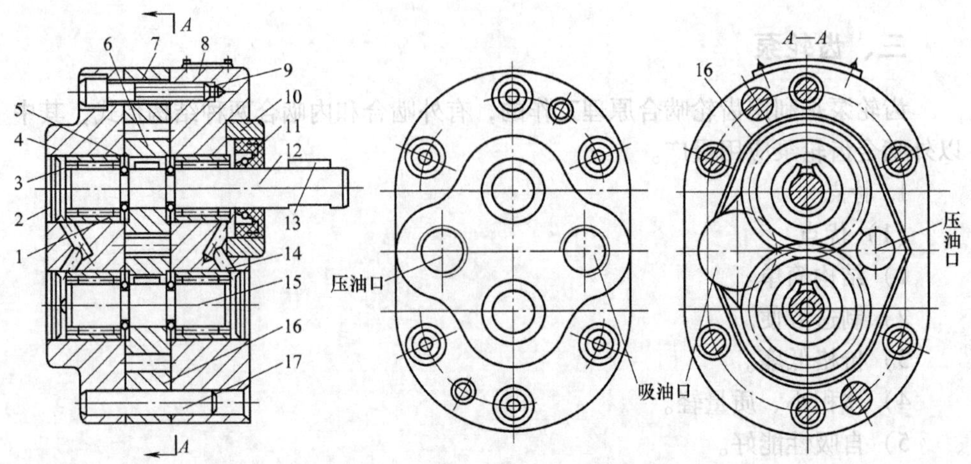

图 7-2　外啮合齿轮泵的结构

1—弹簧挡圈　2—压盖　3—滚针轴承　4—后盖板　5—键　6—齿轮　7—泵体　8—前盖板　9—螺钉　10—密封座　11—密封环　12—长轴　13—键　14—泄油通道　15—短轴　16—卸荷沟　17—圆柱销

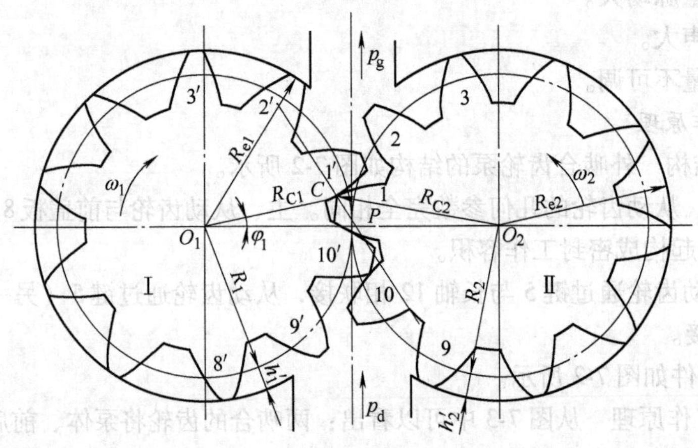

图 7-3　齿轮泵工作原理

四、叶片泵

叶片泵分为单作用叶片泵和双作用叶片泵两种，前者用作变量泵，后者为定量泵。叶片泵被广泛应用于专业机床、自动线等中、低压液压系统中。

1. 特点

(1) 优点

1）工作压力较高。

2）流量脉动小。

3）工作平稳。

4）噪声较小。

5）寿命较长。

（2）缺点

1）结构较复杂。

2）对油液的污染比较敏感。

2. 双作用叶片泵

双作用叶片泵就是因转子旋转一周，叶片在转子叶片槽内滑动两次，完成两次吸油和两次压油而得名，它是定量泵。

（1）结构　双作用叶片泵结构如图 7-4 所示。

1）转子 13：在转子 13 的外圆周上开有 8 条径向槽，称之为叶片槽，8 片叶片就分别装在这些叶片槽内，叶片可在槽内往复滑动。

2）定子 5：定子内表面是由两段长半径圆弧、两段短半径圆弧和四段过渡曲线组成的，且定子 5 和转子 13 是同心的。

3）左、右配流盘 2、6：在配流盘端面上开有两个吸油窗口和两个压油窗口。

4）叶片 4：共有 8 片。

双作用叶片泵其他零件如图 7-4 所示。

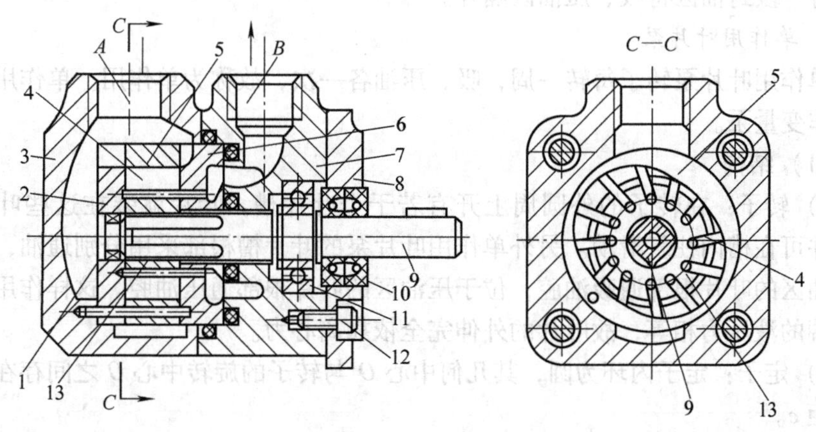

图 7-4　双作用叶片泵结构

1、11—轴承　2、6—左、右配流盘　3、7—前、后泵体　4—叶片　5—定子　8—端盖　9—传动轴　10—防尘圈　12—螺钉　13—转子

（2）工作原理　从图7-5中不难看出：由定子5的内环、转子13的外圆和左、右配流盘2、6组成的密闭容积被叶片分割为四部分。

1）吸油区：当传动轴带动转子旋转时，位于转子叶片槽内的叶片在离心力的作用下向外甩出，紧贴定子内表面随转子旋转。由于定子内表面存在半径差［因定子内表面由两段长半径圆弧 C 圆心角为 β_1）、两段短半径圆弧（圆心角为 β_2）和四段过渡曲线（范围角为 β）组成］，故随着转子顺时针方向旋转（图7-5所示方向），密封工作腔的容积在左上角和右下角（即由叶片7和1、叶片3和5所分割的两部分密闭容积）增大，为吸油区，即油箱的油液在大气压的作用下经配流盘的吸油窗口11和13吸油。

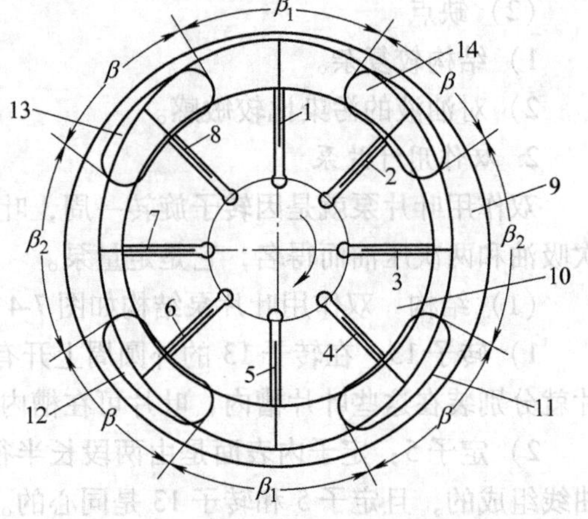

图7-5　双作用叶片泵的工作原理

1、2、3、4、5、6、7、8—叶片　9—定子　10—转子　11、13—配流盘的吸油窗口　12、14—配流盘的压油窗口

2）压油区：密封工作腔的容积在右上角和左下角（即由叶片1和3、叶片7和5所分割的两部分密闭容积）减小，为压油区，即容积减小时受挤压的油液经配流盘的压油窗口12和14排出。

3）封油区：吸油区和压油区之间有一段封油区将吸、压油区隔开。

3. 单作用叶片泵

单作用叶片泵转子每转一周，吸、压油各一次，故称为单作用。单作用叶片泵用作变量泵。

（1）结构

1）转子：在转子的外圆周上开有若干个叶片槽，叶片就装在这些叶片槽内，并可在槽内往复滑动。另外单作用叶片泵的叶片槽根部采用分别通油，即位于吸油区的叶片根部通吸油腔，位于压油区的叶片根部通压油腔。这样作用在叶片两端的液压力相等，故叶片的外伸完全依靠离心力。

2）定子：定子内环为圆，其几何中心 O' 与转子的旋转中心 O 之间存在一个偏心距 e。

3）配流盘：在配流盘端面上只有一个吸油窗口和一个压油窗口。

还有叶片、泵体、端盖等。

（2）工作原理　从图7-6中不难看出：由定子、转子、配流盘组成的密闭容积被叶片分割为独立的两部分。

1）吸油：当传动轴带动转子逆时针方向即图7-6所示方向旋转时，在离心力的作用下，叶片顶部贴紧在定子内表面上，由叶片3和叶片6所分割的密闭容积因叶片3的矢径大于叶片6的矢径而增大，致使形成局部真空，在大气压的作用下，使油箱的油液经配流盘的吸油窗口吸入，即吸油。

2）压油：由叶片7和叶片3所分割的密闭容积因叶片7的矢径小于叶片3的矢径而减小，致使油液受挤压从配流盘的压油窗口排出，即压油。

这样转子每转一周，每一片叶片在转子槽内往复滑动一次，每相邻两叶片间的密封容积发生一次增大和缩小的变化，泵就完成一次吸油和一次压油。

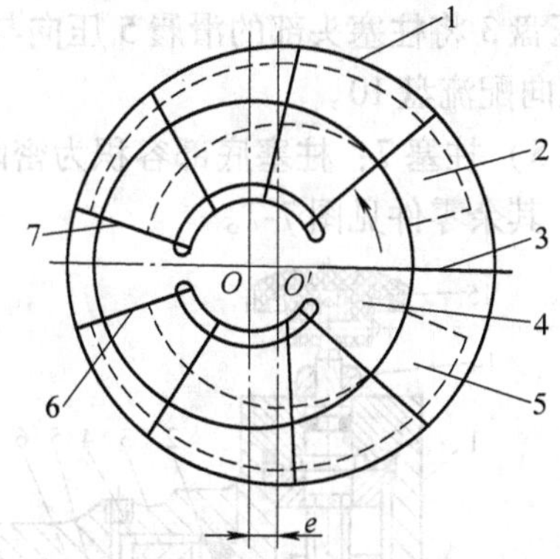

图7-6 单作用叶片泵工作原理
1—定子 2—压油窗口 3、6、7—叶片
4—转子 5—吸油窗口

五、柱塞泵

柱塞泵是通过柱塞在柱塞孔内往复运动时密封工作容积的变化来实现吸油和排油的。

柱塞泵按柱塞排列的方向不同，分为轴向柱塞泵和径向柱塞泵。

轴向柱塞泵按其结构特点又可分为斜盘式和斜轴式两大类。

柱塞泵常用于需要高压大流量和流量需要调节的液压系统，如龙门刨床、拉床、液压机等设备的液压系统。

1. 特点

（1）优点

1）泄漏小，容积效率高。

2）压力高。

3）结构紧凑。

4）流量调节方便。

（2）缺点

1）结构复杂。

2）零件对材料及加工工艺的要求高。

2. 斜盘式轴向柱塞泵

（1）结构 斜盘式轴向柱塞泵结构如图7-7所示。

1）斜盘体2：斜盘体2保持不动。

2）传动轴9：带动缸体6、柱塞7一起转动。

3）配流盘10：配流盘10保持不动。

4）弹簧8：弹簧8安装在传动轴9的中空部分，起两个作用：一方面，通过压盘3将柱塞头部的滑履5压向与轴成一倾角的斜盘体2；另一方面，将缸体6压向配流盘10。

5）柱塞7：柱塞底部容积为密闭容积。

其余零件见图7-7。

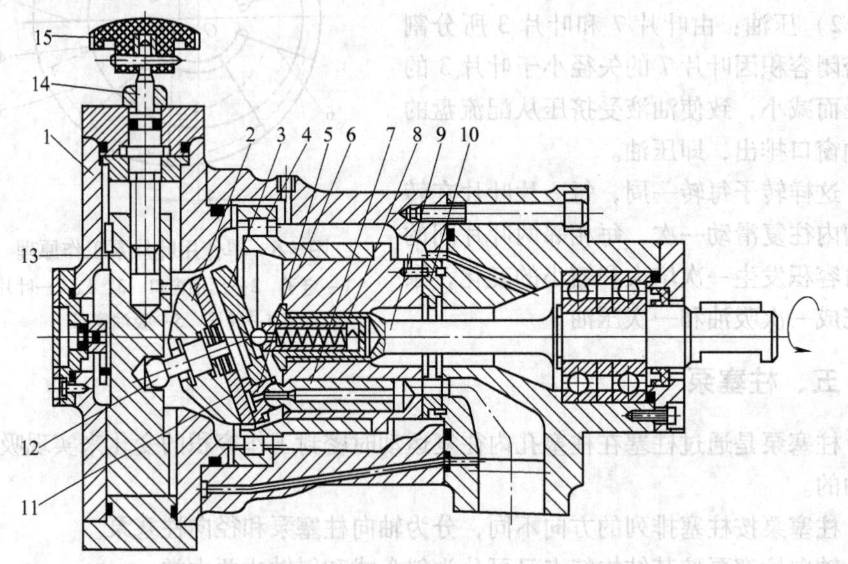

图7-7　斜盘式轴向柱塞泵结构

1—变量机构　2—斜盘式　3—压盘　4—缸体外大轴承　5—滑履　6—缸体　7—柱塞　8—弹簧　9—传动轴　10—配流盘　11—斜盘耐磨板　12—轴销　13—变量活塞　14—丝杆　15—手轮

（2）工作原理　当原动机通过传动轴9带动缸体6按图7-7所示方向旋转时，柱塞7在其沿斜盘体2自下而上回转的半周内逐渐向缸体6外伸出，致使缸体孔内密封工作腔容积不断增加，产生局部真空，从而将油箱的油液经配流盘10的吸油窗口吸入；柱塞7在其沿斜盘体2自上而下回转的半周内又逐渐向里推入，致使密封工作容积不断减小，从而将油液从配流盘10的压油窗口排出。这样原动机连续不断地旋转，泵就连续不断地吸油、排（压）油。

第二节　液压马达

液压马达就是将输入的压力能转换为旋转运动的机械能。

液压马达和液压泵在结构上基本相同，二者在工作原理上是可逆的，但由于

二者的工作状态不同，故它们在结构上又存在某些差异，一般是不能通用的。

一、工作原理

现以叶片液压马达为例说明液压马达的工作原理。

1. 结构

叶片液压马达与叶片泵一样，也是由定子、转子、叶片及配流盘等主要零件组成的。马达的进出油口开设在定子（壳体）上。

2. 工作原理

如图 7-8 所示，叶片 1、2、3、4 将定子内环、转子外圆及配流盘所包围的密封容积分为四部分。

当压力油从右油口进入马达后，通过配流盘的进油窗口同时进入叶片 1 和 4、叶片 2 和 3 所分割的容腔。从图 7-8 中可以看出：叶片 1 和 3 的伸出长度比叶片 4 和 2 的伸出长度大，故叶片 1 和 3 的受压面积比叶片 4 和 2 的受压面积大，这样，作用在叶片上的压力不平衡而形成转矩，通过叶片 1 和 3 驱动转子顺时针旋转，从而由马达轴向外输出转矩和转速。此时，叶片 1 和 2、叶片 3 和 4 所分割的容积减小，工作油液通过左边油口排回油箱。

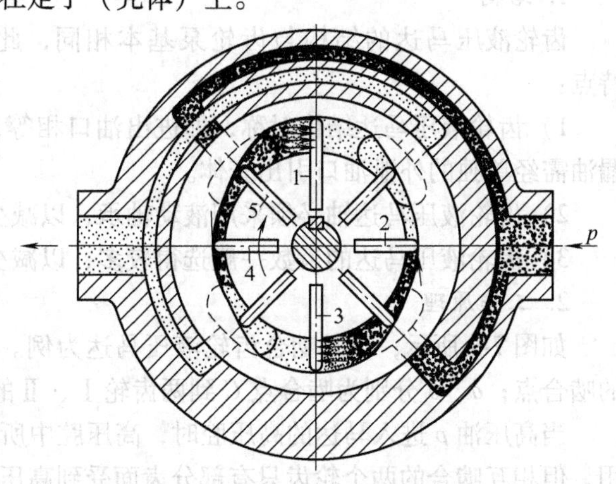

图 7-8　叶片液压马达工作原理

改变马达的进出油的方向，就可改变马达转子（轴）的旋转方向，就是说液压马达可双向旋转。

二、分类

按工作特性，液压马达可分为两大类。

1. 高速液压马达

高速液压马达额定转速在 500r/min 以上，包括：

1）齿轮马达。

2）螺杆马达。

3）叶片马达。

4）轴向柱塞马达。

2. 低速液压马达

低速液压马达额定转速在500r/min以下，包括：

1）单作用连杆型径向柱塞马达。

2）复作用内曲线径向柱塞马达。

三、齿轮液压马达

1. 结构

齿轮液压马达的结构与齿轮泵基本相同，此外，液压马达还有以下结构特点：

1）齿轮液压马达结构对称，即进出油口相等，以适应正反转的要求。其泄漏油需经单独的外泄油口引出壳体。

2）齿轮液压马达轴必须采用液动轴承，以减少起动摩擦转矩。

3）齿轮液压马达的齿数一般选得较多，以减少输出转矩的脉动。

2. 工作原理

如图7-9所示，以外啮合齿轮液压马达为例。h 为齿轮全齿高；C 为两齿轮的啮合点；a、b 分别为啮合点 C 到两齿轮Ⅰ、Ⅱ的齿根距离，B 为齿宽。

当高压油 p 进入马达的高压腔时，高压腔中所有的轮齿全部受到压力油的作用，但相互啮合的两个轮齿只有部分齿面受到高压油的作用。由于 $a<h$、$b<h$，故在两个齿轮Ⅰ、Ⅱ上产生了作用力 $pB(h-a)$ 和 $pB(h-b)$。在这两个作用力的推动下，对齿轮产生输出转矩，齿轮即按图7-9所示方向转动起来，油液也被带到低压腔排出。

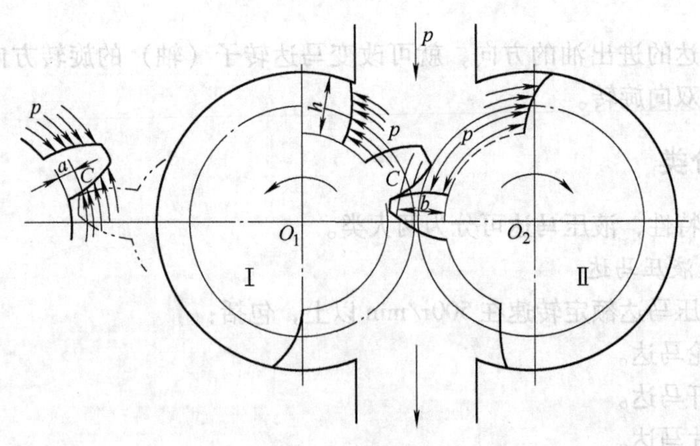

图7-9 外啮合齿轮液压马达工作原理

四、单作用连杆型径向柱塞马达

1. 结构

单作用连杆型径向柱塞马达的外形呈五角星状，结构如图 7-10 所示。

（1）壳体 2　在壳体 2 内有五个沿径向均匀分布的柱塞缸。它是固定不动的。

（2）柱塞 1　共有五个柱塞，均与五个连杆铰接。

（3）连杆 3　共有五个连杆，一端与柱塞铰接，另一端与曲轴 5 的偏心轮外圆相接触。

（4）曲轴 5　曲轴可旋转，是旋转运动的执行者。

（5）配流轴 7　配流轴 7 可与曲轴 5 同步旋转。

其余零件见图 7-10。

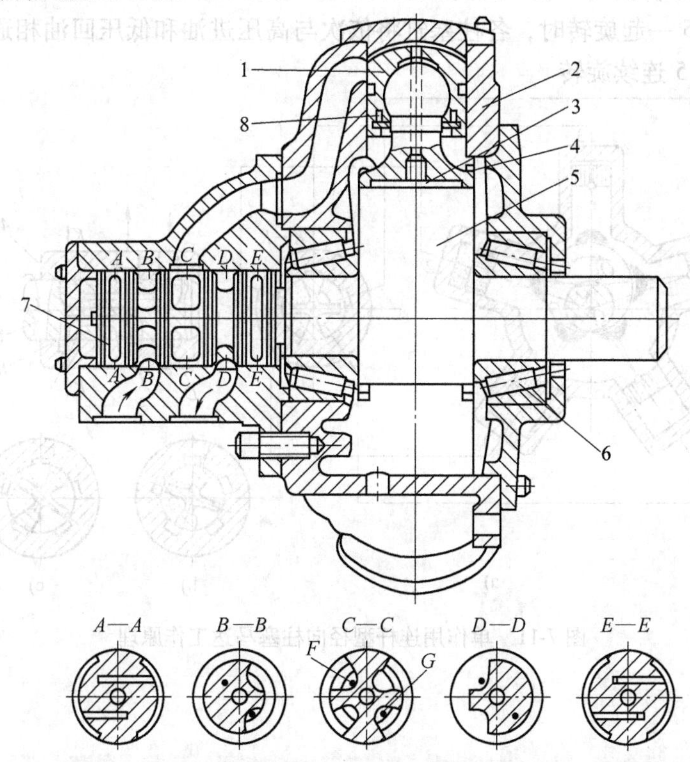

图 7-10　单作用连杆型径向柱塞马达

1—柱塞　2—壳体　3—连杆　4—挡圈　5—曲轴　6—滚柱轴承　7—配流轴　8—卡环

2. 工作原理

为了便于理解单作用连杆型径向柱塞马达的工作原理，现把曲轴 5 的旋转假设分成三步，即曲轴5开始旋转、曲轴5继续旋转、曲轴5连续旋转。

（1）曲轴5开始旋转　如图7-11a所示，高压油进入柱塞缸1、2的顶部，柱塞1、2受到高压油作用；柱塞缸3处于高压进油和低压回油均不相通的过渡位置；柱塞缸4、5与回油口相通。在这种状态下，柱塞1、2受到高压油作用的作用力F通过连杆作用于偏心轮中心O_1，这样对曲轴旋转中心O形成转矩T，驱使曲轴开始逆时针方向旋转。

（2）曲轴5继续旋转　曲轴5旋转时带动配流轴7跟着同步旋转，这样，配流状态发生变化。当配流轴转到图7-11b位置，则柱塞1、2、3同时通高压油，对曲轴5的旋转中心形成转矩，促使曲轴5继续旋转（此时柱塞4和5仍通回油）。

（3）曲轴5连续旋转　当配流轴转到图7-11c所示位置，柱塞1退出高压区处于过滤状态，柱塞2和3通高压油，柱塞4和5通回油。依此类推，在配流轴7跟随曲轴5一起旋转时，各柱塞缸将依次与高压进油和低压回油相通，这样就保证了曲轴5连续旋转。

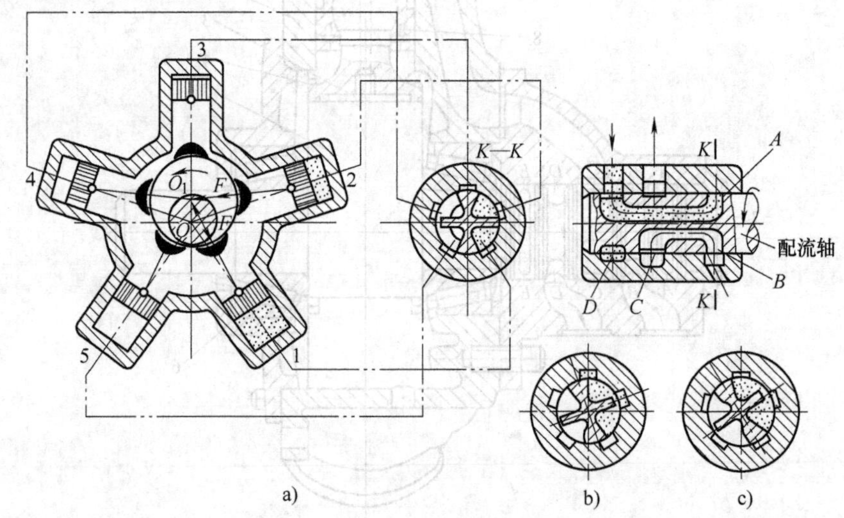

图7-11　单作用连杆型径向柱塞马达工作原理

◈◈◈ 第三节　液　压　缸

液压缸也是将液压能转变成机械能的一种能量转换装置。液压缸与液压马达一样，都是液压系统中的执行元件，与液压马达不同的是，液压缸将液压能转变

成直线运动或摆动的机械能。

一、特点

1）结构简单。

2）工作可靠。

3）与杠杆、连杆、齿轮齿条、棘轮棘爪、凸轮等机构配合，能实现多种机械运动。

故其应用比液压马达更为广泛。

二、分类

1. 按结构特点分类

1）活塞式。

2）柱塞式。

3）组合式。

2. 按作用方式分类

1）单作用式：只有一个方向由液压驱动。

2）双作用式：两个方向均由液压实现。

三、活塞式液压缸

1. 单活塞杆液压缸

（1）结构　如图 7-12 所示，它主要由缸底 1、缸筒 7、缸头 18、活塞 21、活塞杆 8、导向套 12、缓冲套 6、无杆端缓冲套 24、缓冲节流阀 11、带放气孔的单向阀 2 及密封装置等组成。

（2）工作原理　如图 7-13 所示，这种双作用单杆活塞式液压缸只在活塞的一侧装有活塞杆，因此两腔即无杆腔和有杆腔的有效面积不同，当向缸的两侧分别供油，且供油压力和流量不变时，液压缸左、右两个方向的推力和速度都不相同。

1）如图 7-13a 所示，当压力油进入无杆腔时（有杆腔回油），活塞所产生的推力 F_1 和速度 v_1 分别为

$$F_1=(A_1p_1-A_2p_2)\eta_m=\frac{\pi}{4}[(p_1-p_2)D^2+p_2d^2]\eta_m$$

$$v_1=\frac{q\eta_V}{A_1}=\frac{49\eta_V}{\pi D^2}$$

2）如图 7-13b 所示，当压力油进入有杆腔时（无杆腔回油），活塞所产生的推力 F_2 和速度 v_2 分别为

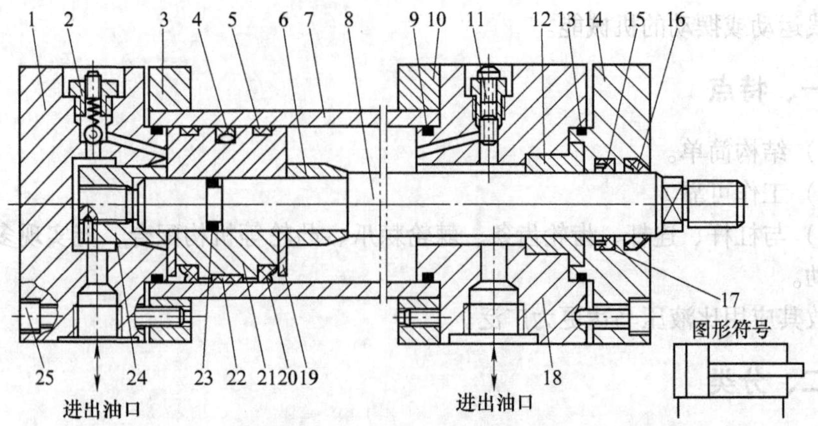

图 7-12　单活塞杆液压缸结构

1—缸底　2—带放气孔的单向阀　3、10—法兰　4—格来圈密封　5—导向环　6—缓冲套　7—缸筒　8—活塞杆　9、13、23—O 形密封圈　11—缓冲节流阀　12—导向套　14—缸盖　15—斯特圈密封　16—防尘圈　17—Y 形密封圈　18—缸头　19—护环　20—Y_x 密封圈　21—活塞　22—导向环　24—无杆端缓冲套　25—联接螺钉

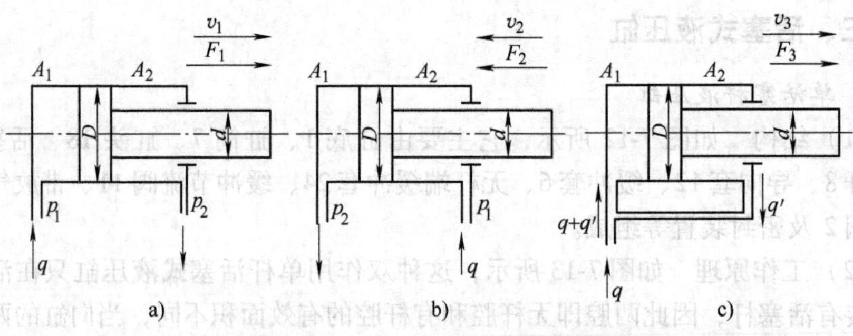

图 7-13　单活塞杆液压缸的速度与推力

$$F_2=(p_1A_2-p_2A_1)\eta_m=\frac{\pi}{4}[(p_1-p_2)D^2-p_1d^2]\eta_m$$

$$v_2=\frac{q\eta_V}{A_2}=\frac{49\eta_V}{\pi(D^2-d^2)}$$

式中　D——活塞直径；

d——活塞杆直径；

A_1、A_2——液压缸无杆腔、有杆腔的活塞有效作用面积；

q——输入液压缸的流量；

p_1——进油腔压力；

p_2——回油腔压力；

η_m——液压缸的机械效率；

η_V——液压缸的容积效率；

F_1、F_2——活塞或缸体上的液压推力；

v_1、v_2——活塞或缸体的运动速度。

3）特点和应用：从上述各式可以看出，因为 $A_1>A_2$，所以 $v_1<v_2$，$F_1>F_2$。从中不难看出单杆活塞杆的特点：

①活塞（或缸体）往复运动速度不相等。两腔有效面积即 A_1 和 A_2 相差越大，相应的活塞（或缸体）速度即 v_1 和 v_2 的差别就越大；其速度之比 $\lambda_v=\frac{v_2}{v_1}=\frac{D^2}{D^2-d^2}$，活塞杆直径 d 越小，即速度比 λ_v 越接近于 1，两个方向的速度即 v_1 和 v_2 之差就越小。

②活塞两个方向所获得的推力即 F_1 和 F_2 不相等。活塞（或缸体）快速运动时获得的推力小，活塞（或缸体）慢速运动时获得的推力大。

从上述特点不难看出：单杆活塞缸常用于一个方向负载较大，但运动速度较低而另一个方向为空载快速退回运动的设备，如各种金属切削机床、压力机等的液压系统中。

（3）差动连接　当单活塞杆液压缸的左、右两腔同时通压力油时，就称之为差动连接，如图 7-13c 所示。

差动连接的液压缸，活塞只能一个方向运动（图 7-13c 为向右运动）。其原因是尽管左、右两腔压力相等，但因为左腔（无杆腔）的有效面积 A_1 大于右腔（有杆腔）的有效面积 A_2，所以使活塞向右的作用力 F_3 大于使活塞向左的作用力 F_2，致使活塞向右运动，并将有杆腔的油液挤出，流进无杆腔，从而使活塞向右运动的速度加快。作用在活塞上的推力 F_3 和活塞运动速度 v_3 分别为

$$F_3=p_1(A_1-A_2)\eta_m=p_1\frac{\pi d^2}{4}\eta_m$$

$$v_3=\frac{q\eta_2+q'}{A_1}=\frac{q\eta_V+\frac{\pi}{4}(D^2-d^2)}{\frac{\pi D^2}{4}}=\frac{4q\eta_V}{\pi d^2}$$

从以上两式不难看出：差动连接时起有效作用的面积是活塞杆的横截面积。

若使 $v_3=v_2$，即要求差动液压缸活塞向右运动（即差动连接）的速度与非差

动连接时活塞向左运动的速度相等，则由 $v_2=\dfrac{q\eta_V}{A_2}=\dfrac{4q\eta_V}{\pi(D^2-d^2)}$ 和 $v_3=\dfrac{4q\eta_V}{\pi d^2}$ 两式得出 $D=\sqrt{2}d$。

差动连接因具有在不增加液压泵流量的前提下就能实现快速运动的特点，故它被广泛应用于组合机床的液压动力滑台和各类专用机床中。

2. 双活塞杆液压缸

（1）结构　如图7-14所示，它主要由缸体4、活塞5、活塞杆1、左右缸盖3、左右压盖2等零件组成。

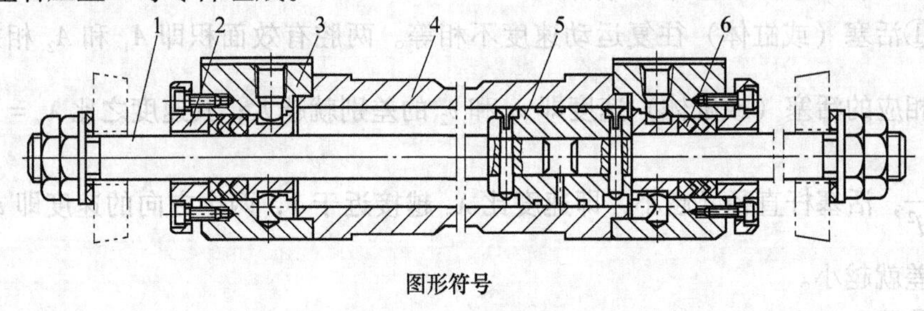

图形符号

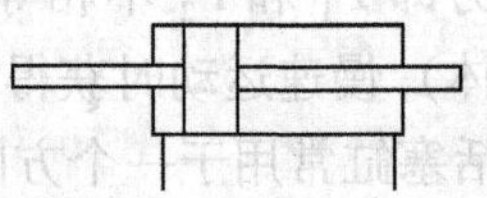

图7-14　双活塞杆液压缸结构

1—活塞杆　2—压盖　3—缸盖　4—缸体　5—活塞　6—密封圈

（2）工作原理　如图7-15所示，当相同压力和流量的压力油从进、出油口交替输入液压缸左、右工作腔时，便驱动活塞（或缸体）左、右运动，从而带动与活塞（或缸体）组成一体的工作台作直线往复运动。若两活塞杆直径相同，则活塞（或缸体）左、右两个方向输出的推力 F 和速度 v 就必然相等，即

$$F=A(p_1-p_2)\eta_m=\frac{\pi}{4}(D^2-d^2)(p_1-p_2)\eta_m$$

$$v=\frac{q\eta_V}{A}=\frac{4q\eta_V}{\pi(D^2-d^2)}$$

式中　A——液压缸有效面积；

D——活塞直径；

d——活塞杆直径；

q——输入液压缸的流量；

p_1——进油腔压力；

p_2——回油腔压力；

η_m——液压缸的机械效率；

η_V——液压缸的容积效率。

双活塞杆液压缸这种两个方向等速、等力的特性就特别适用于双向负载基本相等的场合，如磨床液压系统。

从图 7-15 中可以看出，双活塞杆液压缸的安装方式可分为两种：

1）缸体固定结构：这种结构的液压缸又称之为空心双活塞杆液压缸。如图 7-15a 所示，缸的左腔进油，推动活塞向右运动，右腔则回油；缸的右腔进油，推动活塞向左运动，左腔则回油。

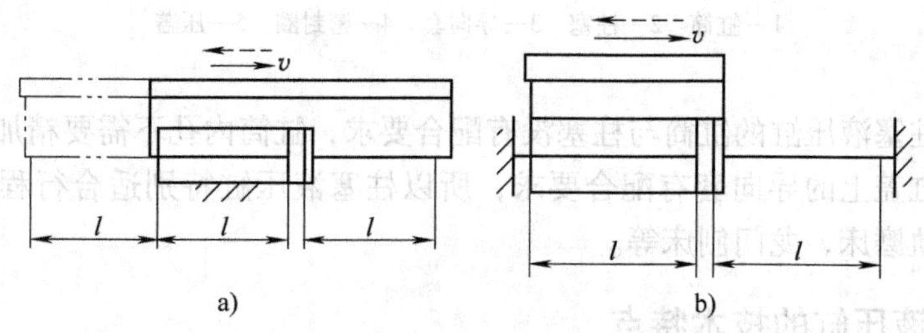

图 7-15　双活塞杆液压缸的两种安装方式

a）缸体固定结构　b）活塞杆固定结构

这种液压缸，工作台的移动范围等于活塞有效行程的三倍，占地面积大，故仅适用于小型机床。

2）活塞杆固定结构：这种结构的液压缸又称之为实心双活塞杆液压缸。如图 7-15b 所示，缸的左腔进油，推动缸体向左运动，右腔则回油；缸的右腔进油，推动缸体向右运动，左腔则回油。

这种液压缸，工作台的移动范围等于活塞有效行程的两倍，占地面积小，故常用于大、中型设备。

四、柱塞式液压缸

1. 结构

如图 7-16a 所示，它主要由缸筒 1、柱塞 2、导向套 3、密封圈 4 和压盖 5 等零件组成。

2. 工作原理

从图 7-16a 不难看出，柱塞式液压缸只能单方向向右运动，反向退回时则靠外力，如弹簧力、重力等。

若要求进行往复工作运动，则必须由两个柱塞液压缸分别完成相反方向的运动，如图 7-16b 所示。

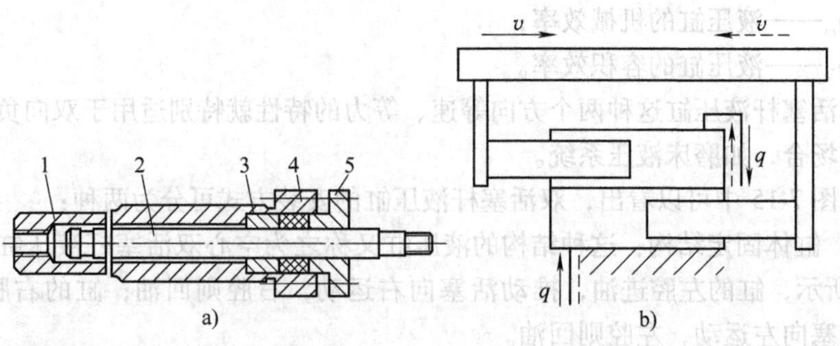

图 7-16　柱塞式液压缸

1—缸筒　2—柱塞　3—导向套　4—密封圈　5—压盖

由于柱塞液压缸的缸筒与柱塞没有配合要求，缸筒内孔不需要精加工，只要求柱塞与缸盖上的导向套有配合要求，所以柱塞液压缸特别适合行程较长的场合，如导轨磨床，龙门刨床等。

五、液压缸的技术特点

1. 缓冲装置

液压缸作快速往复运动时，当活塞运动到液压缸的终端时，为避免因动量大在行程终点产生活塞与端盖（或缸底）的撞击，影响工作精度或损坏液压缸，一般在液压缸的两端设置缓冲装置。

（1）缓冲装置的原理　当活塞快速运动接近终点位置，即缸盖或缸底时，通过节流的方法增大回油的阻力，使液压缸的排油腔产生足够的缓冲压力，致使活塞减速，从而避免其与缸盖（或缸底）快速相撞。

（2）常见的缓冲装置

1）可调节流缓冲装置：如图 7-17a 所示，当活塞上的凸台进入端盖凹腔后，油只能从针形节流阀排出，于是形成缓冲压力使活塞制动，缓冲压力的大小靠调节节流阀开口来实现。

2）可变节流缓冲装置：如图 7-17b 所示，活塞上开有断面为变截面三角形的轴向节流沟槽，当活塞运动接近缸盖时，活塞与缸盖之间的油液只能从活塞上的轴向节流沟槽流出，从而形成缓冲压力，致使活塞制动。由于活塞上的轴向节流沟槽的节流面积随着缓冲行程的增大而逐渐减小，阻力作用增强，故缓冲压力变化较平稳。

3）间隙缓冲装置：如图 7-17c 所示，当活塞运动到接近缸盖时，活塞上的圆柱凸台（或圆锥凸台）进入端盖凹腔时，缸盖和活塞筒形成环形缓冲油腔（其中圆锥凸台的缓冲锥环形间隙随着位移量的不同而改变，即节流面积随缓冲

行程的增大而减小)，被封闭的油液只能从环状间隙δ（或锥环形间隙）挤压出去，致使排油腔压力升高而形成缓冲压力，使活塞运动速度减慢。

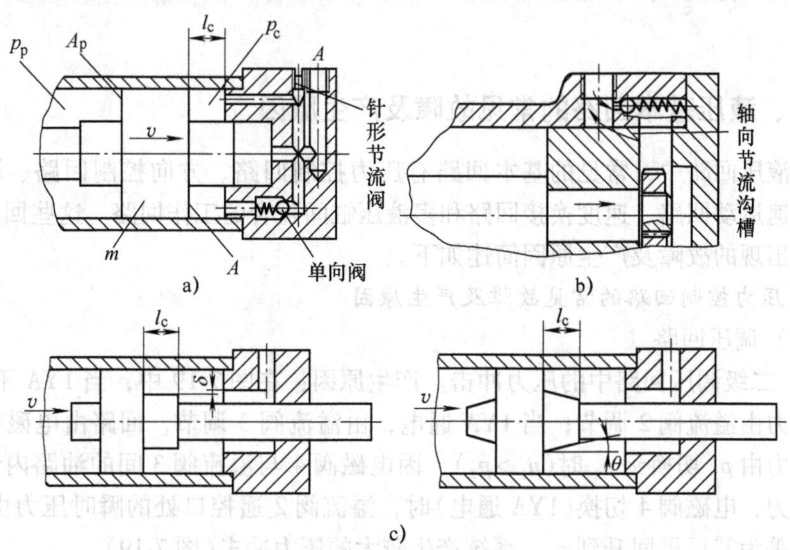

图 7-17 液压缸的缓冲装置

a）可调节流缓冲装置 b）可变节流缓冲装置 c）间隙缓冲装置

2. 排气装置

液压系统常常会混入空气，如液压油中会混入空气，液压缸在安装过程中或长时间停止使用时也会渗入空气，这样使系统工作不稳定，产生振动、噪声及工作部件爬行和前冲等不正常现象。所以，在液压系统安装或停止工作后，又重新起动时，就必须采取措施把系统中的空气排出去。

1）对于速度稳定性要求不高的液压缸，一般不设置专门的排气装置，而是通过将油口布置在缸筒的最高处，使空气随油液排回油箱，再从油箱逸出。

2）对于速度稳定性要求较高的液压缸，常在液压缸两侧的最高位置处设置专门的排气装置，如排气塞、排气阀等。图 7-18 所示为排气塞。拧开排气塞，使活塞低压往复全行程运动几次，使缸内空气排出，空气排完后再拧紧排气塞，液压缸便可正常工作。

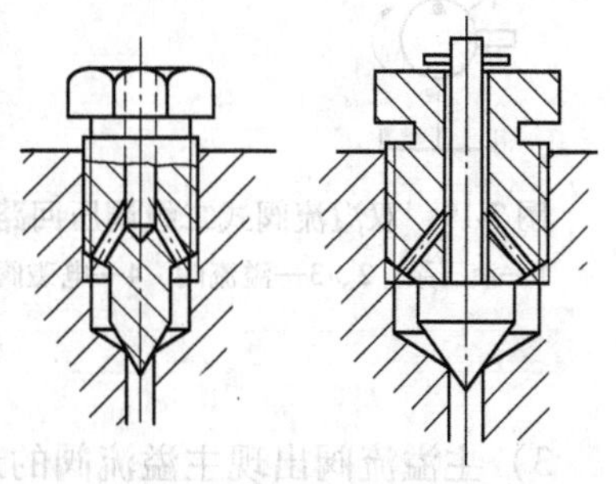

图 7-18 排气塞

◈◈◈ 第四节　机床液压系统的常见故障及产生原因

一、液压基本回路的常见故障及产生原因

在液压回路中，常见的基本回路有压力控制回路、方向控制回路、调速回路、快速运动回路、速度换接回路和多液压缸间配合的工作回路。这些回路在工作中常出现的故障及产生原因简述如下。

1. 压力控制回路的常见故障及产生原因

（1）调压回路

1）二级调压回路中的压力冲击。产生原因：在图7-19中，当1YA不通电，系统压力由溢流阀2调节；当1YA通电，由溢流阀3调节，回路由电磁阀4切换，压力由p_1切换到p_2时($p_1>p_2$)，因电磁阀4与溢流阀3间的油路内切换前没有压力，电磁阀4切换(1YA通电)时，溢流阀2遥控口处的瞬时压力由p_1下降到几乎为零后再回升到p_2，系统产生较大的压力冲击(图7-19)。

2）二级调压回路中调压时升压时间长。产生原因：在图7-20中，当遥控管路较长，系统卸荷(换向阀3处于中位)状态升压时，由于遥控管通油池，压力油要先填充满遥控管路后才能升压，所以时间较长。

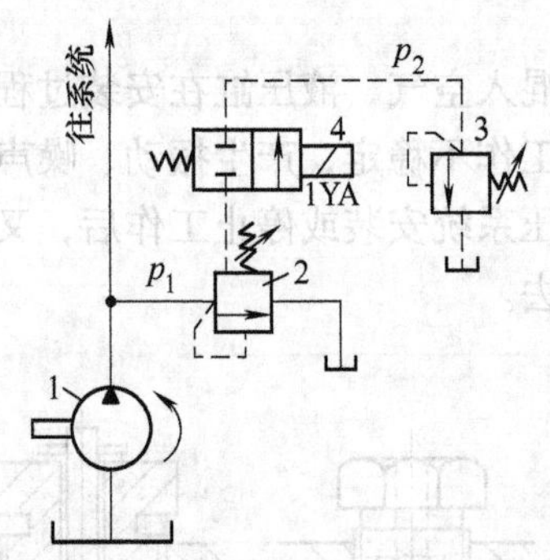

图7-19　双溢流阀式二级调压回路

1—液压泵　2、3—溢流阀　4—电磁阀

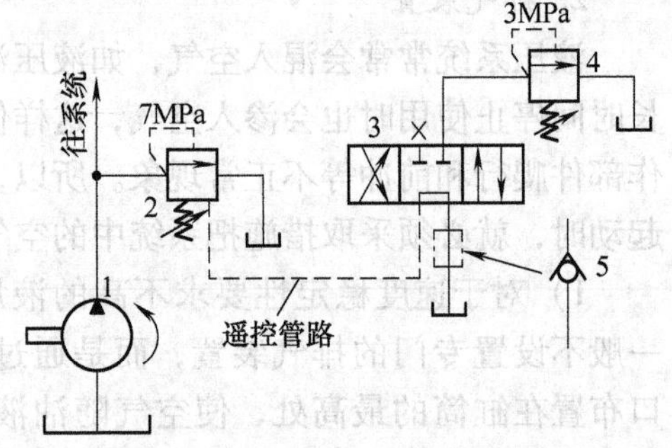

图7-20　遥控管过长使升压时间长

1—液压泵　2、4—溢流阀

3—换向阀　5—单向阀

3）主溢流阀出现主溢流阀的最低调压值增高，同时产生动作迟滞。产生原因：从主溢流阀到遥控先导溢流阀之间的配管过长，遥控管内压力损失过大。

（2）保压回路

1）不保压。产生原因：

①液压缸的内外泄漏造成不保压。

②各控制阀的泄漏，特别是靠近液压缸的换向阀泄漏较大，造成不保压。

③回路泄漏点过多造成不保压。

④缺油。

2）保压回程中出现冲击、振动和噪声。产生原因：保压过程中，油的压缩、管道的膨胀、机器的弹性变形储存有能量，在保压终了返程过程中，上腔的压力及存储的能量未泄完，液压缸下腔的压力已升高。这样，液控单向阀的卸荷阀和主阀芯同时被顶开，引起液压缸上腔突然放油，大流量快泄压，导致系统冲击、振动和噪声。

（3）减压回路

1）二次压力逐渐升高。产生原因：见图7-21，这是因为液压缸2长时间停歇后，有少量油液通过阀芯间隙经先导阀排出，保持该阀处于工作状态。当阀内泄漏量较大时，高压油自减压阀进油腔向主阀心上腔渗漏，通过先导阀的流量加大，使减压阀的二次压力(出口压力)增大。

2）减压回路中液压缸速度调节失灵。产生原因：图7-21中的溢流阀3泄漏量大。

（4）增压回路：

1）不增压或者达不到所调增压力。产生原因：见图7-22。

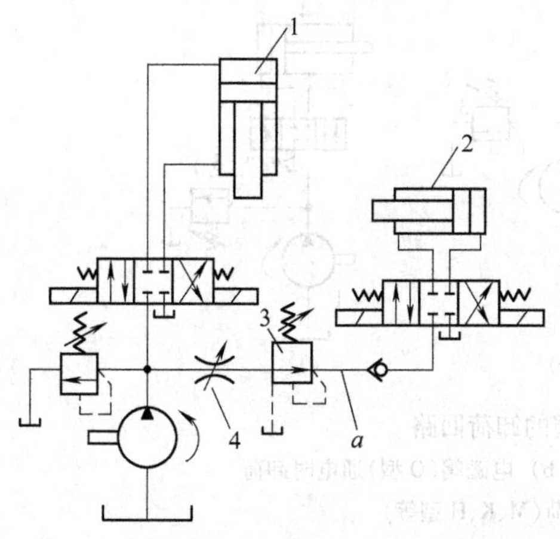

图7-21 消除二次压力升高故障

1、2—液压缸 3—减压阀 4—可调节流阀

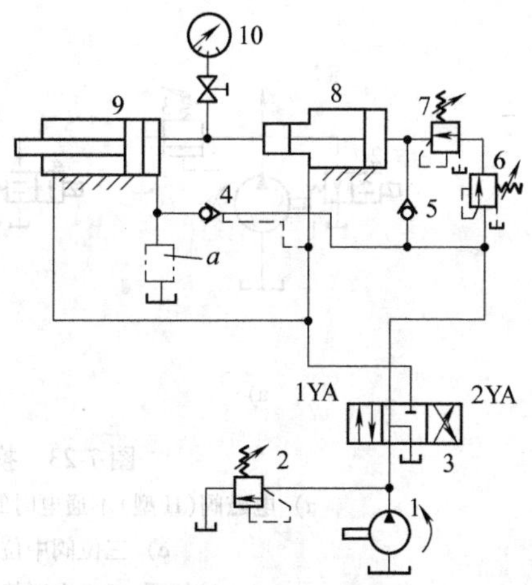

图7-22 增压回路

1—液压泵 2、6—溢流阀 3—换向阀 4、5—单向阀 7—顺序阀 8、9—液压缸 10—压差计

①当液压缸8的活塞卡死不能动，或液压缸8的活塞密封严重破损，均会造成不增压。

②单向阀4卡死，导致增压时单向阀4不能关闭。

③液压缸9的活塞密封破损，使缸窜腔。

④溢流阀无压力油进入系统。

2）增压后压力缓慢下降。产生原因：

①单向阀4的阀芯与阀座密合不良，密合面间有污物粘住。

②液压缸9、液压缸8活塞密封轻度破损。

3）液压缸9无返回动作。产生原因：

①2YA未断电。

②单向阀4的阀心卡死在关闭位置。

③增压后液压缸9的右腔压力未卸掉，单向阀4打不开。

④油源无压力油。

（5）卸荷回路

1）换向阀的卸荷回路不卸荷。产生原因：如图7-23所示。

①二位二通电磁阀阀芯卡死在通电位置。

②弹簧力不够。

③弹簧折断、漏装。

④电磁铁断电。

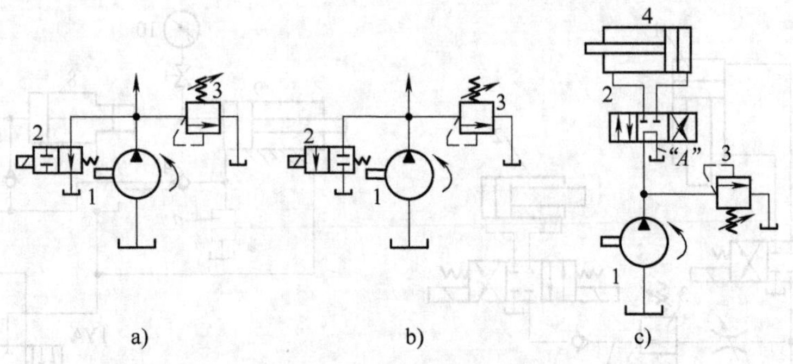

图7-23　换向阀的卸荷回路

a）电磁阀（H型）不通电时卸荷　b）电磁阀（O型）通电时卸荷

c）三位阀中位时卸荷（M、K、H型等）

1—液压泵　2—电磁换向阀　3—卸荷阀　4—液压缸

2）采用换向阀的卸荷回路不能彻底卸荷。产生原因：

①电磁换向阀2规格过小。

②电磁换向阀2为手动时定位不准，换向不到位。

3）采用M型电液换向阀卸荷时，电液换向阀2不可靠。产生原因：见图7-23，控制压力油压力不够。

4）用蓄能器保压并用液压泵卸荷的回路在卸荷时不彻底，有功率损失。产生原因：见图7-24，压力升高时，卸荷阀2如同溢流阀一样仅部分地开启使液压泵1卸荷，造成功率损失。

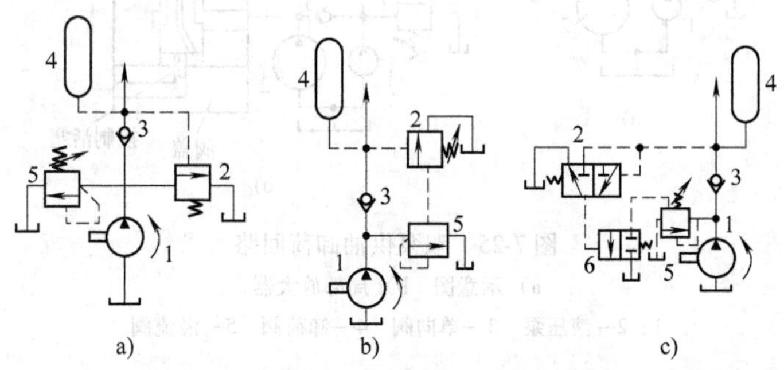

图7-24　采用蓄能器保压、液压泵卸荷的回路

a）1—液压泵　2—卸荷阀　3—单向阀　4—蓄能器　5—溢流阀

b）1—液压泵　2—液控顺序阀　3—单向阀　4—蓄能器　5—主溢流阀

c）1—液压泵　2—二位三通换向阀　3—单向阀

4—蓄能器　5—溢流阀　6—换向阀

5）双泵供油时的卸荷回路发生电动机严重发热甚至烧坏。产生原因：如图7-25所示，在工作时单向阀3因各种原因未能很好关闭，造成液压泵1出口高压油反灌到液压泵2出油口，导致液压泵2负载加大，加大了电动机功率。

6）双泵供油时的卸荷回路系统压力不能上升到最高工作压力。产生原因：

①同上述5）。

②卸荷阀4的控制活塞与阀盖相配孔因严重磨损或其他原因，导致配合间隙大，系统来的压力控制油通过此间隙漏往主阀芯下端，再通过主阀芯的阻尼孔、弹簧腔、回油泄往油箱，使系统局部卸压，压力不能上升到最高工作压力。

（6）平衡回路

1）采用单向顺序阀的平衡回路故障

①停位位置不准确。产生原因：在图7-26中，停位电信号在控制电路中传递的时间太长；液压缸下腔的油液在停位信号发出后还在继续回油。

②液压缸停止（或停机）后缓慢下滑。产生原因：液压缸活塞杆密封处外泄漏、单向阀及换向阀的内泄漏较大所致。

2）液控单向阀平衡回路的故障

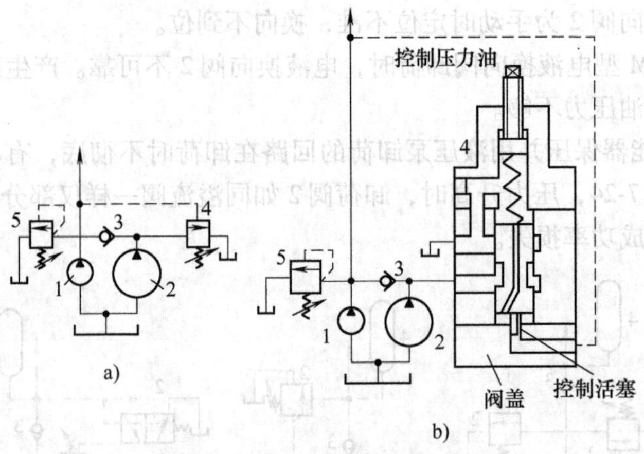

图7-25　双泵供油卸荷回路

a）示意图　b）局部放大器

1、2—液压泵　3—单向阀　4—卸荷阀　5—溢流阀

①液压缸在低负载时下行平稳性差。产生原因：如图7-27所示，当负载小时，液压缸1上腔压力达不到必要的控制压力值，单向阀3关闭，液压缸1停止运动。液压泵继续供油，液压缸1上腔压力又升高，单向阀3又打开，液压缸1向下运动。负载小又使液压缸1上腔压力降下来，单向阀3又关闭，液压缸1又停止运动。如此不断，液压缸1无法得到低负载下平稳运动。

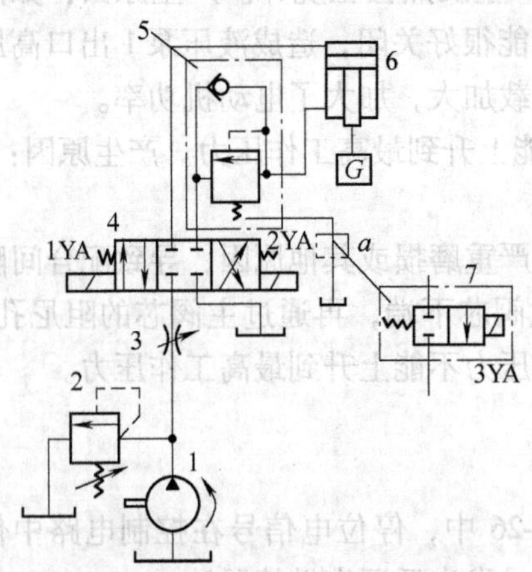

图7-26　采用单向阀的平衡回路

1—液压泵　2—溢流阀　3—节流阀

4—二位三通换向阀　5—单向阀

6—液压缸　7—二位二通交流电磁阀

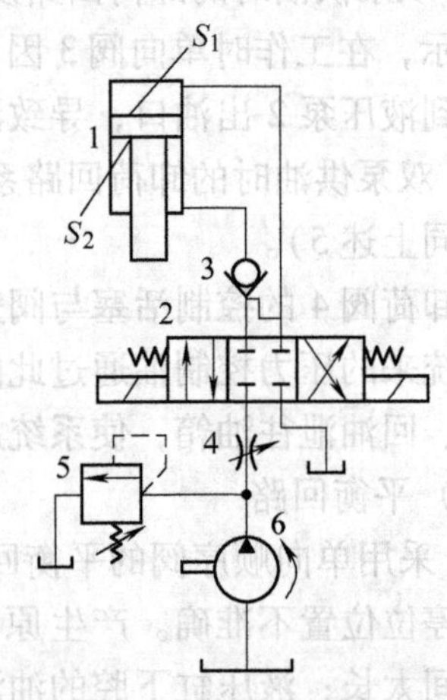

图7-27　液控单向阀平衡回路

1—液压缸　2—电磁换向阀

3—单向阀　4—节流阀

5—溢流阀　6—液压泵

②液压缸下腔产生增压事故。产生原因：在图 7-27 所示的回路中，如果液压缸 1 的上下腔作用面积之比大于单向阀 3 的控制活塞作用面积与单向阀阀芯上部作用面积之比，则液控单向阀将永远打不开，此时液压缸 1 将如同一个增压器，下腔将严重增压，造成下腔增压事故。

③液压缸下行过程中发生高频或低频振动。产生原因：图 7-28a 为液控单向阀平衡回路。在图 7-28b 中所示位置时，单向阀的控制压力上升，打开单向阀，液压缸下腔回油，但此时因背压和冲击压力影响，单向阀的回油腔压力瞬时上升，又因单向阀为内泄式，当此压力的作用在控制活塞右端的压力大时，推回控制活塞，使单向阀关闭。单向阀一关闭，回油腔油流停止，压力下降，活塞又推开单向阀，这样频繁重复，导致高频振动并伴以噪声。

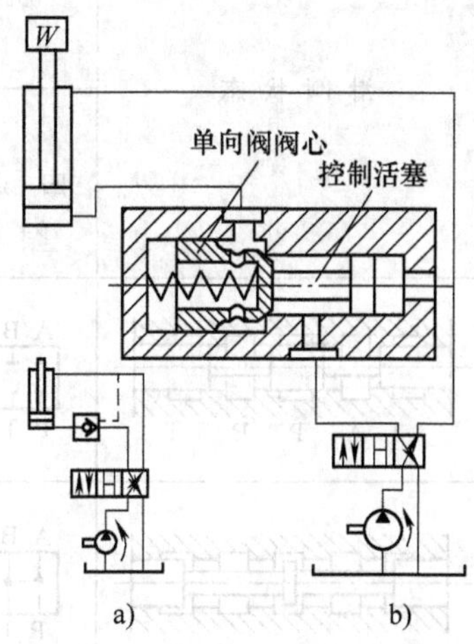

图 7-28 液控单向阀平衡回路

当液压缸活塞下降时，单向阀全开，下腔没有背压，液压泵来不及填充液压缸上腔，单向阀因控制压力下降而关闭。单向阀关闭后，控制压力再一次上升，单向阀又被打开，液压缸活塞又开始下降。管路体积也参与影响，使液压缸低频振动。

2. *方向控制回路的常见故障及产生原因*

（1）换向回路

1）液压缸不换向或换向不良。产生原因：有泵方面的原因，也有阀、液压缸及回路方面的原因。

2）三位换向阀中位机能产生的故障(表 7-1)

①系统的保压与不保压问题。产生原因：当液压泵的 P 通口被 T 型中位机能断开时，系统保压；当 P 通口与回油箱的 T 通孔接通而又不太畅通时，如 X 型的中位机能阀，系统能维持某一较低的一定压力以供控制使用；当 P 与 T 畅通时，用 H 型和 M 型中位机能，则系统根本不保压。

②系统卸荷问题。产生原因：换向阀选择中位机能为通口 P 与通口 T 畅通的阀，如 H 型、M 型、K 型时，液压泵系统卸荷。

③换向平稳性和换向精度问题。产生原因：当选用中位机能使通口 A 和 B 各自封闭的阀，液压缸换向时易产生液压冲击，换向平稳性差，但换向精度高。反之，当 A 和 B 都与 T 口接通时，换向过程中，液压缸不易迅速制动，换向精度低，但换向平稳性好，液压冲击小。

表 7-1　换向阀的中位机能及其特性

型式	三位换向阀的中位机能			性能特点							
	滑阀状态	机能符号		系统保压（多缸系统不干涉）	系统卸荷	换向平稳性	换向精度	起动平稳性	液压缸在任意位置可停性	液压缸浮动	可构成差动	换向冲击量
		四通	五通									
O				○			○	○	○			
H					○	○			△	○		大
Y				○		○	△			○		
J				○			○					
C							○	○				
P						○		○			○	存在
K					○		△	△				

（续）

型式	三位换向阀的中位机能			性能特点								
	滑阀状态	机能符号		系统保压（多缸系统不干涉）	系统卸荷	换向平稳性	换向精度	起动平稳性	液压缸在任意位置可停性	液压缸浮动	可构成差动	换向冲击量
		四通	五通									
X					△	△						较大
M					○		○	○	○			
U				○			○	○			○	
N				○			○					

注：○为好，△为较好，空白为差。

④起动平稳性问题。产生原因：换向阀在中位时，液压缸某腔（或 A 腔或 B 腔）如接通油箱停机的时间较长时，该腔油液流回油箱出现空腔，再起动时该腔内因无油液起缓冲作用而不能保证平稳地起动。

⑤液压缸在任意位置的停止和浮动问题。产生原因：当通口 A 和 B 接通时，卧式液压缸处于浮动状态，可以通过某些机械装置，改变工作台的位置；但立式液压缸因自重却不能停在任意位置上。当通口 A 和 B 与通口 P 连接（P 型）时，液压缸可实现差动连接外，都能在任意位置停止。当选用 H 型时，如果换向阀的复位弹簧折断或漏装，此时虽然阀两端电磁铁断电，阀心因无弹簧力作用不能回复到中位，因此这种阀控制的液压缸不能在任意位置停住。

3）液压缸返回行程时，噪声振动大，经常烧坏电磁铁（交流）。产生原因：如图 7-29 所示。

①电磁铁换向阀的规格太小。

②连接换向阀1与液压缸2无杆腔的管路通径较小。

4）换向阀处于中间位置时，虽然采用了如T型机能之类的阀，液压缸仍然产生微动。产生原因：液压缸本身的内、外泄漏量大；与液压缸进出油口相接的阀内泄漏。

（2）锁紧回路

1）如图7-29所示，采用T型或M型阀时，阀芯处于中位，液压缸的进出口都被封死，但液压缸仍不能可靠锁紧。产生原因：滑阀式换向阀内泄量大，或阀芯不能严守中位所致。

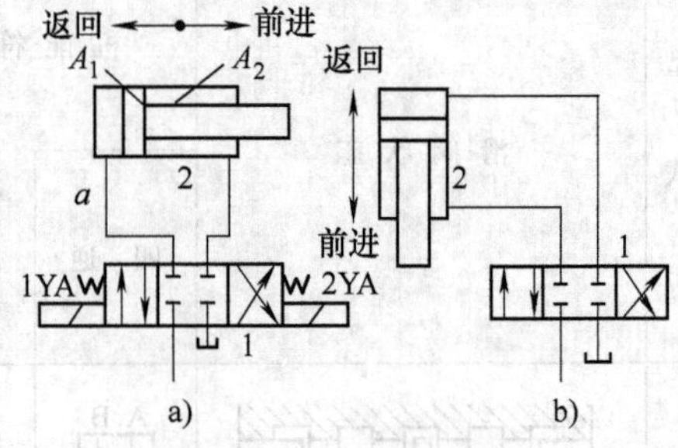

图7-29　液压缸回程振动

a）卧式液压缸　b）立式液压缸

1—换向阀　2—液压缸

2）图7-30所示的回路为阀座式液控单向阀锁紧回路，管路及缸内会产生异常高压，导致管路及缸损伤。产生原因:缸内油液封闭有异常突发性外力作用。

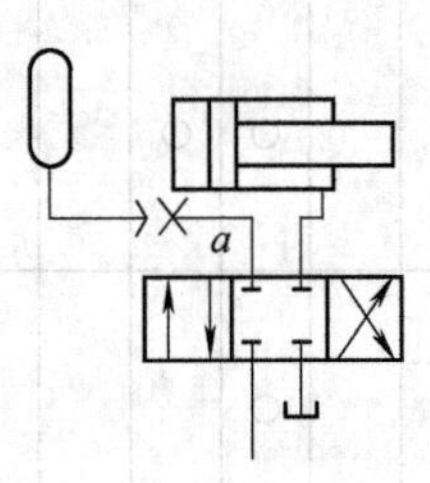

图7-30　锁紧回路(一)

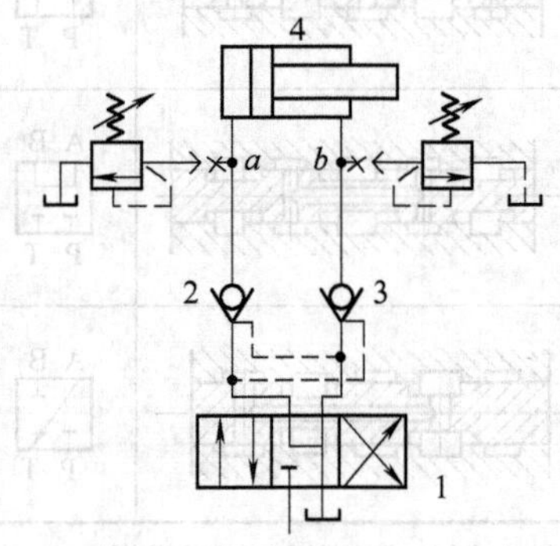

图7-31　锁紧回路(二)

1—换向阀　2、3—单向阀　4—液压缸

3）换向阀的中位机能选用不对，液控单向阀不能迅速关闭，液压缸需经过一段时间后才能停住。产生原因：在图7-31中，采用O型、M型中位机能的阀，当换向阀处于中位时，由于液控单向阀的控制压力油被封死而不能使其立即关闭，直至由于换向阀的内泄漏使控制腔泄压后，单向阀才能关闭，这样会影响锁紧精度。

3. 调速回路的常见故障及产生原因

（1）节流调速回路

1）节流调速回路

①液压缸易发热，造成缸内泄漏增加。产生原因：这是由于通过节流阀产生节流损失而发热的油直接进入液压缸造成的。

②不能承受负值载荷(与活塞运动方向相同的负载)，在负值负载下失控前冲，速度稳定性差。产生原因：进口节流调速回路和旁路节流调速回路的回油路上没有背压阀。

③停机后工作部件再起动时冲击大。产生原因：在出口节流调速(旁路节流也同样)回路中，停机时液压缸回油腔内常因泄漏而形成空隙，再起动时液压泵瞬间的全部流量输入液压缸无杆工作腔，推动活塞快速前进，产生起动冲击，直至消除回油腔内的空隙建立起背压力后才能转入正常。

④压力继电器不能可靠发出信号或不能发出信号。产生原因：在出口节流调速回路中，压力继电器装在液压缸进油路中，不能发出信号，而进口或旁路节流调速回路中安装在液压缸进油路中，可以发出信号。

⑤密封容易损坏。产生原因：密封摩擦力大。

⑥难以实现更低的最低速度。产生原因：调节范围窄，在出口节流调速回路中，低速时通流面积调得很小时，节流阀口容易堵塞。

2）泵的起动冲击。产生原因：三种节流调速方式在负载下起动及溢流阀动作不灵时，均产生泵的起动冲击。

3）快转工进的冲击——前冲。产生原因：

①流速变化太快，流量突变引起泵的输出压力突然升高，产生冲击。

②速度突变引起压力突变造成冲击。

③进口节流时，调速阀中的定压差减压阀来不及起到稳定节流阀前后压差的作用，瞬时节流阀前后的压差大，通过调速阀的流量大，造成前冲。

4）工进转快退的冲击。产生原因：压力突减，产生冲击；采用H型换向阀或多个阀控制时，动作时间不一致，使前后腔能量释放不均衡或造成短时差动状态。

5）快退转停止的冲击——后座冲击。产生原因：当行程终点的控制方式及换向阀主阀心的机能选用不当造成速度突减，使缸后腔压力突升，流量的突减使液压泵压力突升；空气的进入，均会造成后座冲击。

（2）容积调速回路

1）液压马达产生超速运动。产生原因：在图7-32中，由于受重物的负载，外界的干扰及换向冲击力等的影响，液压马达常产生超速(超限)转动的现象。

2）液压马达不能迅速停机。产生原因：这是由于马达的回转件和负载的惯性所致。

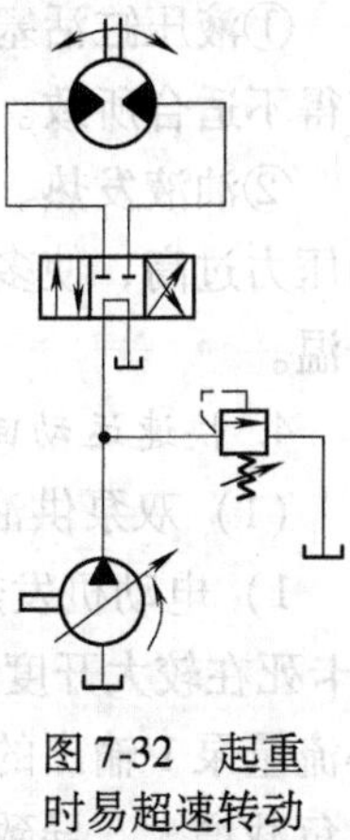

3）液压马达产生气穴。产生原因：在图7-33a的回路中，当液压泵7停转，液压马达6因惯性继续回转，此时，

图7-32　起重时易超速转动

液压马达起泵的作用。由于是闭回路，就会产生吸空现象而导致气穴。

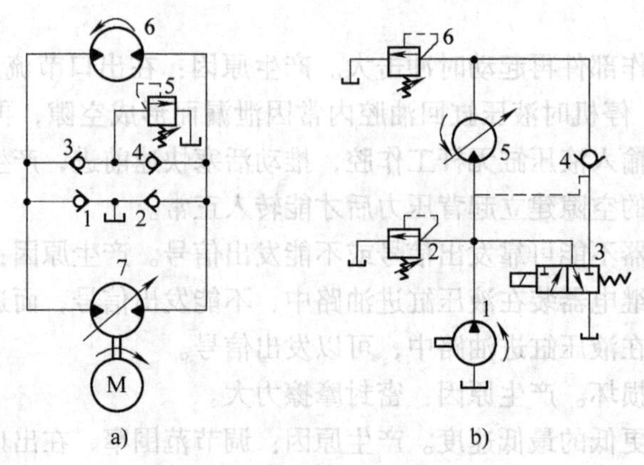

图7-33　消除惯性产生的故障回路

a）变量泵油路

1、2、3、4—单向阀　5—溢流阀　6—液压马达　7—液压泵

b）定量泵油路

1—液压泵　2、6—溢流阀　3—电磁阀　4—单向阀　5—液压马达

4）液压马达转速下降，输出扭矩减少。产生原因：这是由于长时间使用后，液压泵与液压马达内部零件磨损，造成输出流量不够和内泄漏增大所致。

5）闭式容积调速回路的油液易老化变质。产生原因：这是由于闭式回路中，大部分油液很难与外界交换即被泵吸入送到液压马达再循环，加之回路的散热条件差，温度高，油液易老化变质。

（3）联合调速液压回路

①液压缸活塞运动速度不稳定。产生原因：这是限压式变量泵的限压螺钉调节得不适合所致。

②油液发热、功率损失大。产生原因：这是由于变量泵的限压螺钉调节的供油压力过高，使多余的压力损失在调速阀的减压阀中，使系统增加发热，油液升温。

4. 快速运动回路的常见故障及产生原因

（1）双泵供油快速回路（图7-34）

1）电动机发热严重，甚至出现泵轴断裂。产生原因：在图7-34中，单向阀4卡死在较大开度位置或单向阀4的阀心锥面磨损或有较深凹槽，使工进时高压小流量泵1输出的高压油反灌到低压大流量泵2的出油口，使低压大流量泵2输出负载增大，导致电动机的输出功率大大增加而过载发热，有时烧坏电动机，甚至出现泵轴断裂现象。

2）工作压力不能升到最高。产生原因：如图 7-34 所示。

①溢流阀 3、卸荷阀 5 出现故障，可导致系统压力上不去。

②高压小流量泵 1 使用时间较长，内泄漏较大，容积效率严重下降。

③液压缸 7 的活塞密封破损，造成压力上不去。

3）液压缸返回行程时，系统发热，时常有噪声和振动。产生原因：如图 7-34 所示，换向阀 6 的型号虽然按高低泵的总流量选择、阀径较大，但回程（向下运动）时，回程腔作用面积（A_2）小，工作压力高，一般情况下是低压泵卸荷，仅高压泵工作，这时工作腔的回流油量为

$$Q_{回}(\text{工作腔回流油量}) = Q_1(\text{高压泵流量}) \times \frac{A_1(\text{工作腔面积})}{A_2(\text{回油腔面积})} = Q_1 K$$

如果 $Q_{回}$（工作腔回流油量）$\leqslant Q_1$（高压泵流量）$+ Q_2$（低压泵流量），则可通过换向阀顺利回油，但如果 $Q_{回}$（工作腔回流油量）$> Q_1$（高压泵流量）$+ Q_2$（低压泵流量），则回油背压高，造成系统发热、噪声和振动。

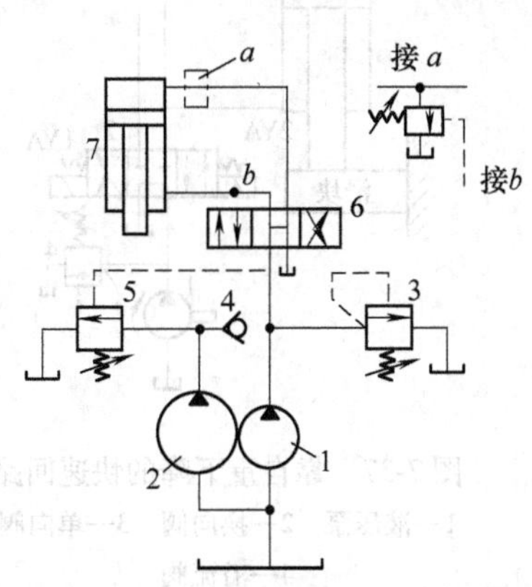

图 7-34 Y71—45 型塑料制品液压机油路
1—高压小流量泵 2—低压大流量泵
3—溢流阀 4—单向阀 5—卸荷阀
6—换向阀 7—液压缸

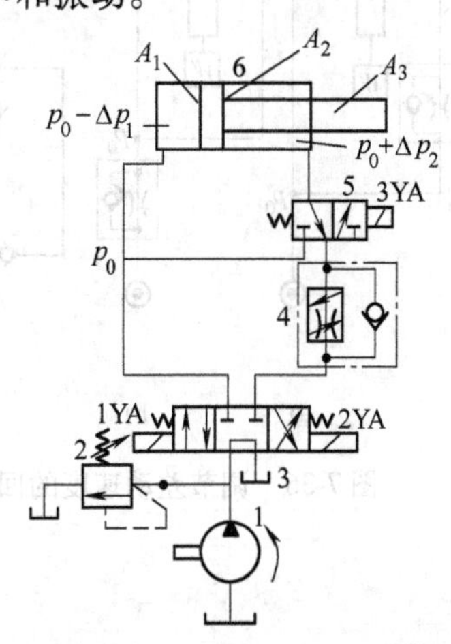

图 7-35 差动连接快速回路
1—液压泵 2—溢流阀 3—电磁换向阀
4—节流阀 5—换向阀 6—液压缸

4）低压大流量泵工作时不卸荷。产生原因：溢流阀 3 的调节压力比卸荷阀 5 的调节压力低所致。

（2）差动连接快速回路（图 7-35）

1）液压缸不能差动快进。产生原因：这是因为作用在活塞上的有效推力 F 较小所致。有效推力可按下式计算

$$F = p_0(A_1 - A_2) - (\Delta p_1 A_1 + \Delta p_2 A_2) - \Delta F$$

式中　A_1——活塞缸侧液压缸面积；

A_2——活塞缸侧液压缸有效面积；

p_0——汇流点的压力；

Δp_1——由汇流点到无杆侧进口之间的压力损失；

Δp_2——由有杆侧进口到汇流点的压力损失；

ΔF——液压缸本身的阻力损失；

F——有效推力(差动快进时的外负载)。

2）差动速度控制不正常。产生原因：在出口节流控制中常常在液压缸有杆侧产生远大于泵压的高压。进口节流控制的油路，节流阀出口压力往往大于泵压而断流不能调速，如图 7-36 中 a、b 所示。

(3) 靠滑块(活塞杆、活塞)自重下降的快速回路：图 7-37 所示。

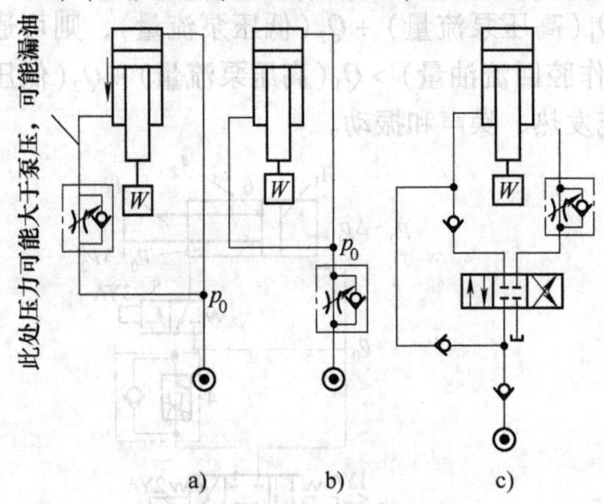

图 7-36　调节差动速度的回路

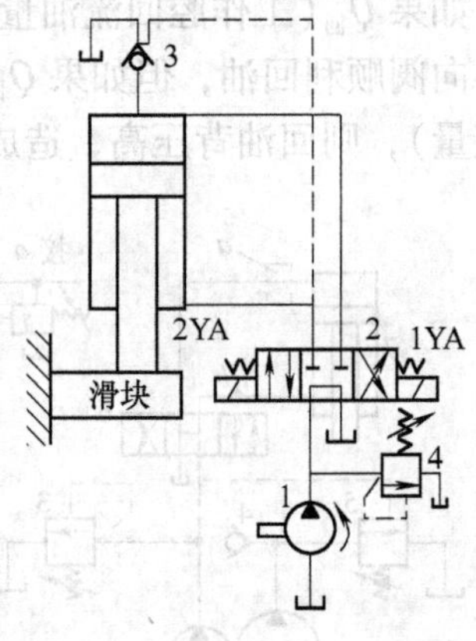

图 7-37　靠自重下降的快速回路
1—液压泵　2—换向阀　3—单向阀　4—溢流阀

1）无快速下降空行程或下降空程速度慢。产生原因：

①活塞、活塞杆及滑块的重量轻。

②液压缸密封及滑块导轨的阻力太大；缸体内孔、活塞杆、活塞、缸盖孔拉毛或不同轴。

③液压缸下腔的回油背压阻力太大。

2）快进(空行程)转工进时速度换接时间长。产生原因：

①充液阀的通径太小。

②充液阀的弹簧较硬。

③充液管道尺寸偏小。

④充液箱油面太低。

3）在快速下降过程中，不能停住，继续慢慢下降或仍以快速下降。产生原因慢速下降，往往是换向阀及液压缸泄漏较大造成。快速下降是换向阀的故障，例如，换向不到位，控制电路或换向阀 2 两端的复位弹簧不能使换向阀 2 回到中位造成。

（4）利用蓄能器的快速回路（图 7-38）

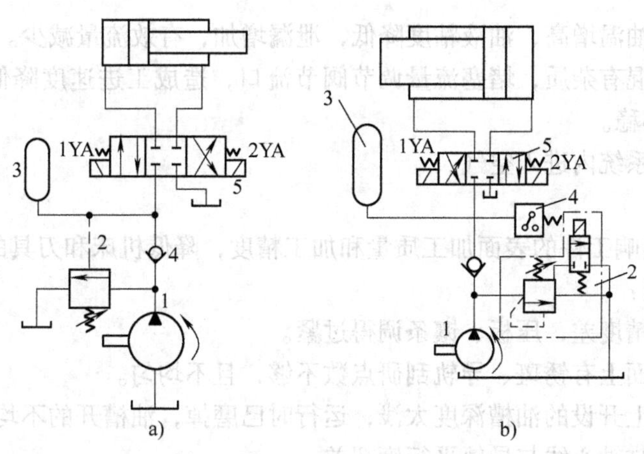

图 7-38　利用蓄能器的回路

a）1—液压泵　2—卸荷阀　3—蓄能器　4—单向阀　5—换向阀

b）1—液压泵　2—电磁溢流阀　3—蓄能器　4—压力继电器　5—换向阀

1）蓄能器充油不充分。产生原因：如图 7-38 所示，当换向阀 5 处于中间位置时，不停泵向蓄能器供油储能，如果充油时间太短，蓄能器充油不充分，转入快进时所能提供的压力流量也就不充分。

2）蓄能器不能充油。产生原因：当卸荷阀 2 或电磁溢流阀 2 有故障时，造成电磁换向阀中位时液压泵总是卸荷不能给蓄能器充油，转入快进时也无油可释放。

二、液压系统的常见故障及产生原因

1. 欠速

欠速故障的产生原因：

1）液压泵的输出流量不够，输出压力提不高，导致快速运动的速度不够。

2）溢流阀因弹簧永久变形或错装成弱弹簧，主阀芯阻尼孔局部堵塞，主阀芯卡死在小开口的位置，造成液压泵输出的压力油部分溢回油箱，通入系统供给执行元件的有效流量大为减少，导致快速运动的速度不够。

3）系统的内外泄漏导致速度上不去。

4）导轨润滑断油，镶条压板调得过紧，液压缸的安装精度和装配精度等原因，造成快进时阻力大使速度上不去。

5）系统在负载下，工作压力增高，泄漏增大，调好的速度因泄漏增大而减小。

6）系统油温增高，油液粘度降低，泄漏增加，有效流量减少。

7）油中混有杂质，堵塞流量调节阀节流口，造成工进速度降低，且时堵时通，使速度不稳。

8）液压系统内进入空气。

2. 爬行

爬行会影响工件的表面加工质量和加工精度，降低机床和刀具的使用寿命。

产生原因：

1）导轨精度差，压板、镶条调得过紧。

2）导轨面上有锈斑、导轨刮研点数不够，且不均匀。

3）导轨上开设的油槽深度太浅，运行时已磨掉，油槽开的不均匀。

4）液压缸轴心线与导轨平行度超差。

5）液压缸缸体孔、活塞杆及活塞精度差。

6）液压缸装配及安装精度差，活塞、活塞杆、缸体孔及缸盖孔的同轴度超差。

7）液压缸、活塞或缸盖密封过紧、阻滞或过松。

8）停机时间过长，油中水分使部分导轨锈蚀；导轨润滑节流器堵塞，润滑断油。

9）液压系统中进入空气造成爬行。

10）各种液压元件及液压系统不当造成的爬行。

11）液压油粘度及油温变化引起的爬行。

12）密封不好造成的爬行。

13）其他原因，如电动机平衡不好，电动机转速不均匀，电流不稳，液压缸活塞杆及液压缸支座刚性差等。

3. 液压油的污染

液压油的污染，将导致液压系统中各液压元件的各种各样的故障，从而使整个系统失常。产生原因：

在加工制造和装配过程中，在仓储和运输过程中，在安装和调试过程中，以及在使用过程中，都有可能造成液压油的污染。

4. 空气进入和产生气穴

空气进入液压系统，会严重加剧液压泵和管路的噪声及振动，加大压力波动，降低系统刚度，增大元件动作误差，破坏工作平稳性及准确性，使油质劣化，润滑质量降低并产生气穴。气穴还会在金属表面产生点状腐蚀性磨损，并加剧工作油的劣化。产生原因：

1）油箱中油面过低或吸油管未埋入油面以下，造成吸油不畅而吸入空气。

2）过滤器被堵塞，或过滤器容量不够，网孔太密，吸油不畅，形成局部吸空而吸入空气。

3）吸油管与回油管距离太近，回油飞溅搅拌油液产生的气泡来不及消泡而被吸入。

4）回油管在油面以上，停机时，空气从回油管逆径而入（缸内有负压时）。

5）系统各油管接头，阀与安装板的结合面密封不严，或因振动、松动等原因，使空气乘虚而入。

6）密封破损、老化变质或密封质量差，密封槽加工不同轴，使有负压的位置密封失效，使空气乘虚而入。

7）空气进入油液的各种原因，也是可能产生气穴的原因。

8）液压泵吸油口堵塞或容量选得过小，造成液压泵气穴。

9）液压泵电动机转速过高。

10）液压泵进油口高度距油面过高。

11）吸油管通径过小，弯曲数太多，油管过长，吸油管或过滤器浸入油内过浅。

12）节流隙缝产生的气穴。

13）圆锥提动阀的出口背压过低。

14）冬天开始起动时，油液粘度过大。

15）气体在油液中的溶解量与压力成正比，当压力降低时，处于过饱和状态的空气就会逸出。

5. 水分进入系统与系统内部的锈蚀

水分进入油中，会使液压油乳化，降低摩擦运动副的润滑性能，加剧磨损；还会使系统内铁质金属生锈，导致液压元件的堵死或卡死；也会降低油液的抗乳化性及抗泡性，使油液劣化变质。产生原因：

1）油箱盖上因冷热变化而使空气中的水分凝结变成水珠落入油中。

2）回路中的水冷却器密封已损坏或冷却管破裂，使水漏入油中。

3）油桶中的水分、雨水、水冷却液及汗水混入油中。

6. 炮鸣

炮鸣能产生强烈的振动和较大的声响，从而导致液压元件和管件的破裂、压力表的损坏、连接螺纹的松动以及设备的严重漏油。严重的炮鸣，有可能使系统无法继续工作。产生原因：

液压缸在大功率的液压机、矫直机、折弯机工作时，除了推动活塞移动工作外，还将使液压机的钢架、液压缸本身、液压元件、管道、接头等产生不同程度的弹性变形，从而集蓄大量能量。在工作结束液压缸返程时，上腔积蓄的油液压缩，能和机架等各机件集蓄的弹性变形能突然释放出来，使机架系统迅速回弹，导致了强烈的振动和巨大的声响。在降压过程中，油液内过饱和溶解的气体析出和破裂也加剧了这一作用。所以，若油路没有合理有效的卸压措施，则是炮鸣的主要原因。

7. 液压冲击

液压冲击是一种管路内部的油液，在快速换向及阀口突然关闭时，形成很高压力峰值的现象。液压冲击的压力可达正常工作压力的 3 ~4 倍，它能使系统中的元件、管道、仪表等损坏，使压力继电器误发出信号，引起连结件松动，压力阀调节压力改变，流量阀调节流量改变，从而影响系统的正常工作。产生原因：

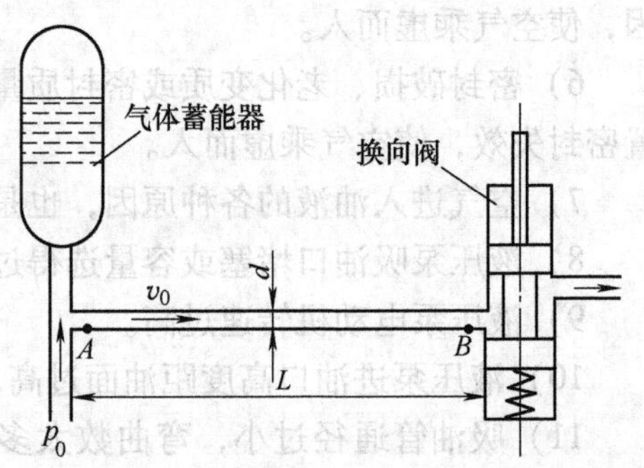

图 7-39 管路中的液压冲击

(1) 阀口迅速关闭产生的液压冲击

管路内阀口迅速关闭时产生的液压冲击，如图 7-39 所示。在管路的入口 A 端装有蓄能器，出口 B 端装有快速换向阀。当换向阀处于打开位置时，管中的流速为 v_0、压力为 p_0。若阀口突然关闭时，管路就会产生液压冲击。

直接冲击时($t<T$)，最大冲击压力为

$$\Delta p=\rho c\Delta v=\rho\frac{L}{t}v_0$$

间接冲击时($t>T$)，最大冲击压力为

$$\Delta p=\rho c\frac{T}{t}\Delta v=\rho c(v_0-v_1)$$

式中 Δp——冲击压力最大升高值；

t——换向时间；

T——冲击波往返时间。管长为 L 时，$T=\frac{2L}{c}$；

ρ——液体密度；

Δv——阀口关闭前后，液流流速之差；

c——管内冲击波在管中的传播速度$\left(c=\sqrt{\frac{E_0}{e}}\Big/\sqrt{1+\frac{E_0 d}{E\delta}}\right.$，

式中：E_0为液体的弹性模数；E为管路的弹性模数；

d为管道内径；δ为管道壁厚$\left.\right)$；

v_0——未完全关闭时的流速；

v_1——关闭后的流速。

（2）高速运动部件突然停止产生的压力冲击　其计算公式为

$$\Delta p=\frac{\sum m\Delta v}{A\Delta t}$$

式中　Δp——压力冲击；

$\sum m$——运动部件的总质量；

A——运动部件的有效端面积；

Δt——制动时间；

Δv——速度改变值。

（3）液压缸产生冲击　液压缸缸体孔配合间隙过大，或密封破损，而工作压力又调得很大时，容易产生冲击。

8. *液压卡紧或其他卡阀现象*

轻度的液压卡紧，会使系统内的相对移动件之间摩擦阻力增大。严重的液压卡紧，会使系统内的相对移动件完全卡住，不能动作。产生原因：

1）阀芯外径、阀体孔有锥度，且大端朝着高压区，或阀芯、阀孔圆度误差超差，装配时二者又不同轴，导致工作时阀芯顶死在阀体孔上。

2）阀芯与阀孔因加工、装配或磨损产生误差，阀芯倾斜在阀孔中。当压力油流过时，使阀芯更倾斜，最后卡死在阀孔内。

3）阀芯上因碰伤有局部凸起或毛刺，产生一个使凸起部分压向阀套的力矩，将阀芯卡死在阀孔中。

4）阀芯与阀孔配合间隙大，阀芯与阀孔台肩尖边与沉角槽的锐边毛刺清理倒角的程度不一样，引起阀芯与阀孔轴线不同轴，产生液压卡紧。

5）有污染颗粒进入阀芯与阀孔配合间隙，使阀芯在阀孔内偏心放置，产生径向不平衡力，导致液压卡紧。

6）阀芯与阀体孔配合间隙过小，导致阀芯卡住。

7）油温变化引起的阀孔变形。

8）装配时，扭斜别劲，或安装紧固螺钉太紧，导致阀芯或阀体变形。

◈◈◈ 第五节　液压油的失效形式与特征

关键设备液压系统失效的主要原因是由液压油失效所致，其后果造成设备被迫停机，设备维护费用也随之增加，所以，应对液压油的失效应给予足够的重视。

一、失效形式的分类及其特征

液压油失效的形式主要有四种。

1. 污染

污染物混进液压油之后，就相当于研磨剂，其结果将加速液压元件的磨损。

污染物有两种类型：

1）一种是来自于外部的污染，包括灰尘、铁锈、布屑、纤维和水垢等。

2）另一种是由油液添加剂变质所形成的可溶解的和不可溶解的成分造成液压油污染。

液压系统的故障有80%是由油液污染造成的。

2. 发热

油温过热会加速油液的变质，也会影响密封圈和防尘圈的寿命，致使油液和空气泄漏，因此系统的效率会很快降低。另外由于密封圈和防尘圈因油温过热而损坏，污染物也会进入液压系统，从而进一步缩短了系统的寿命。

3. 泄漏

液压系统的泄漏可分为内部泄漏和外部泄漏两种类型。

通常外部泄漏很容易发现，而当外部泄漏发生在泵的吸油口时则很难检测到，这就必须靠以下现象之一来判断液压油的泄漏。

1）液压油中有空气气泡。

2）液压系统动作不稳定，有爬行现象。

3）液压系统过热。

4）油箱压力增高。

5）液压泵噪声增高。

4. 泡沫

形成泡沫的原因是空气和油液混合在一起，这样就会形成很小的气泡，积聚在系统的各部分，油液形成泡沫会产生过热现象。另外泡沫还是一种可压缩性高的物质，泡沫的存在会影响泵的输出特性，可能产生不规则的运动和造成系统过早失效。

二、失效形式的防治

1. 污染

1）保持盛装液压油容器的清洁。

2）使用清洁的加油设备。

3）对过滤器和滤网规定并遵循一个确定的维护周期。

4）定期检查并更换防尘圈和密封圈。

5）拆除液压系统中的软管和硬管时，应该用干净的材料盖住拆除部分的管道。

6）定期更换液压油。

2. 发热

1）使用粘度合适的液压油。

2）对系统中的软管应可靠地夹紧和定位。

3）及时更换磨损了的泵、液压缸和其他液压元件。

4）保持液压系统外部和内部的清洁。

5）经常检查油箱的液位。

6）定期更换过滤器滤芯。

7）应经常检查系统中的背压是否过高，若过高应查清原因并加以排除。

8）定时检查冷却器和定期对冷却器除垢。

3. 泄漏

1）经常检查整个液压系统的每个元件，及时发现泄漏点并立即着手解决泄漏问题。

2）定期检查和更换元件、软管及硬管。

第六节　液压系统维修的技能训练实例

• 训练1　齿轮泵的维修（部分故障）

一、不泵油、输油量不足或压力无法升高

产生原因及排除方法如下：

1）电动机的转向错误。纠正电动机转向。

2）吸入管道或过滤器堵塞。疏通管道，清洗过滤器，更换液压油。

3）轴向间隙或径向间隙过大。修复或更换相应零件。

4）连接处泄漏致使空气混入。紧固相应处的联接螺钉。

5）油液粘度太大或油液温升太高。正确选用油液。

二、噪声严重及压力波动厉害

产生原因及排除方法如下：

1）吸油管及过滤器堵塞或入口处的过滤器容量不够。除去脏物，或改用容量合适的过滤器。

2）从吸入管或轴密封处吸入空气，或油中有气泡。在连接部位或密封处加点油，若噪声减小，拧紧接头处或更换密封圈，使回油管在油面以下，并与吸油管保持一定距离。

3）泵与联轴器不同心或有擦伤。调整使其同心，修复擦伤。

4）齿轮精度不高。更换齿轮或成对研磨修复。

5）齿轮油泵（CB 型）的骨架式油封损坏或装轴时其内弹簧脱落。检查并更换骨架油封（当损坏时）。

• 训练2　叶片泵的维修（部分故障）

一、液压泵吸不上油或无压力

产生原因及排除方法如下：

1）电动机与液压泵旋向不一致。纠正电动机旋向。

2）泵的传动键脱落。安装好传动键。

3）进出油口接反。依据说明书更正过来。

4）油箱内油面过低，吸入管口露出液面。补加油液到最低油标线以上。

5）转速太低吸力不足。提高转速至要求。

6）油粘度太高致使叶片运动不灵活。选用合适的液压油。

7）油温过低，致使油粘度过高。加温至要求。

8）系统油液过滤精度低造成叶片卡住。拆洗、修磨泵的内装件，重装，并更换液压油。

9）吸入管道或过滤装置堵塞。清洗管道或过滤装置，清除堵塞物，更换或过滤油箱内的油液。

10）吸入口过滤器的过滤精度过高致使吸油不通畅。按规定重新正确选用过滤器。

11）吸入管道漏气。检查管道各连接处，并对有问题的连接处相应地予以密封、紧固。

12）小排量泵吸力不足。将泵注满油。

二、过度发热

产生原因及排除方法如下：

1）油温过高。改善油箱散热条件或增设冷却器使油温控制在规定的油温范围内。

2）油粘度太低，内泄漏过大。重新选用合适粘度的液压油。

3）工作压力过高。使压力降至额定压力以下。

4）回油口直接接到泵入口。将回油口改接至油箱液面以下。

训练3　轴向柱塞泵的维修（部分故障）

一、泵不能转动（卡死）

产生原因及排除方法如下：

1）柱塞与液压缸卡死（可能是由油脏或油温变化引起的）。油脏更换新油；油温太低时，应更换粘度较小的润滑油。

2）滑靴落脱（可能是柱塞卡死，或由负载引起的）。重新装配或更换滑靴。

3）柱塞球头折断（原因同2）。更换零件。

二、变量机构失灵

产生原因及排除方法如下：

1）控制油道上的单向阀弹簧折断。更换弹簧。

2）变量头和变量壳体磨损。对两者的圆弧配合面进行配研。

3）伺服活塞，变量活塞以及弹簧心轴卡死。机械卡死时，使用研磨的方法让各运动件灵活，油脏更换新油。

4）个别通油道堵死。疏通堵死的油道。

训练4　液压系统中顺序回路的调整

如图7-40a所示为一个顺序动作回路，其中液压泵为定量泵，液压缸A所属回路为进油口节流调速回路，液压缸B的负载是液压缸A的负载的2倍。在液压缸B前安置了顺序阀4，其压力调定值比溢流阀2低1MPa。

此顺序回路的动作顺序是：缸A动作完成后，缸B再动作。

但从图7-40a中不难看出：当起动液压泵并使电磁换向阀通电后左位工作时，由于液压缸B前安装的直控顺序阀4，在溢流阀2溢流时，系统工作压力已达到打开顺序阀4的压力，液压缸B和液压缸A基本同时动作，实现不了A缸先动作B缸后动作的顺序。

现将图 7-40a 回路调整成图 7-40b 所示的回路，即将顺序阀 4 调换成遥控顺序阀 4′，并将此遥控顺序阀 4′的远程控制油路接在节流阀 5 与液压缸 A 之间（图 7-40b 中的虚线所示），这样，液压缸 A 的负载压力就决定了遥控顺序阀 4′的启闭，而与遥控顺序阀 4′的入口压力无关。因此，只要将遥控顺序阀 4′的控制压力调整得比液压缸 A 的负载压力稍高，就可实现 A 缸先动作，B 缸后动作的顺序。

具体顺序动作为：起动液压泵 1 并调节溢流阀 2 的阀前压力，电磁换向阀 3 通电后左位工作，压力油一部分通过节流阀 5 进入液压缸 A 并开始先动作，一部分由溢流阀 2 溢回油箱。当液压缸 A 运动到终点时，其载荷压力迅速增高，当达到遥控顺序阀 4′的控制压力时，遥控顺序阀 4′的主油路立刻接通，液压缸 B 随即开始动作，这样就实现了 A 缸先动作，B 缸后动作的顺序控制。

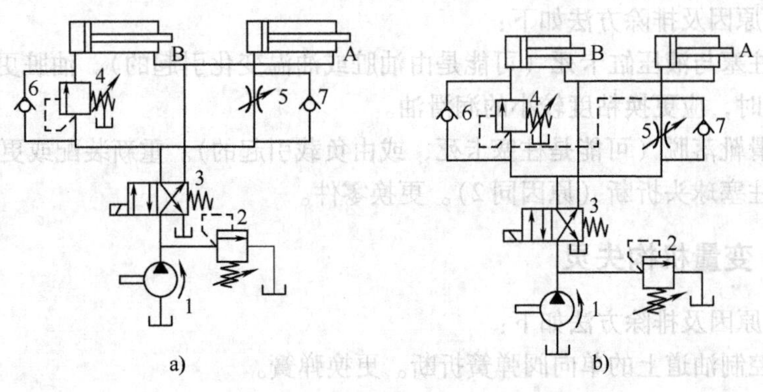

图 7-40　顺序回路的调整

训练 5　液压缸的维修（部分故障）

一、爬行和局部速度不均匀

产生原因及排除方法如下：

1）空气侵入液压缸。加排气阀排除空气。

2）缸盖活塞孔的密封装置过紧或过松。校正或更换密封圈。

3）活塞与活塞杆不同心。校正或更换活塞杆。

4）液压缸安装位置偏移。校正液压缸位置达到要求。

5）液压缸内孔表面直线度不好。镗铰液压缸内孔达要求或更换缸体。

6）液压缸内表面锈蚀或拉毛。镗磨液压缸内表面至要求或更换缸体。

二、冲击

产生原因及排除方法如下：

1）活塞与缸体内孔间隙过大或节流阀等缓冲装置失灵。更换活塞，修复缓冲装置。

2）纸垫密封破损，大量泄油。更换新纸垫。

• 训练6　液压系统常见故障的排除（部分故障）

一、系统工作压力失常压力上不去

液压系统的工作压力失常，将破坏系统的正常工作循环，使液压设备不能工作，并伴随系统产生噪声、执行部件的运动速度降低以及爬行等故障。其产生的原因及排除方法如下：

1）液压泵转向不对，造成系统压力失常。

排除：调换电动机接线。

2）电动机转速过低、功率不足，或液压泵磨损、泄漏大，导致输出流量不够。

排除：更换功率匹配的电动机，修理或更换磨损严重的液压泵。

3）液压泵进出油口装反，不但不泵油，还将冲坏油封。

排除：纠正液压泵进出口方位，特别是对不可反转的泵更需要注意安装方位。

4）其他原因，如泵的吸油管较细，吸油管密封漏气，油液粘度太高，过滤器被杂质污物堵塞造成液压泵吸油阻力大，产生吸空现象等，致使液压泵输出流量不够，系统压力上不去。

排除：适当加粗液压泵吸油管尺寸，加强吸油管接头处密封，使用粘度适当的油液，清洗过滤器等。

5）溢流阀等压力调节阀出现故障，如溢流阀阀芯卡死在大开口位置，使压力油与回油路短接；压力阀阻尼孔堵塞；调压弹簧折断；溢流阀阀芯卡死在关闭位置，使系统压力下不来。

排除：参考压力阀有关内容进行排除。

6）在工作过程中出现压力上不去或压力下不来，其原因有：换向阀失灵；阀芯与阀体之间有严重内泄漏；卸荷阀卡死在卸荷位置。

排除：参考方向阀、卸荷阀有关内容进行排除。

7）系统内外泄漏。

排除：查明泄漏位置，消除泄漏故障。

二、振动和噪声

振动影响工件加工质量，影响设备工作效率，加剧磨损，使接头等元件松动，产生漏油，严重时还能造成设备人身事故，而且噪声还将造成环境污染。

1）系统中的振动与噪声以液压泵、液压马达、液压缸、压力阀等最为严重，方向阀次之，流量阀较轻。有时产生于泵、阀及管路间的共振上。其产生的原因及排除方法，可参考相关内容进行排除。

2）电动机轴承磨损引起的振动。

排除：电动机出现振动可平衡电动机转子，在电动机底座下安装防振橡胶垫，轴承磨损严重应更换。

3）泵与电动机联轴器安装不同轴。

排除：调整其同轴度至允差范围内（刚性联结时同轴度应小于或等于0.05mm，挠性联结时应小于或等于0.15mm）。

4）外界振源的影响。

排除：可与外界振源隔离；消除外界振源；或增强与外负载联接件的刚性。

5）油箱的强度、刚度不好。

排除：对油箱装置采取防振措施。

6）两个或两个以上阀的弹簧产生共振。

排除：可改变共振阀中一个阀的弹簧刚度，或使其调节压力适当改变。

7）阀弹簧与配管管路共振。

排除：对于管路振动，可采用管夹适当改变管路长度及粗细，或在管路中加入一段阻尼，即可予以消除。

8）阀弹簧与空气的共振。

排除：彻底排除回路中的空气。

9）液压缸内存在的空气产生活塞的振动。

排除：必须把回路中的空气彻底排出。

10）回油管的振动及油的流动噪声。

排除：可将回油管的尺寸适当加粗或减短。

11）双泵供油，泵出油口汇流区产生的振动和噪声。

排除：两泵出油口汇流处多半为紊流，可使汇流处稍微拉开一段距离，并使两泵出油流向成一小于90°的夹角汇流。

12）油箱产生共鸣音。

排除：可加厚油箱顶板；补焊加强肋；或将电动机、液压泵装置与油箱分离；或在电动机，液压泵的底座下加装一层硬橡胶垫板。

13）换向阀引起的压力急剧变化和液压冲击等使管路产生冲击噪声和振动。

排除：选用带阻尼的电液换向阀，并调节换向阀的换向速度。

14）液控单向阀出口有背压时产生锤击声。

排除：可采取增高液控压力、减少出油口背压以及采用外泄式液控单向阀等措施排除。

15）在蓄能器保压压力继电器发出信号的卸荷回路中，系统中的继电器、溢流阀、单向阀等会因压力频繁变化而引起振动和噪声。

排除：可采用压力继电器与继电器互锁联动电路。

16）在液压系统中，油液有压力脉冲。

排除：采用消振器。

三、系统温升

油温的升高，会使油的粘度降低，导致泄漏增大；滑阀等移动部位的油膜变薄或被切破，摩擦阻力增大，磨损加剧；油温过高，会使机械产生热变形，导致运动部件间隙变小而卡死；橡胶密封件变形、老化、失效；油液加速氧化变质；油中溶解空气逸出，产生气穴等。油温升高产生的原因及排除方法如下：

1）油箱容量设计的太小，冷却散热面积不够，没有安装油冷却装置。

排除：按系统要求，合理确定油箱规格。

2）选用的阀类元件规格过小，造成阀内流速过快而压力损失增大，导致发热。

排除：正确选用元件规格，使负载流量与泵的流量匹配，以减少温升。

3）按快进速度选择液压泵容量的定量泵供油系统，在工进时会有大部分多余的油在高压下从溢流阀流回油箱。

排除：可采用双泵双压供油回路、卸荷回路等。

4）系统中没有卸荷回路，停止工作时液压泵不卸荷，泵的全部流量在高压下溢流，导致温升。

排除：可采用卸荷回路。

5）系统管路太细太长，弯曲过多，局部压力损失和沿程压力损失大，系统效率低。

排除：尽量缩短管路长度，适当加大管径，减少管路口径的突变及弯头的数量，限制管路和通道的流速，减少压力损失，推荐采用集成块的方式及叠加阀的方式。

6）元件加工精度及装配质量不好，使相对运动件的摩擦增大，造成发热温升。

排除：提高各元件、零件的加工精度，严控相配件的配合间隙，改善润滑条件，采用摩擦因数小的密封材质，改进密封结构，确保导轨的平面度、平行度和接触精度，降低液压缸的起动力，减少不平衡力，以降低机械摩擦损失所产生的热量。

7）相配件的配合间隙过大，或使用后磨损导致间隙过大，内外泄漏量增加，使容积损失增大，如泵的容积效率降低，温升加快。

排除：调整相配件的间隙保持合理值；修复磨损件，恢复正常工作间隙；适当调整液压回路的某些性能参数，如泵的输出流量小些，输出压力低些，可调背压阀开起压力低些，以减少能量损失。

8）液压系统工作压力因密封调整过紧，密封件损坏，泄漏增加，不得不调高压力才能工作。

排除：临时处理时，可根据不同加工要求及负载要求调节节流阀压力，使之恰到好处。但正规排除需要查找具体故障原因，有针对性地进行排除。

9）周围环境温度高和切削热等原因，使油温升高，同时工作时间过长。

排除：注意改善润滑条件，减少摩擦，降低发热，必要时增加冷却装置。

10）油液粘度选择不当，粘度大，粘性阻力大；粘度小，泄漏增加，均造成发热温升。

排除：合理地选择液压油及其粘度。在可能的情况下，尽量用低一点的粘度，以减少粘性摩擦损失。

复习思考题

1. 试述液压泵的基本工作原理。
2. 液压泵如何分类？
3. 齿轮泵的特点有哪些？
4. 齿轮泵如何进行工作？
5. 叶片泵有何特点？
6. 试述叶片泵的工作原理。
7. 柱塞泵有什么特点？
8. 试述斜盘式轴向柱塞泵的工作原理。
9. 叶片液压马达是如何工作的？
10. 齿轮液压马达是如何工作的？
11. 单作用连杆型径向柱塞马达是如何工作的？
12. 液压缸如何分类？
13. 试述单活塞杆液压缸的工作原理。
14. 试述双活塞杆液压缸的工作原理。
15. 试述柱塞式液压缸的工作原理。
16. 何为液压缸的缓冲装置？

17. 如何设置液压缸的排气装置？
18. 试分析压力控制回路的故障与产生原因。
19. 试分析方向控制回路的故障与产生原因。
20. 试分析调速回路的故障与产生原因。
21. 系统工作压力失常压力上不去是什么原因？
22. 系统爬行是什么原因？

第八章

气动系统的维修

培训目标 了解气缸、气马达的分类，掌握几种典型气缸、气马达的工作原理；能够对气动系统中的一些常见故障进行分析并予以排除。

第一节 气 缸

气缸是将压缩空气的压力能转换为机械能的装置。气缸作直线往复运动，它是气动执行元件。

一、分类

1. 按压缩空气对活塞端面作用力的方向分类

1）单作用气缸。

2）双作用气缸。

2. 按气缸的结构特征分类

1）活塞式气缸。

2）薄膜式气缸。

3）伸缩式气缸。

3. 按气缸的功能分类

1）普通气缸。

2）缓冲气缸。

3）气—液阻尼缸。

4）摆动气缸。

5）冲击气缸。

6）步进气缸。

本书仅介绍几种常用典型气缸的结构及工作原理。

二、普通气缸

1. 结构

如图 8-1 所示，它主要由缸筒 11，前、后缸盖 13、1，活塞 8，活塞杆 10，密封件和紧固件等零件组成。其中磁性环 6 用来产生磁场，使活塞接近磁性开关时发出电信号。也就是说，在普通气缸上安装磁性开关就成为了开关气缸，它可以检测气缸活塞的位置。

气缸的其余零件及具体结构如图 8-1 所示。

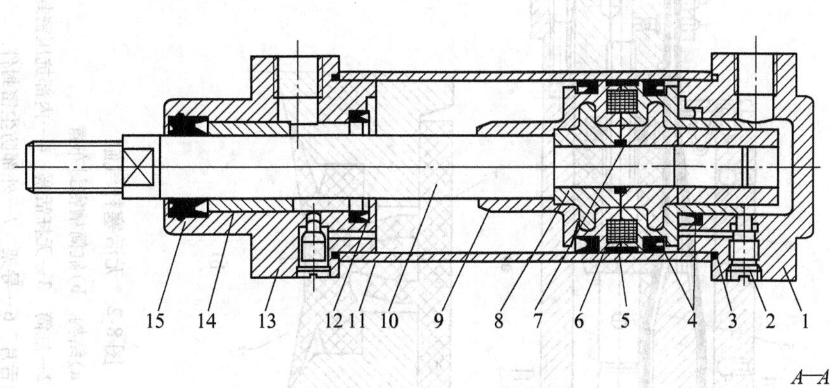

图 8-1 普通型单活塞杆双作用气缸

1—后缸盖 2—缓冲节流针阀 3、7—密封圈 4—活塞密封圈 5—导向环
6—磁性环 8—活塞 9—缓冲柱塞 10—活塞杆 11—缸筒
12—缓冲密封圈 13—前缸盖 14—导向套
15—防尘组合密封圈

2. 工作原理

所谓双作用是指活塞的往复运动均由压缩空气来推动。

当空气压力作用在右边时，就提供了一个慢速而作用力大的工作行程（因活塞右边的面积比较大）；当空气压力作用在左边时，就提供了一个较快速度而作用力变小的返回行程（因活塞左边的面积比较小）。

此类气缸应用最为广泛，一般应用于加工机械、包装机械、食品机械等设备上。

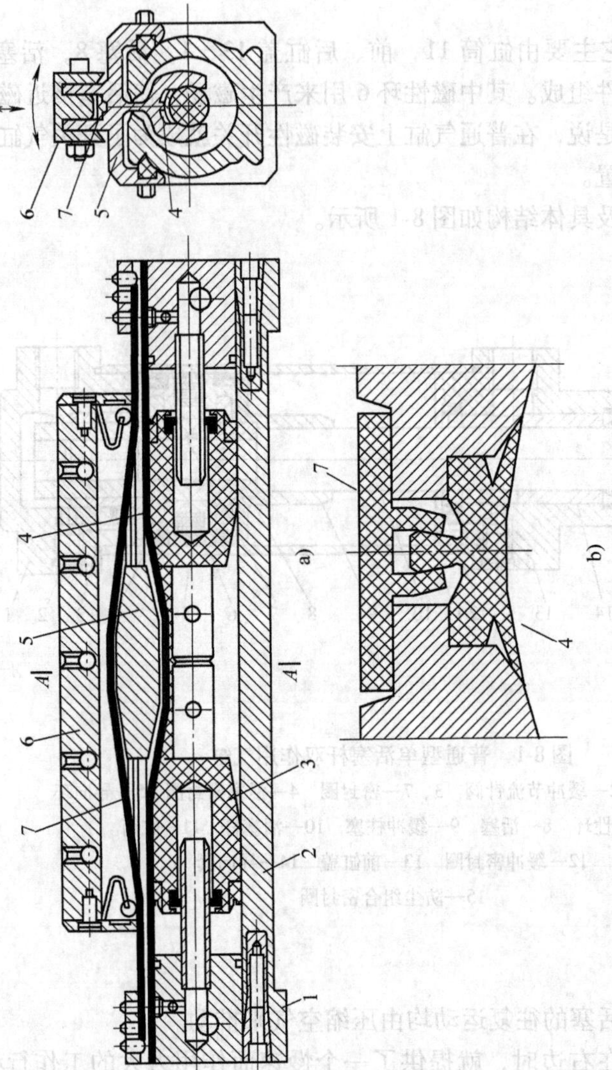

图 8-2　无活塞杆气缸

a) 结构　b) 缸筒槽密封布置

1—左、右端盖　2—缸筒　3—无杆活塞　4—内部抗压密封件
5—传动舌片　6—导架　7—外部防尘密封件

三、无活塞杆气缸

1. 结构

如图 8-2 所示，它主要由缸筒 2，防尘、抗压密封件 7、4，无杆活塞 3，左、右端盖 1，传动舌片 5，导架 6 等组成。

气缸的其余零件及具体结构如图 8-2 所示。

2. 工作原理

当压缩空气通过两端进（排）气口交替进入气缸并作用在活塞两端时，活塞将在缸筒内作往复运动，其运动通过缸筒槽的传动舌片 5 被传递到承受负载的导架 6 上。此时，传动舌片 5 将外部防尘密封件 7 与内部抗压密封件 4 挤开，但这两个密封件在缸筒 2 的两端仍然是互相夹持的，所以，传动舌片与导架组件在气缸上移动时无压缩空气泄漏。

无活塞杆气缸缸径为 25～63mm，其行程可达 10m。由于它能够节省安装空间，故特别适用于小缸径、长行程的场合，如在自动化系统，气动机器人中得到了广泛应用。

四、膜片式气缸

1. 结构

如图 8-3 所示，它主要由缸体 1、膜片 2、膜盘 3 和活塞杆 4 等零件组成。它可单作用，也可双作用。其膜片可以做成盘形膜片和平膜片两种形式。膜片材料常用的是夹织物橡胶，但也有用钢片或磷青铜片的。

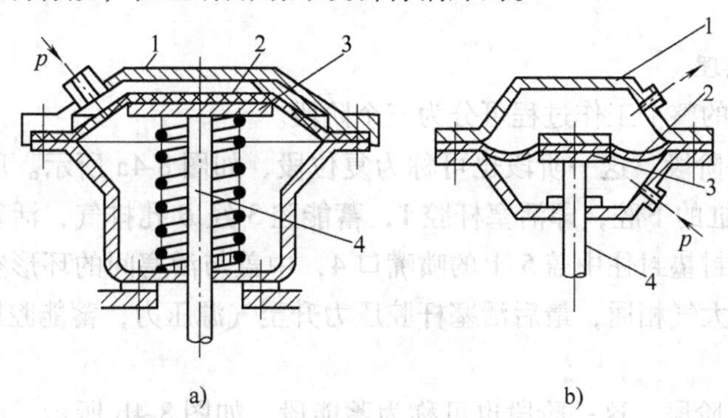

图 8-3　膜片式气缸

a）单作用式　b）双作用式

1—缸体　2—膜片　3—膜盘　4—活塞杆

2. 工作原理

膜片式气缸的工作原理就是利用压缩空气通过膜片推动活塞杆作往复直线运动。

膜片式气缸最主要的优点就是结构紧凑简单、制造容易、成本低、维修方便、寿命长、泄漏小、效率高等。其不足就是因膜片的变形量有限，故其行程较短。所以这种气缸适用于气动夹具、自动调节阀及短行程工作场合。

五、冲击气缸

1. 结构

如图8-4所示，它主要由缸筒8、中盖5、活塞7和活塞杆9等零件组成。其中中盖5与缸筒8固定，并和活塞7一起把气缸分割成三部分，即活塞杆腔1、活塞腔2和蓄能腔3。在中盖5的中心开有喷嘴口4。

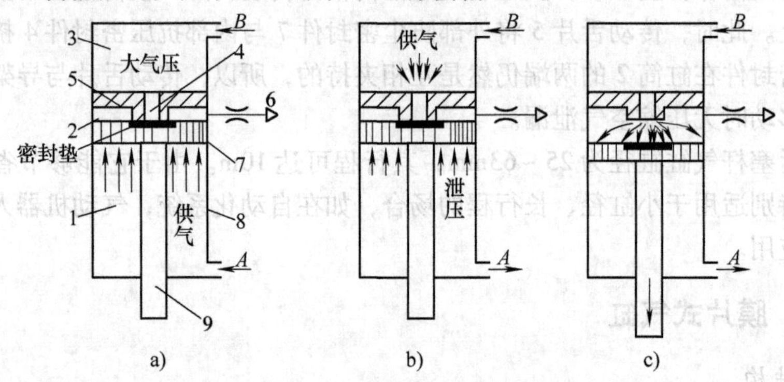

图8-4 冲击气缸工作三阶段

1—活塞杆腔 2—活塞腔 3—蓄能腔 4—喷嘴口 5—中盖
6—泄气口 7—活塞 8—缸筒 9—活塞杆

2. 工作原理

冲击气缸的整个工作过程可分为三个阶段。

（1）第一阶段 这一阶段也可称为复位段，如图8-4a所示。压缩空气从孔*A*进入冲击气缸的下腔，即活塞杆腔1，蓄能腔3经*B*孔排气，活塞7上升，直到活塞上的密封垫封住中盖5上的喷嘴口4，中盖与活塞间的环形空间即活塞腔经泄气口6与大气相通，最后活塞杆腔压力升至气源压力，蓄能腔压力减至大气压力。

（2）第二阶段 这一阶段也可称为蓄能段，如图8-4b所示。压缩空气改由孔*B*进入冲击气缸的上腔，即蓄能腔3，其压力只能通过喷嘴口4的小面积作用在活塞7的上端，但活塞7的下端受力面积较大（一般设计成喷嘴面积的9倍），所以尽管缸的下腔即活塞杆腔因经孔*A*排气而下降，但此时活塞7下端向上的作用力仍然大于活塞7上端向下的作用力，致使喷嘴口4仍处于关闭状态，蓄能腔3的压力将逐渐升高。

（3）第三阶段　这一阶段也可称为冲击段，如图 8-4c 所示。蓄能腔 3 的压力继续增大，活塞杆腔 1 的压力继续降低，当蓄能腔 3 的压力高于活塞杆腔 1 的压力 9 倍时，活塞 7 开始向下移动，使喷嘴口 4 开启，聚集在蓄能腔 3 中的压缩空气通过喷嘴口 4 突然作用于活塞 7 上端的全面积上，致使活塞 7 上端的压力可达活塞 7 下端压力的几倍乃至几十倍，使活塞上作用着很大的向下推力，活塞在此推力的作用下迅速加速，在极短的时间内以极高的速度向下冲击，从而获得最大冲击速度和能量，产生很大的冲击力，利用这个能量对工件进行冲击做功。

冲击气缸被广泛应用于锻造、冲压、铆接、下料、压配、破碎等多种作业中。

第二节　气　马　达

气马达也是将压缩空气的压力能转换为机械能的装置，但气马达作回转运动，其作用相当于电动机或液压马达，它也是气动执行元件。

一、分类

1）叶片式：叶片式气马达的优点是制造简单，结构紧凑；其缺点是低速起动转矩小，低速性能不好，故它适宜性能要求低或中功率的机械，如矿山机械及风动工具。

2）活塞式：活塞式气马达的特点是低速性能好，而且在低速情况下有较大的输出功率，故它适宜载荷较大和要求低速转矩大的机械，如起重机、铰车铰盘、拉管机等。

以上两种类型的气马达最为常用。

3）齿轮式。

二、叶片式气马达

1. 结构

叶片式气马达的结构与液压叶片马达相似。主要组成如下：

（1）转子　其外圆周开有 3 ~ 10 个径向槽，转子偏心地安装在定子内。

（2）定子　其内表面加工有半圆形切沟，以提供压缩空气和排出废气。

（3）叶片　叶片被安置在转子外圆周上的径向槽内，并可在槽内自由滑动。叶片底部通有压缩空气，这样在转子转动时靠离心力和叶片底部气压将叶片紧压在定子内表面上。

（4）端盖　前、后端盖安装在转子两侧。

2. 工作原理

如图8-5所示，当压缩空气从A口进入定子腔内立即喷向叶片Ⅰ，并作用在其外伸部分，产生转矩，带动转子工作逆时针转动，输出旋转机械能，废气从排气口C排出，而定子腔内的残余气体则经B口排出（二次排气）。若要改变气马达旋转方向，则只需改变进、排气口即可。

为了使叶片紧密地抵在定子1的内表面上，除了靠离心力外，还要靠叶片底部的气压力和弹簧力（图中未标出）。

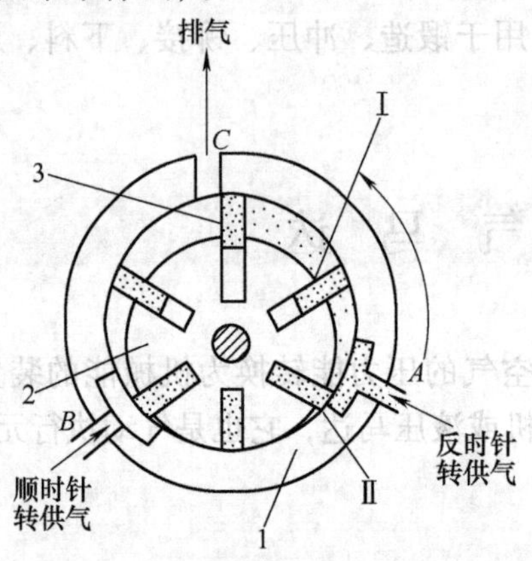

图8-5 叶片式气马达的工作原理

1—定子 2—转子 3—叶片

第三节 气动系统的常见故障及产生原因

一、减压阀

1. 二次压力升高

产生原因：

1）减压阀中复位弹簧损坏。

2）减压阀座有伤痕或阀座橡胶剥离。

3）在阀体中夹入灰尘、在阀导向部分粘附杂物。

4）阀芯导向部分和阀体的O型密封圈收缩。

2. 阀体泄漏

产生原因：

1）密封件损伤。

2）弹簧松弛。

3. 压力降很大

产生原因：

1）阀口径小。

2）阀下部积存冷凝水，阀内混入杂物。

二、溢流阀

1. 压力虽已上升但不溢流

产生原因：

1）阀内部的孔堵塞。

2）阀芯导向部分进入杂物。

2. 从阀体和阀盖向外漏气

产生原因：

1）膜片破裂（对于膜片式）。

2）密封件损坏。

3. 压力虽没有超过设定值，但在出口却溢流空气

产生原因：

1）阀内进入杂物。

2）阀座损伤。

3）调压弹簧损坏。

三、方向阀

1. 不能换向

产生原因：

1）阀的滑动阻力大，润滑不好。

2）O 型密封圈变形。

3）粉尘卡住滑动部分。

4）弹簧损坏。

5）阀操纵力小。

6）活塞密封圈磨损。

7）膜片破裂。

2. 阀产生振动

产生原因：

1）空气压力低（先导式）。

2）电源电压低（电磁阀）。

3. 切断电源后活动铁心不能退回

产生原因：

活动铁心滑动部分夹入粉尘。

四、气缸

1. 输出力不足，动作不平稳

产生原因：

1）润滑不好。

2）活塞或活塞杆卡住。

3）气缸体内表面有锈蚀或缺陷。

4）缸内进入冷凝水、杂质。

2. 内泄漏即活塞两端串气

产生原因：

1）活塞密封圈损坏。

2）润滑不好。

3）活塞卡住。

4）活塞配合面有缺陷，密封圈内挤入杂质。

3. 缓冲效果不好

产生原因：

1）缓冲部分的密封圈密封性能差。

2）调节螺钉损坏。

3）气缸速度太快。

五、分水过滤器

1. 压力降过大

产生原因：

1）滤芯过细。

2）过滤器的流量范围太小。

3）流量超过过滤器的容量。

4）过滤器滤芯网眼堵塞。

2. 输出端出现杂物

产生原因：

1）过滤器的滤芯损坏。

2）滤芯密封不严。

3）塑料件被有机溶剂清洗过。

3. 漏气

产生原因：

1）密封不好。

2）塑料杯因物理（冲击）、化学原因产生裂痕。

3）泄水阀、自动排水器失灵。

六、油雾器

1. 油杯破损

产生原因：

1）用有机溶剂清洗。

2）周围存在有机溶剂。

2. 油杯未加压

产生原因：

1）油杯的空气通道堵塞。

2）油杯大、油雾器使用频繁。

3. 油滴数不能减少

产生原因：

油量调整螺钉失效。

第四节　气动系统维修的技能训练实例

• 训练1　气缸的维修（部分故障）

一、活塞杆端漏气

产生原因及排除方法：

1）活塞杆安装偏心。重新安装调整至要求。

2）润滑油不足。检查并维修油雾器。

3）活塞杆密封圈磨损。更换密封圈。

4）活塞杆轴承配合面有杂质。清洗除去杂质，更换防尘罩。

5）活塞杆有伤痕。更换活塞杆。

二、输出力不足，动作不平稳

产生原因及排除方法：

1）润滑不良。检查并维修油雾器。

2）活塞或活塞杆卡住。重新安装调整至要求。

3）供气流量不足。加大连接或管接头口径。

4）有冷凝水杂质。使用净化干燥的压缩空气。

训练2　气动系统常见故障的排除（部分故障）

一、减压阀

（1）压力调不高　产生原因及排除方法：

①调压弹簧断裂。更换新弹簧。

②膜片破裂。更换新膜片。

③膜片与调压弹簧设计不合理。修改设计，重新制造。

（2）调压时压力爬行，升高缓慢　产生原因及排除方法：

①过滤网堵塞。拆下清洗干净。

②下部密封圈阻力大。更换新密封圈。

二、溢流阀（安全阀）

（1）压力虽超过调定溢流压力但不溢流　产生原因及排除方法：

①阀内部堵塞。清洗阀内部。

②阀的导向部分进入杂质异物。清洗阀的导向部分。

（2）虽然压力没有超过调定值，但在出口却溢流空气　产生原因及排除方法：

①阀内进入异物。清洗阀内。

②阀座损伤。更换新阀座。

③调压弹簧失灵。更换新调压弹簧。

三、方向控制阀

（1）阀泄漏　产生原因及排除方法：

①密封圈压缩量过小或有损伤。适当加大压缩量，或更换新的密封圈。

②阀杆或阀座有损伤。更换阀杆和阀座。

③铸件有缩孔。更换新铸件，重新制造。

（2）阀产生振动　产生原因及排除方法：

①压力低（先导式）。提高操作压力。

②电压低（电磁阀）。提高电源电压或改变线圈参数。

复习思考题

1. 气缸如何分类?
2. 试述普通气缸的工作原理。
3. 试述无活塞杆气缸的工作原理。
4. 试述膜片式气缸的工作原理。
5. 试述冲击气缸的工作原理。
6. 气马达如何分类?
7. 试述叶片式气马达的工作原理。
8. 试述减压阀常见故障及其排除方法。
9. 试述溢阀常见故障及其排除方法。
10. 试述方向阀常见故障及其排除方法。
11. 试述气缸常见故障及其排除方法。
12. 试述分水滤气器常见故障及其排除方法。
13. 试述油雾器常见故障及其排除方法。

第九章

压力容器的安全管理

培训目标 了解压力容器的定义、基本组成、分类、压力来源、压力概念等一些基本知识；了解压力容器安全操作规程、安全操作要求、运行中的检查、运行期间的维护保养及安全管理制度等有关知识。

第一节 压力容器基本知识

一、定义

压力容器，或者称为受压容器，从广义上来说，应该包括所有承受流体压力的密闭容器。习惯上所说的压力容器是指那些比较容易发生事故，而且事故危害性比较大的被称之为特种设备的容器。

二、基本组成

压力容器主要由以下几部分组成。

1. 封头壳体

封头壳体是最主要的组成部分，其作用是为储存物料或完成物理过程、化学反应提供一个密闭的压力空间。常用的形状是球形和圆筒形两种，除此而外，还有锥形、组合形等。

2. 连接件

连接件的作用是将容器和管道相连接。连接件一般采用法兰、螺栓联接结构。

3. 密封元件

密封元件的作用是在可拆连接结构的容器或管道中起密封作用。它被放置在

两个法兰或封头与筒体端部的密封面之间，借助螺栓等紧固件的压紧力而起密封作用。

4. 开孔

开孔的作用是为了满足生产工艺上的需要，满足对容器进行正常的安装、检修和测试的需要。例如，物料进出孔，测量压力、温度及装设安全装置的连接孔，人孔及手孔等。

5. 接管

接管的作用是把压力容器与介质输送管道或仪表等连接起来。常用的有螺纹短管、法兰短管及平法兰等三种。

6. 支座

支座的作用是用来支撑容器、固定容器位置的一种附件。

三、分类

1. 压力容器按安全的重要程度分类

（1）第三类压力容器（代号为Ⅲ） 此类压力容器包括高压容器等。

（2）第二类压力容器（代号为Ⅱ） 此类压力容器包括中压容器等。

（3）第一类压力容器（代号为Ⅰ） 此类压力容器包括除列入第三类、第二类的低压容器之外的所有低压容器。

2. 压力容器按压力分类

（1）低压（代号 L） $0.1\text{MPa} \leqslant p < 1.6\text{MPa}$

（2）中压（代号 M） $1.6\text{MPa} \leqslant p < 10\text{MPa}$

（3）高压（代号 H） $10\text{MPa} \leqslant p < 100\text{MPa}$

（4）超高压（代号 U） $p \geqslant 100\text{MPa}$

压力容器的设计压力在以上四个压力等级范围内的分别为低压容器、中压容器、高压容器、超高压容器。

四、压力来源

1）由各种类型的气体压缩机和泵产生的压力。

2）由蒸汽锅炉、废热锅炉产生的压力。

3）液化气体的蒸发压力。

4）由于化学反应产生的压力。

五、有关压力的一些基本概念

1. 压力

垂直作用在单位面积上的力通常叫压力（实际是压强），用符号 p 表示，单位是 MPa（兆帕）。

2. 大气压力

围绕在地球表面上的空气由于受到地球引力作用，对在大气里面的物体都产生压力，这种压力称之为大气压力。工程中，通常把大气压力定为0.0981MPa。

3. 表压力

表压力是指以大气压力为测量起点测得的压力，即压力表指示压力。

4. 绝对压力

绝对压力以压力等于零为起点，即实际压力。绝对压力与表压力的关系为

$$p_{绝} = (p_{表} + 大气压力)\mathrm{MPa}$$
$$= (p_{表} + 0.0981)\mathrm{MPa}$$

5. 真空

当压力低于大气压时，即称之为真空（负压）。

6. 工作压力

工作压力是指正常工艺操作时容器顶部的压力。

7. 最高工作压力

对于承受内压的压力容器，其最高工作压力是指在正常使用过程中，容器顶部可能出现的最高压力。

对于承受外压的压力容器，其最高工作压力是指压力容器在正常使用过程中，可能出现的最高压力差值。

对于夹套容器，其最高工作压力是指夹套顶部可能出现的最高压力差值。

8. 设计压力

设计压力是指设定的容器顶部的最高压力，其值不得低于最高工作压力。

9. 最大允许工作压力

最大允许工作压力是指在指定温度下，压力容器安装后顶部所允许的最大工作压力。

10. 计算压力

计算压力是指在相应设计温度下，用以确定壳体各部位厚度的压力，其中包括液体静压力。

11. 试验压力

试验压力是指压力试验时，压力容器顶部的压力。

第二节 压力容器的安全管理制度

一、压力容器使用过程中的管理制度

1）压力容器定期检验制度。

2）压力容器修理、改造、检验、报废的技术审查和报批制度。

3）压力容器安装、改造、移装的竣工验收制度。

4）压力容器安全检查制度。

5）交接班制度。

6）压力容器维护保养制度。

7）安全附件校验与修理制度。

8）压力容器紧急情况处理制度。

9）压力容器事故报告与处理制度。

10）接受压力容器安全监督管理部门监督检查制度。

二、压力容器安全操作规程

1）压力容器的操作工艺控制指标及调控方法和注意事项。

2）压力容器岗位操作方法。

3）压力容器运行中重点检查的部位和项目。

4）现场、岗位操作安全的基本要求。

5）压力容器运行中可能出现的异常现象的判断和处理方法以及防范措施。

6）压力容器的防腐蚀措施和停用时的维护保养方法。

三、压力容器安全操作要求

1）压力容器操作人员必须取得当地质量技术监督部门颁发的《压力容器操作人员合格证》后，方可独立承担压力容器的操作。

2）压力容器操作人员要熟悉本岗位的工艺流程，熟悉压力容器的结构、类别、主要技术参数和技术性能。严格按操作规程操作，掌握处理一般事故的方法，认真填写有关记录。

3）压力容器要平稳操作。

4）严格控制工艺参数，严禁压力容器超温、超压运行。

5）严禁带压拆卸压紧螺栓。

6）坚持压力容器运行期间的巡回检查，及时发现操作中或设备上出现的不正常状态，并采取相应的措施进行调整或消除。

7）正确处理紧急情况。

四、压力容器运行中的检查

压力容器运行中的检查主要有以下几方面：

1）工艺条件方面的检查。

2）设备状况方面的检查。

3）安全装置方面的检查。

五、压力容器运行期间的维护保养

1）保持完好的防腐层。

2）消除容器的“跑”、“冒”、“滴”、“漏”。

3）保护好保温层。

4）减小或消除压力容器的振动。

5）维护保养好安全装置。

复习思考题

1. 什么叫压力容器？
2. 压力容器主要由哪几部分组成？
3. 压力容器按压力如何分类？
4. 试述压力容器的压力来源。
5. 什么是大气压？
6. 什么是真空？
7. 什么是工作压力？
8. 什么是计算压力？
9. 试述压力容器使用过程中的管理制度。
10. 试述压力容器的安全操作规程。
11. 压力容器安全操作有哪些要求？
12. 压力容器运行中要进行哪些检查？
13. 压力容器运行期间如何进行维护保养？

第十章

中型普通设备的大修工艺和要求

培训目标 掌握车床、铣床、刨床的拆卸顺序和大修工艺及要求；了解车床大修前存在的问题，掌握车床主要尺寸链的修复方法，能够对车床进行大修；了解铣床大修前存在的问题，能够对铣床进行大修；了解刨床大修前存在的问题，能够对刨床进行大修。

第一节 车 床

以普通卧式车床为例。

一、拆卸顺序

电气部分拆卸：控制电路板、电动机、照明灯等——→松开主轴箱与床身的联接螺栓、吊出主轴箱——→分别拆卸尾座和刀架——→拆卸进给箱与传动丝杠、光杠及操纵杆联接套，卸下进给箱——→松开托架与床身的联接螺栓、拆卸溜板箱——→溜板与床身分离。

二、大修工艺及要求

（1）通常依据工种将普通卧式车床的大修理分为刮研（或磨削）和箱体部件修理。

（2）在刮研工作中，修理次序为床身、溜板、刀架下滑座、刀架。

1）床身。以没有磨损的安装面作为测量修理的基准面，磨削或刮研各导轨面至要求。

2）溜板、刀架下滑座。修理的重点如下：

①保证上、下导轨的垂直度要求及上导轨的直线度要求。

②修复与床鞍有关联的尺寸链。

为实现上述两个重点，刮研刀架下滑座各工作表面、溜板各工作表面至要求。

3）刀架。注意两点：

①刀架导轨应满足两方面的精度要求：

a. 刀架移动的直线度要求。

b. 在垂直平面内刀架移动与主轴轴线的平行度要求。

②为了使刀架回转后的重复定位精度保持在0.005～0.01mm，以满足使用多把刀具成批加工零件的需要，在大修中，必须检查定位销与定位销孔各自的精度及销与孔之间的配合精度，如孔径不圆或不直，则应修铰各孔，并以销孔另配定位销。

（3）主轴箱、进给箱、溜板箱和尾座。即三箱一座的大修，可分头并进，互不干扰。

1）主轴箱。

①检修主轴箱体主轴孔至要求。

②修复主轴至要求。

③修复后轴承套和止推垫圈至要求。

④修复操纵部分和制动装置部分至要求。

2）进给箱。

①为保证丝杠、光杠、操纵杆等支承托架的同轴度要求，应将托架的修复与进给箱修理同时进行，保证轴孔尺寸及中心距相同。

②进给箱中的齿轮、轴承、套等零件的修复或更换按常规修理进行。

3）进给箱。

①丝杠、开合螺母副的修复。修复或更换新丝杠之后，配作开合螺母，注意：修复开合螺母和开合螺母体应与修复溜板箱燕尾导轨同时进行。

②溜板箱体的修复。其重点是保证开合螺母燕尾导轨的直线度要求以及与溜板箱结合面的垂直度要求。

③光杆的修复。校直或更换。

④脱落蜗杆装置的修复。重点修复蜗杆的十字接头和长板，若蜗轮磨损时，应更换新蜗轮。

⑤互锁装置机构的修复。重点是拔叉的内孔螺旋槽的修复。

4）尾座。其修复重点是尾座体的轴孔，修复方法视孔的磨损程度对其进行研磨修复或镗、研磨修复。

三箱一座的修复工作可与刮研工作交叉进行。

（4）对修理周期长的主要零件诸如主轴、尾座套筒、长丝杠等的修复工作应优先安排，以缩短修理周期。

◈◈◈ 第二节　铣　　床

以卧式铣床为例。

一、拆卸顺序

电气部分拆卸：电气接线、照明灯、线路板、电动机等⟶拆卸刀杆支架及滑枕⟶拆卸工作台：拆上台面两边的手轮及挂脚，松开镶条，吊出工作台⟶拆卸回转盘：松开锁紧螺栓后吊出回转盘⟶拆卸下滑板⟶拆卸升降台：将升降台吊稳，拆去升降台压板、镶条及升降丝杠螺母座螺钉、定位销⟶拆卸进给变速箱（也可在升降台拆卸前进行）⟶拆卸床身上的变速操纵机构、床身内部的传系统⟶床身与底座分开。

二、大修工艺及要求

大修顺序大致如下，但依据人力、物力、机加工能力也可变动，即平行或交叉作业。

1. 主轴

在普通铣床中，主轴是最关键零件之一，是铣床中的第一精度基准，床身、升降台、工作台等部件都以主轴为基准来恢复几何精度，可以说主轴是第一修复零件。

按检查主轴各工作轴颈、内锥孔的磨损情况，若超差严重，就先修复与前轴承和中间轴承相配合的轴颈至要求，再以此为基准修磨内锥孔及其他工作面至要求（注：前轴承定位面仅在前轴颈需要修复的情况下修磨，否则，不应修磨）。

2. 主轴部件

主轴装配的关键是装配好前、中轴承，通常可靠方法是采用定向装配。

3. 床身

床身的修理主要是恢复床身导轨的几何精度。床身导轨的修复需以主轴中心线为基准。

1）床身导轨磨损不大时，采用平尺拖研修刮。

2）床身导轨磨损严重时，采用导轨磨修复。

4. 升降台及下滑板

1）下滑板与升降台装配尺寸链的修复。

2）升降台的修理。主要是恢复各导轨面的加工及装配精度。

3）升降台的装置与调整。重点是垂直升降丝杠副、手摇机构、X轴上的电磁离合器及X轴的装配与调整，其余按常规要求装配。

4）下滑板的修理。主要是恢复各导轨面的几何精度及装配精度。

5. 横进给螺母座孔

主要是修正因升降台有关导轨面与其相应的下滑板导轨面经过刮削或磨削修复后，致使螺母座孔中心相对于安装丝杠的体孔中心向右下方偏离的偏移量。

6. 回转滑板与工作台

主要包括回转滑板与下滑板的配刮，工作台与回转台导轨面的配刮，工作台导轨的修复等。其目的是恢复回转滑板及工作台的几何精度、装配精度，这些精度最终反映机床精度。

7. 悬梁

由于悬梁运动较少，一般只需适当地修刮，即可恢复其几何精度。方法可刮削或导轨磨床磨削。

8. 悬梁与床身顶面导轨

先将悬梁导轨修复后，再以悬梁为研具修刮床身顶面导轨。

9. 机床各传动部分

（1）主轴变速箱的装配与调整

1）在变速箱中装配时要特别注意的是：主轴部件和Ⅰ轴部件的装配，因为它们的结构最复杂，装配要求也最高。

2）变速操纵机构的装配与调整见下面进给箱的变速操纵机构的装配与调整。

（2）进给变速箱及操纵机构的装配与调整

1）进给变速箱的装配，其重点是将运动输出至工作台的那根轴的装配与调整。

2）变速操纵机构的装配与调整。该机构采用孔盘集中越级变速机构，其中齿条轴、齿轮及定位套是易损件，修前发现变速操纵失灵、变速不到位、磨损太大时，就应更换新件。另外，在装配时，要逐挡检查，不应出现阻滞、干涉现象，各挡的啮合位置应准确、可靠。

（3）工作台及回转盘传动部分的装配与调整

1）工作台两端的超越离合器、丝杠与回转盘上的锥齿轮是易损件，视磨损程度作必要的修复或更换。

2）回转盘的调整和装配。主要是消除因升降台有关导轨面和下滑板相应的导轨面的修复，致使升降台内的花键轴上的锥齿轮与托架上的下齿轮啮合位置发生偏离的偏离量。

3）工作台及回转盘的装配。装配重点是：

①进给丝杠轴向间隙的调整。

②操纵机构的装配。装配后，要达到离合器啮合到位、可靠；电气开关接触到位。

③保证两端轴架孔与螺母中心同轴。

10. 刀杆支架孔（直孔或锥孔）

先修复好刀杆支架导轨面，然后，采用自镗法修复支架孔，最大限度地达到支架孔与主轴同轴。

第三节 刨 床

一、拆卸顺序

电气部分拆卸：电气接线、照明灯、线路板、电动机等⟶拧出转盘压紧螺母，卸下刀架⟶拆下滑枕左，右压板，卸下滑枕丝杠前后支架，松开压紧螺母，吊下滑枕⟶卸下上支点轴承，拧出丝杠⟶拆下工作台支架⟶卸下工作台与溜板联接螺母，拆下工作台⟶拆下棘轮机构，拧出横向进给丝杠，卸去横梁上下压板，拆下工作台溜板⟶将横梁吊住，再将左右压板及横梁镶条拆下，旋出升降丝杠，然后吊下横梁⟶拆下方滑块，再将紧固床身上大齿轮盖的五个螺钉拧下，吊出大齿轮⟶拆下摇杆⟶拆下变速机构的全部齿轮⟶拆下床身。

二、大修工艺及要求

大修顺序大致如下，但依据本单位的人力、物力、机加工能力等也可变动，即平行或交叉作业。

1. 滑枕

刮削或磨削修复滑枕各导轨面至要求。

2. 床身

修前先检查床身侧加工表面与摇杆下支点孔的垂直度，若超差应修复至达到要求。然后，以床身侧加工表面和摇杆下支点孔为基准刮研或磨削各导轨面至要求。

3. 横梁

修刮横梁各导轨面时，应确保横梁、床身、工作台三者的接触精度，这样才能保证加工件的精度和表面粗糙度。

4. 工作台溜板

与上述同样，在修理工作台溜板时应确保其接触精度。

5. 工作台

视磨损情况刮研各相关表面（工作台上表面除外）。待机床修好后，在空载试运转时，可在机床本身上对其上表面及T形槽进行精刨至要求。

6. 工作台支架

待横梁及工作台等组装在床身后，视超差情况，再研刮工作台支架与工作台的接合面至要求。

7. 刀架转盘和刀架滑板

刮研各滑动面及结合面至要求。

8. 刀架轴承

主要是修正因滑板相关表面、转盘相关表面经过修刮后轴承中心与转盘进给丝母中心产生的位移。

9. 活折板支架与活折板

1）刮研活折板与活折板支架相配合的表面至要求，达到活折板能在活折板支架内无阻地自由落下。

2）活折板支架锥孔与活折板与其相配的锥孔，必须装在一起铰，然后再把活折板锥孔单独铰一次，以保证两者拼装后活折板能在支架内轻松转动90°以上。

10. 摇杆

先修复摇杆两端的支承孔，使两者垂直度达要求，然后修刮摇杆滑槽面至要求。

11. 方滑块

与摇杆滑槽配刮方滑块的滑动表面（应先在平板上刮好一个滑动面）。

12. 摇杆传动齿轮

修刮传动齿轮两端加工表面，使之与齿盘孔垂直。

13. 摇杆销座

先修复摇杆销座的圆柱表面，然后以此为基准修刮摇杆销座底平面至要求。

14. 上支点轴承

视检查摇杆安装精度和检查上支点轴承与滑枕安装精度的超差情况，修刮上支点轴承与滑枕相配的表面至要求。

15. 变速机构

1）滑移齿轮的拨动座应能轻松移动。

2）确保齿轮在轴上每个位置的正确定位。

3）相啮合齿轮的侧向错位量（即不重合）应小于其宽度的5%。

4）变速手柄位置必须与标牌上的标志相符。

5）各螺钉及销座要紧固。

第四节　中型普通设备的大修工艺和要求的技能训练实例

• 训练1　车床的大修

一、修前存在的问题

车床经长期使用后，由于零部件的磨损、变形等，使其性能普遍降低，对加工工件产生了诸多影响。

1. *加工精度超差*

（1）加工工件的圆柱度超差　影响圆柱度超差的原因有加工刀具的磨损、主轴箱温升过高、小滑板导轨磨损、尾座导轨磨损等。但主要的是床身导轨磨损。工作中，车床前山型导轨比后平型导轨受力大，靠近主轴端床身导轨的使用机会比远离主轴端要多，导轨面相对磨损不均匀，造成滑板在主轴根部时倾斜下沉，并使与此导轨有关的尺寸链精度发生变化，从而改变了刀具相对于工件的工作位置。导轨磨损对工件圆柱度的影响如图 10-1 所示。被加工工件的直径由 d_0 变化到 d，造成圆柱度误差值 Δ，当 Δ 值超过公差时，该工件的圆柱度即超差。加工长轴类零件时，此项误差表现明显。

（2）加工端面的平面度超差　影响此项精度超差的原因主要是纵向滑板上部的燕尾导轨组磨损严重。

（3）加工工件的圆度、径向圆跳动和轴向圆跳动精度超差　造成此三项精度超差的原因主要是主轴部件的几何精度超差。其中前两项加工精度超差主要是由主轴上与轴承配合的轴颈圆度超差、主轴轴承严重磨损、主轴轴承外环与箱体孔配合间隙过大或箱体孔圆度超差等因素所造成的。而轴向圆跳动超差，则是由主轴定位端面或止推轴承磨损所造成的。

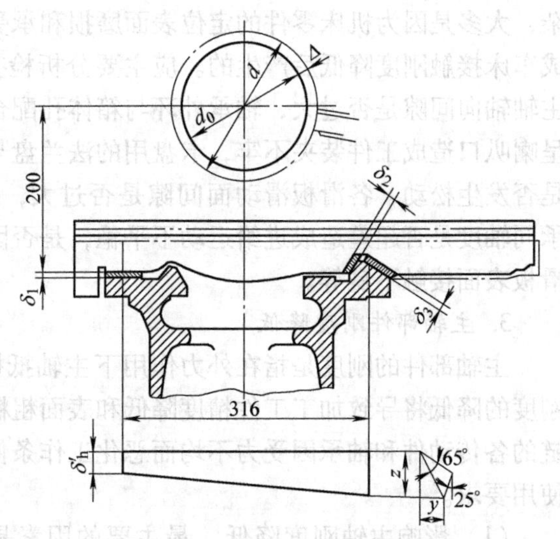

图 10-1　导轨磨损对工件圆柱度的影响

（4）其他因素引起的加工精

度超差　由主轴箱热变形引起的加工精度超差，主要是由主轴轴承的润滑不良所致。

地脚螺栓松动也能造成加工精度超差。

2. 加工表面有视力可见的波纹或振痕

车床性能降低，加工工件将产生波纹，波纹可归结为两类。

（1）有规律性的波纹

1）有规律的定向均布波纹：这种波纹往往是由机床某一部分的故障造成的（如机床中高速回转的电动机、带轮等不平衡）。但有些则和某些工艺因素（如刀具的刚度不够、装夹不当、工件刚度不够等）及外界条件（如外界振动引起的机床振动等）有关，需综合考虑。

2）每隔一定长度重复出现一次的波纹：这种波纹是由机床的单一故障引起的。故障出现在主轴到刀架间的内联系传动链中，与外界因素无关，而对进给运动传动件（如传动轴、齿轮、光杠、挂轮等）的影响程度较大。

3）在固定长度位置上出现一节凸起波纹：主要是由导轨局部碰伤或研伤的凸痕、毛刺等造成的。齿条及啮合的小齿轮上有碰伤或毛刺，也会造成节状凸起振痕。

4）在圆周上沿轴向排列的波纹：产生的主要原因是主轴轴承局部磨损与损坏，或安装在主轴上的齿轮副节圆径向圆跳动太大。

5）车削大端面时出现周期性波纹：产生的原因是横向进给导轨磨损间隙过大，或横向丝杠与螺母的间隙过大。

（2）无规律性的波纹　精车外圆，产生混乱无规则的波纹，其原因比较复杂，大多是因为机床零件的定位表面磨损和承受切削力较大的结合表面变形，造成车床接触刚度降低后产生的。应主要分析检查主轴滚动轴承是否研伤或磨损，主轴轴向间隙是否过大，轴承外环与箱体孔配合间隙是否过大，卡盘上卡爪是否呈喇叭口造成工件装夹不牢，卡盘用的法兰盘与主轴配合的定心轴径、螺纹结合是否发生松动，各滑板滑动面间隙是否过大，三杠（丝杠、光杠和操纵杠）支承同轴度是否超差造成进给运动不平稳，是否因装夹刀具使方刀架变形造成与小滑板表面接触不良等。

3. 主轴部件刚度降低

主轴部件的刚度是指在外力作用下主轴抵抗变形的能力。主轴部件磨损后，刚度的降低将导致加工工件精度降低和表面粗糙度值的升高，也会使主运动传动链的各传动件和轴承因受力不均而恶化工作条件、加速磨损，造成车床不能满足使用要求。

（1）影响主轴刚度降低　最主要的因素是主轴本身的结构和尺寸。同时，选用的主轴轴承类型、间隙的调整、轴承的配置、传动件的布置方式以及主轴部

件中各零件的制造和装配质量都影响着主轴的刚度。

（2）主轴部件刚度降低的原因　主轴部件的各零件发生磨损是造成主轴部件刚度降低的主要原因。主轴前滚动轴承的外径与箱体孔装配不当或孔精度超差，也会降低主轴部件的刚度。

二、尺寸链的修复

卧式车床在使用和修理中，因磨损、变形、修刮、修磨引起各尺寸链精度降低、封闭环误差加大，在修理中应予以修复。

1. 前后顶尖等高尺寸链的修复

如图 10-2 所示为卧式车床主轴与尾座套筒中心线等高尺寸链，图中 A_1 环为主轴锥孔中心线至主轴箱底面的距离，A_2 环为尾座垫板厚度，A_3 环为尾座顶尖锥孔中心线至尾座基准底面的距离，A_0 为封闭环。

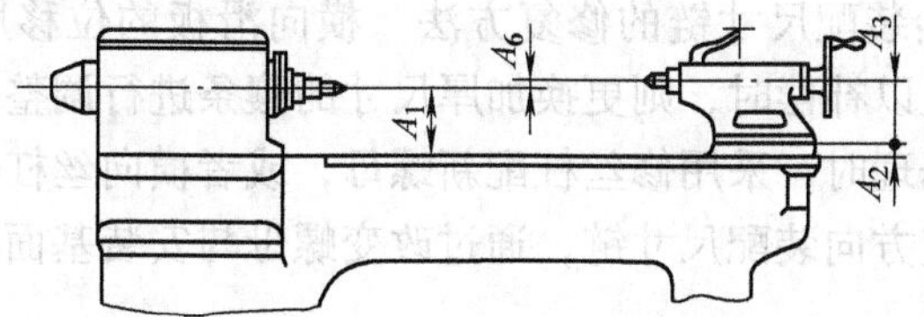

图 10-2　卧式车床主轴与尾座套筒中心等高尺寸链

（1）前后顶尖不等高的原因及修复方法　车床在使用过程中，尾座要经常沿床身上导轨移位，导轨面将产生磨损，引起尾座套筒中心低于主轴中心。修复的目的就是使主轴与尾座套筒中心高度一致，以达到车床几何精度要求。

（2）前后顶尖等高尺寸链的修复方法　在前后顶尖等高尺寸链中，组成环 A_1 是减环，用 A_1 作为补偿环时，可将主轴箱底面刨去或刮去一层金属，达到与修理后的尾座套筒等高的要求。

A_2 和 A_3 都是增环，A_2 作为补偿环时，可将调整垫板结合表面加厚，然后通过修理达到等高的要求。尾座孔严重磨损需加工修复时，要根据导轨磨损量及各工作面修刮量之和适当地提高尾座套筒孔至底面的中心高作为补偿。

比较三种方法，选用 A_1 环作为补偿件修理，工艺简单，但此法改变了车床基本参数。

2. 横向进给装配尺寸链的修复

在横向导轨及横向丝杠螺母的装配尺寸链中，当横向燕尾导轨表面磨损并经过修刮后，横向滑板向右、向下产生位移，螺母相对丝杠中心也同样产生偏移。尺寸链的修复就是恢复滑板的配合精度及螺母的位置精度。

（1）横向导轨及横向丝杠螺母的装配尺寸链构成

在图10-3中，A_1为横向滑板导轨的宽度尺寸，A_2为纵向滑板上燕尾导轨的宽度尺寸，A_3为镶条厚度尺寸，ΔA为封闭环。

在图10-4中，A_1为横向丝杠中心至螺母安装基面的距离，A_2为调整垫厚度，A_3为螺母中心至螺母上安装面间距离。

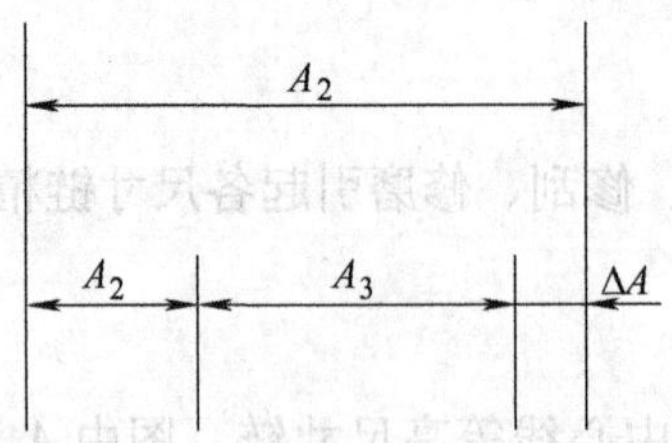

图10-3　横向导轨装配尺寸链

图10-4　横向丝杠螺母安装垂直面尺寸链

（2）横向进给装配尺寸链的修复方法　横向滑板的位移用镶条补偿，当镶条的厚度尺寸不足以补偿时，则更换加厚尺寸的镶条进行调整。横向丝杠一般是局部螺纹磨损，修理时，采用修丝杠配新螺母，或者横向丝杠与螺母全部更换新件。丝杠螺母垂直方向装配尺寸链，通过改变螺母与安装基面间调整垫的厚度消除位移。

3. 三杠装配尺寸链的修复

卧式车床的三杠分别指丝杠、光杠和操纵杠。

（1）三杠装配尺寸链的构成　修理时，三杠必须保证与修后床身导轨平行，而三杠对床身导轨、进给箱、后托架安装面的装配位置尺寸是可以改变的。

光杠、丝杠左端需装入进给箱，右端要装入托架孔。这样，进给箱和托架又确定了三杠的安装位置。

丝杠通过开合螺母、光杠通过齿轮将运动传给溜板箱，溜板箱和三杠也是相互关联的。

溜板箱装于纵向滑板（即床鞍）前下方，光杠的运动通过溜板箱内传动件传给齿轮与齿条或传递给横向进给丝杠上的齿轮，使床鞍或滑板沿纵向或横向运动，所以齿轮与齿条、床鞍、滑板、横向进给丝杠上的齿轮都成为三杠装配中的间接关联件。

三杠与每一关联件形成一条联系尺寸链，所有联系尺寸链组成后，即为三杠的装配尺寸链。

（2）三杠装配尺寸链的修复方法　当床身导轨和纵向滑板（即床鞍）合研修刮后，三杠的各装配尺寸链均发生变化，假如纵向滑板（即床鞍）只作垂直下沉，溜板箱和三杠及纵向进给小齿轮都随之下沉，进给箱和后托架及齿条的安装位置却和修前一样，从而产生了各相关位置的误差，如图10-5所示。B_Δ为三

杠与变速箱联系尺寸链产生的误差，C_Δ 为三杠与后托架尺寸链的误差，D_Δ 为齿条与小齿轮安装尺寸链产生的误差，如不计其他误差因素影响，则 $B_\Delta = C_\Delta = D_\Delta$。而实际上，三杠装配尺寸链的修复还要考虑水平方向的相关位置误差。只有同时考虑各相关位移误差，正确地选用补偿环，才能满足装配要求。

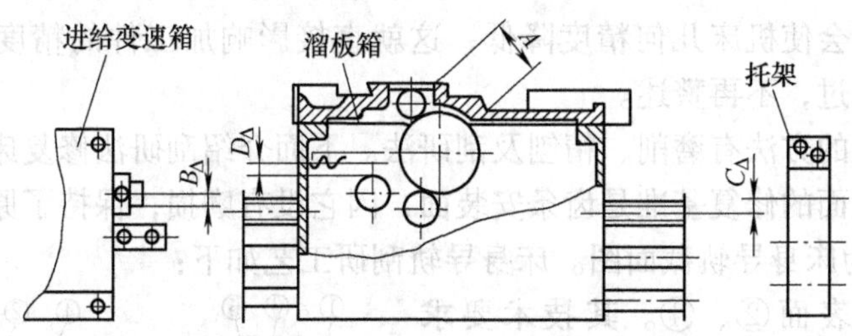

图 10-5　溜板下沉垂直面内的装配尺寸链

1）增设补偿件的方法：即在纵向滑板（即床鞍）的导轨上增设补偿件，以消除因导轨磨损和修复造成的溜板箱及三杠的下沉，也就是消除 B_Δ、C_Δ、D_Δ 的位移误差。三杠在水平面内的位移误差也需由纵向滑板山形导轨面上增设的补偿件补偿。补偿件的厚度应分别为垂直面内导轨的磨损修复量与纵向滑板导轨的磨损修复量之和，及水平面内导轨与滑板的磨损量、修复量之和。

这种增设补偿垫的方法，既能解决以床身为基准的三杠安装尺寸链误差，又可使机床在以后的修理中只需更换补偿垫，就可保证各相互关联件的安装位置精度要求。

2）补偿修配法：即根据滑板、溜板箱和三杠的实际位置来调整进给箱、托架和齿条的安装位置，或修配滑板上安装滑板箱的结合面，来消除位移误差 B_Δ、C_Δ、D_Δ。

采用这种修理方法，要求纵向滑板（即床鞍）的刮研既要保证与床身导轨的接触精度，又要保证纵向导轨组与横向进给导轨组的垂直度，还要保证溜板结合面对床身导轨和进给箱安装结合面的垂直度，这就增加了刮研的工作量，提高了精度要求。另外，采用这种方法修复三杠装配尺寸链，还要受进给箱、托架、齿条等的安装面位置和螺钉孔、销孔扩大位置的限制。

3）三杠装配尺寸链两种修复方法的比较：增设补偿环法虽然可以较容易修复三杠的安装尺寸链，但此法不能多次使用，磨损后就得更新，且补偿件有可能降低接触刚度。

修配法在误差不太大时较易实现，但多次使用会受到结构尺寸位置的限制。

修配三杠装配尺寸链，要根据具体情况选用合适的方法。

三、主要零部件的修理

1. 床身

车床的基准面是床身导轨面，此基准面不但要保证溜板运动的直线性，还要保证其他有关运动及有关基面同溜板运动保持相互位置的准确性。

导轨磨损会使机床几何精度降低，这就直接影响加工件的精度和表面粗糙度，前面已讲过，不再赘述。

修复导轨的方法有磨削、精刨及刮研法。下面介绍刮研法修复床身导轨面。

修复导轨面的修复基准是齿条安装面，因它没有磨损，保持了原有精度。

图10-6为床身导轨截面图。床身导轨刮研工艺如下：

1）粗刮表面②、④。其技术要求为：

①对齿条安装面的平行度公差为0.1mm/全长。

②接触精度为4～6点/（25mm×25mm）。

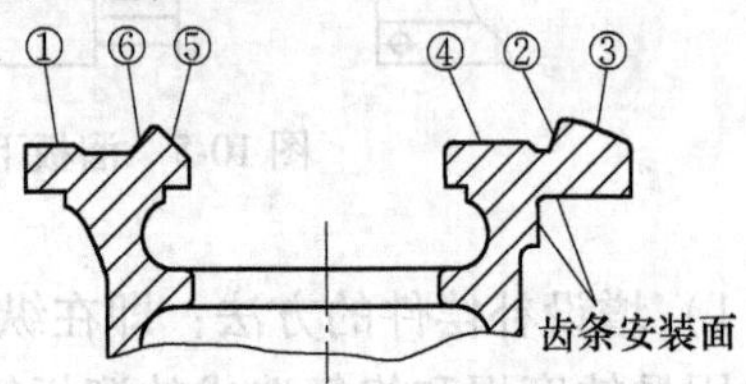

图10-6　床身导轨截面图

2）粗刮表面③。其技术要求为：

①表面②、③对齿条安装面的平行度公差为0.05mm/全长。

②接触精度为4～6点/（25mm×25mm）。

③表面②、③在垂直面内的直线度公差为0.02mm/1000mm，0.04mm/全长（只许中间向上凸起）。

④表面②、③在水平面内的直线度公差为0.015mm/1000mm，0.03mm/全长。

3）粗刮表面①。

4）精刮表面①～③（溜板导轨）。其技术要求为：

①表面①～③在垂直平面内直线度公差为0.02mm/1000mm，0.04mm/全长（只许中间凸起）。

②表面①～③在水平面内的直线度公差为0.015mm/1000mm，0.03mm/全长。

③表面①相对表面②、③的平行度（倾斜）公差为0.02mm/1000mm，0.03mm/全长。

④表面①～③的接触精度为12～14点/（25mm×25mm），表面①～③对齿条安装面的平行度公差为0.05mm/全长。

5）粗刮表面④～⑥。其技术要求为表面④～⑥对溜板导轨面平行度公差为0.05mm/全长。

6）精刮表面④～⑥。其技术要求为：

①表面④～⑥对溜板导轨面在垂直方向（上素线）的平行度公差为0.02mm/1000mm，0.05mm/全长。

②表面④～⑥对溜板导轨面的水平方向（侧素线）的平行度公差为0.03mm/1000mm，0.05mm/全长。

③表面④～⑥的接触精度为10～12点/(25mm×25mm)。

刮研时的注意事项如下：

1）在使用角度底座之前，应将其与床身导轨形状最好的一段配刮，以确保配合角度。

2）在刮研中，用溜板及尾座作为研具之前，应将其与床身导轨精度最好的一段配刮，而且在以后的刮研过程中还应不断地修正。

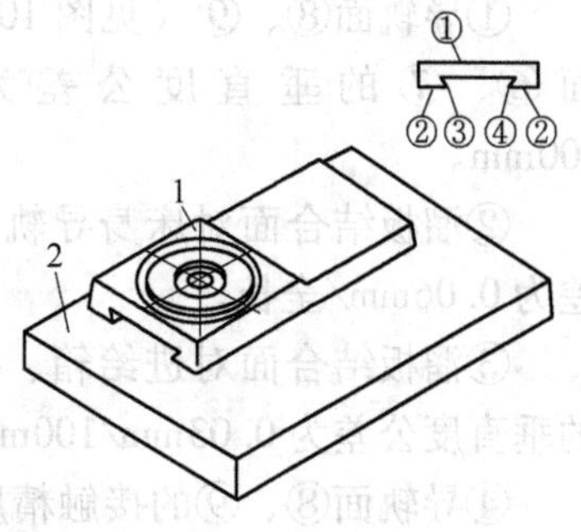

图10-7　刀架下滑座

1—刀架下滑座　2—刮研平板

2. 溜板部件

溜板部件的修理应包括刀架下滑座和溜板导轨的修理。

其修理的重点：应保证溜板上、下导轨的垂直度要求（只许倾向床头箱一侧）和上导轨的直线度要求。

溜板部件刮研工艺如下：

1）如图10-7所示，修去刀架下滑座表面①的毛刺。

2）刮表面②。其技术要求为：

①平面度公差为0.02mm。

②接触精度为10～12点/(25mm×25mm)。

3）刮刀架下滑座表面③。其接触点应均匀。

4）如图10-8所示，刮溜板表面⑤、⑥。其技术要求为：

①表面⑤、⑥对孔A的平行度公差为0.05mm/300mm。

②表面⑥的直线度公差为0.02mm/全长。

③表面⑤、⑥的接触精度为8～10点/(25mm×25mm)。

5）精刮表面③。

6）刮溜板导轨表面⑦、配置镶条。

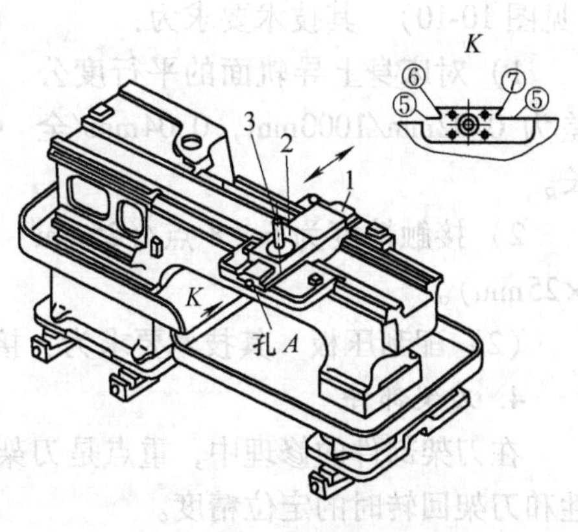

图10-8　刮研溜板

1—溜板　2—刀架下溜座　3—工艺心棒

其技术要求为：

①对表面⑤、⑥的平行度公差为0.02mm/全长。

②接触点为8～10点/(25mm×25mm)。

7）刮研溜板的下导轨面⑧、⑨。其技术要求为：

①导轨面⑧、⑨（见图10-9）对导轨面⑥、⑦的垂直度公差为0.02mm/300mm。

②溜板结合面对床身导轨的平行度公差为0.06mm/全长。

③溜板结合面对进给箱、托架安装面的垂直度公差为0.03mm/100mm。

④导轨面⑧、⑨的接触精度为10～12点/(25mm×25mm)。

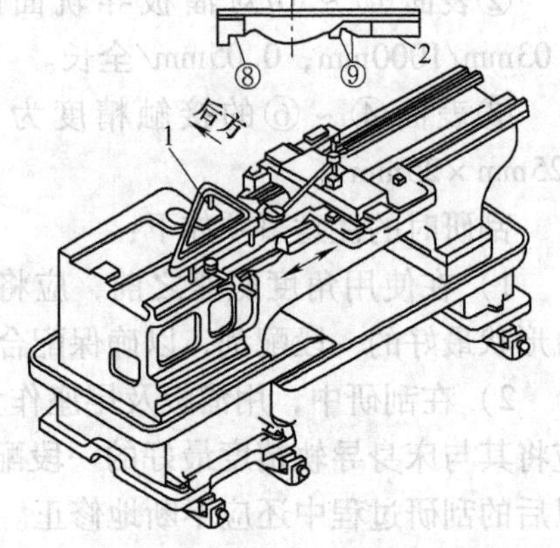

图10-9 测量溜板上、下导轨的垂直度
1—直角尺 2—溜板结合面

8）综合检查刀架下滑座表面①。其技术要求为：

①对床身导轨的平行度公差为0.03mm/全长。

②接触点为10～12点/(25mm×25mm)。

3. 床身与溜板

床身与溜板的拼装主要包括两方面，即刮研床身的下导面（即压板面）及配刮两侧压板。

床身与溜板的拼装工艺如下：

（1）刮研床身下导轨面①、②（见图10-10） 其技术要求为：

1）对床身上导轨面的平行度公差为0.02mm/1000mm，0.04mm/全长。

2）接触精度为6～8点/(25mm×25mm)。

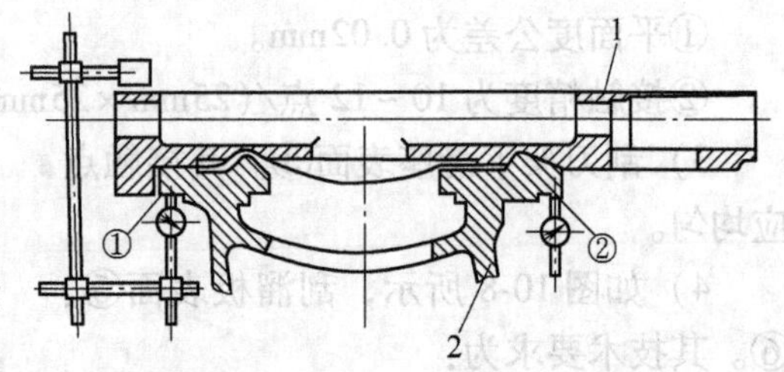

图10-10 检查床身上、下导轨的平行度
1—溜板 2—床身

（2）配刮压板 其技术要求为：接触精度为6～8点/(25mm×25mm)。

4. 刀架部件

在刀架部件的修理中，重点是刀架移动导轨（即上刀架底板导轨）的直线性和刀架回转时的定位精度。

刀架部件的刮研工艺如下：

1）车削上刀架底板的表面①和ϕ48mm凸台，如图10-11所示。其技术要求如下：

①ϕ48mm 凸台对表面①的垂直度公差为 0.01mm/全长；

②ϕ48mm 凸台对 ϕ22H7 孔的同轴度公差为 0.02mm/全长。

2）检查 ϕ22mm 定位锥套（图 10-11）。若锥面精度超差，就应更换新的。如果没有备件或时间不允许，也可将锥套转 90°再重新安装。

3）刮研上刀架底板表面②（图 10-12）。其技术要求为：

①平面度公差为 0.02mm。

②接触精度为 10～12 点/(25mm×25mm)。

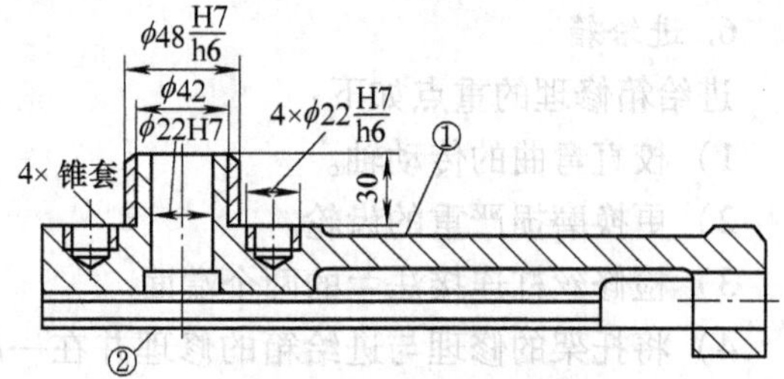

图 10-11　凸台及镶套

4）刮研刀架转盘的表面③～⑤和上刀架底板的表面⑥（图 10-12 和图 10-13）。其技术要求为：

①表面③的平面度公差为 0.02mm。

②表面④的直线度公差为 0.01mm。

③表面⑤对表面③、④的平行度公差为 0.02mm。

④表面⑥的直线度公差为 0.02mm。

⑤接触精度为 10～12 点/(25mm×25mm)。

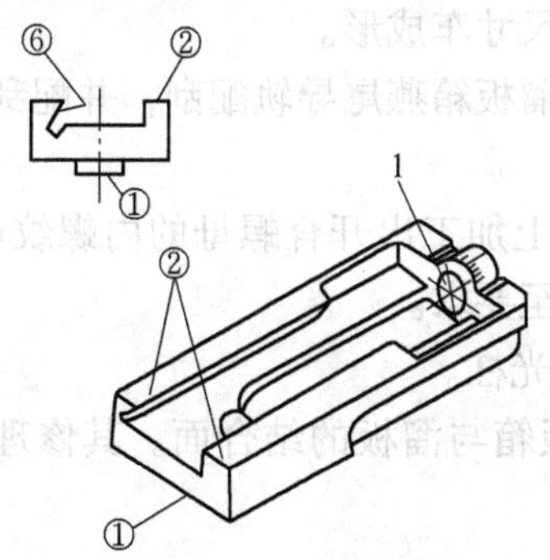

图 10-12　上刀架底板

1—丝杠孔

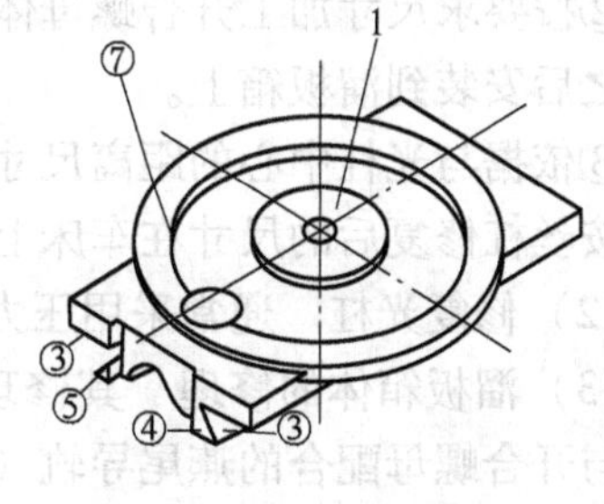

图 10-13　刀架转盘

1—凸缘

5）刮研表面⑦（图 10-13）。其技术要求为：

①对表面③的平行度公差为 0.03mm/100mm。

②平面度公差为 0.02mm。

③接触精度为 10～12 点/（25mm×25mm）。

6）刮研刀架座表面⑧（图 10-14）。其技术要求为：

①对定心轴孔的垂直度公差为0.01mm。

②平面度公差为0.02mm。

③接触点为8～10点/(25mm×25mm)。

5. 主轴箱部件

见“国家职业技能鉴定技术理论培训教材”机修钳工（中级）。

6. 进给箱

进给箱修理的重点如下：

1）校直弯曲的传动轴。

2）更换磨损严重的齿轮。

3）检修丝杠连接法兰的两个端面。

4）将托架的修理与进给箱的修理并在一起。若托架轴孔磨损可用镗孔镶套修复法。

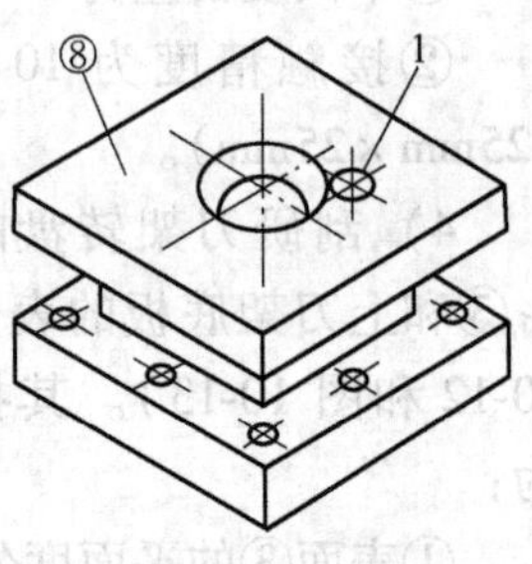

图10-14 刀架座

1—定位销孔

7. 溜板箱部件

（1）丝杠、开合螺母副的修理

1）丝杠的修理。其修理工艺如下：

①校直。

②精修丝杠外径。

③精车外圆。

2）配作开合螺母。其配作工艺如下：

①除螺纹底孔及内螺纹之外，其余按图样尺寸车成形。

②按要求尺寸加工开合螺母体，其导轨与溜板箱燕尾导轨配刮，并配刮好镶条，之后安装到溜板箱上。

③依据与光杠中心的距离尺寸，先在镗床上加工出开合螺母的内螺纹底孔，最后按丝杠修复后的尺寸在车床上配车内螺纹至要求。

（2）修复光杠 通常采用压力校直法修复光杠。

（3）溜板箱体的修理 其修理基准是溜板箱与溜板的结合面。其修理的重点是与开合螺母配合的燕尾导轨（图10-15）。

溜板箱的刮研工艺如下：

刮研表面①、②（图10-15），其技术要求为：

1）对溜板箱结合面的垂直度公差为0.08～0.10mm/200mm。

2）接触精度为8～10点/(25mm×25mm)。

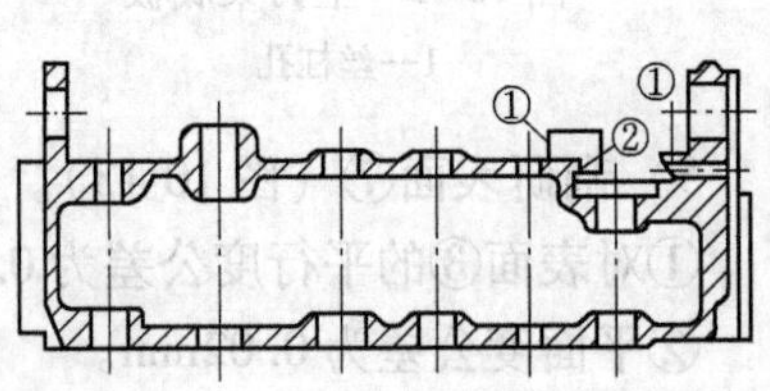

图10-15 刮研溜板箱燕尾导轨

8. 尾座部件

尾座部件修理的重点是尾座壳体的轴孔和尾座套筒。

（1）尾座壳体轴孔的修理

1）技术要求

①轴孔的圆度公差为0.01mm。

②轴孔的直线度公差为0.02mm。

③轴孔的圆柱度公差为0.01mm。

2）修理方法

①轴孔轻微磨损时，采用研磨方法修正。

②轴孔严重磨损时，应先修镗再采用研磨修正。

（2）尾座套筒的修理

1）技术要求

①其外径圆度、圆柱度公差为0.008mm。

②锥孔轴线对外径的径向圆跳动的公差，在端部为0.01mm，在距端部300mm处为0.02mm。

③锥孔修复后的轴向位移不得超过5mm。

2）修理方法

①若磨损轻微，可在套筒外径镀铬，其厚度为0.1～0.15mm，镀铬后与修复后的轴孔配磨至要求。

②若磨损严重，应更换新套筒，最后也应按修复后的轴孔尺寸配磨新套筒至要求。

③若套筒锥孔磨损，应修研锥孔，使其与顶尖锥部配合良好。

训练2　铣床的大修

一、修前存在的问题

以X62W型铣床为例。由于铣床在使用过程中，升降台、工作台移动频繁，使滑动表面磨损频次增加。同时，铣床的切削力较大，造成传动件磨损加重。长期工作后的铣床，普遍存在加工精度较差，加工表面粗糙度值增大及机床操纵失灵等问题。

1. 加工精度超差

表现为直线度、平面度和垂直度的超差。

（1）加工直线度的超差　铣床垂直进给的导轨面是升降台与床身配合的导轨面，纵向进给的导轨面是工作台与回转拖板配合的导轨面，横向进给的导轨面是下拖板与升降台配合的导轨面，这些相互配合的导轨面磨损后，都将直接影响加工工件的直线度误差，以致使加工工件的直线度超差。

（2）加工平面度的超差　导轨表面的直线度超差，将导致被加工平面的平面度超差。

（3）加工表面垂直度的超差　加工表面垂直度超差的主要原因是滑动导轨磨损后，导致配合间隙增大。

2. 加工表面粗糙度值升高

引起此项问题的原因来自多个方面，而主轴部件的回转精度降低是主要原因，包括主轴轴承精度降低、轴承间隙增大及和轴承相配的相关件精度降低等。另外，工作台间隙过大等，也将导致加工表面粗糙度值升高。

3. 机床操纵故障

随着机床磨损的加剧，机床的各传动件、操纵件的磨损也不同程度地使零件出现失效状态，情况严重的甚至会导致机械零件损坏。零件失效后，会产生各种各样的故障。

二、主要零部件的修理

X62W 型铣床的主要修理部件有主轴部件、床身部件、升降台及下拖板部件、回转拖板与工作台部件、悬梁部件和刀杆支架部件。

1. 主轴部件的修理

（1）主轴　主轴轴承安装轴颈严重磨损，可采用刷镀、金属喷覆、振动堆焊或镀铬工艺等方法处理后，重新修磨进行修复。再以修好的主轴轴颈表面为基准，在磨床上修理主轴前锥孔。

刷镀修复时，先在主轴的两端镶堵主轴锥孔端的中心镶铁2，如图10-16a所示。然后找正主轴外圆径向圆跳动误差，在主轴两端打出中心孔，以中心孔为加工基准，将需要刷镀的外圆表面磨小0.05mm左右。再在磨小的外圆表面上刷镀，镀层厚度为0.06～0.08mm。刷镀后，以两端中心孔为加工基准，修磨各刷镀外圆，靠平轴肩。再以磨好的外圆为找正基准，修磨前锥孔。修磨后的主轴各表面精度如下：表面①～③的径向圆跳动、同轴度、圆度、圆柱度公差为0.005mm。表面④～⑦的径向圆跳动及对表面①、③的同轴度公差为0.007mm。表面⑤～⑦的圆度公差为0.007mm，圆柱度公差为0.005mm。表面⑧、⑨的轴向圆跳动公差为0.007mm。表面⑩的轴向圆跳动公差为0.06mm。锥孔的接触率不少于70%；锥孔的径向圆跳动公差在近主轴端为0.005mm，在离主轴300mm处为0.01mm。

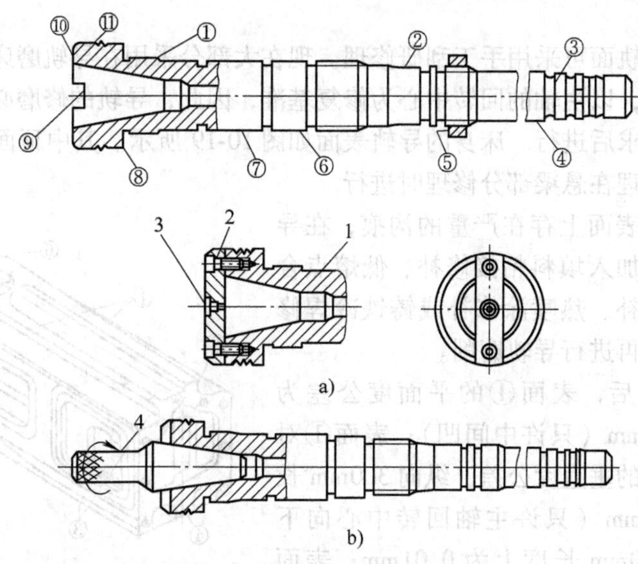

图 10-16　主轴的修复要求

a）修复主轴　b）主轴锥孔接触率的涂色检查

1—主轴　2—中心镶铁　3—中心孔　4—锥度塞规

（2）主轴轴承的装配　装配前轴承和中间轴承时，应事先测定主轴轴颈和轴承内圈的径向跳动量，然后在跳动量最大处按相反方向进行装配，使其误差抵消，如图 10-17 所示。双轴承的抵消方法是使轴承的径向跳动量在同一轴向平面内，且在轴线的同一侧，同时测定主轴锥孔中心线的偏差量，按轴承的径向跳动量相反方向进行装配，如图 10-18 所示。

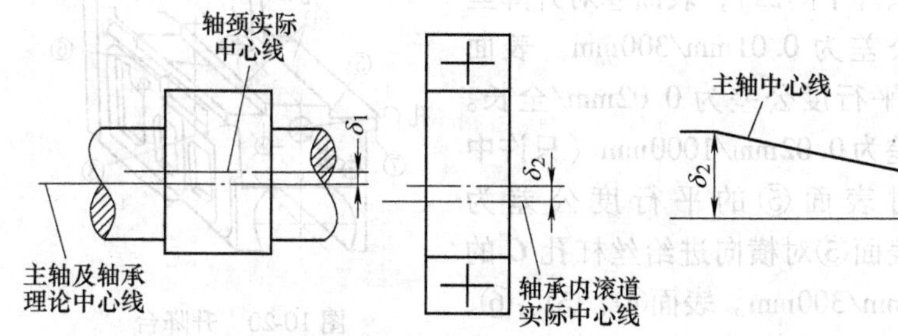

图 10-17　定向装配（单轴承）

δ_1—主轴轴颈的最大径向跳动量

δ_2—轴承内滚道的最大径向跳动量

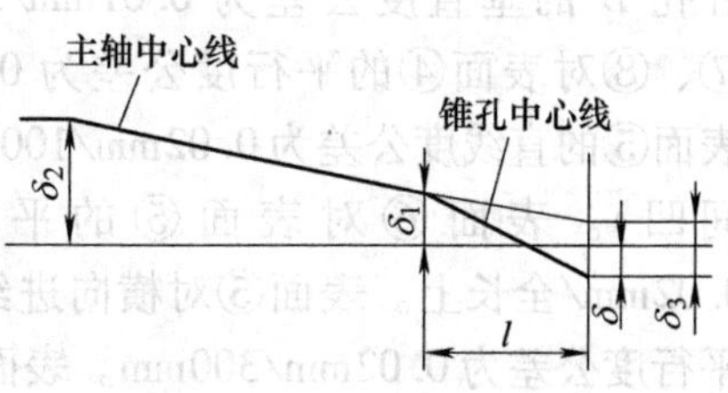

图 10-18　定向装配（双轴承）

δ—主轴检验处的径向跳动（反映主轴旋转情况）

δ_1—前轴承内圈的径向跳动量

δ_2—中间轴承内圈的径向跳动量

δ_3—主轴锥孔中心线偏差量

2. 床身

床身各导轨面可采用手工刮研修理。现在大部分采用在导轨磨床上进行磨削修理。修理时，以主轴的回转中心为修复基准，因此，导轨的修磨必须在主轴装配精度达到要求后进行。床身的导轨表面如图10-19所示。其中顶面的燕尾导轨面⑤~⑦的修理在悬梁部分修理时进行。

如果导轨表面上存在严重的沟痕，在导轨修磨前，可加入填料粘接修补、低熔点合金焊料钎焊修补、热喷涂修补或铸铁冷焊修补。修补后，再进行导轨磨削。

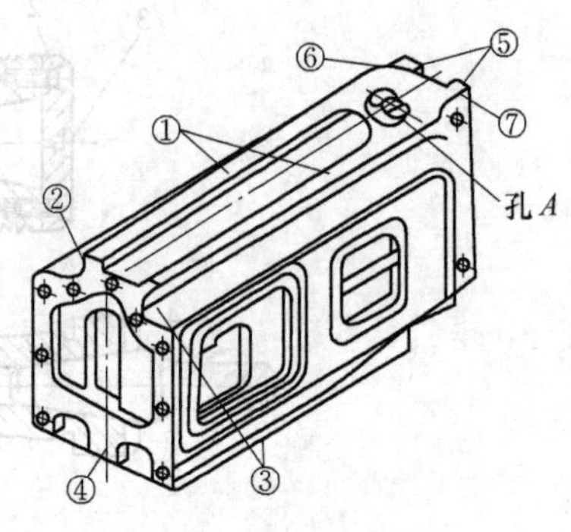

图10-19　床身示意图

导轨修磨后，表面①的平面度公差为0.02mm/1000mm（只许中间凹）；表面①对主轴回转中心的垂直度公差，纵向300mm长度上为0.015mm（只许主轴回转中心向下偏），横向300mm长度上为0.01mm；表面①的接触精度为8~10点/(25mm×25mm)。表面②的直线度公差为0.02mm/1000mm（只许中间凹）；表面③对表面②的平行度公差为0.02mm/全长；表面②、③的接触精度为8~10点/(25mm×25mm)。

3. 升降台及下滑板

(1) 升降台　升降台导轨表面的修理参见图10-20。表面④、⑤、⑥、⑦、⑧在导轨磨床上磨削，表面⑩、⑪与修后床身导轨配刮的方法效果较好。

修磨后的导轨表面④的平面度公差为0.01mm/全面上（只许中间凹），表面④对升降丝杠孔D的垂直度公差为0.01mm/300mm。表面⑦、⑧对表面④的平行度公差为0.02mm/全长。表面⑤的直线度公差为0.02mm/1000mm（只许中间凹）。表面⑥对表面⑤的平行度公差为0.02mm/全长上。表面⑤对横向进给丝杠孔C的平行度公差为0.02mm/300mm。表面④、⑤、⑥、⑦、⑧的接触精度为6~8点/(25mm×25mm)。

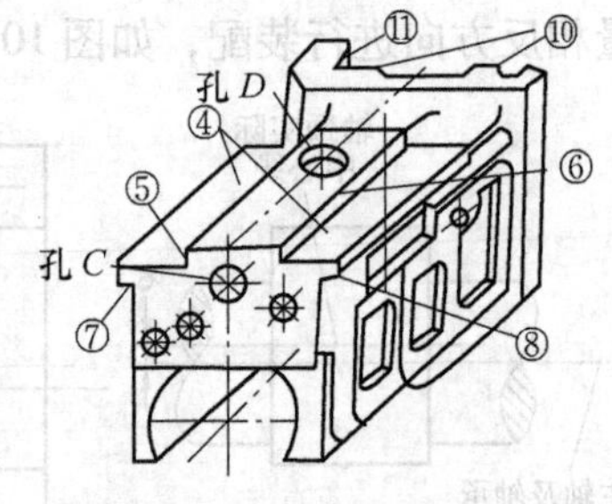

图10-20　升降台

升降台与床身导轨的配刮如图10-21所示。配刮后，升降台表面④应对床身表面①垂直，其公差为0.02~0.03mm/300mm（升降台前端必须向上倾斜）；升降台表面⑤对床身表面①的垂直度公差为0.015mm/300mm；升降台表面⑩的平面度公差为0.015mm/全面上（只许中间凹）；升降台表面⑪的直线度公差为0.02mm/全长（只许中间凹）；床身表面①、②对升降台丝杠孔D应平行，其公

差为0.05mm/全长（只许升降台前端向上倾）；升降台表面⑩、⑪的接触精度为8～10点/(25mm×25mm)。

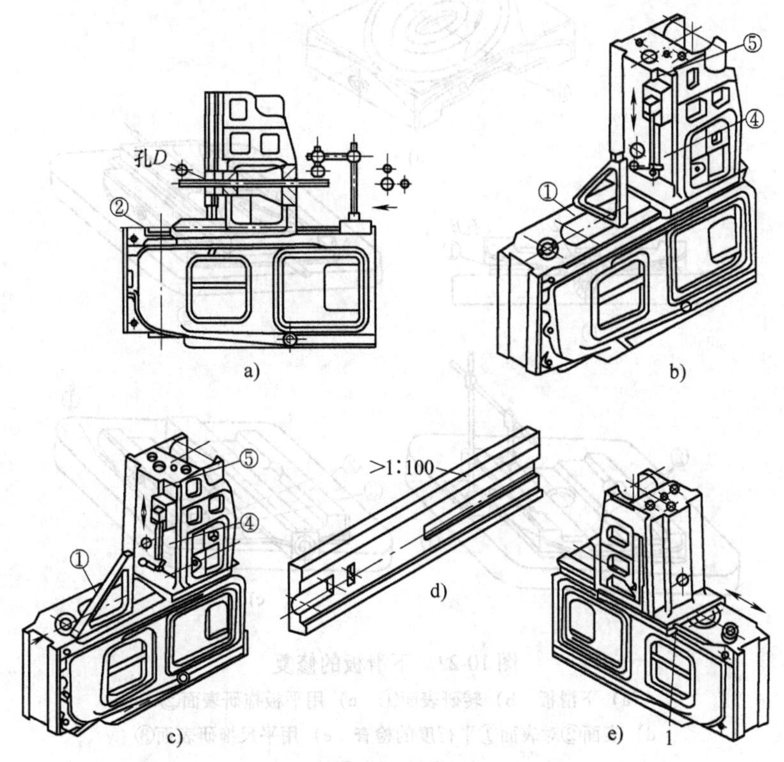

图10-21　升降台与床身导轨的配制

a）床身表面②对升降台丝杠孔D平行度的测量

b）升降台表面④对床身表面①垂直度的测量

c）升降台表面⑤对床身表面①垂直度的测量

d）塞铁　e）升降台塞铁的配刮

1—镶条

大修铣床时，图10-21d中的塞铁必须更换或采用其他补偿方法修复。修理后的镶条应保证与床身导轨面的密合程度，用0.03mm塞尺插入深度在20mm之内。滑动面的接触精度应为8～10点/(25mm×25mm)，非滑动面的接触精度应为6～8点/25mm×25mm。保留长度调整量15～20mm。

（2）下滑板　下滑板的修理可以采用刮研修复的方法，也可以采用机械加工修复的方法。图10-22所示为刮研修复过程，刮研修复的体力消耗较大。而精刨加工修复需要具备加工条件。

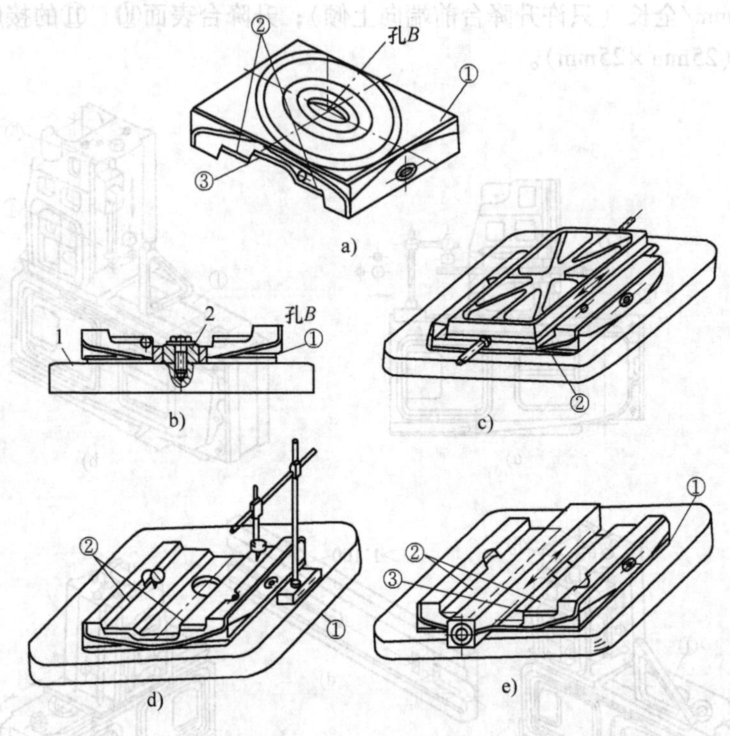

图 10-22　下滑板的修复

a）下滑板　b）转研表面①　c）用平板拖研表面②

d）表面②对表面①平行度的检查　e）用平尺拖研表面③

1—平板　2—圆柱

在图 10-22a 中，修复后的表面①应满足平面度公差在 0.015mm/全面上之内（只许中间凹），对孔 *B* 的垂直度公差在 0.03mm/100mm 之内。表面②的平面度公差在 0.01mm/300mm 之内（只许左端厚），对表面①的平行度公差在 0.02mm/全长之内（只许前端厚）。表面③的直线度公差在 0.02mm/全长之内。修复表面的接触精度为 8～10 点/(25mm×25mm)。精刨修复方法中，下滑板的压板安装基面应在一次装夹中修刨出来。

（3）下滑板与升降台装配尺寸链的修复　当床身导轨表面②与升降台导轨表面⑪，升降台，导轨表面⑤、④与下滑板表面③、②经过刮削后，升降台及其所有部件都向升降台的镶条方向偏移，下滑板以上的所有部件往下滑板镶条方向偏移，产生的偏移量为 Δ_1、Δ_2 和 Δ_3，如图 10-23 所示。而机床的精度检验项目规定，工作台回转中心对主轴回转轴线及工作台中央 T 形槽的偏差、公差分别为 0.05mm 和 0.08mm。为了保证回转定位环中心线与主轴回转轴线相交，同时还必须使锥齿轮副拖架中心与升降台横向花键轴中心重合，并与回转定位环中心同心，就必须对下滑板与升降台的装配尺寸链进行修复。

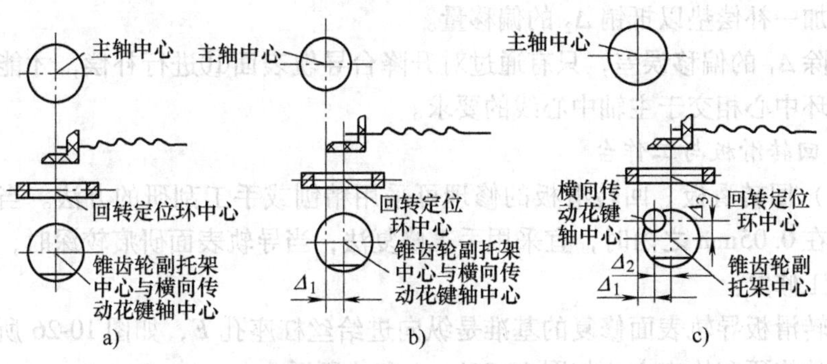

图 10-23　主轴中心、升降台、工作台、下滑板及回转盘修理尺寸链示意图

消除 Δ_2 偏移误差的方法之一是根据 Δ_2 的偏移量，将锥齿轮副托架的外圆车小，其值≥$2\Delta_2$。然后，配车偏心套，重新定位，回转定位环也应相应移位，以保持与锥齿轮副托架中心同轴。锥齿轮副托架剖视图如图 10-24 所示。

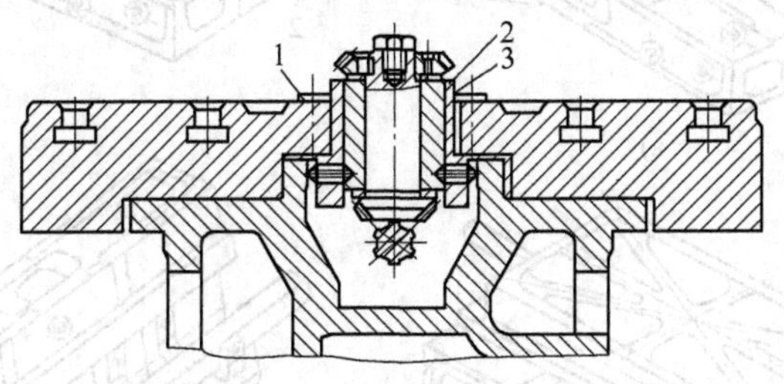

图 10-24　锥齿轮副托架剖视图

1—定位环　2—锥齿轮副托架　3—套筒

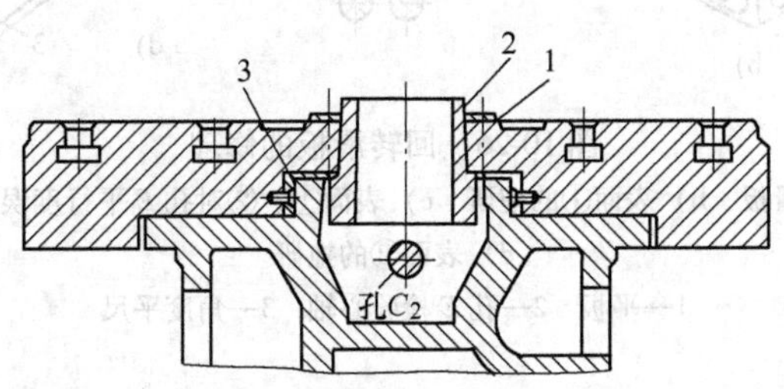

图 10-25　下滑板补偿剖视图

1—定位环　2—锥齿轮副托架　3—补偿垫

消除 Δ_2 的方法之二是加补偿垫。如图 10-25 所示，根据 Δ_2 量值在下滑板表

面③处加一补偿垫以抵销 Δ_2 的偏移量。

消除 Δ_1 的偏移误差，只有通过对升降台导轨表面⑪进行补偿，才能恢复回转定位环中心相交于主轴中心线的要求。

4. 回转滑板与工作台

(1) 回转滑板 回转滑板的修理可采用精刨或手工刮研的方法。当导轨表面研痕在0.05mm之内时，宜采用手工修复法；当导轨表面研痕较深时，宜采用精刨加工修复。

回转滑板导轨表面修复的基准是纵向进给丝杠座孔 E，如图10-26所示。刮研修复的拖研和检查方法如图10-26b、c和d所示。

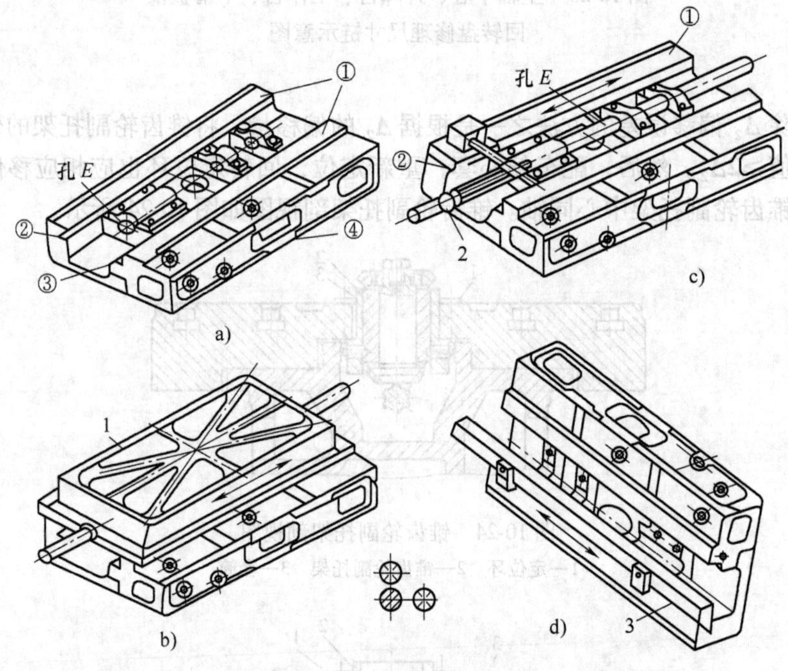

图10-26 回转滑板的修理

a) 回转滑板 b) 表面①的拖研 c) 表面①、②对孔 E 平行度误差的检查 d) 表面②的拖研

1—平板 2—孔 E 检验心轴 3—角度平尺

表面①修复后平面度误差应达到0.02mm/全面上（只许中间凹），对孔 E 上素线的平行度公差为0.02mm/500mm。表面②的直线度误差应达到0.02mm/全长（只许中间凹），对孔 E 侧素线的平行度误差应为0.02mm/500mm。表面④的平面度误差应达到0.02mm/全面（只许中间凹）；对表面①的平行度误差为纵向0.015mm/300mm（只许右端厚），横向0.01mm/300mm（只许后端厚）。修复表

面的接触精度为 8 ~ 10 点/(25mm × 25mm)。

（2）工作台　工作台导轨表面及工作台表面的修理以精刨修复为宜。

修复后，工作台表面①的平面度公差为 0.03mm/全面上（只许中间凹）；工作台表面①与燕尾平面③的平行度公差为纵向 0.01mm/500mm，横向 0.01mm/300mm（只许前端厚）。表面③的平面度公差为 0.015mm/全面上（只许中间凹）。燕尾表面④的直线度公差为 0.02mm/1000mm（只许中间凹），对燕尾表面⑤的平行度公差为 0.02mm/全长，对中央 T 形槽表面②的平行度公差为 0.02mm/全长，修复表面接触精度为 8 ~ 10 点/(25mm × 25mm)。

图 10-27 为工作台修复表面示意图。

5. 悬梁

悬梁导轨表面在使用过程中，磨损是轻微的，修理时，采用刮研修复为宜。图 10-28 所示为悬梁刮研面示意图。

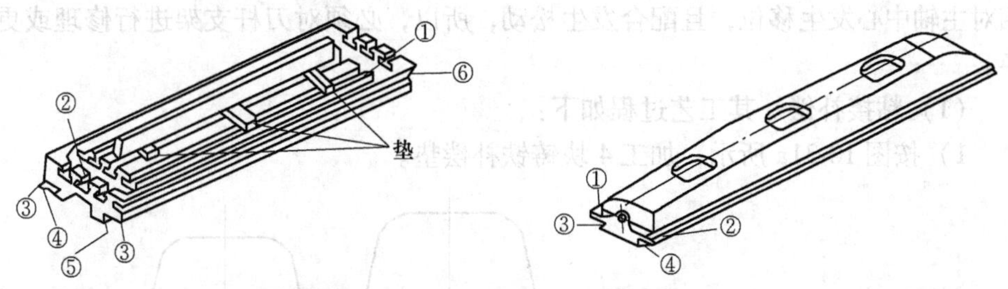

图 10-27　工作台修复表面示意图　　图 10-28　悬梁刮研面示意图

悬梁表面①、③的拖研，②、④的拖研，导轨的精度检查如图 10-29 所示。

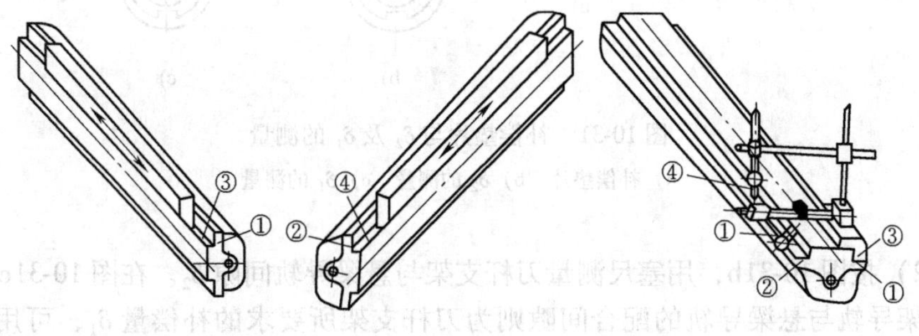

图 10-29　悬梁导轨的拖研与精度检查

悬梁表面①、③修后的直线度公差为 0.015mm/1000mm；表面②对表面①的平行度公差为 0.02mm/全长；表面④对表面③的平行度公差为 0.03mm/400mm；修复表面接触精度为 6 ~ 8 点/(25mm × 25mm)。

悬梁导轨表面修复后，可用悬梁导轨面来配刮床身顶面导轨表面⑤和⑥。配刮过程中的精度检查如图10-30所示。

床身导轨表面⑤配刮后，平面度误差应满足0.02mm/全面上（只许中间凹）；对主轴中心线的平行度公差为（上素线）0.025mm/300mm。表面⑥对主轴中心线的平行度公差为（侧素线）0.025mm/300mm，接触精度为6～8点/(25mm×25mm)。

床身表面⑦无要求，去毛刺修整一下即可。

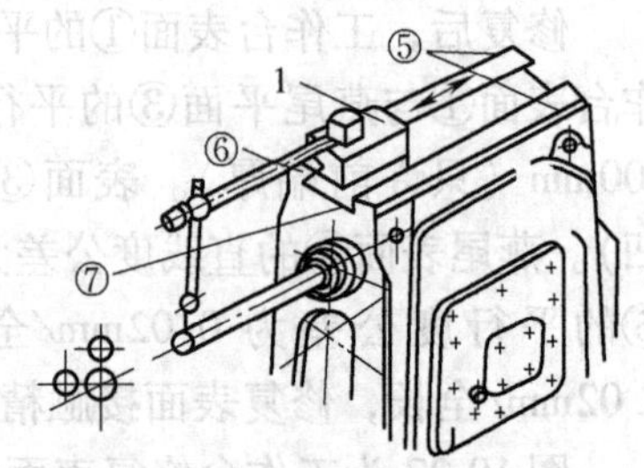

图10-30　床身表面⑤、⑥对主轴中心线平行度误差的检查
1—角度板

6. 刀杆支架

由于与刀杆支架相配合的悬梁在修理时，经过研刮，使刀杆支架支承孔中心相对主轴中心发生移位，且配合发生松动，所以，必须对刀杆支架进行修理或更换。

（1）粘接补偿　其工艺过程如下：

1）按图10-31a所示，加工4块铸铁补偿垫。

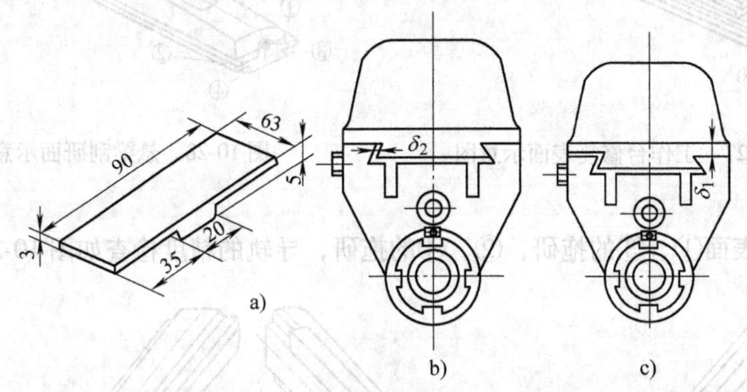

图10-31　补偿垫片与δ_2及δ_1的测量
a）补偿垫片　b）δ_2的测量　c）δ_1的测量

2）按图10-31b，用塞尺测量刀杆支架与悬梁导轨间隙δ_2。在图10-31c中刀杆支架导轨与悬梁导轨的配合间隙则为刀杆支架所要求的补偿量δ_1，可用塞尺实际测量得知。

3）按图10-32，将刀杆支架（直孔）表面①及刀杆支架（锥孔）表面④刨去一层，刨削厚度为补偿垫片的厚度减去刀杆支架所要求的补偿量，再减去预计最大的刮研量。然后，在表面①、④的中间刨一条宽20.3mm，深5.5mm的粘接槽。

4）按图10-33，在槽的两侧A处涂敷用氧化铜调磷酸配制的无机粘结剂，

平面 B 处涂敷环氧胶合剂，将准备好的补偿垫片胶合上。待完全固化后，对刀杆支架进行刮削修复。

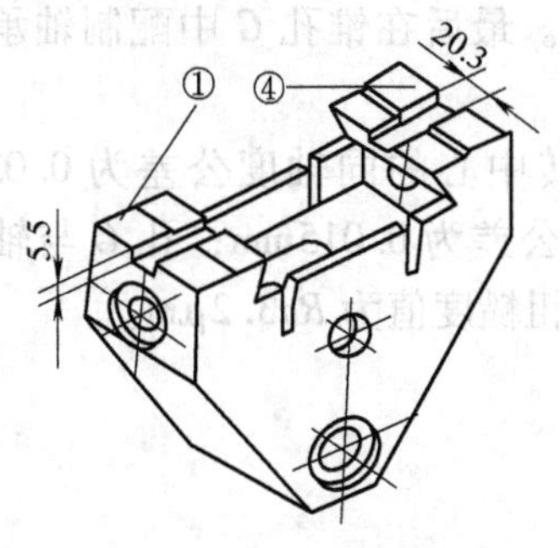

图 10-32　刀杆支架的粘接槽

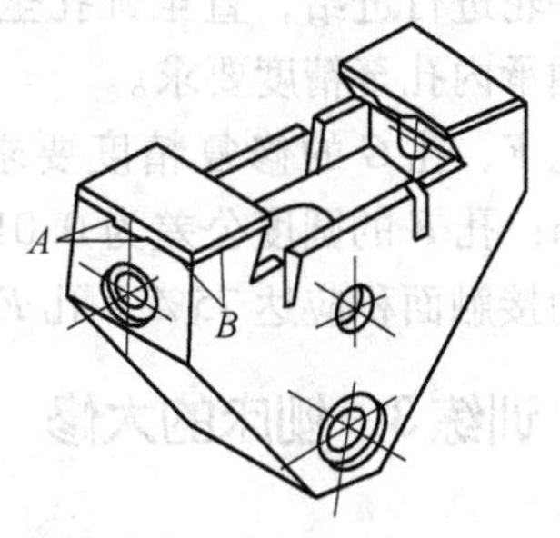

图 10-33　刀杆支架的粘接补偿

（2）刮研　刀杆支架的各刮研表面如图 10-34 所示。

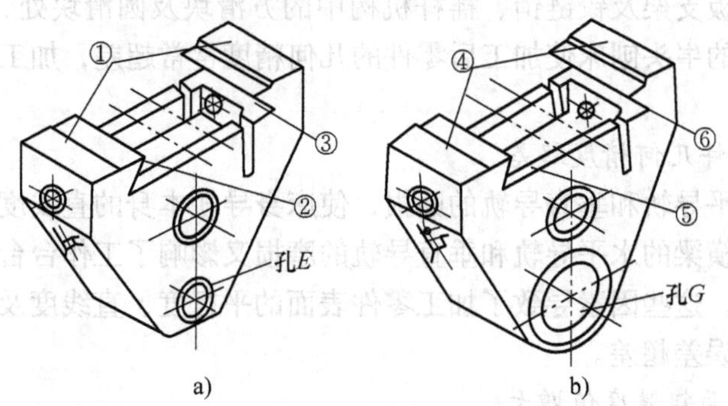

图 10-34　刀杆支架

表面①、②、③按悬梁导轨拖研，修后表面①的平面度公差为 0.01mm/全面上，表面②、③的直线度公差为 0.01mm/全长上，接触精度为 6～8 点/(25mm×25mm)。

修理表面刮好后，按图 10-35 所示将专用镗孔工具安装在铣床主轴锥孔中加以固定。将悬梁调整至在手推的作用下可以慢慢移动。然后，刀杆支架夹紧在悬梁上，调节镗刀进行对刀。利用工作台横向机动进给推动悬梁进行镗削至符合要求，并按镗圆的孔 F，按精度要求配制铜套。

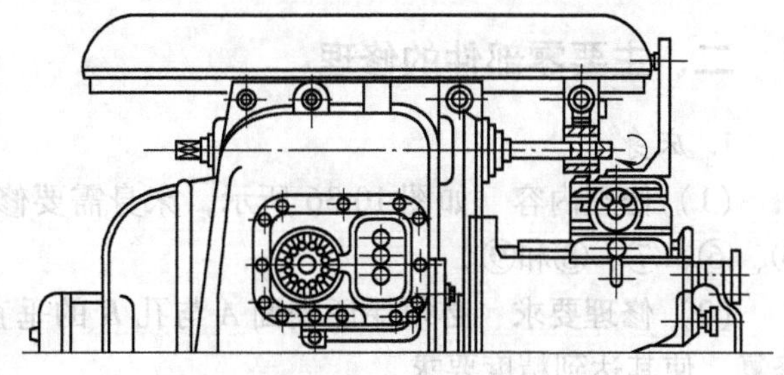
图 10-35　孔 F 的镗孔修整方法

孔 G 的修整步骤参照孔 F。将专用镗孔工具安装在主轴锥孔中，然后将悬梁夹紧在床身上，刀杆支架夹紧在悬梁上。开动主轴，同时慢慢转动镗孔工具上的进给手轮进行进给，直至锥孔全部镗合格为止。最后在锥孔 G 中配制轴承，并修刮轴承内孔至精度要求。

孔 F、孔 G 的修复精度要求是与主轴回转中心的同轴度公差为 0.03mm/300mm；孔 F 的圆度公差为 0.015mm，圆柱度公差为 0.015mm；孔 G 与轴承外锥体的接触面积应达 75%；孔 F、孔 G 的表面粗糙度值为 $Ra3.2\mu m$。

训练3　刨床的大修

一、修前存在的问题

普通牛头刨床在长期使用后，磨损较严重的部位有滑枕、床身导轨副、刀架活折板与活折板支架及铰链销、摇杆机构中的方滑块及圆滑块处、横梁导轨等。磨损一定程度的牛头刨床使加工后零件的几何精度常常超差，加工表面的表面粗糙度值增大。

1. 加工零件几何精度超差

床身的水平导轨和垂直导轨的磨损，使床身导轨本身的直线度及相互垂直度受到破坏，而横梁的水平导轨和垂直导轨的磨损又影响了工作台台面对滑枕运动方向的平行度，这些因素导致了加工零件表面的平行度、直线度及表面之间的平行度、垂直度误差超差。

2. 加工表面粗糙度值增大

安装刀具的活折板与铰链销磨损后，活折板在垂直面内的配合间隙增大。活折板与活折板支架磨损后，活折板在水平面内的配合间隙增大。滑枕与床身压板导轨磨损后，其间的配合间隙也在增大。方滑块、圆滑块与摇杆导向槽面间的磨损使摇杆机构的运动精度降低。以上各摩擦副配合间隙的增大降低了刨刀运动的平稳性，而横梁导轨磨损产生的配合间隙增大，降低了加工工件的定位精度。所有这些导致了刨床加工零件的表面粗糙度值增大。

二、主要零部件的修理

1. 床身

（1）修理内容　如图 10-36 所示，床身需要修复的表面有①、②、③、④、⑤、⑥、⑦、⑧和⑨。

（2）修理要求　必须保证表面 A 与孔 B 的垂直度。超差时，根据情况进行修复，使其达到精度要求。

（3）修理方法　床身各导轨表面修理的基准是床身的表面 A 和孔 B。

各表面采用导轨磨削修复方法的效果较好。当导轨表面有较深的研痕或划沟时，应先对研痕或划沟进行铸铁冷焊或钎焊修补，再进行导轨磨削。

采用手工刮研修复各导轨表面，也是床身修理的方法之一。

表面①、②对表面⑦、⑧的垂直度公差为0.02mm/1000mm。表面⑦、⑧对孔*B*的平行度公差为0.01mm/1000mm。表面*A*对孔*B*的垂直度公差为0.05mm/300mm。表面①、②对表面*A*的垂直度公差为0.02mm/300mm。表面①、②在垂直面内的平面度公差为0.03mm/1000mm。表面①对表面②的平行度公差为0.02mm/1000mm。表面①、②对表面*A*的垂直度公差为0.02mm/300mm。表面④对表面③的平行度公差为0.02mm/1000mm。表面⑤、⑥对表面①、②的平行度公差为0.02mm/300mm。表面③的平面度公差为0.03mm/1000mm。表面⑦、⑧在水平面内的平面度公差为0.03mm/1000mm。表面⑦对表面⑧的平行度公差为0.02mm/1000mm。表面⑦、⑧对表面①、②的垂直度公差为0.02mm/1000mm（只许小于90°）。表面⑦、⑧对孔*B*的平行度公差为0.1mm/1000mm。表面⑦、⑧对表面③的垂直度公差为0.02mm/1000mm。磨削表面粗糙度值为*Ra*0.8μm。

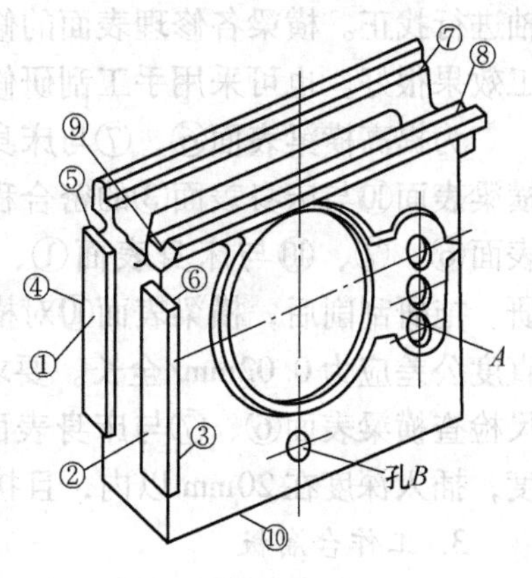

图10-36　床身示意图

2. 横梁

图10-37为横梁示意图。横梁连接在床身和工作台溜板之间，其间接触精度的好坏对加工件的精度和表面粗糙度的影响很大。

（1）修理内容　在图10-37中，横梁需要修复的表面有①、②、③、④、⑤、⑥、⑦、⑧、⑨、⑩。

（2）修理要求　各表面修复后的精度，表面①、②的平面度公差为0.02mm/全长，表面①对表面②的平行度公差为0.02mm/1000mm，表面①、②对孔*C*及孔*D*的平行度公差为0.03mm/300mm。表面③的平面度公差为0.02mm/全长（只许凹），对孔*C*的平行度公差为0.03mm/全长，对表面②的垂直度误差用角度规检查，在全宽上的接触面积不低于2/3。表面④对表面③的平行

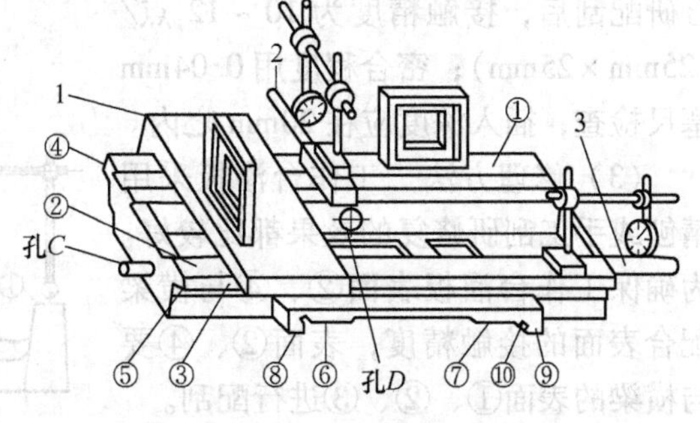

图10-37　横梁示意图

1—检验板　2—孔*D*检验心轴　3—孔*C*检验心轴

度公差为0.02mm/全长。表面⑤对表面①、②的平行度公差为0.02mm/全长。表面⑥、⑦对表面①、②的平行度公差为0.02mm/全长。各表面的接触精度为10~12点/(25mm×25mm)。表面⑧、⑨对表面⑥、⑦的平行度公差为0.02mm/全长，接触精度为6~8点/(25mm×25mm)。

（3）修理方法　横梁的修理基准是丝杆孔C及孔D。找正时，可在孔C及孔D中装入检验心轴进行找正。横梁各修理表面的修复采用精刨加工效果很好。也可采用手工刮研修理。

为提高横梁表面⑥、⑦与床身表面①、②及横梁表面⑩与床身表面③的密合程度，需将横梁表面⑥、⑦、⑩与床身表面①、②、③配合拖研。拖研刮削后，横梁表面⑩对横梁表面③的垂直度公差应为0.02mm/全长。要求用0.04mm塞尺检查横梁表面⑥、⑦与床身表面①、②及横梁表面⑩与床身表面③的密合程度，插入深度在20mm以内，且接触精度为10~12点/(25mm×25mm)。

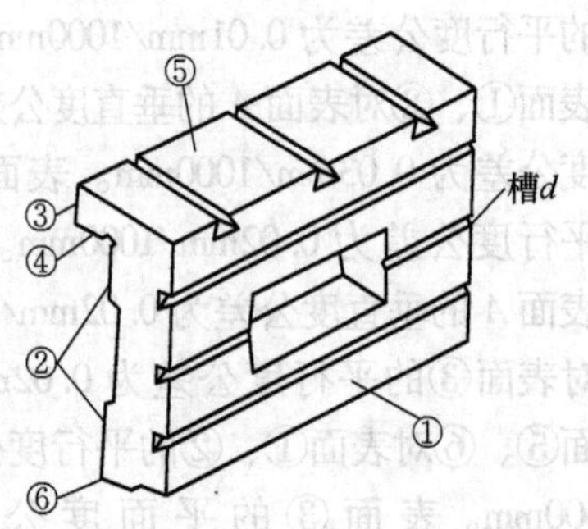

图10-38　工作台溜板示意图

3. 工作台溜板

图10-38为工作台溜板示意图。

（1）修理内容　工作台溜板需要修理的表面有①、②、③、④、⑥，表面⑤的修理可以在机床修好后空运行时进行精刨。

（2）修理要求　表面①的平面度公差为0.03mm/全长（只许中间凹），接触精度为6~8点/(25mm×25mm)。表面②、③对表面①的平行度公差为0.02mm/全长，接触精度为8~10点/(25mm×25mm)。表面④对槽d的平行度公差为0.02mm/全长，接触精度为8~10点/(25mm×25mm)。工作台溜板表面②、④与横梁表面①、②、③合研配刮后，接触精度为10~12点/(25mm×25mm)；密合程度用0.04mm塞尺检查，插入深度应在20mm之内。

（3）修理方法　工作台溜板采用精刨或手工刮研修复的效果都比较好。为确保工作台溜板表面②、④与横梁配合表面的接触精度，表面②、④要与横梁的表面①、②、③进行配刮。

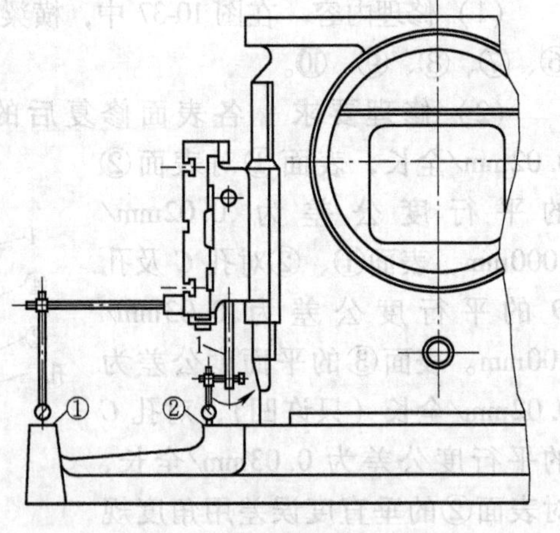

图10-39　底座与床身合装图

1—专用检验心轴

4. 底座与床身

图10-39为底座与床身合装图。

（1）修理内容　合装时，床身表面一般不会变形和磨损，只需去毛刺凸点及清理。如果表面有变形和损伤，则必须予以修复。底座表面①是合装后需要修复的工作面。

（2）修理要求　合装后，应保证横梁孔 D 对底座表面②的垂直度误差为 0.04mm（图示检测方法）；工作台溜板移动对底座表面①的平行度误差为 0.05mm/全长；与横梁的接触精度为 4～6 点/(25mm×25mm)。

（3）修理方法　用平尺拖研后刮削即可。

5. 滑枕

图 10-40 为滑枕及各表面示意图。

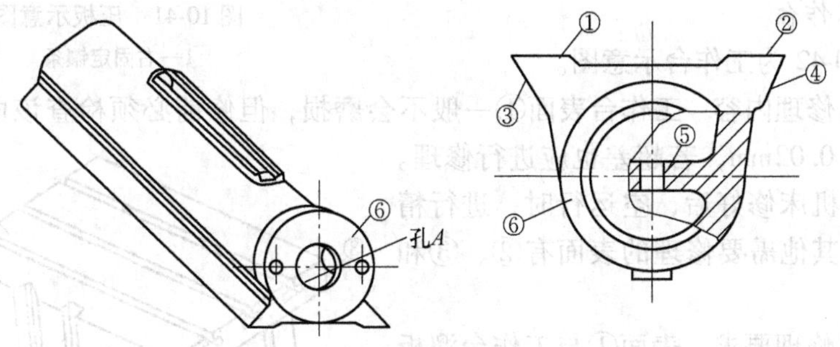

图 10-40　滑枕及各表面示意图

（1）修理内容　滑枕需要修理的表面有①、②、③、④、⑥；表面⑤一般磨损不严重，可不必修理。但在修理表面①、②时，必须保证对表面⑤的平行度。若表面⑤发生损伤或表面①、②对表面⑤的平行度超差，也可先修理表面①、②，再以表面①、②为基准修整表面⑤。

（2）修理要求　表面①、②在垂直面内的平面度公差为 0.02mm/全长；表面①对表面②的平行度公差为 0.02mm/1000mm；表面①、②对表面⑤的平行度公差纵向为 0.05mm/全长，横向为 0.02mm/全长；分别与床身表面⑦、⑧的接触精度为 10～12 点/(25m×25mm)。表面①、②与床身表面⑦、⑧合研后的密合程度用 0.04mm 塞尺检查，插入深度在 20mm 之内。表面③的平面度公差为 0.02mm/全长，与床身表面⑨的接触精度为 10～12 点/(25mm×25mm)。表面④对表面③的平行度公差为 0.02mm/全长，接触精度为 10～12 点/(25mm×25mm)。表面⑥的平面度公差为 0.02mm，接触精度为 6～8 点/(25mm×25mm)。

（3）修理方法　导轨磨削、精刨加工、手工刮研都是滑枕修复的方法。

6. 压板

图 10-41 为压板示意图。

（1）修理内容　压板修复的表面有①、②、③、④。

（2）修理要求　滑枕与压板合研后，合研面的接触精度为10～12点/(25mm×25mm)；密合程度用0.04mm塞尺检查，插入深度在25mm之内；合装后，滑枕移动方向对工作台溜板表面①的垂直度公差在垂直平面内为0.05mm/500mm，在水平面内为0.05mm/500mm。

（3）修理方法　压板表面的修复可以采用精刨加工。加工后，需安装在床身上与滑枕合研配刮。

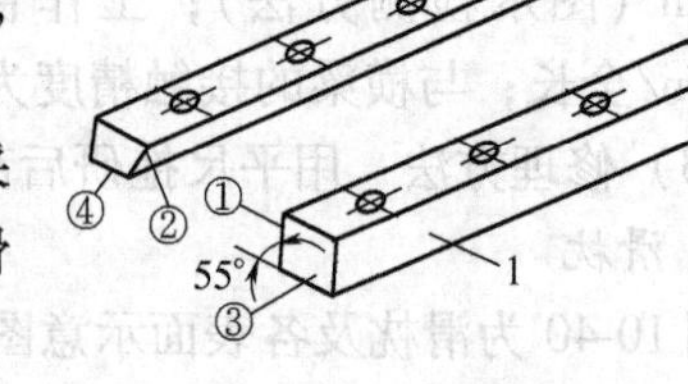

图10-41　压板示意图

1—右固定镶条

7. 工作台

图10-42为工作台示意图。

（1）修理内容　工作台表面①一般不会磨损，但修前必须检查该面的平面度不超出0.02mm，若超差也应进行修理。表面④在机床修好后，空运行时，进行精刨修理。其他需要修理的表面有②、③和V形槽。

（2）修理要求　表面①与工作台溜板的结合面密合程度用0.04mm塞尺检查，不允许插入，接触精度为8～10点/(25mm×25mm)。表面②及V形槽的接触精度为6～8点/(25mm×25mm)；V形槽对表面①的平行度公差为0.02mm/全长；表面②对表面①及凸肩M的垂直度公差为0.02mm/全长；表面②的平面度公差为0.02mm/全长；表面③对表面②的平行度公差为0.02mm/全长；与相关附件的接触精度为6～8点/(25mm×25mm)。

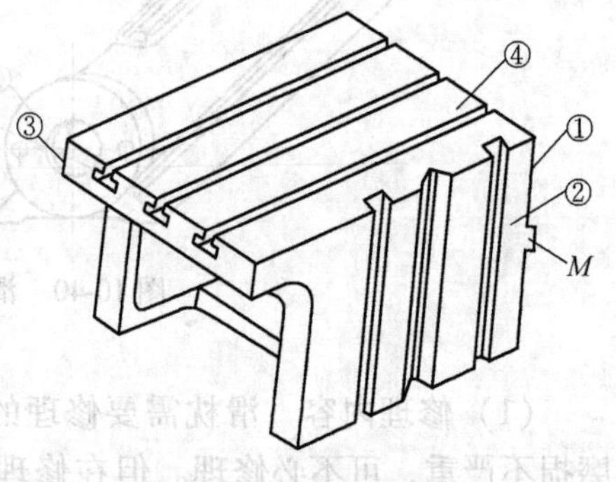

图10-42　工作台示意图

（3）修理方法　工作台表面的修复可采用精刨加工，也可用手工刮研。

8. 刀架转盘和刀架滑板

图10-43为刀架转盘和滑板示意图。

（1）修理内容　需要修理的表面有①、②、③、④、⑤、⑥、⑦及⑧。

（2）修理要求　表面①与滑枕接合面的密合程度用0.04mm塞尺检查，不得插入。表面②在平板上拖研刮削后，接触精度为6～8点/(25mm×25mm)。表面③对表面②的平行度公差为0.02mm/全长；表面⑧对表面③的平行度公差为0.04mm/全长；表面③的接触精度为10～12点/(25mm×25mm)。表面④对表面①的平行度公差为0.02mm/全长，对螺母孔E的平行度公差为0.02mm/全长，接触精度为10～12点/(25mm×25mm)。表面⑤的平面度公差为0.02mm/全长，

对孔 E 的平行度公差为0.02mm，接触精度为10～12点/(25mm×25mm)。表面⑥对表面⑤等距离为0.02mm/全长，接触精度为8～10点/(25mm×25mm)。表面⑦与转盘的密合程度用0.04mm塞尺检查，插入深度在20mm以内；表面⑦的接触精度为8～10点/(25mm×25mm)。

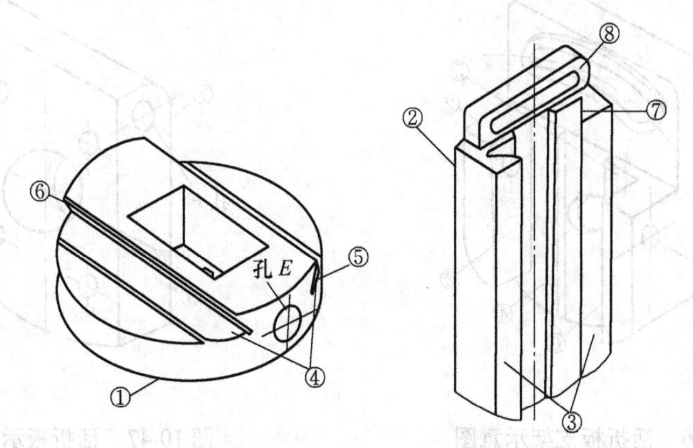

图10-43　刀架转盘和滑板示意图

(3) 修理的方法　转盘与滑板的修复以手工刮研为宜。表面①需与滑枕接合面合研刮削。滑板表面⑦以刮好的转盘表面⑤拖研。

9. 刀架丝杠轴承孔

图10-44为刀杆丝杠轴承示意图。

由于滑板表面③、⑦，转盘表面④、⑤（见图10-43）经过修刮后，轴承中心与转盘进给螺母中心会产生位移，为了保证轴承孔和螺母孔的同心，可对刀架丝杠轴承的表面①进行修刮。修刮时，可用图10-45所示的方法进行检测。修刮合格后，装上丝杠，重新铰定位销孔，以作横向补偿，修复刀架丝杠轴承孔。

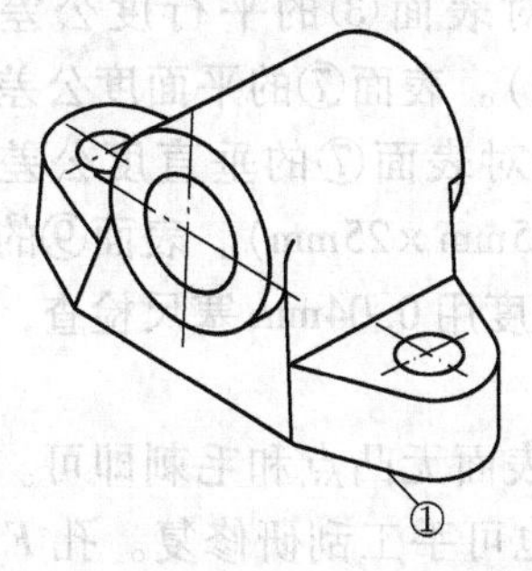

图10-44　刀杆丝杠轴承示意图

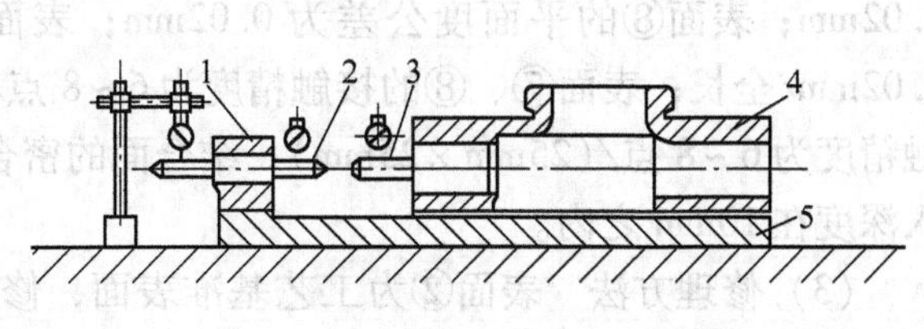

图10-45　检查轴承孔与转盘螺母孔不等高

1—轴承　2、3—检验心轴　4—转盘　5—滑板

10. 活折板支架与活折板

图10-46为活折板支架示意图，图10-47为活折板示意图。

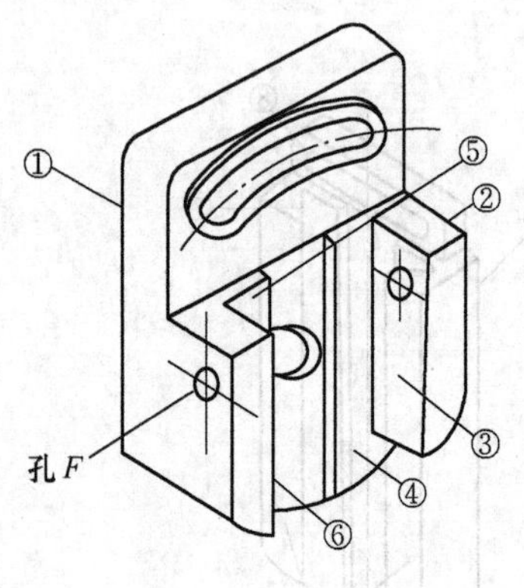

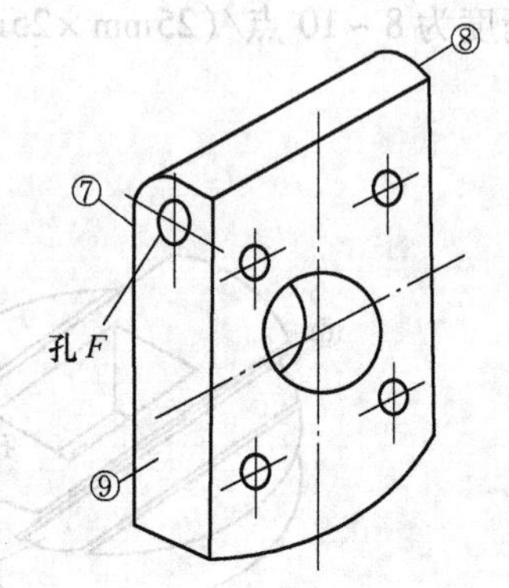

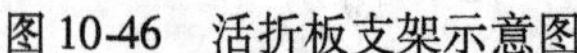
图10-46　活折板支架示意图

图10-47　活折板示意图

（1）修理内容　在图10-46和图10-47中，活折板支架与活折板需要修理的表面有①、③、④、⑤、⑥、⑦、⑧、⑨及孔F。

（2）修理要求　活折板支架表面③、⑥与活折板表面⑧、⑨的配合间隙为0.01～0.02mm。表面①的平面度公差为0.02mm/全长；表面①对表面②的垂直度公差为0.02mm/全长；表面①的接触精度为6～8点/(25mm×25mm)。表面④、⑤的平面度公差为0.02mm/全长；表面④、⑤对表面①的平行度公差为0.03mm/全长；表面④、⑤的接触精度为6～8点/(25mm×25mm)。表面③对表面①的垂直度公差为0.02mm/全长；表面③对表面②的平行度公差为0.02mm/全长；表面③的平面度公差为0.02mm/全长，接触精度为8～10点/(25mm×25mm)。表面⑥的平面度公差为0.02mm/全长，对表面③的平行度公差为0.01mm/全长，接触精度为8～10点/(25mm×25mm)。表面⑦的平面度公差为0.02mm；表面⑧的平面度公差为0.02mm；表面⑧对表面⑦的垂直度公差为0.02mm/全长；表面⑦、⑧的接触精度为6～8点/(25mm×25mm)。表面⑨的接触精度为6～8点/(25mm×25mm)；结合面的密合程度用0.04mm塞尺检查，插入深度在10mm之内。

（3）修理方法　表面②为工艺基准表面，修整表面无凸点和毛刺即可。表面①、④、⑤、⑦、⑧、⑨可在平面磨床上修复，也可手工刮研修复。孔F的修复必须将两件装在一起配铰，铰好后，把活折板锥孔F再单独铰一次，以保证拼装后活折板在活折板支架内的转动间隙。

11. 摇杆

图 10-48 为摇杆示意图。

(1) 修理内容　摇杆需要修理的部位表面①、②及孔 G、孔 H。

(2) 修理要求　孔 H 对孔 G 的垂直度公差为 0.10mm/1000mm；表面①、②对孔 G 的平行度公差为 0.02mm/全长；表面①对表面②的平行度公差为 0.02mm/全长；孔 H 的圆度、圆柱度公差为 0.01mm；孔 H 的表面粗糙度值为 $Ra3.2\mu m$；表面①、②的接触精度为 10 ~ 12 点/(25mm × 25mm)。

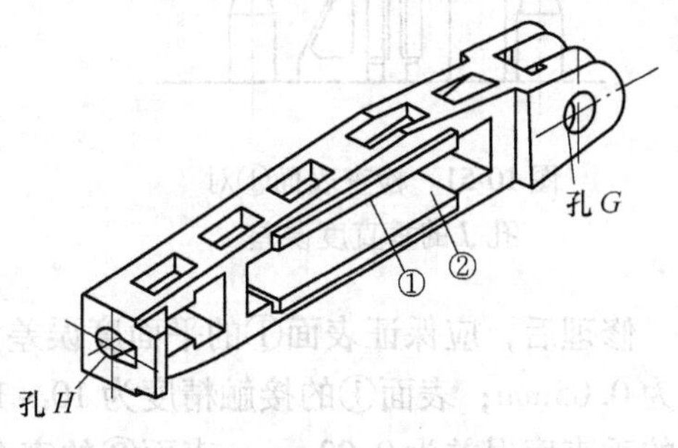

图 10-48　摇杆示意图

(3) 修理方法　修理前，先对表面①、②及孔 G、孔 H 的几何精度和相互位置精度进行检查。检查的方法可参考图 10-49 和图 10-50。然后，参考检测的结果，以孔 G 及表面①、②为基准，精镗孔 H 至要求。最后，采用手工刮研的方法对表面①、②进行修复。

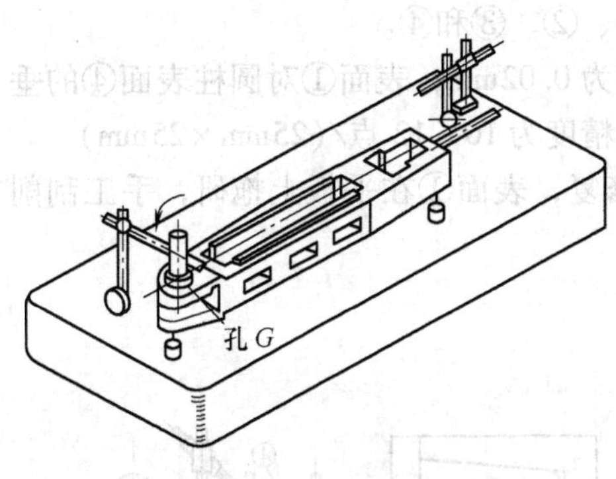

图 10-49　检查孔 H 对孔 G 的垂直度误差

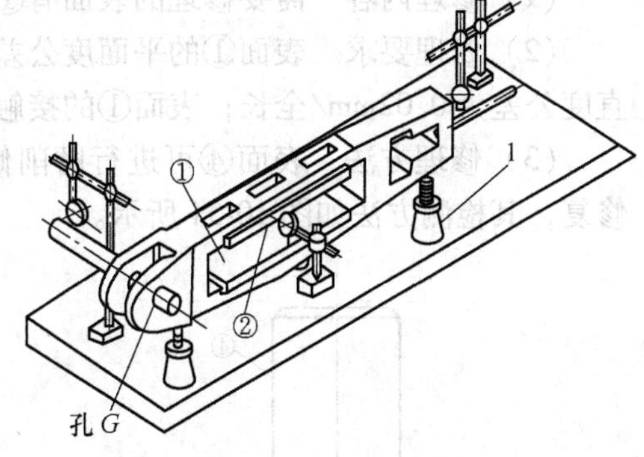

图 10-50　检查表面①、②对孔 G、孔 H 的平行度误差

1—孔 H 检验心轴

孔 H 精镗后与孔 H 相配合的圆滑块需要更新，两者按 H7/h6 配合。

与修后摇杆槽表面①、②相配的方滑块也应更新，并按 H7/h6 相配合。

12. 摇杆传动齿轮

摇杆传动齿轮需要修复的表面有①、②和③。采用的修理方法以手工刮削为主。刮削过程中的检测方法如图 10-51 和图 10-52 所示。

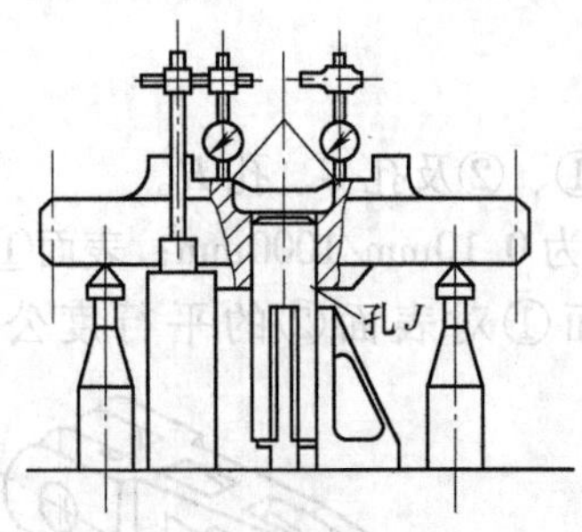

图 10-51　检查表面①对孔 J 的垂直度误差

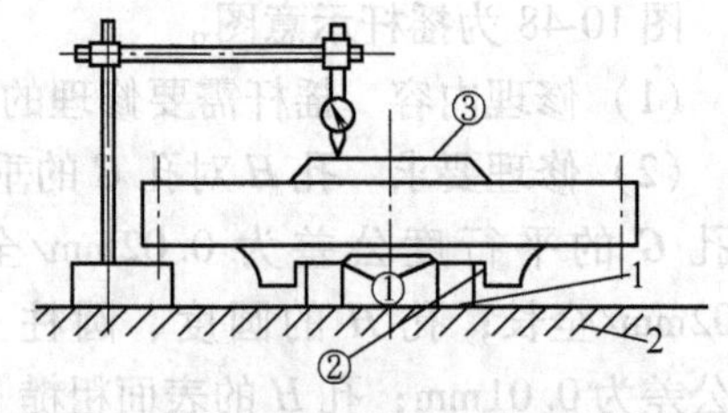

图 10-52　检查表面③对表面①的平行度误差
1—等高垫　2—平台

修理后，应保证表面①的平面度误差为 0.02mm；表面①对孔 J 的垂直度误差为 0.05mm；表面①的接触精度为 10～12 点/(25mm×25mm)。表面②对表面①的垂直度误差为 0.02mm；表面②的密合程度用 0.04mm 塞尺检查，插入深度为 10mm；表面②的接触精度为 8～10 点/(25mm×25mm)。表面③对表面①的平行度误差为 0.02mm/100mm；表面③的接触精度为 8～10 点/(25mm×25mm)。

13. 摇杆销座

图 10-53 为摇杆销座示意图。

（1）修理内容　需要修理的表面有①、②、③和④。

（2）修理要求　表面①的平面度公差为 0.02mm；表面①对圆柱表面④的垂直度公差为 0.02mm/全长；表面①的接触精度为 10～12 点/(25mm×25mm)。

（3）修理方法　表面④可进行磨削修复，表面①在平板上拖研，手工刮削修复，其检测方法如图 10-54 所示。

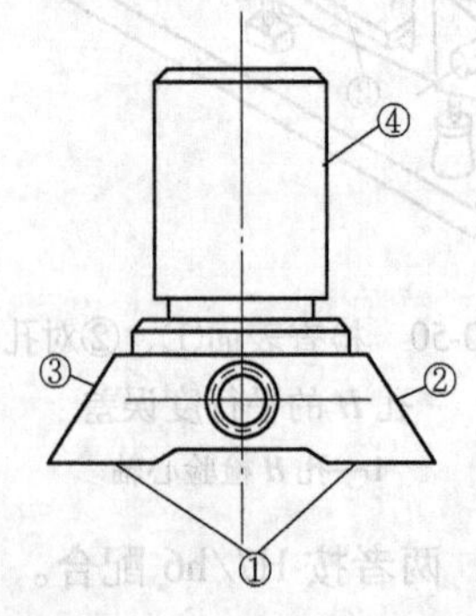

图 10-53　摇杆销座示意图

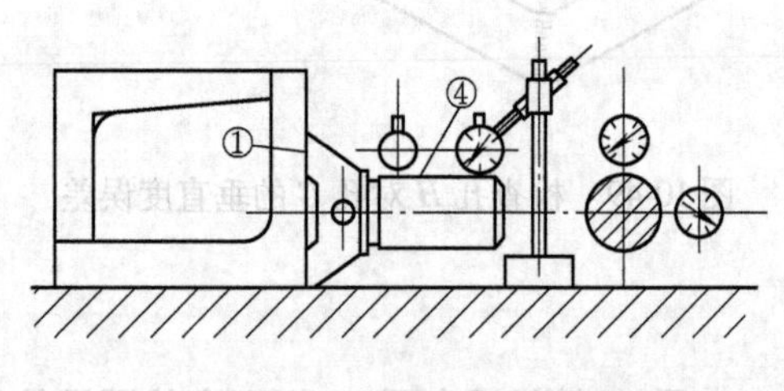

图 10-54　检验表面①对圆柱表面④的垂直度误差

表面②、③在部件合装中进行刮削修理。

14. 摇杆销座、压板与摇杆传动齿轮的合装

在压板、摇杆传动齿轮及摇杆销座表面①、④都修复好以后，应进行合装配刮。图 10-55 为合装配刮示意图。

合装的目的是修复丝杠轴承支承孔与销座丝杠孔的同轴度。在水平方向上可以重铰轴承定位销孔，在垂直方向上可以修刮轴承支承座底面至要求。

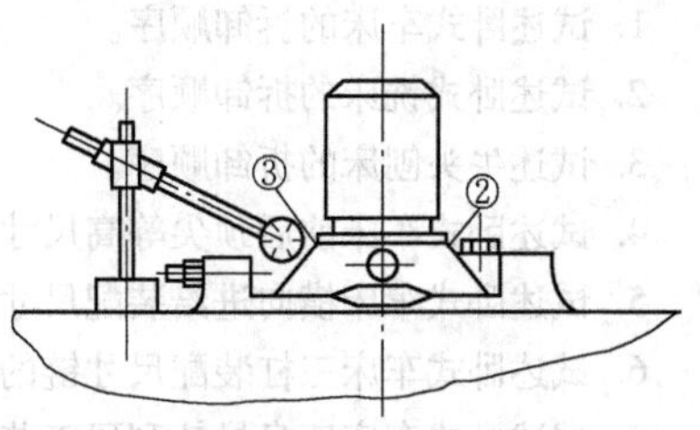

图 10-55　销座表面②、③与压板配刮示意图

配刮后，应保证表面①、②、③的接触精度为 10～12 点/(25mm×25mm)；表面①、②、③的密合程度用 0.04mm 塞尺检查，插入深度在 20mm 以内。表面②对表面③的平行度误差为 0.02mm/全长。

15. 上支点轴承

图 10-56 为上支点轴承示意图。上支点轴承连接于摇杆和滑枕之间。当它们组装后，紧固上支点轴承，可能出现由于摇杆孔 *G* 对床身表面①、②的不平行，而引起上支点轴承孔 *K* 与摇杆孔 *G* 不同心，使滑枕移动出现憋劲现象（图 10-57）。此时，应修刮上支点轴承①、②来抵消摇杆孔 *G* 对床身表面①、②的平行度误差，确保滑枕移动平稳。

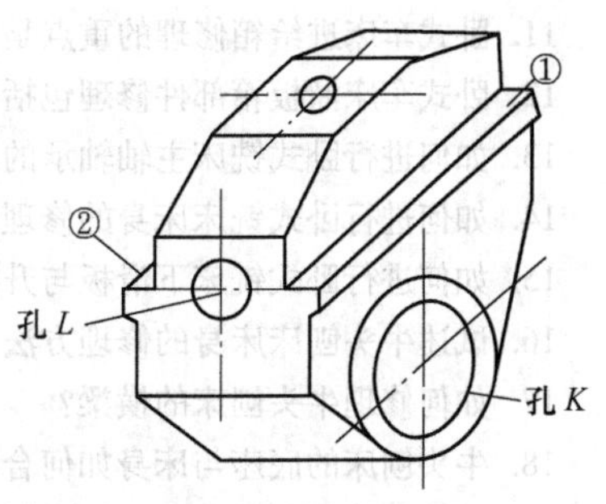

图 10-56　上支点轴承示意图

修刮后，应保证摇杆孔 *G* 对床身表面①、②的平行度误差为 0.02mm/300mm；孔 *K* 对滑枕表面①、②的平行度误差为 0.03mm，孔 *L* 对滑枕表面①、②的平行度误差为 0.02mm/100mm，如图 10-58 所示；孔 *K* 与孔 *G* 的同轴度误差为 0.03mm。

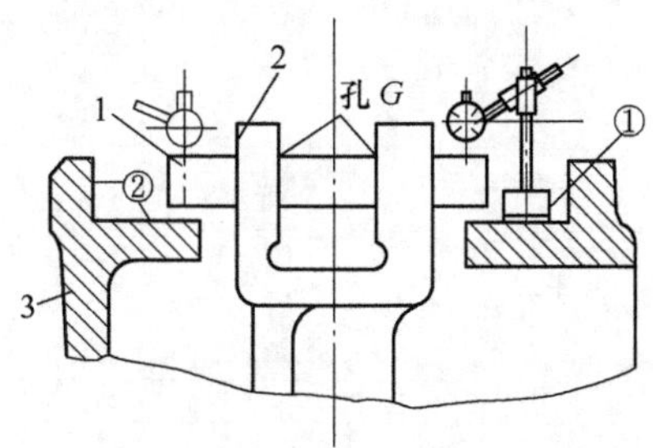

图 10-57　检查摇杆孔 *G* 对床身表面①、②的平行度误差

1—检验心轴　2—摇杆　3—床身

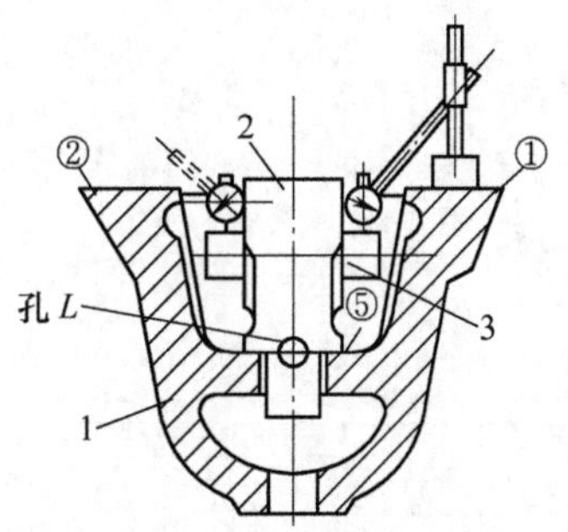

图 10-58　上支点轴承孔 *K*、孔 *L* 对滑枕表面①、②的平行度误差

1—滑枕　2—上支点　3—孔 *K* 检验心轴

复习思考题

1. 试述卧式车床的拆卸顺序。
2. 试述卧式铣床的拆卸顺序。
3. 试述牛头刨床的拆卸顺序。
4. 试述卧式车床前后顶尖等高尺寸链的修复。
5. 试述卧式车床横向进给装配尺寸链的修复。
6. 试述卧式车床三杠装配尺寸链的修复。
7. 试述卧式车床床身导轨刮研工艺。
8. 试述卧式车床溜板部件刮研工艺。
9. 如何进行卧式车床床身与溜板的拼装？
10. 试述卧式车床刀架部件的刮研工艺。
11. 卧式车床进给箱修理的重点是什么？
12. 卧式车床溜板箱部件修理包括哪些内容？
13. 如何进行卧式铣床主轴轴承的装配？
14. 如何进行卧式铣床床身的修理？
15. 如何进行卧式铣床下滑板与升降台装配尺寸链的修复？
16. 试述牛头刨床床身的修理方法。
17. 如何修理牛头刨床的横梁？
18. 牛头刨床的底座与床身如何合装？
19. 试述牛头刨床转盘和刀架滑板的修理内容及方法。
20. 试述牛头刨床摇杆的修理内容、要求及方法。

第十一章

磨床、镗床、龙门铣床的维护保养

培训目标 掌握磨床的润滑保养知识；掌握数控镗铣床的维护保养知识；掌握龙门铣床的维护保养知识。

第一节 磨　床

良好的润滑和保养利于延长磨床的使用寿命，确保其精度和可靠性。

一、磨床润滑

润滑的目的是为了减小摩擦面和各传动副的磨损，以保证和提高机构工作的可靠性和灵敏性。

1. 主轴的动压轴承润滑

常用的润滑油有 N2、N5 两种主轴油，砂轮架油池的主轴油应每三个月更换一次。

2. 工作台纵向导轨、砂轮架横向导轨润滑

使用全损耗系统用油（如 L-AN46、L-AN32、L-AN68）进行润滑。

3. 内圆磨具滚动轴承润滑

使用润滑脂，其型号为 3 号锂基润滑脂、3 号钙基润滑脂，而且 500h 就应更换一次。

4. 采用滴油润滑的各润滑点润滑

工作台纵向手轮润滑杯、横向进给手轮润滑油杯、尾座套筒注油孔等均为此类润滑点，它们需要定期注入全损耗系统用油。

二、磨床保养

保养的目的是为了保证机床的良好技术状态，以防机床发生故障，致使机床精度降低，甚至损坏。

1. 日常保养要点

1）按操作规程正确操作机床，确保磨床部件、机械结构不损坏。

2）工作前后必须进行磨床部件、机械结构、液压系统、冷却系统的检查，发现异常必须及时修理排除故障。

3）擦净头架、尾座与工作台的连接面后，涂上润滑油，再对其位置进行移动调整，确保其连接面的机床精度。

4）按规定的油类对人工润滑的部位进行加注，并确保其油面的高度。

5）定期冲洗冷却系统，合理更换切削液。废切削液应按环保要求进行处理。

6）高速滚动轴承的温升应低于60℃。

7）欲在磨床加工的工件精度及尺寸参数应与该机床的精度等级及参数相对应，以保护机床精度。

8）必须给机床暴露在外面的滑动面和机械机构涂油以防生锈。

9）对机床的工作面和部件应确保不碰撞、不拉毛。

2. 一级保养

磨床运转500h后，就需进行一次一级保养。以万能外圆磨床为例。

（1）一级保养的内容及要求

1）外部保养

①清洗机床外表，确保其清洁、无锈蚀、无油痕。

②对有防护盖板、挡板的各部位，应先将防护盖板、挡板拆卸再清洗，以确保清洁、安装牢固。

③补齐手柄、螺钉、螺母。

2）砂轮架及头架、尾座的保养

①拆卸砂轮架带罩和砂轮防护罩并进行清洗。

②检查电动机及紧固螺钉、螺母是否松动。

③调整砂轮架带，使之松紧适当。

④拆卸尾座套筒，并对套筒和尾座壳体进行清洗，以确保其清洁，并保持其良好的润滑。

3）液压、润滑系统的保养

①检查液压系统的压力状况，以确保系统部件正常运行。

②清洗液压泵过滤器。

③检查砂轮架主轴润油的油质及油量。

④清洗导轨，检查润滑油的油质及油量，确保油孔、油路的通畅；检查油管安装是否牢固，是否有断裂泄漏现象。

⑤清洗油窗。

4）冷却系统的保养

①清洗切削液箱，按环保要求调换切削液。

②检查切削液泵，将嵌入泵内吸油口上的棉纱等杂物清除掉，确保电动机正常运转。应将切削液泵放置在水箱挡条上，以防止其跌落到水箱内，致使电动机损坏。

③清洗过滤器，拆洗切削液管，确保管路通畅；构件安装应排列整齐、牢固。

5）电气系统的保养

①清扫电器箱，确保清洁、干燥。

②清理电线及蛇皮管，要及时修复裸露的电线及损坏的蛇皮管。

③检查各电器装置，使其固定整齐、正常工作。

④检查各发光装置，如指示灯、照明灯等，使其发光明亮、正常工作。

6）机床附件的保养：如平衡架、中心架、砂轮修整器等，应保证清洁、整齐、无锈迹。

（2）一级保养的操作步骤

1）切断电源，摇动手轮使砂轮架向后退到靠后位置，将头架、尾座推到工作台两端。

2）对铁屑较多的部位（如水槽、切削液箱、防护罩壳等处）进行清扫。

3）用柴油对头架主轴、尾座套筒、液压泵过滤器等进行清洗。

4）在机修人员的指导配合下，对砂轮架及床身油池内的油质情况、油路工作情况等进行检查，并依据具体情况适时地调换或补加润滑油和液压油。

5）在维修电工的指导配合下，对各电器进行检查和保养。

6）按着上、下，后、前，左、右的顺序对机床涂装表面进行保养，用去污粉或碱水将油痕清洗掉。

7）对附件进行清洁保养。

8）将缺少的零部件逐一补齐。

9）对砂轮架主轴、头架主轴的间隙等进行调整。

10）将各防护罩，盖板按基位置装好。

◆◆◆ 第二节　数控镗铣床

一、数控系统的维护

1）严格遵守操作规程。

2）对数控柜和强电柜的门应尽量少开启。

3）定时清扫数控柜的散热通风系统。

4）定期检查和更换直流电动机的电刷。

5）定期更换存储用电池。

二、机械部件的维护

1. 主传动链的维护

1）应对主轴传动带的松紧程度定期进行调整，以防传动带打滑出现丢转现象。

2）对于主轴润滑的恒温油箱，应调节温度范围，进行定期检查，及时补充油量，并对过滤器进行清洗。

3）要及时调整液压缸活塞的位移量，以防止因主轴中刀具夹紧装置使用时间过长，产生间隙，以致影响刀具的夹紧。

2. 滚珠丝杠螺纹副的维护

1）应对滚珠丝杠螺纹副的轴向间隙定期进行检查、调整，以确保反向传动精度和轴向刚度。

2）应对滚珠丝杠与床身的连接处定期进行检查，看看是否有松动。

3）要及时更换有损坏的丝杠防护装置，以免灰尘或切屑的进入。

3. 刀库及换刀机械手的维护

1）超重、超长的刀具严禁装入刀库，以免在机械手换刀时发生掉刀或刀具与工件、夹具碰撞的现象。

2）对刀库的回零位置、主轴回换刀点位置是否正确、到位要经常进行检查并及时调整。

3）开机后，应使刀库和机械手空载运行，并对各部工作是否正常，各行程开关和电磁阀的动作是否正常进行检查。

4）应对刀具在机械手上锁紧可靠与否进行检查，若发现异常应及时调整处理。

三、液压、气动系统的维护

1）应对各润滑、液压、气压系统的过滤器或过滤网定期进行清洗或更换。

2）应对液压系统的油质定期进行化验检查，并适时更换液压油。

3）应对气压系统的分离滤气器进行定期放水。

四、机床精度的维护

应对机床的水平和机床精度定期进行检查并校正。

机床精度的校正方法有软、硬两种：

1. 软方法

软方法就是通过系统参数补偿来实现，如丝杠反向间隙补偿、各坐标定位精度定点补偿、机床回参考点位置校正等。

2. 硬方法

硬方法就是通过机床大修来实现，如导轨修刮、滚珠丝杠螺母副预紧调整反向间隙等。

第三节　龙门铣床

龙门铣床的维护保养可分为一级保养和二级保养。

一、一级保养

1. 时间

机床运行600h 即要进行一级保养。

2. 人员

以操作工人为主，维修工人配合进行。

3. 保养内容及方法

保养前应首先切断电源，然后再进行保养。

（1）外部保养

1）清洗机床外表面及各罩壳，保持内外清洁，无锈蚀。

2）对缺失或松动的螺钉、螺母、手柄、手球、弹簧等零件应补齐或紧固，保证机床完整。

3）清洗各附件，做到清洁、齐整、无锈。

（2）齿轮箱、液压箱、铣头

1）清洗裸露在外面的丝杠、光杠及几箱几头的表面。

2）检查并调整好镶条与导轨间隙。

（3）横梁、立柱

1）清洗裸露在外面的丝杠、光杠及横梁、立柱的表面。

2）检查并调整好镶条与导轨间隙。

（4）液压、润滑

1）清洗油毡、油线、油槽、电磁阀、过滤器、油标等，达到清洁明亮。

2）保证系统齐全，油路畅通，无泄漏。

3）检查压力表，调整油压。

4）检查油质、油量，视缺少情况添加润滑油。

（5）电器

1）擦净电器箱、电动机。

2）检查行程开关，紧固接零装置。

二、二级保养

1. 时间

机床运行5000h即要进行二级保养。

2. 人员

以维修工人为主，操作工人参加，在维修技术人员配合下，进行保养。

3. 保养内容及方法

在继续执行上述一级保养内容及要求的基础上，还应做好以下保养工作。

保养前仍要首先切断电源。

（1）齿轮箱、液压箱、铣头　检查几箱几头内的齿轮、轴、阀等零件磨损情况，修复或对损坏件进行测绘，提出备品，调整好各处间隙。

（2）横梁、立柱　修复或对损坏件进行测绘，提出备品，调整好各处间隙。

（3）液压、润滑

1）清洗液压泵，检修电磁阀。

2）校验压力表。

3）修复磨损零件，对损坏件进行测绘，提出备品。

（4）电器

1）清洗电动机，更换润滑脂。

2）修复磨损零件，对损坏件进行测绘，提出备品。

3）电器应符合相应完好标准的要求。

（5）精度

1）校正机床水平，检查、调整、修复精度。

2）精度应符合设备完好标准要求。

第四节 磨床、镗床、龙门铣床的维护保养的技能训练实例

训练1 治 漏

磨床、镗床、龙门铣床同其他机床一样也存在泄漏，治漏在它们的日常维护保养中占有重要位置。

常用的治漏方法如下：

（1）紧固法 即通过紧固渗漏部分的螺钉、螺母、管接头等来消除联接部位因松动而引起的漏油现象。

（2）疏通法 保证回流油路畅通，不被污物堵住；或将过小的回油孔改成大直径回油孔或增加新的回油孔使油路畅通。

（3）封涂法 在渗漏处涂封口胶进行密封紧固，以消除渗漏现象。

（4）调整法 即调整相关件的位置。如调整滑动轴承孔与轴颈之间的间隙；减少液压润滑系统的压力；调整刮油装置（如毛毡的松紧高低）等。此法应是治漏的首选方法。

（5）堵漏法 对于漏油的铸件砂眼、螺纹孔进行堵塞的办法进行治漏。如在箱体的砂眼处堵塞环氧树脂，在通孔处堵塞铅块等。

（6）修理法 即对箱盖结合面不严密时进行表面刮研修理；油管喇叭口不严密时对喇叭口进行修理；液压润滑件因毛刺、拉伤、变形而漏油时对液压件进行修理，通过修理达到治漏的目的。

（7）换件法 即更换密封件或相关件，达到治漏的目的。

（8）改造法 对因设计不合理而造成的漏油可通过改造原有结构、更换密封材料、改变润滑介质、减小配合间隙、增加挡油板及接油盘的方法进行改造治漏。

训练2 卧式镗床主轴箱镶条的修复

（1）镶条调整量不满足时 可采用环氧树脂粘结层压板方法，使其恢复调整量。

（2）镶条调整量较小时，可刨削两个导向压板的安装面，使镶条恢复调整量。

（3）配刮 上述两种情况都应先将镶条在平板上初刮，之后，将镶条以及压板装上主轴箱，与前立柱对研修刮镶条至8～10点/（25mm×25mm），使配合松紧适宜。密合程度用0.03mm塞尺检查，滑动面0.03mm塞尺插入深度应≤20mm，固定面0.03mm塞尺插不进去。

复习思考题

1. 磨床润滑包括哪些内容？
2. 磨床保养包括哪些内容？
3. 磨床的一级保养包括哪些内容和要求？
4. 试述磨床一级保养的操作步骤。
5. 数控镗铣床数控系统的维护包括哪些内容？
6. 数控镗铣床机械部件的维护包括哪些内容？
7. 龙门铣床一级保养包括哪些内容？
8. 龙门铣床二级保养包括哪些内容？

试　题　库

知识要求试题

一、判断题（对画√，错画×）

1. 噪声频率小于300Hz的低频噪声不会对人体造成伤害。 （　）
2. 噪声频率在300～800Hz的中频噪声不会对人体造成伤害。 （　）
3. 在工业生产环境中，有害、有毒物质常以固体、液体或气体的形态存在。 （　）
4. 有害气体二氧化硫、一氧化碳只有在高温、高压下才能呈气态。 （　）
5. 高温作业通常指作业温度在50℃以上。 （　）
6. 低温一般是指温度范围为－20～－40℃。 （　）
7. 登高梯子与地面放置的夹角应大于60°。 （　）
8. 恒温环境的温度范围通常指20～25℃。 （　）
9. 外圆磨床床身纵向导轨的直线度在垂直平面内，在1000mm内，公差值为0.2mm。 （　）
10. 外圆磨床床身纵向导轨在垂直平面内的平行度，当最大磨削长度≤500mm时，公差值为0.2mm/1000mm。 （　）
11. 外圆磨床头、尾架导轨移置导轨对工作台移动的平行度，在1000mm内，公差值为0.01mm。 （　）
12. 外圆磨床头架主轴定位轴颈的径向圆跳动公差值为0.05mm。 （　）
13. 外圆磨床头架主轴锥孔轴线靠近主轴端部公差值为0.05mm。 （　）
14. 外圆磨床头架主轴轴线对工作台移动的平行度在垂直平面内，在300mm测量长度上，主轴不可回转为0.0025mm。 （　）
15. 外圆磨床头架回转时主轴轴线的等高度，当最大磨削直径≤200mm时，公差值为0.15mm。 （　）

16. 外圆磨床尾架套筒锥孔轴线对工作台移动的平行度在垂直平面内，在300mm测量长度上，公差值为0.015mm。 （ ）

17. 卧式镗床工作台移动在垂直平面内的直线度，当工作台纵向移动时，在工作台每1m行程上，公差值为0.001mm。 （ ）

18. 卧式镗床工作台移动在水平平面内的直线度，当工作台横向移动时，在工作台每1m行程上，公差值为0.004mm。 （ ）

19. 卧式镗床工作台面的平面度，当主轴直径≤100mm时，在每1m测量长度上，公差值为0.1mm。 （ ）

20. 卧式镗床主轴箱垂直移动的直线度，在工作台面纵向，当主轴直径≤100mm，主轴箱行程≤1.5m时，在主轴箱每1m行程上，公差值为0.3mm。 （ ）

21. 卧式镗床主轴箱垂直移动对工作台面的垂直度，在工作台面纵向，当主轴直径≤100mm时，在主轴箱每1m行程上，公差值为0.003mm。 （ ）

22. 卧式镗床主轴旋转中心线对前立柱导轨的垂直度，当测量长度为1m时，公差值为0.3mm。 （ ）

23. 卧式镗床工作台面对工作台移动的平行度，工作台做纵向移动，当主轴直径≤100mm时，在工作台每1m行程上，公差值为0.03mm。 （ ）

24. 卧式镗床主轴的径向圆跳动，当主轴直径≤100mm时，在300mm测量长度上，公差值为0.003mm。 （ ）

25. 固定式龙门铣床工作台移动（X轴线）在XY水平面内的直线度，在2000mm测量长度内公差值为0.002mm。 （ ）

26. 固定式龙门铣床铣头水平移动（Y轴线）的直线度，在XY水平面内，在1000mm测量长度内，公差值为0.02mm。 （ ）

27. 固定式龙门铣床铣头水平移动（Y轴线）的角度偏差，在YZ垂直平面内，公差为0.4mm/1000mm。 （ ）

28. 固定式龙门铣床铣头水平移动（Y轴线）对工作台移动（X轴线）的垂直度，当工作台宽度≤3000mm时，在测量长度内，公差为0.03mm。 （ ）

29. 固定式龙门铣床横梁垂向移动（W轴线或R轴线）对工作台移动（X轴线）的垂直度，在500mm测量长度上，公差为0.2mm。 （ ）

30. 固定式龙门铣床横梁垂向移动（W轴线或R轴线）对铣头水平移动（Y轴线）的垂直度，在500mm测量长度上，公差为0.002mm。 （ ）

31. 固定式龙门铣床工作台面对工作台移动（X轴线）的平行度，在2000mm测量长度内，公差为0.02mm。 （ ）

32. 固定式龙门铣床中央或基准T形槽对工作台移动（X轴线）的平行度，在2000mm测量长度内，公差为0.003mm。 （ ）

33. 对于外圆磨床，开动砂轮时，应将液压传动开关手柄放在“停止”位置。 ( )

34. 外圆磨床操作时应先打开总油门，后开动砂轮。 ( )

35. 外圆磨床装卸和测量工件时，不必将砂轮退离工件，也不必停机。 ( )

36. 外圆磨床操作时，起动液压泵电动机，不必注意其运转方向。 ( )

37. 外圆磨床的床身油池内，加油时，越多越好。 ( )

38. 对于卧式镗床电气设备的起动、停止、反向、制动和调速要求安全、可靠、平稳。 ( )

39. 对于卧式镗床用0.03mm塞尺检查各固定结合面的密合程度时，要求其插入深度应为20mm。 ( )

40. 对于卧式镗床用0.04mm塞尺检查各滑动导轨的端面，要求插不进去。 ( )

41. 对于固定式龙门铣床的横梁在升降前夹紧装置应自动松开，升降完成后则自动夹紧。 ( )

42. 对于固定式龙门铣床调试前，应检验各联锁装置的工作可靠性。 ( )

43. 在检验外圆磨床床身纵向导轨的直线度时，画出导轨的误差曲线，则以误差曲线对其两端点连线间坐标值的最小代数差作为全程误差。 ( )

44. 在检验外圆磨床床身纵向导轨的直线度时，在垂直平面内检测完后，再在水平面进行检验，此时，应将光学平直仪平行光管的接目镜回转180°。 ( )

45. 在检验外圆磨床主轴的轴向窜动时，应将指示表的测头触及专用检验棒的端面最外缘。 ( )

46. 在检验外圆磨床头架主轴锥孔轴线的径向圆跳动时，检测完一次后，应拔出检验棒，相对主轴锥孔转180°，再重新插入检验棒，再检测一次。 ( )

47. 在检验外圆磨床头架主轴轴线对工作台移动的平行度时，检测完一次后，应拔出检验棒，相对主轴锥孔转90°，重新插入锥孔中，再检验一次。 ( )

48. 在检验外圆磨床尾架套筒锥孔轴线对工作台移动的平行度时，应将尾架紧固在距主轴顶尖0.5倍最大磨削长度处。 ( )

49. 当外圆磨床头、尾架移置导轨对工作台移动的平行度超差时，应修刮头、尾架的下导轨面至要求。 ( )

50. 外圆磨床头架回转时主轴轴线的等高度超差时应修刮头架底座与工作台的连接面至要求。 ( )

51. 当卧式镗床的工作台做纵向移动，工作台在垂直平面内的直线度超差

时，应修刮下滑座下导轨面底平面至要求。（ ）

52. 当卧式镗床的工作台做纵向移动，工作台移动在水平平面内的直线度超差时，应修刮下滑座下导轨面底平面至要求。（ ）

53. 当检验卧式镗床工作台的横向移动时，在工作台旁放一根平尺，使其与上滑座下导轨（也就是下滑座的上导轨）垂直。（ ）

54. 在沿卧式镗床工作台面的纵向检验主轴箱垂直移动的直线度时，在工作台面上应沿横向放一个直角尺。（ ）

55. 检验卧式镗床主轴旋转中心线对前立柱导轨的垂直度时，在其检验的最后一步，应旋转主轴90°进行检验，指示表读数的最大差值即为垂直度误差。（ ）

56. 当在垂直平面内检验主轴移动的直线度时，在工作台面上放一根专用平尺，使其检验面位于水平平面内。（ ）

57. 在检验卧式镗床工作台纵向移动对横向移动的垂直度时，先在工作台面上卧放一个直角尺，利用固定在机床上的指示表调整直角尺，使直角尺这个检验面和滑座移动方向垂直。（ ）

58. 在检验卧式镗床工作台转动后工作台面的水平度时，工作台依次回转30°、60°、120°。（ ）

59. 在检验固定式龙门铣床工作台移动（*X*轴线）在*XY*水平面内的直线度时，应首先将钢丝固定在工作台的两端之间，使其平行于工作台*X*轴线运动方向。（ ）

60. 当固定式龙门铣床工作台移动（*X*轴线）在*XY*水平面的直线度超差时，应修刮工作台下导轨底面的导向定位侧面至要求。（ ）

61. 当检验固定式龙门铣床铣头水平移动（*Y*轴线）的直线度时，首先应将横梁固定在行程两端的一端，使工作台也位于其行程的一端。（ ）

62. 当检验固定式龙门铣床铣头水平移动（*Y*轴线）对工作台移动（*X*轴线）的垂直度时，应把平尺水平放在工作台上，并使其垂直于工作台移动方向。（ ）

63. 当检验固定式龙门铣床工作台面的平面度时，首先应将工作台位于行程的中间位置。（ ）

64. 当检验固定式龙门铣床主轴定心轴颈的径向圆跳动、轴向圆跳动及周期性轴向窜动时，应调整主轴前轴承和后轴承的间隙至要求。（ ）

65. 当检验固定式龙门铣床回转铣头回转轴线对工作台移动（*X*轴线）的平行度时，应将直角尺放在平板上，使其垂直面垂直于*Y*轴线移动方向。（ ）

66. 当固定式龙门铣床水平铣头主轴旋转轴线对垂直铣头水平移动（*Y*轴

线）的平行度超差时，应修刮垂直铣头溜板滑座下导轨面的水平导向面至要求。（ ）

67. 外圆磨床安装水平的初步调整时，应在床身底部放置4块垫铁。（ ）

68. 外圆磨床安装水平的精确调整时，在床身底部原有3块垫铁的基础上，再放置几块辅助垫铁。（ ）

69. 外圆磨床试运行时，不必进行空运转试验。（ ）

70. 外圆磨床空运转试验时，工作台往复换向运动试验，应先进行低速、短行程往复运动，观察是否正常，之后，将工作台调整至最大行程位置。（ ）

71. 卧式镗床主要部件装配时，床身上装齿条，应将齿条放在平板上，测量齿条中径与齿条底面的平行度，修刮使其等高。（ ）

72. 卧式镗床工作台部件装配时，当斜齿轮与斜齿条间隙大于1mm时，调整斜齿轮的固定法兰至要求。（ ）

73. 卧式镗床主要部件装配时，下滑座夹紧装置的装配，应按左右两侧夹紧轴螺钉的旋向，装好四块压板，达到四块压板能同时夹紧和松开。（ ）

74. 卧式镗床进行空运转试验时，进给机构只做低速空运转试验。（ ）

75. 给龙门铣床安装立柱和横梁时，当左立柱与床身接触面相距10mm时，即可吊装横梁。（ ）

76. 龙门铣床安装立柱和横梁时，要边紧螺钉边打定位销。（ ）

77. 龙门铣床安装立柱和横梁时，其安装顺序是：安装右立柱→安装左立柱→吊装横梁。（ ）

78. 龙门铣床安装时，初平后才能进行二次灌浆。（ ）

79. 对畸形工件的划线，特别要注意应根据工件的装配位置，工件的加工特点及其与其他工件的配合关系，来确定合理的划线基准。（ ）

80. 对大型工件的划线，应选择待加工的孔和面最多的一面作为第一划线位置。（ ）

81. 机修中采用拓印法绘出的凸轮轮廓，无需进行校正。（ ）

82. 锉削圆弧面常用交叉锉法。（ ）

83. 锉削外圆弧面，锉刀除向前运动外，锉刀本身还要做一定的旋转运动和向左移动。（ ）

84. 被锉削的工件损坏时，解决办法是正确选择锉刀，正确地掌握操作技能。（ ）

85. 被锉削的工件尺寸超过规定范围，解决办法是正确夹持工件或适度地控制夹紧力。（ ）

86. 在零件同一加工面上有较多轴线互相平行的孔，可在钻床上用钻、扩、镗或钻、扩、铰的方法进行加工。（ ）

87. 群钻的手工刃磨主要分三（四）步。 （ ）

88. 群钻手工刃磨的顺序是：修磨横刃→磨圆弧刃→磨外刃。 （ ）

89. 磨削群钻外刃的要领之一是把主刃摆平，磨削点大致在砂轮的水平中心面上。 （ ）

90. 在磨削群钻外刃时，钻尾摆动时应高出水平面。 （ ）

91. 在磨削群钻外刃时，当主刃即将磨好成形时，应注意不要由刃瓣尾根向刃口方向进行磨削。 （ ）

92. 在磨削群钻月牙槽时，应使钻头轴线与砂轮右侧面的夹角为15°~30°。 （ ）

93. 在磨削群钻横刃时，钻头轴线左摆，在水平面内与砂轮侧面夹角约30°。 （ ）

94. 在磨削群钻外刃分屑槽时，最好选用橡胶切割砂轮，也可用普通小砂轮。 （ ）

95. 在刮削加工中，工件表面出现撕痕时，解决的办法是：要避免多次同向刮削，刀迹应规律性地交叉。 （ ）

96. 在刮削加工中，工件表面出现沉凹痕时，解决的办法是：要始终保持切削刃光洁且锋利；要避免切削刃有缺口或裂纹。 （ ）

97. 在刮削加工中，工件表面出现划道时，解决的办法是：在研点时千万不要夹有砂粒、切屑等杂质，显示剂一定要清洁。 （ ）

98. 在刮削加工中，工件表面精密度不准确时，解决的办法是：推磨研点时压力要保持均匀；研具伸出工件要适当，不能太多，也不能太少；千万不要对出现的假点进行刮削；一定要保持研具本身的准确性。 （ ）

99. 所谓超精研磨和抛光是一种特殊（不同于一般研磨）的精研方法。 （ ）

100. 超精研磨都是采用压嵌法预先把磨料嵌附在研具上，而后用于研磨。 （ ）

101. 超精研磨量块需要4~5道工序，即细研、半精研、精研、超精研、抛光。 （ ）

102. 小尺寸薄片量块的研磨和抛光采用的方法是粘迭法。 （ ）

103. 大尺寸量块的研磨无需辅助夹具夹牢固。 （ ）

104. 抛光研具不但要具有一定的化学成分，而且要求有很高的制造精度。 （ ）

105. 抛光的操作方法与研磨加工的操作方法基本相同，只不过抛光加工速度要比研磨加工的速度高。 （ ）

106. 当被测表面非常光滑时，也就是说是超精密表面，也可以用目测检测。（ ）

107. 表面粗糙度常用的测量方法有目测检测、比较检测和测量仪器检测等。（ ）

108. 光切法使用的仪器是干涉显微镜。（ ）

109. 干涉法使用的仪器是光切显微镜。（ ）

110. 针描法使用的仪器是电动轮廓仪。（ ）

111. 车床主轴箱体在一般加工条件下，划线可分为三次进行。（ ）

112. 在刃磨钻铸铁群钻时，采用双重顶角，其目的是为了减少磨损，延长钻头寿命。（ ）

113. 在刃磨钻铸铁群钻时，适当加大后角是为了减少钻头后面与工件间的摩擦。（ ）

114. 在刃磨钻铝合金群钻时，将钻头切削刃的前面（螺旋槽）和后面用磨石鐾光，其目的是减少积屑瘤的产生。（ ）

115. 零级精度平板刮削的第一步——粗刮，其作用是基本消除平板原有的平面度、直线度误差。（ ）

116. 零级精度平板刮削的第二步——细刮，其作用是进一步增加接触点数，以提高表面几何精度。（ ）

117. 万能外圆磨床既可纵向进给磨削外圆又可横向进给磨削外圆。（ ）

118. 在无心磨床进行外圆无心磨削时，工件安置在两轮中间，工件中心稍低于两轮中点的中心连线，支承拖板没有斜度。（ ）

119. 万能外圆磨床的上工作台可绕下工作台上的中间短轴转动，以磨削一定锥度的锥体。（ ）

120. 万能外圆磨床的砂轮架只具有主轴回转主运动和横向进给运动，不能绕滑鞍定位孔中心做回转运动。（ ）

121. 万能外圆磨床的头架变速箱可绕底盘定心轴颈回转。（ ）

122. 台式卧式铣镗床通过安装特殊附件也不能加工螺纹。（ ）

123. 台式卧式铣镗床主传动系统通常分为集中传动和分离传动。（ ）

124. 台式卧式铣镗床进给方式通常有两种，即转进给方式和分进给方式。（ ）

125. 台式卧式铣镗床主轴的三层结构包括外伸主轴（镗轴）、空心主轴（铣轴）及平旋盘主轴。（ ）

126. 台式卧式铣镗床的平旋盘主要用来镗削大孔，切削端面、外圆及退刀槽等。（ ）

127. 横梁移动式龙门铣床用于加工大型零件的平面、斜面等。（ ）

128. 龙门架移动式龙门铣床用于加工重型、超重型零件的平面、斜面。（　）

129. 光学平直仪在机床制造和修理中，用来检查床身导轨在水平面内和垂直平面内的平面度。（　）

130. 光学平直仪可检查检验用平板的平面度误差。（　）

131. 光学计管主要采用两个原理进行工作，即自准直原理和机械正切杠杆原理。（　）

132. 卧式测长仪主要用于测量平行平面的长度以及球和圆柱体的直径等。（　）

133. 经纬仪是用于测量角度和分度的高精度光学仪器。（　）

134. 在进行经纬仪读数时，对径分划线不重合时不能读数。（　）

135. 投影仪是利用光学元件将被测零件的外形放大并投射在影屏上显示出影像，然后进行测量或检验的光学仪器。（　）

136. 光切显微镜是采用非接触法测量表面粗糙度的光学仪器。（　）

137. 光切显微镜其被测材料可以是金属、木材、纸张、塑料等。（　）

138. 干涉显微镜是利用光波干涉原理，把具有微观不平的被测表面与光学镜面相比较，以光的波长为基准来测量零件的表面粗糙度。（　）

139. 使用干涉显微镜测量被测表面的粗糙度时，若干涉条纹为等距离平行直纹，则被测表面存在微观平面度。（　）

140. 工具显微镜用影像法和轴切法两种方法进行测量。可按直角坐标和极坐标精确地测量工件的长度和角度。（　）

141. 被磨削工件表面出现螺旋线，其原因之一就是工作台纵向速度和工件转速过高。（　）

142. 被磨削工件表面出现鱼鳞粗糙面，其原因之一就是横向进给量过大。（　）

143. 卧式镗床下滑座低速运动时有爬行现象，光杠有明显振动，其原因之一就是下滑座的镶条调整过紧。（　）

144. 卧式镗床进行加工时，出现切削力小，其原因之一就是导轨接触不良或有较严重的研伤。（　）

145. 龙门铣床铣头主轴的轴向窜动和径向圆跳动量较大，其原因是地基刚度不足。（　）

146. 用龙门铣床进行镗削时，工件表面产生波纹，其原因之一就是机床振动。（　）

147. 使用光学平直仪测量V形导轨在垂直平面内的直线度误差时，当用目镜观察视场的情况是：视场基准线处于亮“十字像”中间，当测微手轮为零时，

表示没有误差。 ( )

148. 在使用光学计时，选择工作台和测帽的原则是：选择与零件接触面尽量大的工作台和测帽。 ( )

149. 卧式测长仪可以进行绝对测量和相对测量。 ( )

150. 投影仪的测量方法也有两种，即绝对测量法和相对测量法。 ( )

151. 在使用干涉显微镜进行测量时，应把被测件表面朝上。 ( )

152. 工具显微镜使用范围较广，其测量内容可分为两类，即线性尺寸测量和角度的测量。 ( )

153. 滚珠丝杠螺母机构中滚珠的循环在返回过程中与丝杠脱离接触的，称之为内循环。 ( )

154. 滚珠丝杠螺母机构中滚珠的循环在返回过程中始终保持接触的，称之为外循环。 ( )

155. 通过对滚珠丝杠螺母机构预紧轴向力来消除其径向间隙。 ( )

156. 滚珠丝杠螺母机构的预紧力过小，在载荷作用下，传动精度会因此出现间隙而降低。 ( )

157. 滚珠丝杠螺母机构的预紧力过大，传动效率和使用寿命会降低。 ( )

158. 螺纹工作面间形成液动静压油膜润滑的螺旋传动即为静压螺旋传动。 ( )

159. 静压螺旋传动有机械磨损，有爬行。 ( )

160. 离合器是主、从动部分在两条轴线上传递动力或运动。 ( )

161. 牙嵌离合器可用在高速的场合。 ( )

162. 超越离合器是通过主、从动部分的速度变化或旋转方向的变化，而具有离合功能的离合器。 ( )

163. 在滚珠丝杠螺母机构装配调整期间，可以加注润滑剂。 ( )

164. 滚珠丝杠螺母机构的滚珠直径应保持一致。 ( )

165. 静压滑动轴承是借助液压系统强制地把压力油送入轴与轴承的配合间隙中，利用液体的静压力支承载荷的一种滑动轴承。 ( )

166. 静压滑动轴承的承载能力主要取决于轴的转速和油液的粘度。 ( )

167. 从静压滑动轴承的工作原理中知道：当轴没有受到载荷时，如果四个节流器阻力相同，则四个油腔的压力也相同，主轴轴颈被浮在轴承中心。 ( )

168. 旋转精度高，而且能长期保持精度是静压滑动轴承的优点之一。 ( )

169. 静压滑动轴承的缺点是轴心位置不稳定。 ( )

170. 静压滑动轴承需要一套可靠的供油系统，使用压力油源造成成本高，是静压滑动轴承的缺点。（ ）

171. 滑动轴承的内孔刮研是以主轴轴颈为最终依据的。（ ）

172. 采用整体滑动轴承的主轴的测量方法可在车床、磨床上进行，也可在V形块上进行。（ ）

173. 采用整体滑动轴承的主轴锥体磨损轻微时，可采用抛光修复。（ ）

174. 轴瓦式滑动轴承是一种高精度的滑动轴承，一般应用在磨床主轴上。（ ）

175. 静压滑动轴承主轴试运转时，应检查进油压力与油腔压力之比是否正常。（ ）

176. 静压轴承的封油面是可以刮研的。（ ）

177. T68镗床主轴和钢套的主要失效形式有磨损、变形、局部性损伤。（ ）

178. 修复多段导轨时，应先拼装，后刮研。（ ）

179. 转速较高的旋转件必须进行高速动平衡试验。（ ）

180. 在低速动平衡前一般要先经过静平衡试验。（ ）

181. 在高速动平衡前可以不做低速动平衡试验。（ ）

182. 只需在两个校正面上进行平衡校正，就能使不平衡的转子获得动平衡。（ ）

183. 在研究机械设备噪声时，通常可用某一固定测点上的声压级作对比测量。（ ）

184. 测量机械设备噪声时，应当标出测点。（ ）

185. 在对设备进行振动状态监测时，最佳参数的选择是速度。（ ）

186. 在对设备进行振动状态监测时，一般以轴承部位作为测量点。（ ）

187. 测量轴承振动的速度参数时，要选择反映振动最直观和最灵敏的部位。（ ）

188. 测量轴承垂直方向的振动值时，应选择轴承宽度中央的正上方作为测量点位置。（ ）

189. 测量轴承水平方向的振动值时，应选择轴承宽度中央的中分面处作为测量点位置。（ ）

190. 测量轴承的轴向振动时，应选择轴承中心线附近的端面为测量点位置。（ ）

191. 液压泵就是将原动机输入的机械能转换为压力能输出，为液压系统提供压力油。（ ）

192. 液压泵不断地吸油、排油，实现了液压泵将输入的机械能转换为压力

能输出。 ( )

193. 自吸性能好是齿轮泵的优点之一。 ( )

194. 齿轮不断地旋转，齿轮泵就连续不断地吸油和压油。 ( )

195. 单作用叶片泵是定量泵。 ( )

196. 双作用叶片泵是变量泵。 ( )

197. 流量脉动小是叶片泵的优点之一。 ( )

198. 双作用叶片泵的封油区是在其吸油区和压油区之间。 ( )

199. 柱塞泵是通过柱塞在柱塞孔内往复运动时密封工作容积的变化来实现吸油和排油的。 ( )

200. 压力高是柱塞泵的优点之一。 ( )

201. 液压马达是将输入的压力能转换为旋转运动的机械能。 ( )

202. 液压马达和液压泵在结构上基本相同，二者在工作原理上是可逆的。 ( )

203. 液压马达和液压泵一般是可以通用的。 ( )

204. 齿轮液压马达中齿轮的齿数一般选得较少。 ( )

205. 液压缸也是将液压能转变成机械能的一种能量转换装置。 ( )

206. 差动连接的单活塞杆液压缸在不增加液压泵流量的前提下就能实现快速运动。 ( )

207. 对于速度稳定性要求不高的液压缸，一般都要设置专门的排气装置。 ( )

208. 在液压系统的保压回路中，产生不保压的原因之一是液压缸的内外泄漏。 ( )

209. 在采用单向顺序阀的液压系统平衡回路中，产生停位位置不准确的原因之一是停位电信号在控制电路中传递的时间太长。 ( )

210. 液压系统工作压力失常压力上不去的原因之一是液压泵进、出油口装反。 ( )

211. 液压系统出现振动和噪声的原因之一是泵与电动机联轴器安装不同轴。 ( )

212. 液压系统出现爬行的原因之一是油箱的强度、刚度不好。 ( )

213. 液压系统出现温升的原因之一是导轨精度差，压板、镶条调得过紧。 ( )

214. 液压系统的故障有80%。是由油液污染造成的。 ( )

215. 液压油形成泡沫的条件是空气和油液实现了混合。 ( )

216. 泡沫是一种可压缩性高的物质，泡沫的存在会影响泵的输出特性。 ( )

217. 油温过热不会加速油液的变质。（ ）

218. 液压油中有空气气泡就可判断出液压系统有泄漏。（ ）

219. 气缸是将压缩空气的压力能转换为机械能的装置。（ ）

220. 膜片式气缸的工作原理就是利用压缩空气通过膜片推动活塞杆做往复直线运动。（ ）

221. 膜片式气缸适用于气动夹具。（ ）

222. 对于普通气缸，当压缩空气的压力作用在无杆方的活塞端面时，就提供了一个较快速度而作用力小的行程。（ ）

223. 对于普通气缸，当压缩空气的压力作用在有杆方的活塞端时，就提供了一个慢速而作用力大的行程。（ ）

224. 气马达做回转运动，其作用相当于电动机或液压马达。（ ）

225. 压力容器，从广义上来说，应该包括所有承受流体压力的密闭容器。（ ）

226. 习惯上所说的压力容器是指那些比较容易发生事故，而且事故危害性比较大的被称之为特种设备的容器。（ ）

227. 对于压力容器严禁带压拆卸压紧螺栓。（ ）

228. 在使用压力容器时，应严格控制工艺参数，严禁压力容器超温、超压运行。（ ）

229. 压力容器运行期间应减小或消除压力容器的振动。（ ）

230. 卧式车床溜板部件大修的重点之一是保证上、下导轨的垂直度要求及上导轨的直线度要求。（ ）

231. 在大修中，卧式车床的丝杠、光杠的托架的修理可以与进给箱的修理不同时进行。（ ）

232. 在大修中，卧式车床的开合螺母和开合螺母体的修复应与修复溜板箱燕尾导轨同时进行。（ ）

233. 在大修中，卧式车床尾座的修复重点是尾座体的轴孔。（ ）

234. 在普通铣床的大修中，主轴是第一修复件。（ ）

235. 在普通铣床的大修中，主轴的前轴承定位面在前轴颈不修磨的情况，也可单独修磨。（ ）

236. 在普通铣床的大修中，床身导轨的修复需以主轴中心线为基准。（ ）

237. 在普通铣床的大修中，主轴变速箱的装配与调整工作要特别注意的是：主轴部件和Ⅰ轴部件的装配。（ ）

238. 在牛头刨床的大修中，修刮横梁各导轨面时，应确保横梁、床身、工作台三者的接触精度。（ ）

239. 在牛头刨床的大修中，其工作台上表面及 T 形槽使用其他刨床精刨至要求。 ( )

240. 在牛头刨床的大修中，摇杆的修复应先修刮滑槽面至要求，然后再修复摇杆两端的支承孔。 ( )

241. 在牛头刨床的大修中，摇杆销座的修复应先修刮摇杆销座底平面至要求，然后再修复摇杆销座的圆柱表面。 ( )

242. 卧式车床加工端面的平面度超差其原因是纵向滑板上部的燕尾导轨组磨损严重。 ( )

243. 卧式车床加工工件的圆度、径向圆跳动和轴向圆跳动精度超差其原因是尾座导轨磨损。 ( )

244. 影响卧式车床主轴部件刚度降低的最主要因素是主轴本身的结构和尺寸。 ( )

245. 在卧式车床的大修中，修复床身导轨面的修复基准是齿条安装面。 ( )

246. 卧式铣床加工工件表面粗糙度值升高的主要原因是主轴部件的回转精度降低。 ( )

247. 卧式铣床加工工件平面度超差的原因是导轨表面的直线度超差。 ( )

248. 牛头刨床加工表面粗糙度值增大，其中的原因之一就是：活折板与铰链销磨损后，活折板在垂直面内的配合间隙增大。 ( )

249. 牛头刨床加工零件几何精度超差，其中的原因之一是：床身水平导轨和垂直导轨的磨损。 ( )

250. 牛头刨床加工表面粗糙度值增大，其中的原因之一就是：横梁导轨磨损。 ( )

251. 牛头刨床加工表面粗糙度值增大，其中的原因之一就是：床身导轨磨损。 ( )

252. 牛头刨床的横梁连接在床身和工作台溜板之间，其间接触精度好坏对加工件的精度和表面粗糙度没有影响。 ( )

253. 磨床润滑的目的是为了减小摩擦面和各传动副的磨损，以保证和提高机构工作的可靠性和灵敏性。 ( )

254. 磨床保养的目的是保证机床的良好技术状态，以防机床发生故障，致使机床精度降低，甚至损坏。 ( )

255. 在龙门铣床一级保养时，应以维修工人为主，操作工人配合进行。 ( )

256. 在龙门铣床二级保养时，应以操作工人为主，维修工人参加下进行。（ ）

二、选择题（将正确答案的序号填入括号内）

1. 噪声频率小于（ ）Hz 的低频噪声不会对人体造成伤害。

A. 100　　B. 200
C. 300　　D. 400

2. 噪声频率在（ ）Hz 的中频噪声不会对人体造成伤害。

A. 100～200　　B. 200～400
C. 400～600　　D. 300～800

3. 作业温度在（ ）℃以上为高温作业。

A. 25　　B. 30
C. 38　　D. 40

4. 低温一般是指温度范围为（ ）℃。

A. −40～−20　　B. −70～−50
C. −80～−60　　D. −100～−80

5. 人工气候室其温度范围为（ ）℃。

A. 15～20　　B. 20～25
C. 25～30　　D. 18～22

6. 高处作业上下坡度不得大于（ ）。

A. 1∶2　　B. 1∶3
C. 1∶4　　D. 1∶5

7. 高处作业接近高压线或裸导线排，或距离低压线少于（ ）m 时，必须停电并在电闸上挂上“有人工作，严禁合闸”的警告牌。

A. 2.5　　B. 3.5
C. 1.5　　D. 2

8. 高处作业使用脚手板，单人行道宽度不得小于（ ）m。

A. 0.6　　B. 1
C. 1.5　　D. 2

9. 外圆磨床头、尾架顶尖中心连线对工作台移动的平行度在垂直平面内，公差值为（ ）mm。

A. 0.01　　B. 0.03
C. 0.02　　D. 0.04

10. 外圆磨床砂轮架主轴端部主轴定心锥面的径向圆跳动公差值为（ ）mm。

A. 0.001　　B. 0.003
C. 0.004　　D. 0.005

11. 外圆磨床砂轮架主轴端部主轴的轴向窜动公差值为（　　）mm。
A. 0.002　　B. 0.004
C. 0.006　　D. 0.008

12. 外圆磨床砂轮架移动对工作台移动的垂直度，当行程长度≤100mm 时，公差值为（　　）mm。
A. 0.01　　B. 0.02
C. 0.03　　D. 0.04

13. 外圆磨床砂轮架主轴轴线与头架主轴轴线的等高度公差值为（　　）mm。
A. 0.1　　B. 0.2
C. 0.3　　D. 0.4

14. 外圆磨床的内圆磨头支架孔轴线对工作台移动的平行度在垂直平面内，在 100mm 测量长度上，公差值为（　　）mm。
A. 0.01　　B. 0.015
C. 0.02　　D. 0.025

15. 外圆磨床的内圆磨头支架孔轴线对头架主轴轴线的等高度公差值为（　　）mm。
A. 0.02　　B. 0.025
C. 0.03　　D. 0.035

16. 外圆磨床砂轮架快速引进重复定位精度，当最大磨削直径≤320mm 时，公差值为（　　）mm。
A. 0.003　　B. 0.001
C. 0.002　　D. 0.004

17. 卧式镗床主轴锥孔的径向圆跳动，单独回转主轴，当主轴直径≤100mm 时，靠近主轴端部的公差值为（　　）mm。
A. 0.2　　B. 0.02
C. 0.002　　D. 0.1

18. 卧式镗床平旋盘的跳动，当主轴直径≤100mm 时，公差值为（　　）mm。
A. 0.01　　B. 0.02
C. 0.03　　D. 0.04

19. 卧式镗床工作台面对主轴中心线的平行度，当主轴直径≤100mm 时，在 5 倍主轴直径的测量长度上，公差值为（　　）mm。

A. 0.01　　B. 0.02
C. 0.03　　D. 0.04

20. 卧式镗床平旋盘径向刀架移动对主轴中心线的垂直度，当主轴直径≤100mm时，在5倍主轴直径的测量长度上，每100mm测量长度的公差值为（　　）mm。

A. 0.03　　B. 0.02
C. 0.01　　D. 0.015

21. 卧式镗床工作台面对主轴中心线的平行度，当主轴直径≤160mm时，在5倍主轴直径的测量长度上，公差值为（　　）mm。

A. 0.01　　B. 0.02
C. 0.03　　D. 0.04

22. 卧式镗床后立柱导轨对前立柱导轨的平行度，在纵向直立平面内，当主轴直径≤100mm时，公差值为（　　）。

A. 0.02mm/1000mm　　B. 0.03mm/1000mm
C. 0.04mm/1000mm　　D. 0.05mm/1000mm

23. 卧式镗床后立柱支架轴承孔中心线和主轴中心线的重合度，当主轴直径≤100mm时，公差值为（　　）mm。

A. 0.02　　B. 0.03
C. 0.04　　D. 0.05

24. 卧式镗床主轴移动的直线度，在垂直平面内，当主轴直径≤100mm时，在50mm测量长度上，公差值为（　　）mm。

A. 0.01　　B. 0.02
C. 0.03　　D. 0.04

25. 固定式龙门铣床主轴锥孔的径向圆跳动，在主轴端部，当定心轴颈的直径≤200mm时，公差为（　　）mm。

A. 0.01　　B. 0.02
C. 0.03　　D. 0.04

26. 固定式龙门铣床主轴定心轴颈的径向圆跳动，当定心轴颈的直径≤200mm时，公差为（　　）mm。

A. 0.02　　B. 0.03
C. 0.01　　D. 0.04

27. 固定式龙门铣床垂直铣头主轴旋转轴线对工作台沿 X 轴线移动的垂直度公差为（　　）mm。

A. 0.01　　B. 0.02
C. 0.03　　D. 0.04

28. 固定式龙门铣床回转铣头回转对工作台移动（X 轴线）的平行度，指示表放在距铣头回转轴线 500mm 处，当倾斜角≤10°时，公差为（　　）mm。

A. 0.01　　B. 0.02

C. 0.03　　D. 0.04

29. 固定式龙门铣床水平铣头在立柱上垂直移动（W 轴线）对垂直铣头移动（Y 轴线）的垂直度，在 500mm 测量长度上，公差为（　　）mm。

A. 0.01　　B. 0.02

C. 0.03　　D. 0.04

30. 固定式龙门铣床主轴的周期性轴向窜动，当定心轴颈的直径≤200mm 时，公差为（　　）mm。

A. 0.04　　B. 0.03

C. 0.02　　D. 0.01

31. 固定式龙门铣床水平铣头主轴旋转轴线对垂直铣头水平移动（Y 轴线）的平行度，在 YZ 垂直平面内，在 300mm 测量长度上，公差为（　　）mm。

A. 0.03　　B. 0.04

C. 0.02　　D. 0.01

32. 固定式龙门铣床水平铣头主轴旋转轴线对工作台移动（X 轴线）的垂直度，公差为（　　）。

A. 0.01mm/1000mm　　B. 0.02mm/1000mm

C. 0.03mm/1000mm　　D. 0.04mm/1000mm

33. 对于卧式镗床主轴箱移动手柄拉力应≤（　　）N。

A. 60　　B. 160

C. 260　　D. 360

34. 对于卧式镗床上滑座移动手柄拉力应≤（　　）N。

A. 80　　B. 100

C. 120　　D. 160

35. 对于卧式镗床主轴移动手柄拉力应≤（　　）N。

A. 40　　B. 80

C. 120　　D. 160

36. 外圆磨床空运转试验时，进行工作台往复换向运动试验，左右行程的速度差不得超过较低速度的（　　）。

A. 10%　　B. 15%

C. 20%　　D. 25%

37. 外圆磨床空运转试验时，进行磨头快进重复、定位精度试验，重复定位精度不能超过（　　）mm。

A. 0.001　　B. 0.002

C. 0.003　　D. 0.004

38. 外圆磨床空运转试验时，空运转时间不得少于（　　）h。

A. 2　　B. 3

C. 4　　D. 1

39. 外圆磨床空运转试验时，进行磨头空运转试验，磨头及头架的轴承温升不能超过（　　）℃。

A. 15　　B. 20

C. 25　　D. 30

40. 卧式镗床的工作台部件装配时，斜齿轮与斜齿条间隙小于（　　）mm时，可调整斜齿轮的固定法兰至要求。

A. 1　　B. 1.5

C. 1.6　　D. 1.8

41. 卧式镗床安装调试顺序第一步骤是（　　）。

A. 总装精度调整　　B. 空运转试验

C. 机床负荷试验　　D. 主要部件的装配

42. 卧式镗床主要部件装配分（　　）大步骤。

A. 4　　B. 6

C. 7　　D. 8

43. 卧式镗床总装精度调整主要包括（　　）项。

A. 2　　B. 5

C. 4　　D. 6

44. 锉削圆弧面使用的方法是（　　）。

A. 顺锉法　　B. 滚锉法

C. 交叉锉法　　D. 推锉法

45. 在钻削、扩削、铰削高精度孔系时，划线要很准确，划线误差不超过（　　）mm。

A. 0.05　　B. 0.01

C. 0.015　　D. 0.02

46. 在刃磨群钻月牙槽时，使钻头轴线与砂轮右侧面的夹角为（　　）。

A. 20°~35°　　B. 35°~50°

C. 55°~60°　　D. 60°~75°

47. 群钻手工刃磨的顺序是（　　）。

A. 磨圆弧刃→磨外刃→刃磨分屑槽

B. 修磨横刃→磨圆弧刃→磨外刃→刃磨分屑槽

C. 磨外刃→磨圆弧刃→修磨横刃→刃磨分屑槽

D. 刃磨分屑槽→修磨横刃→磨圆弧刃→磨外刃

48. 超精研磨和抛光可使直径 300mm 的平晶的平面度误差达到（　　）μm。

A. 0.1　　B. 0.01

C. 0.001　　D. 0.0001

49. 超精研磨和抛光可使厚度在 10mm 以下的量块达到（　　）μm 尺寸精度。

A. 0.01　　B. 0.02

C. 0.03　　D. 0.04

50. 用来检测表面粗糙度的仪器是（　）。

A. 光学平直仪　　B. 经纬仪

C. 光切显微镜　　D. 工具显微镜

51. 光切显微镜的测量范围是（　）μm。

A. 0.1 ~ 10　　B. 0.2 ~ 20

C. 0.6 ~ 60　　D. 0.8 ~ 80

52. 干涉显微镜的测量范围是（　）μm。

A. 0.01 ~ 0.1　　B. 0.03 ~ 1

C. 0.02 ~ 2　　D. 0.04 ~ 4

53. 电动轮廓仪的测量范围是（　　）μm。

A. 0.025 ~ 6.3　　B. 0.25 ~ 0.63

C. 0.01 ~ 2　　D. 0.1 ~ 0.3

54. 台式卧式铣镗床的镗轴直径为（　　）mm。

A. 50 ~ 100　　B. 70 ~ 130

C. 40 ~ 80　　D. 100 ~ 150

55. 台式卧式铣镗床的主轴结构通常有（　　）种形式。

A. 3　　B. 4

C. 5　　D. 6

56. 台式卧式铣镗床的工作台夹紧机构沿圆周均布有（　　）个夹紧块。

A. 2　　B. 3

C. 4　　D. 5

57. 当横梁移动式龙门铣床的工作台宽度≤1250mm 时，铣床一般有（　　）个铣头。

A. 1　　B. 2

C. 3　　D. 4

58. 当横梁移动式龙门铣床的工作台宽度≥3200mm 时，铣床有（　　）个铣头。

A. 2　　B. 3

C. 4　　D. 5

59. 横梁移动式龙门铣床的工作台与铣头都有微调运动装置，微调速度为（　　）mm/min。

A. 3　　B. 5

C. 7　　D. 9

60. 用来检查床身导轨在水平面内和垂直面内的直线度误差的光学测量仪器是（　　）。

A. 光学计　　B. 卧式测长仪

C. 光学平直仪　　D. 经纬仪

61. 用来检测表面粗糙度的光学仪器是（　　）。

A. 光学平直仪　　B. 投影仪

C. 光切显微镜　　D. 卧式测长仪

62. 干涉显微镜的测量范围为（　　）μm 的微观不平度十点高度。

A. 0.01～0.1　　B. 0.02～0.2

C. 0.05～0.8　　D. 0.03～0.3

63. 通过试加工检测磨床的工作精度时，磨削顶尖间试件外圆的精度之一，圆度公差为（　　）mm。

A. 0.3　　B. 0.03

C. 0.003　　D. 0.0003

64. 通过试加工检测镗床的工作精度时，精镗外圆 D 的精度即椭圆度公差为（　　）。

A. 0.01mm/ϕ300mm　　B. 0.02mm/ϕ300mm

C. 0.03mm/ϕ300mm　　D. 0.04mm/ϕ300mm

65. 通过试加工检测龙门铣床的工作精度时，用平面铣削检验试件的平面度公差为（　　）mm。

A. 0.02　　B. 0.03

C. 0.04　　D. 0.05

66. 滚珠丝杠螺母机构预紧时，一般预紧力可取最大轴向负荷的（　　）。

A. 1/2　　B. 1/3

C. 1/4　　D. 1/5

67. 通过改变两个螺母上齿数差来调整螺母在角度上的相对位置，实现滚珠丝杠螺母机构轴向位置的调整间隙和预紧，称之为调整机构的（　　）。

A. 弹簧式　　B. 垫片式

C. 随动式　　D. 齿差式

68. 在静压螺旋传动机构中，其螺母每圈螺纹的中径处开有（　）个间隔均匀的油腔。

A. 2~4　　B. 3~6

C. 1~3　　D. 6~9

69. 主轴采用整体滑动轴承，仅适用于（　）r/min以下。

A. 500　　B. 1000

C. 1500　　D. 2000

70. 在修理静压轴承时，内径除留有必要的间隙外，还应留有（　）mm的研磨修理余量。

A. 0.01~0.02　　B. 0.02~0.03

C. 0.034~0.04　　D. 0.04~0.05

71. 静压轴承内径用研磨棒研磨时，研磨棒和轴承的配合间隙应为（　）mm。

A. 0.01~0.02　　B. 0.03~0.04

C. 0.015~0.02　　D. 0.02~0.025

72. 五段导轨拼装时，应先将第3段导轨吊装在调整垫块上，以它作为拼装基准，然后依次拼装床身的第（　）段。

A. 2、4、1、5　　B. 1、2、4、5

C. 1、5、4、2　　D. 4、5、1、2

73. 低速动平衡转速较低，通常为（　）r/min。

A. 50~150　　B. 100~150

C. 150~500　　D. 500~750

74. 高速动平衡转速较高，通常要在（　）旋转件的工作转速下进行平衡。

A. 等于　　B. 小于

C. 大于　　D. 远远大于

75. 通常人耳能感受到的空气噪声，一般频率在（　）左右。

A. 10Hz~10kHz　　B. 15Hz~15kHz

C. 20Hz~20kHz　　D. 30Hz~40kHz

76. 在测量声压级时，机械设备测点离它表面（　）m。

A. 0.5~1　　B. 1~1.5

C. 1.5~2　　D. 2~2.5

77. 在测量声压级时，测点的高度一般离地面为（　）m。

A. 1~1.3　　B. 0.5~1

C. 2~3　　D. 1.2~1.5

78. 在测量声压级时，对于一般机械，常布置（　　）个测点。

A. 2　　B. 3

C. 4　　D. 5

79. 在测量声压级时，为了避免反射声波的影响，测点尽量远离反射面，如高墙、大型装置等，一般应距主要反射面（　　）m 左右。

A. 2~3　　B. 3~4

C. 4~5　　D. 5~6

80. 高速液压马达其额定转速在（　　）r/min 以上。

A. 200　　B. 300

C. 400　　D. 500

81. 低速液压马达其额定转速在（　　）r/min 以下。

A. 100　　B. 500

C. 400　　D. 300

82. 压力高是（　　）的优点之一。

A. 齿轮泵　　B. 柱塞泵

C. 叶片泵　　D. 螺杆泵

83. 当压力在（　　）之间为高压压力容器。

A. $0.1\text{MPa} \leqslant p < 1.6\text{MPa}$

B. $1.6\text{MPa} \leqslant p < 10\text{MPa}$

C. $10\text{MPa} \leqslant p < 100\text{MPa}$

D. $p \geqslant 100\text{MPa}$

84. 当压力在 $1.6\text{MPa} \leqslant p < 10\text{MPa}$ 区间时，称之为（　　）压力容器。

A. 中压　　B. 低压

C. 高压　　D. 超高压

85. 在粗刮卧式车床的床身导轨时，对齿条安装面的平行度公差为（　　）mm/全长。

A. 0.1　　B. 0.01

C. 0.2　　D. 0.02

86. 在修理卧式车床的尾座壳体的轴孔时，其轴孔的直线度公差为（　　）mm。

A. 0.1　　B. 0.01

C. 0.2　　D. 0.02

87. 在修理卧式车床的尾座套筒的外圆柱表面时，其外径圆度、圆柱度公差为（ ）mm。

A. 0.08　　B. 0.008

C. 0.8　　D. 0.1

88. 在修理卧式车床的刀架部件时，车削上刀架底板的表面和凸台，凸台对底板表面的垂直度公差为（ ）mm/全长。

A. 0.1　　B. 0.01

C. 0.001　　D. 0.05

89. 在修理卧式车床的尾座套筒的锥孔时，锥孔修复后的轴向位移不得超过（ ）mm。

A. 2　　B. 3

C. 4　　D. 5

90. 在修理卧式铣床的主轴时，主轴锥孔经修复后，其径向圆跳动公差在近主轴端为（ ）mm。

A. 0.1　　B. 0.001

C. 0.05　　D. 0.005

91. 卧式铣床的回转滑板的修理可采用精刨或手工刮研方法。当导轨表面研痕在（ ）mm 之内时，宜采用手工修复法。

A. 0.1　　B. 0.5

C. 0.05　　D. 1

92. 在修理卧式铣床的工作台上表面时，其平面度公差为（ ）mm/全面上（只许中间凹）。

A. 0.03　　B. 0.003

C. 0.3　　D. 0.1

93. 在用修复后的卧式铣床的悬梁导轨表面配刮床身顶面导轨表面时，床身导轨表面对主轴中心线（上素线）的平行度公差为（ ）mm/300mm。

A. 0.01　　B. 0.025

C. 0.04　　D. 0.05

94. 在修理牛头刨床的活折板与活折板支架时，两者配合面的间隙为（ ）mm。

A. 0.01～0.02　　B. 0.1～0.2

C. 0.001～0.002　　D. 0.05～0.1

95. 在修理牛头刨床的摇杆时，摇杆两端的支承孔之间的垂直度公差为（ ）mm/1000mm。

A. 0.1　　B. 0.01

C. 0.5　　D. 0.05

96. 在修理牛头刨床的摇杆传动齿轮时，摇杆传动齿轮的两个端间的平行度误差要求为（　　）mm/100mm。

A. 0.001　　B. 0.02

C. 0.2　　D. 0.1

97. 龙门铣床运行（　　）h 即要进行一级保养。

A. 300　　B. 400

C. 500　　D. 600

98. 龙门铣床运行（　　）h 即要进行二级保养。

A. 50　　B. 500

C. 5000　　D. 50000

三、简答题

1. 外圆磨床头、尾架移置导轨对工作台移动的平行度超差如何调整？

2. 外圆磨床床身纵向导轨的直线度超差如何调整？

3. 外圆磨床头架主轴锥孔轴线的径向圆跳动超差如何调整？

4. 外圆磨床头架主轴轴线对工作台移动的平行度超差如何调整？

5. 简述外圆磨床砂轮架主轴端部主轴定心锥面的径向圆跳动的检验方法及误差值的确定。

6. 简述外圆磨床砂轮架移动对工作台移动的垂直度的检验方法及误差值的确定。

7. 外圆磨床砂轮架主轴轴线与头架主轴轴线的等高度超差如何调整？

8. 外圆磨床的内圆磨头支架孔轴线对头架主轴轴线的等高度超差如何调整？

9. 卧式镗床工作台做纵向移动，工作台在垂直平面内的直线度超差如何调整？

10. 卧式镗床沿工作台面的纵向，主轴箱垂直移动的直线度超差如何调整？

11. 卧式镗床主轴移动在垂直面内的直线度超差如何调整？

12. 卧式镗床工作台纵向移动对横向移动的垂直度超差如何调整？

13. 卧式镗床工作台转动后工作台面的水平度超差如何调整？

14. 简述卧式镗床平旋盘轴向圆跳动的检验方法及误差值的确定。

15. 简述卧式镗床工作台面对主轴中心线的平行度的检验方法及误差值的确定。

16. 固定式龙门铣床工作台移动（X 轴线）的角度偏差超差如何调整？

17. 简述固定式龙门铣床工作台面的平面度的检验方法及偏差的确定。

18. 固定式龙门铣床的工作台面的平面度超差如何调整？

19. 简述固定式龙门铣床中央或基准T形槽对工作台移动（X 轴线）的平行

度的检验方法及误差值的确定。

20. 固定式龙门铣床主轴锥孔的径向圆跳动超差如何调整？

21. 固定式龙门铣床垂直铣头主轴旋转轴线对工作台沿 X 轴线移动的垂直度超差时如何调整？

22. 固定式龙门铣床水平铣头在立柱上垂直移动（W 轴线）对垂直铣头移动（Y 轴线）的垂直度超差时如何调整？

23. 简述固定式龙门铣床水平铣头主轴旋转轴线对工作台移动（X 轴线）的垂直度的检验方法及误差值的确定。

24. 简述外圆磨床安装水平的初步调整步骤。

25. 外圆磨床空运转试验时，进行工作台往复换向运动试验，产生冲击或停滞应如何调整？

26. 外圆磨床磨头空运转试验应如何进行？

27. 外圆磨床磨头快进复位、定位精度试验如何进行？

28. 简述卧式镗床的安装调试顺序。

29. 卧式镗床主要部件装配主要包括哪些内容？

30. 卧式镗床总装精度主要包括哪些内容？

31. 卧式镗床的负荷试验包括哪两项？

32. 龙门铣床的安装调试顺序如何？

33. 安装龙门铣床床身的步骤如何？

34. 安装龙门铣床立柱和横梁的步骤如何？

35. 安装龙门铣床刀架的步骤如何？

36. 龙门铣床试运转的步骤如何？

37. 大型工件常用的划线方法有哪几种？

38. 简述畸形工件的划线要点。

39. 简述大型工件的划线要点。

40. 何谓大型工件划线的工件移位法？

41. 何谓大型工件划线的平台接长法？

42. 简述阿基米德螺旋线凸轮的划线步骤。

43. 锉削加工过程中，常出现哪些缺陷？针对这些缺陷又如何提高锉削精度和表面质量？

44. 如何锉削外圆弧面？

45. 如何锉削内圆弧面？

46. 对于孔系加工，加工时应采取哪些办法？

47. 简述钻削、扩削、铰削高精度孔系的加工方法。

48. 简述群钻手工刃磨前的准备工作——修整砂轮的口诀。

49. 简述手工刃磨群钻外刃的口诀。
50. 简述手工刃磨群钻月牙槽的口诀。
51. 简述手工刃磨群钻横刃的口诀。
52. 简述手工刃磨群钻分屑槽的口诀。
53. 在研磨加工中，工件表面粗糙度值高时，如何解决？
54. 在研磨加工中，工件表面的平面呈凸形时，如何解决？
55. 在研磨加工中，工件的孔口扩大时，如何解决？
56. 简述小尺寸薄片量块的研磨和抛光的方法。
57. 简述大尺寸量块的研磨和抛光的方法。
58. 简述电动轮廓仪的工作原理。
59. 简述刃磨钻铸铁群钻的要点。
60. 简述刃磨钻硬钢群钻的要点。
61. 简述钻不锈钢群钻的特点口诀。
62. 简述零级精度平板的刮削步骤。
63. 简述三块轴瓦的刮削步骤。
64. 磨床外圆磨削方式有哪些？
65. 何谓横向进给外圆磨削？
66. 外圆磨床是由哪些主要部件组成的？
67. 外圆磨床床身的作用是什么？
68. 外圆磨床是如何实现手动纵向进给和自动进给的？
69. 台式卧式铣镗床主轴结构通常有几种形式？具体是什么？
70. 何谓台式卧式铣镗床主运动之一的集中传动？
71. 台式卧式铣镗床的转进给方式用在何处？
72. 台式卧式铣镗床的分进给方式用在何处？
73. 台式卧式铣镗床的固定式平旋盘中有哪两种常用差动机构？
74. 台式卧式铣镗床的工作台夹紧机构常用的有哪两种？
75. 台式卧式铣镗床工作台的分度定位机构通常有哪三种？
76. 龙门铣床通常分哪两大类？
77. 光学平直仪由哪些主要零部件组成？
78. 光学计的用途是什么？
79. 光学计由哪些主要零部件组成？
80. 卧式测长仪的用途是什么？
81. 卧式测长仪由哪些主要零部件组成？
82. 卧式测长仪的万能工作台具有哪五种运动？
83. 卧式测长仪的读数顺序如何？

84. 经纬仪的用途是什么?
85. 经纬仪主要由哪三部分组成?
86. 投影仪的用途是什么?
87. 投影仪由哪些主要零部件组成?
88. 投影仪有哪两套光学系统? 如何使用?
89. 光切显微镜的用途是什么?
90. 光切显微镜由哪些主要零部件组成?
91. 干涉显微镜由哪些主要零部件组成?
92. 工具显微镜由哪些主要零部件组成?
93. 工具显微镜的用途是什么?
94. 工具显微镜的轮廓目镜头的功用是什么?
95. 工具显微镜的测角目镜头的功用是什么?
96. 工具显微镜的双像目镜头的功用是什么?
97. 使用光学计的操作步骤分为哪几步?
98. 使用经纬仪的操作步骤分为哪几步?
99. 使用光切显微镜的操作步骤分为哪几步?
100. 使用干涉显微镜的操作步骤分为哪几步?
101. 工具显微镜还有哪些用途?
102. 按滚珠循环方式滚珠丝杠螺母机构分为哪两类?
103. 消除滚珠丝杠螺母机构轴向间隙和预紧调整的调整机构有哪几种形式?
104. 简述静压螺旋传动机构的结构。
105. 离合器的功用是什么?
106. 何谓单向超越离合器? 何谓双向超越离合器?
107. 简述片式离合器的优、缺点。
108. 试述静压轴承的组成。
109. 静压轴承分为哪两类?
110. 静压轴承有哪些常见故障?
111. 何谓定量式静压轴承?
112. 何谓定压式静压轴承?
113. 简述采用调心滚子轴承主轴的刷镀工艺。
114. T68 镗床主轴的修复有哪些推荐修复方法?
115. T68 镗床主轴钢套的修复有哪些推荐修复方法?
116. T68 镗床空心轴如何修复?
117. T68 镗床平旋盘轴如何修复?
118. 试述动平衡机的组成。

119. 依据支承系统动力性能不同，动平衡机分为哪两类？
120. 何谓平衡精度？
121. 平衡精度表示方法常用哪两种？
122. 按主要运动构件的形状和运动方式分类，液压泵分为哪几类？
123. 齿轮泵的优点是什么？
124. 什么是双作用叶片泵？
125. 什么是单作用叶片泵？
126. 柱塞泵按柱塞排列的方向不同，分为哪两类？
127. 轴向柱塞泵按其结构特点分为哪两类？
128. 柱塞泵常用在何处？
129. 如何改变液压马达转子的方向？
130. 按工作特性，液压马达可分为哪两大类？
131. 液压缸按结构特点可分为哪几类？
132. 液压缸按作用方式分为哪两类？
133. 什么是单活塞杆液压缸的差动连接？
134. 双活塞杆液压缸的安装方式分为哪两种？
135. 液压缸缓冲装置的工作原理是什么？
136. 常见的液压缸的缓冲装置有哪几种？
137. 简述液压系统产生爬行的原因。
138. 液压油有哪几种失效形式？
139. 按压缩空气对活塞端面作用力的方向分类，气缸分为哪两类？
140. 按气缸的功能分类，气缸分为哪几类？
141. 按气缸的结构分类，气缸分为哪几类？
142. 冲击气缸的整个工作过程分为哪三个阶段？
143. 气马达分为哪几类？
144. 压力容器运行中的检查包括哪几个方面的内容？
145. 压力容器使用过程中有多少个管理制度？试列举5个。
146. 在卧式车床大修的刮研工作中，其顺序如何排列？
147. 在卧式车床大修中，刀架导轨修复应注意哪两点？
148. 在卧式车床大修中，脱落蜗杆装置修复的重点是什么？
149. 在普通铣床大修中，升降台及下滑板的修复主要包括哪三方面内容？
150. 在普通铣床大修中，横进给螺母座的修复主要是修正什么？
151. 在普通铣床大修中，变速操纵机构中的易换件是什么？
152. 在普通铣床大修中，工作台及回转盘的装配重点是什么？
153. 在牛头刨床的大修中，活折板支架与活折板的修复重点是什么？

154. 在牛头刨床的大修中，变速机构的修理重点是什么？
155. 在卧式车床的大修中，需要修复的尺寸主要是哪几个？
156. 简述牛头刨床加工零件几何精度超差的原因。
157. 简述牛头刨床加工表面粗糙度值增大的原因。
158. 龙门铣床的维护保养分为几级？
159. 数控镗铣床的维护保养包括哪些内容？
160. 数控镗铣床维护保养中机床精度的维护，通常有哪两种方法？
161. 何谓数控镗铣床精度维护的软方法？
162. 何谓数控镗铣床精度维护的硬方法？

四、计算题

1. 某旋转件的重力为9.8×1000N，工件转速为950r/min，平衡精度等级规定G1，求平衡后允许的偏心距，并且把这允许的偏心距换算成剩余不平衡力矩。

2. 有一单杆活塞式液压缸，活塞直径为$D=8\text{cm}$，活塞杆直径为$d=4\text{cm}$，若要求活塞往复运动速度均为0.5m/s，问进入式液压缸两腔的流量各为多少？(无杆腔流量为Q_1，有杆腔流量为Q_2)

3. 已知一双杆活塞式液压缸，活塞与活塞杆的直径分别为$D=10\text{cm}$，$d=7\text{cm}$，输入液压缸油液的流量$Q=8.33\times10^{-4}\text{m}^3/\text{s}$，问活塞带动工作台的速度是多少？

4. 已知导轨长度$L=2\text{m}$，现用水平仪测量此导轨在垂直平面内的直线度误差，测量时水平仪垫铁长200mm，现测得10挡读数，即+0.04mm/1000mm，+0.03mm/1000mm，+0.02mm/1000mm，+0.02mm/1000mm，+0.02mm/1000mm，+0.01mm/1000mm，0，-0.01mm/1000mm，-0.01mm/1000mm，-0.02mm/1000mm。求导轨全长上的直线度误差，并作出导轨误差曲线图。

技能要求试题

一、钻孔、铰孔和平面、曲面的锉配（*R* 合套）

1. 考件图样（图1）

2. 准备工作

1）准备好所需的设备及工作场地。

2）熟悉工件图样及其考核技术要求。

3）准备好所需的工具、检具。

4）方形坯料两块，材料45钢，见图2、图3。

3. 考核内容

（1）考核要求　见图1。

（2）时间定额　7h。

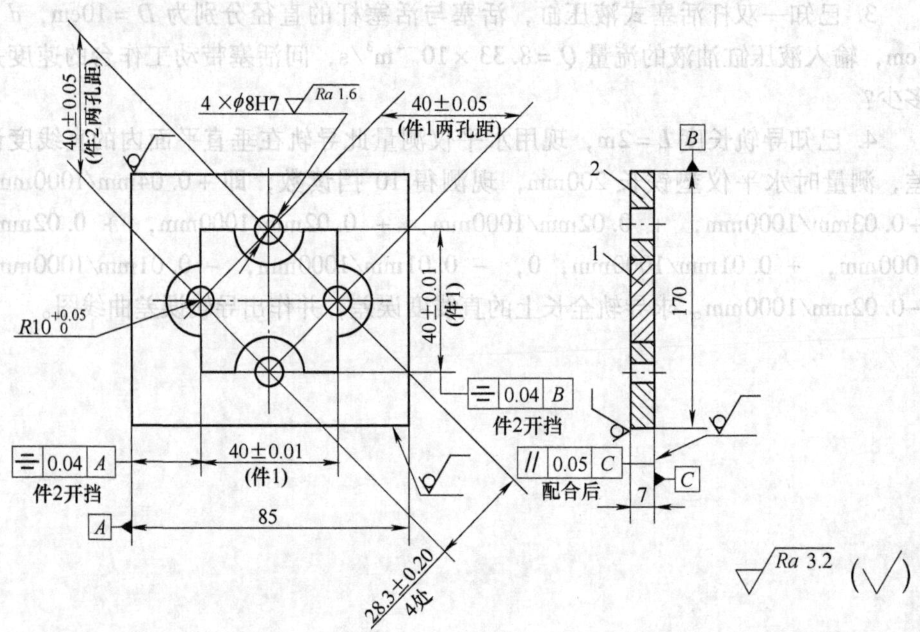

图1　*R* 合套

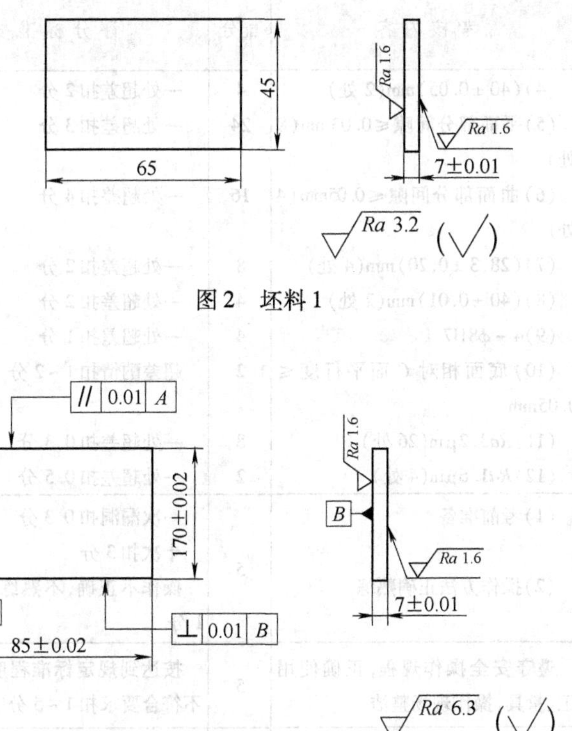

图 2　坯料 1

图 3　坯料 2

（3）安全文明生产

1）正确执行安全技术操作规程。

2）按企业有关文明生产的规定，做到工作场地整洁，工件、工具摆放整齐。

4. 配分、评分标准（表 1）

表 1　钻孔、铰孔和平面、曲面的锉配（*R* 合套）检测评分表

序号	作业项目	考核内容	配分	评分标准	考核记录	扣分	得分
1	主要项目	(1) $R10^{+0.05}_{0}$mm(4 处)	8	一处超差扣 2 分			
		(2) 件 2 纵向两边相对件 1 的 *A* 面对称度≤0.04mm	5	超差酌情扣 3～5 分			
		(3) 件 2 横向两边相对件 1 的 *B* 面对称度≤0.04mm	5	超差酌情扣 3～5 分			

（续）

序号	作业项目	考核内容	配分	评分标准	考核记录	扣分	得分
1	主要项目	(4)(40±0.05)mm(2处)	4	一处超差扣2分			
		(5)平面部分间隙≤0.03mm(8处)	24	一处超差扣3分			
		(6)曲面部分间隙≤0.05mm(4处)	16	一处超差扣4分			
		(7)(28.3±0.20)mm(4处)	8	一处超差扣2分			
		(8)(40±0.01)mm(2处)	4	一处超差扣2分			
		(9)4-ϕ8H7	4	一处超差扣1分			
		(10)底面相对 C 面平行度≤0.05mm	2	超差酌情扣1~2分			
		(11)Ra3.2μm(26处)	8	一处超差扣0.3分			
		(12)Ra1.6μm(4处)	2	一处超差扣0.5分			
2	一般项目	(1)考前准备 (2)操作方法正确熟练	5	一次漏洞扣0.3分 十次扣3分 操作不正确，不熟练分别扣1分			
3	安全文明生产	遵守安全操作规程，正确使用工、量具，操作现场整洁	5	按达到规定标准程度评定，不符合要求扣1~5分			
		安全用电、防水、无人身、设备事故		因违规操作发生重大人身或设备事故，此题按0分计			
4	分数合计		100				

二、龙门刨床床身的检验与修复

1. 考件图样（图4）

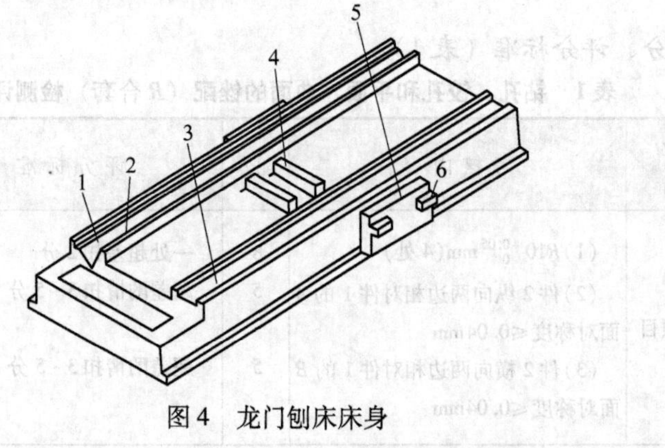

图4　龙门刨床床身

2. 准备工作

1）待修龙门刨床床身一件。

2）看懂床身导轨的精度要求，基准面等。

3）准备工具及检具。

3. 考核内容

（1）考核要求

1）检验导轨结合面有无漏洞现象并修复，用 0.03mm 塞尺插入深度不得超过 20mm。

2）检验导轨水平面、垂直平面内的直线度误差。

3）检验单导轨的平面度误差。

4）检验导轨表面 3 与导轨表面 1、2 的平行度误差、导轨表面 4 与导轨表面 3 的平行度以及导轨表面 3 与导轨表面 5 的垂直度。

（2）时间定额　8h。

（3）安全文明生产

1）正确执行安全技术操作规程。

2）按企业有关文明生产的规定，做到工作场地整洁，工件、工具摆放整齐。

4. 配分、评分标准（略）

三、螺纹磨床静压轴承压力不稳定的故障诊断与排除

1. 考件图样（图 5）

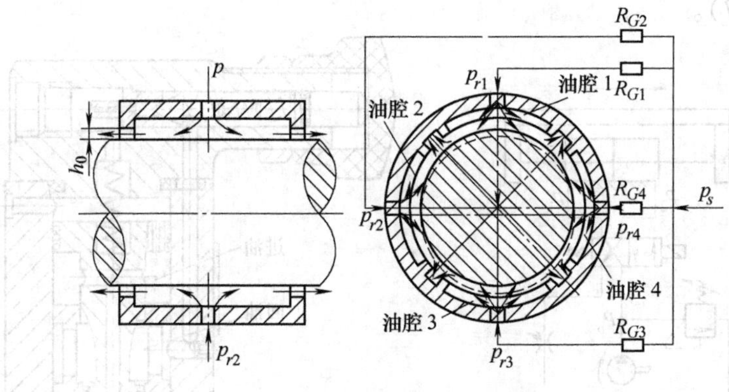

图 5　静压轴承工作原理

2. 准备要求

1）待诊断与修复螺纹磨床一台。

2）熟悉螺纹磨床结构。

3）准备工具、检具。

3. 考核内容

（1）考核要求

1）分析静压轴承压力不稳定的原因，分析出5条以上的原因。

2）针对故障原因逐项采取措施予以排除。

（2）时间定额　8h。

（3）安全文明生产

1）正确执行安全技术操作规程。

2）按企业有关文明生产的规定，做到工作场地整洁，工件、工具摆放整齐。

4. 配分、评分标准（略）

四、分析与排除回油节流调速回路中液压系统压力上升很慢或无压力的故障

1. 考件图样（图6）

2. 准备工作

1）待诊断与修复的回油节流调速回路。

2）熟悉液压基本回路的结构及调试方法。

3）准备工具、检具。

3. 考核内容

（1）考核要求

1）拆卸、清洗零件，按技术要求逐项检验 Y_1 型中压先导溢流阀各零件及装配误差（图7）。

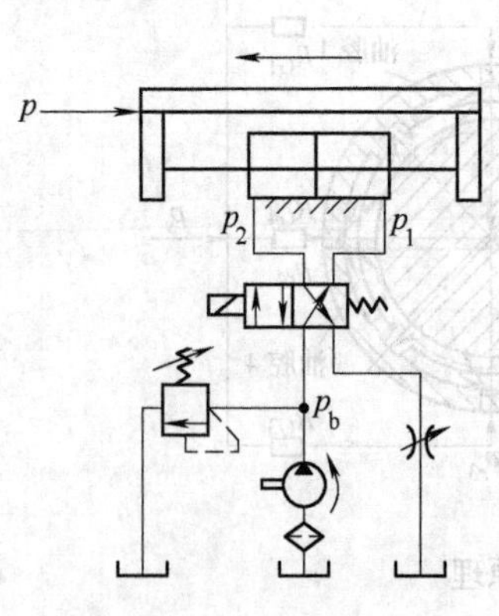

图6　回油节流调速回路

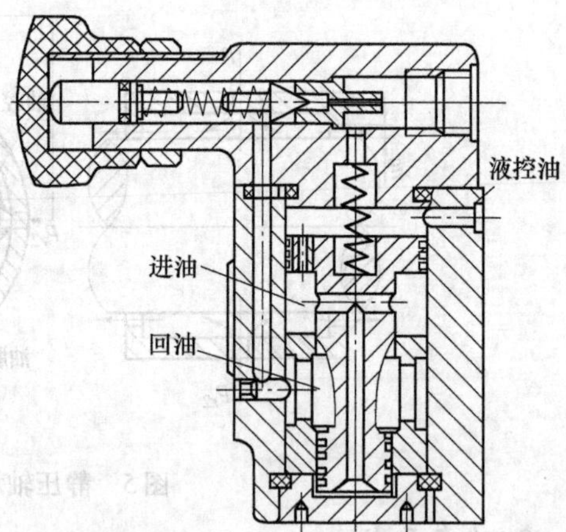

图7　Y_1 型中压先导式溢流阀

2）分析、诊断故障产生原因，至少指出5种相关的原因并确定主要原因。

3）排除故障、装配、试机和检验。装配方法和操作正确，试运转合格。

（2）时间定额　4h。

（3）安全文明生产

1）正确执行安全技术操作规程。

2）按企业有关文明生产的规定，做到工作场地整洁，工件、工具摆放整齐。

4. 配分、评分标准（略）

五、垫片调整式滚珠丝杠副的预紧与调整

1. 考件图样（图8）

2. 准备工作

1）待预紧与调整的垫片调整式滚珠丝杠一套。

2）准备工具、检具。

3）熟悉滚珠丝杠的结构及调整方法。

3. 考核内容

（1）考核要求

1）正确确定新垫片的厚度尺寸。

2）正确拆卸、装配及调整滚珠丝杠。

3）按技术要求装配和进行逐项检验。

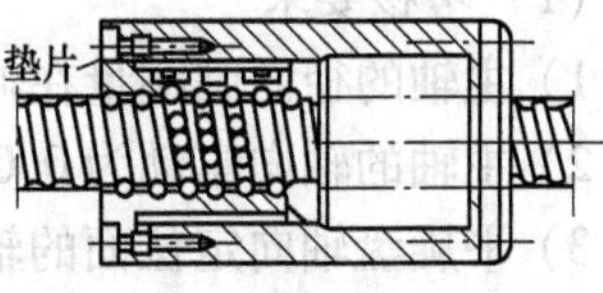

图8　垫片调整式滚珠丝杠

（2）时间定额　5h。

（3）安全文明生产

1）正确执行安全技术操作规程。

2）按企业有关文明生产的规定，做到工作场地整洁，工件、工具摆放整齐。

4. 配分、评分标准（略）

六、检测万能外圆磨床的砂轮架主轴轴线与头架主轴轴线的同轴度

1. 考件图样（略）

2. 准备工作

1）万能外圆磨床一台。

2）熟悉考核要求。

3）准备好所需的工具、检具。

3. 考核内容

（1）考核要求　等高度公差为0.30mm。

（2）时间定额　0.5h。

（3）安全文明生产

1）正确执行安全技术操作规程。

2）按企业有关文明生产的规定，做到工作场地整洁，工件、工具摆放整齐。

4. 配分、评分标准（略）

七、卧式镗床的主轴和平旋盘轴向窜动及径向圆跳动量较大的故障诊断和排除

1. 考试图样（略）

2. 准备要求

1）卧式镗床一台。

2）熟悉考核要求。

3）准备好所需的工具、检具。

3. 考核内容

（1）考核要求

1）主轴的径向圆跳量在伸出300mm处为0.025mm。

2）主轴的轴向窜动为0.015mm。

3）平旋盘轴向定位面的轴向圆跳动为0.02mm。

（2）时间定额　2h。

（3）安全文明生产

1）正确执行安全技术操作规程。

2）按企业有关文明生产的规定，做到工作场地整洁，工件、工具摆放整齐。

4. 配分、评分标准（略）

八、叶片泵的检修

1. 考件图样（略）

2. 准备要求

1）YB型叶片泵一个。

2）熟悉考核要求。

3）准备好所需的设备、工具、检具及叶片泵装配图一套。

3. 考核内容

（1）考核要求　主要是修复叶片。

1）叶片与槽子的配合间隙为0.013~0.018mm,且能上下滑动灵活,无阻滞现象。

2）叶片的倒角部分，一律达到 $C1$，且基本上达到叶片厚度的1/2，最好修磨成圆弧形。

3）一组叶片的高度差不得大于0.008mm；叶片的高度应略低于转子槽的深度（约为0.005mm）。

4）叶片泵的轴向间隙，应控制在0.04~0.07mm。

（2）时间定额　5h。

(3) 安全文明生产

1) 正确执行安全技术操作规程。

2) 按企业有关文明生产的规定，做到工作场地整洁，工件、工具摆放整齐。

4. 配分、评分标准（略）

九、使用光学自准直仪测量导轨直线度

1. 工件图样（略）

2. 准备要求

1) 磨床床身一件。

2) 光学自准直仪一套。

3) 熟悉考核要求。

4) 准备好所需的工具、检具及坐标纸、尺、笔等。

3. 考核内容

(1) 考核要求

1) 画出导轨直线度误差图。

2) 求出导轨的直线度误差。

3) 使用光学自准直仪的方法正确。

(2) 时间定额　4h。

(3) 安全生产

1) 正确执行安全技术操作规程。

2) 按企业有关文明生产的规定，做到工作场地整洁，工件、工具摆放整齐。

4. 配分、评分标准（略）

十、J23—40 型机械压力机的检修

1. 考件图样（图 9 和图 10）

2. 准备要求

1) J23—40 型机械压力机一台。

2) 检修所需机修钳工工具及量具一套。

3. 考核内容

(1) 考核要求

1) 磨损不得超差，传动带松紧度适当。

2) 制动灵活有效。

3) 滑动灵活无毛刺。

4) 离合器灵活有效。

5) 各连接部位紧固螺栓无松动，有效。

（2）时间定额　8h。

（3）安全文明生产

1）正确执行安全技术操作规程。

2）按企业有关文明生产的规定，做到工作场地整洁，工件、工具摆放整齐。

4. 配分、评分标准（略）

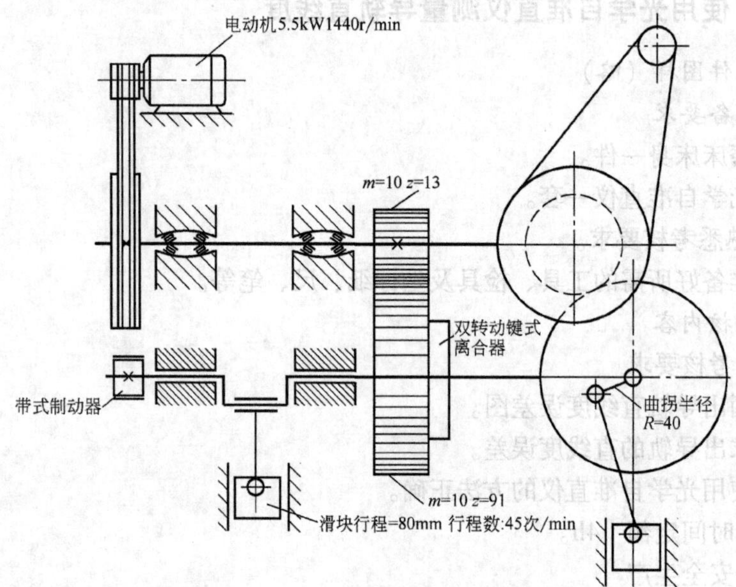

图9　J23—40型机械压力机传动图

图10　J23—40型机械压力机结构图

模拟试卷样例

一、判断题（对画√，错画×，每题1分，共40分）

1. 恒温环境的温度范围通常指20～25℃。（ ）

2. 外圆磨床头架主轴定位轴颈的径向圆跳动公差值为0.05mm。（ ）

3. 卧式镗床主轴旋转中心线对前立柱导轨的垂直度，当测量长度为1m时，公差值为0.3mm。（ ）

4. 固定式龙门铣床铣头水平移动（*Y*轴线）的角度偏差，在*YZ*垂直平面内，公差为0.4mm/1000mm。（ ）

5. 外圆磨床操作时应先打开总油门，后开动砂轮。（ ）

6. 对于固定式龙门铣床的横梁在升降前夹紧装置应自动松开，升降完成后则自动夹紧。（ ）

7. 对于卧式镗床用0.04mm塞尺检查各滑动导轨的端面，要求插不进去。（ ）

8. 在检验外圆磨床主轴的轴向窜动时，应将指示表的测头触及在专用检验棒的端面最外缘外。（ ）

9. 当卧式镗床的工作台做纵向移动时，工作台在垂直平面内的直线度超差时，应修刮下滑座下导轨面底平面至要求。（ ）

10. 在检验固定式龙门铣床工作台移动（*X*轴线）在*XY*水平面内的直线度时，应首先将钢丝固定在工作台的两端之间，使其平行于工作台*X*轴线运动方向。（ ）

11. 外圆磨床安装水平的初步调整时，应在床身底部放置4块垫铁。（ ）

12. 卧式镗床工作台部件装配时，当斜齿轮与斜齿条间隙大于1mm时，调整斜齿轮的固定法兰至要求。（ ）

13. 安装龙门铣床的立柱和横梁时，当左立柱与床身接触面相距10mm时，即可吊装横梁。（ ）

14. 机修中采用拓印法绘出的凸轮轮廓，无需进行校正。（ ）

15. 群钻的手工刃磨主要分三（四）步。（ ）

16. 在刮削加工中，工件表面出现撕痕时，解决的办法是：要避免多次同向刮削，刀迹应规律性地交叉。（ ）

17. 超精研磨都是采用压嵌法预先把磨料嵌附在研具上，而后用于研磨。（ ）

18. 当被测表面非常光滑时，即超精密表面，也可以用目测检测。（ ）

19. 在刃磨钻铝合金群钻时，将钻头切削刃的前面（螺旋槽）和后面用磨石鐾光，其目的是减轻产生积屑瘤。（ ）

20. 零级精度平板刮削的第二步——细刮，其作用是进一步增加接触点数，以提高表面几何精度。（ ）

21. 台式卧式铣镗床主传动系统通常分为集中传动和分离传动。（ ）

22. 经纬仪是用于测量角度和分度的高精度光学仪器。（ ）

23. 光切显微镜是采用非接触法测量表面粗糙度的光学仪器。（ ）

24. 被磨削工件表面出现鱼鳞粗糙面，其原因之一就是横进给量过大。（ ）

25. 龙门铣床进行镗削时，工件表面产生波纹，其原因之一就是机床振动。（ ）

26. 在使用干涉显微镜进行测量时，应把被测件表面朝上。（ ）

27. 滚珠丝杠螺母机构的预紧力过小，在载荷作用下，传动精度会因此出现间隙而降低。（ ）

28. 静压滑动轴承的承载能力主要取决于轴的转速和油液的粘度。（ ）

29. 轴瓦式滑动轴承是一种高精度的滑动轴承，一般应用在磨床主轴上。（ ）

30. 在低速动平衡前一定要先经过静平衡试验。（ ）

31. 在对设备进行振动状态监测时，最佳参数的选择是速度。（ ）

32. 测量轴承的轴向振动时，应选择轴承中心线附近的端面为测量点位置。（ ）

33. 液压泵不断地吸油排油，实现了液压泵将输入的机械能转换为压力能输出。（ ）

34. 自吸性能好是齿轮泵的优点之一。（ ）

35. 单作用叶片泵是定量泵。（ ）

36. 液压马达和液压泵一般是可以通用的。（ ）

37. 膜片式气缸适用于气动夹具。（ ）

38. 对于压力容器严禁带压拆卸压紧螺栓。（ ）

39. 在卧式车床的大修中，修复床身导轨面的修复基准是齿条安装面。（ ）

40. 在龙门铣床二级保养时，应以操作工人为主，维修工人参加下进行。（ ）

二、选择题（将正确答案的序号填入括号内，每题1分，共30分）

1. 噪声频率小于（　　）Hz的低频噪声不会对人体造成伤害。

A. 100　　B. 200
C. 300　　D. 400

2. 高处作业上下坡度不得大于（　　）。

A. 1∶2　　B. 1∶3
C. 1∶4　　D. 1∶5

3. 外圆磨床砂轮架主轴端部主轴定心锥面的径向圆跳动公差值为（　　）mm。

A. 0.001　　B. 0.003
C. 0.004　　D. 0.005

4. 卧式镗床主轴锥孔的径向圆跳动，单独回转主轴当主轴直径≤100mm时，靠近主轴端部，公差值为（　　）mm。

A. 0.2　　B. 0.02
C. 0.002　　D. 0.1

5. 固定式龙门铣床主轴定心轴颈的径向圆跳动，当定心轴颈的直径≤200mm时，公差为（　　）mm。

A. 0.02　　B. 0.03
C. 0.01　　D. 0.04

6. 对于卧式镗床主轴箱移动手柄拉力应≤（　　）N。

A. 60　　B. 160
C. 260　　D. 360

7. 外圆磨床空运转试验时，空运转时间不得少于（　　）h。

A. 2　　B. 3
C. 4　　D. 1

8. 卧式镗床安装调试顺序第一步骤是（　　）。

A. 总装精度调整　　B. 空运试验
C. 机床负荷试验　　D. 主要部件装配

9. 锉削圆弧面使用的方法是（　　）。

A. 顺锉法　　B. 滚锉法
C. 交叉锉法　　D. 推锉法

10. 在刃磨群钻月牙槽时，使钻头轴线与砂轮右侧面的夹角为（　　）。

A. 20°~35°　　B. 35°~50°
C. 55°~60°　　D. 60°~75°

11. 用来检测表面粗糙度的仪器是（　　）。

A. 光学平直仪　　　　B. 经纬仪

C. 光切显微镜　　　　D. 工具显微镜

12. 台式卧式铣镗床的主轴结构通常有（　）种形式。

A. 三　　　　B. 四

C. 五　　　　D. 六

13. 当横梁移动式龙门铣床的工作台宽度≥3200mm 时，铣床有（　）个铣头。

A. 2　　　　B. 3

C. 4　　　　D. 5

14. 滚珠丝杠螺母机构预紧时，一般预紧力可取最大轴向负荷的（　）。

A. 1/2　　　　B. 1/3

C. 1/4　　　　D. 1/5

15. 在静压螺旋传动机构中，其螺母每圈螺纹的中径处开有（　　）个间隔均匀的油腔。

A. 2 ~4　　　　B. 3 ~6

C. 1 ~3　　　　D. 6 ~9

16. 在修理静压轴承时，内径除留有必要的间隙外，还应留有（　　）mm 的研磨修理余量。

A. 0.01 ~0.02　　　　B. 0.02 ~0.03

C. 0.034 ~0.04　　　　D. 0.04 ~0.05

17. 五段导轨拼装时，应先将第3段导轨吊装在调整垫块上，以它作为拼装基准，然后依次拼装床身的第（　　）段。

A. 2、4、1、5　　　　B. 1、2、4、5

C. 1、5、4、2　　　　D. 4、5、1、2

18. 高速动平衡转速较高，通常要在（　　）旋转件的工作转速下进行平衡。

A. 等于　　　　B. 小于

C. 大于　　　　D. 远远大于

19. 在测量声压级时，对于一般机械，常布置（　）个测点。

A. 2　　　　B. 3

C. 4　　　　D. 5

20. 高速液压马达其额定转速在（　　）r/min 以上。

A. 200　　　　B. 300

C. 400　　　　D. 500

21. 压力高是（　　）的优点之一。

A. 齿轮泵　　B. 柱塞泵

C. 叶片泵　　D. 螺杆泵

22. 当压力在 $1.6\text{MPa} \leqslant p < 10\text{MPa}$ 区间时，称之为（　　）压力容器。

A. 中压　　B. 低压

C. 高压　　D. 超高压

23. 在修理卧式车床的尾座套筒锥孔时，锥孔修复后的轴向位移不得超过（　　）mm。

A. 2　　B. 3

C. 4　　D. 5

24. 卧式铣床的回转滑板的修理可采用精刨或手工刮研方法。当导轨表面研痕在（　　）mm 之内时，宜采用手工修复法。

A. 0.1　　B. 0.5

C. 0.05　　D. 1

25. 在修理卧式铣床的工作台上表面时，其平面度公差为（　　）mm/全面上（只许中间凹）。

A. 0.03　　B. 0.0003

C. 0.3　　D. 0.1

26. 通过试加工检测镗床的工作精度时，精镗外圆 D 的精度即圆度公差为（　　）。

A. 0.01mm/ϕ300mm　　B. 0.02mm/ϕ300mm

C. 0.03mm/ϕ300mm　　D. 0.04mm/ϕ300mm

27. 通过试加工检测磨床的工作精度时，磨削顶尖间试件外圆的精度之一，圆度公差为（　　）mm。

A. 0.3　　B. 0.03

C. 0.003　　D. 0.0003

28. 通过试加工检测龙门铣床的工作精度时，用平面铣削检验试件的平面度的公差为（　　）mm。

A. 0.02　　B. 0.03

C. 0.04　　D. 0.05

29. 通过改变两个螺母上齿数差来调整螺母在角度上的相对位置，实现滚珠丝杠螺母机构轴向位置的调整间隙和预紧，称之为调整机构的（　　）。

A. 弹簧式　　B. 垫片式

C. 随动式　　D. 齿差式

30. 低速动平衡转速较低，通常为（　　）r/min。

A. 50～150　　　B. 100～150

C. 150～500　　　D. 500～750

三、简答题

1. 简述卧式镗床的安装调试顺序。
2. 龙门铣床的安装调试顺序如何？
3. 大型工件常用的划线方法有哪几种？
4. 何谓台式卧式铣镗床主运动之一的集中传动？
5. 光学计由哪些主要零部件组成？
6. 消除滚珠丝杠螺母机构轴向间隙和预紧调整的调整机构有哪几种形式？
7. 何谓平衡精度？
8. T68 镗床平旋盘轴如何修复？
9. 什么是双作用叶片泵？
10. 在普通铣床大修中，变速操纵机构中的易损件是什么？

四、计算题（每题5分，共计10分）

1. 某旋转件的重力为9.8×1000N，工件转速为950r/min，平衡精度等级规定G1，求平衡后允许的偏心距，并且把这允许的偏心距换算成剩余不平衡力矩。

2. 有一单杆活塞式液压缸，活塞直径为 $D=8\text{cm}$，活塞杆直径为 $d=4\text{cm}$，若要求活塞往复运动速度均为0.5m/s，问进入液压缸两腔的流量各为多少？（无杆腔流量为 Q_1，有杆腔流量为 Q_2）

答 案 部 分

知识要求试题答案

一、判断题

1. ✓ 2. ✓ 3. ✓ 4. × 5. × 6. × 7. × 8. ✓ 9. × 10. ×
11. ✓ 12. × 13. × 14. × 15. × 16. ✓ 17. × 18. × 19. × 20. ×
21. × 22. × 23. ✓ 24. × 25. × 26. ✓ 27. × 28. ✓ 29. × 30. ×
31. ✓ 32. × 33. ✓ 34. × 35. × 36. × 37. × 38. ✓ 39. × 40. ×
41. ✓ 42. ✓ 43. × 44. × 45. × 46. × 47. × 48. × 49. × 50. ✓
51. ✓ 52. × 53. × 54. × 55. × 56. × 57. × 58. × 59. ✓ 60. ✓
61. × 62. × 63. ✓ 64. ✓ 65. × 66. ✓ 67. × 68. ✓ 69. × 70. ✓
71. ✓ 72. × 73. ✓ 74. × 75. ✓ 76. ✓ 77. ✓ 78. ✓ 79. ✓ 80. ✓
81. × 82. × 83. × 84. × 85. × 86. ✓ 87. ✓ 88. × 89. ✓ 90. ×
91. ✓ 92. × 93. × 94. ✓ 95. × 96. × 97. ✓ 98. ✓ 99. ✓ 100. ✓
101. ✓ 102. ✓ 103. × 104. ✓ 105. ✓ 106. × 107. ✓ 108. × 109. × 110. ✓
111. ✓ 112. ✓ 113. ✓ 114. ✓ 115. ✓ 116. ✓ 117. ✓ 118. × 119. ✓ 120. ×
121. ✓ 122. × 123. ✓ 124. ✓ 125. ✓ 126. ✓ 127. ✓ 128. ✓ 129. × 130. ✓
131. ✓ 132. ✓ 133. ✓ 134. ✓ 135. ✓ 136. ✓ 137. ✓ 138. ✓ 139. × 140. ✓
141. ✓ 142. × 143. ✓ 144. × 145. × 146. ✓ 147. ✓ 148. × 149. ✓ 150. ✓
151. × 152. ✓ 153. × 154. × 155. × 156. ✓ 157. ✓ 158. ✓ 159. × 160. ×
161. × 162. ✓ 163. × 164. ✓ 165. ✓ 166. × 167. ✓ 168. ✓ 169. × 170. ×
171. ✓ 172. ✓ 173. ✓ 174. ✓ 175. ✓ 176. × 177. ✓ 178. ✓ 179. ✓ 180 ✓
181. × 182. ✓ 183. ✓ 184. ✓ 185. ✓ 186. ✓ 187. ✓ 188. ✓ 189. ✓ 190. ✓
191. ✓ 192. ✓ 193. ✓ 194. ✓ 195. × 196. × 197. ✓ 198. ✓ 199. ✓ 200 ✓
201. ✓ 202. ✓ 203. × 204. × 205. ✓ 206. ✓ 207. × 208. ✓ 209. ✓ 210. ✓
211. ✓ 212. × 213. × 214. ✓ 215. ✓ 216. ✓ 217. × 218. ✓ 219. ✓ 220. ✓
221. ✓ 222. × 223. × 224. ✓ 225. ✓ 226. ✓ 227. ✓ 228. ✓ 229. ✓ 230. ✓
231. × 232. ✓ 233. ✓ 234. ✓ 235. × 236. ✓ 237. ✓ 238. ✓ 239. × 240. ×
241. × 242. ✓ 243. × 244. ✓ 245. ✓ 246. ✓ 247. ✓ 248. ✓ 249. ✓ 250. ✓
251. × 252. × 253. ✓ 254. ✓ 255. × 256. ×

二、选择题

1. C　2. D　3. C　4. C　5. B　6. B　7. A　8. A　9. C　10. D
11. D　12. A　13. C　14. B　15. A　16. C　17. B　18. B　19. C　20. D
21. D　22. D　23. B　24. C　25. A　26. C　27. D　28. B　29. C　30. D
31. A　32. D　33. B　34. A　35. C　36. A　37. C　38. D　39. B　40. A
41. D　42. C　43. B　44. B　45. B　46. C　47. C　48. B　49. C　50. C
51. D　52. B　53. A　54. B　55. A　56. C　57. C　58. A　59. B　60. C
61. C　62. C　63. C　64. C　65. A　66. B　67. D　68. B　69. B　70. B
71. D　72. A　73. C　74. A　75. C　76. B　77. D　78. D　79. A　80. D
81. B　82. B　83. C　84. A　85. A　86. D　87. B　88. B　89. D　90. D
91. C　92. A　93. B　94. A　95. A　96. B　97. D　98. C

三、简答题

1. 修刮下工作台的顶面，如仍然超差，则修刮上工作台顶面至要求。

2. 对比两条曲线的阴影区，修刮去垂直和水平两个方向有余量的部分导轨面，修刮到水平、垂直两个方向导轨直线度误差均有所减小后，再用上述检验方法对导轨的直线度测量一次，依据测量结果综合分析后，确定修刮部位，这就是逐渐趋近要求精度的修复方法。

3. 重新修磨头架主轴锥孔至要求。

4. 修刮头架底面或修刮底盘上平面至要求。

5. 1）固定指示表，使其测头依次分别触及主轴锥面的两个极限位置；2）转动主轴进行检验，指示表读数的最大差值即为主轴定心锥面的径向圆跳动误差。

6. 1）在工作台上的专用检具上放一个直角尺，调整直角尺使其一边与工作台移动方向平行；2）将指示表固定在砂轮架上，使其测头触及直角尺的另一边；3）移动砂轮架在全行程上进行检验，指示表读数的最大代数差值即为砂轮架移动对工作台移动的垂直度误差。

7. 1）若是头架主轴中心线高于砂轮主轴中心线，则可在平面磨床上将上工作台的下底面（即与下工作台的连接面）按超差值修磨去；2）若是砂轮主轴中心线高于头架主轴中心线，则可将砂轮架下方的滑鞍座与床身按超差值磨去。

8. 松开用来紧固内圆磨具支架底座和支架体壳的螺钉，再将其两侧的螺钉拧下，同时取下两个垫圈，再用起子调节其正面的球头螺钉，直至等高精度合格为止。

9. 修刮下滑座下导轨面底平面至要求。

10. 修刮主轴箱平导轨面的平面至要求。

11. 1）调整空心主轴、平旋盘轴上的圆锥滚子轴承，使其有适当的间隙；2）修复主轴，更换钢套；3）修刮尾部箱体及滑座各导轨面。

12. 修刮下滑座的下导轨面和上导轨面至要求。

13. 修刮上滑座上面的圆形导轨面至要求。

14. 1）将指示表固定在机床上，使其测头顶在平旋盘端面上；2）旋转平旋盘进行检验，指示表读数的最大差值即为轴向圆跳动误差。

15. 1）把主轴伸出5倍主轴直径的长度 L；2）在工作台面上放一根平尺，使其与主轴中心线相平行；3）在平尺上放一个指示表座，使其测头顶在主轴的上母线；4）移动指示表座，在主轴端部和靠近平旋盘的地方进行检验，记录下指示表读数的最大差值；5）然后，将主轴回转180°，再如上检验一次；6）两次测量结果的代数和的一半即为平行度误差。

16. 修刮工作台下导轨面至要求。

17. 1）使工作台位于行程的中间位置；2）把精密水平仪和桥板放置在工作台上，沿 O-X 和 O-Y 两个方向，在间距为500mm的不同位置进行测量，并测取读数，进而得出工作台面的平面度偏差。

18. 视平面度超差情况，可先精刨或导轨磨修整之后，再精刮工作台面至要求，或直接精刮工作台表面至要求。

19. 1）把指示表安置在机床一固定部件上，使其测头触及基准T形槽测量面或T形角尺检验面；2）移动工作台进行检验，指示表读数的最大差值即为平行度偏差。

20. 调整主轴前轴承的间隙至要求。

21. 修刮工作台下导轨面至要求。

22. 修刮水平铣头溜板滑座下导轨面至要求。

23. 1）将平尺水平放置在工作台中心位置，且应与工作台移动方向（X 轴线）相平行，并且将工作台锁紧在其行程的中间位置；2）将水平铣头锁紧在其行程的较低位置；3）将指示表固定在水平主轴上，使其测头触及平尺检验面，测取读数，然后使主轴回转180°，再测取读数，则两次读数的差值除以两点间的距离所得结果即为垂直度偏差。

24. 1）按图11所示，在床身底部放置三块垫铁；2）将工作台和砂轮架卸去，然后在床身和砂轮架的平导轨中央平行于导轨方向安放一个水平仪，依据水平仪的读数调整三块垫铁，直到合格为止。

25. 利用操纵箱两侧调节螺钉调整。冲击时应将螺钉拧入，停滞时应将螺钉拧出。

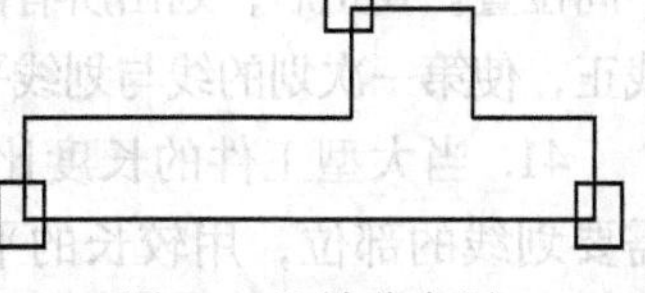

图11 垫铁分布图

26. 起动磨头电动机，待将电动机转向调校正确后，装上传动带。先点动起动磨头电动机，待磨头轴承油膜形成后，再正式起动磨头电动机，直到磨头空运转试验合格为止。

27. 慢速移动工作台，把左右两边的换向撞块紧固在适当的位置上，然后快速引进磨头进行试验，直到达到规定要求为止。

28. 主要部件的装配→调整后立柱刀杆支座与主轴的重合度→总装精度调整→空运转试验→机床负荷试验。

29. 1）床身上装齿条；2）工作台部件装配；3）装下滑座夹紧装置；4）装前立柱；5）装回转工作台；6）装主轴箱；7）装垂直光杠。

30. 工作台移动时对工作台平面的平行度误差、主轴箱垂直移动对工作台平面的垂直度误差、主轴轴线对前立柱导轨的垂直度误差、工作台移动对主轴侧素线的平行度误差、工作台分度精度和角度重复定位精度。

31. 最大切削抗力试验和主轴最大转矩和最大功率试验。

32. 安装垫铁→安装床身→安装立柱和横梁→安装刀架→安装电动机→调整床身的水平和立柱的垂直度→试运转。

33. 安放地脚螺栓→初平→二次灌浆→拧紧地脚螺栓。

34. 安装右立柱→安装左立柱→吊装横梁。

35. 垫好方木→吊放横刀架→安装升降螺杆、横轴和齿轮箱→调横刀架水平→安装侧刀架→连接平衡锤钢丝绳。

36. 低速→高速→铣头主轴试运转→全部试运转。

37. 常用的划线方法有5种。即工件移位法、平台接长法、导轨与平尺的调整法、水准法拼凑平台、特大型工件划线的拉线与吊线法。

38. 1）基准的选择：一般情况下，应以其设计时的中心线或主要表面，作为划线基准；2）安放位置：利用一些辅助工具，例如将带孔的工件穿在心轴上，带圆弧面的工件支持在V形块上，某些畸形工件固定在方箱上、直角铁上或自定心卡盘等工具上。

39. 1）应选择待加工的孔和面最多的一面作为第一划线位置；2）要求有可靠的支承和保护措施；3）在划线过程中，每划一条线要认真检查校对，特别是对翻转困难、不具备复查条件的大型工件，每划完一个部位，便需及时复查一次，对一些重要的加工尺寸更需反复检查。

40. 当大型工件的长度超过划线平台的三分之一时，先将工件放置在划线平台的中间位置。找正后，划出所有能够划到部位的线，然后将工件分别向左右移位，经过找正，使第一次划的线与划线平台平行，就可划出大件左右端所有的线。

41. 当大型工件的长度比划线平台略长时，则以最大的平台为基准，在工件需要划线的部位，用较长的平板或平尺，接出基准平台的外端，校正各平面之间的平行度，以及接长平台面至基准平台面之间的尺寸，然后将工件支承在基准平

台面上，绝不能让工件接触长的平板或平尺，使用划线盘在这些平板和平尺上移动进行划线。

42. 分6步进行。即分析图样，装夹工件→划中心十字线→划分度射线→定曲率半径→连接凸轮曲线→冲样孔。

43. 工件损坏的解决办法是正确夹持工件或适度地控制夹紧力；工件形状不正确如工件中间凸起、塌边、塌角的解决办法是正确选择锉刀，正确地掌握操作技能；尺寸超过规定范围的解决办法是确保划线正确，或在操作过程中（特别是在精锉时），要经常检查尺寸的变化；表面不光洁的解决办法是锉刀选择要得当，或打光方法要正确。

44. 锉刀除向前运动外，还要沿工件被加工圆弧面摆动。

45. 锉刀除向前运动外，锉刀本身还要做一定的旋转运动和向左移动。

46. 1）钻孔前划好基准，划线要很准确，划线误差不超过0.10mm，对直径较大的孔需划出扩孔前的圆周线；2）用0.5倍孔径的钻头按划线钻孔；3）对基准边扩、镗，边测量（基准可以是待加工的孔，也可以是已加工好的孔），直至符合要求为止。

47. 1）在精度较高的钻床上，采用镗铰的方法进行加工；2）准确划线；3）分别在工件各孔的中心位置上钻，攻小螺纹孔；4）制作与孔数相同的、外径磨至同一尺寸的若干个带孔的校正圆柱；5）把若干个圆柱用螺钉装于工件各孔的中心位置，并用量具较正各圆柱的中心距尺寸与图样要求的各孔中心距一致，然后紧固各校正好的圆柱；6）工件加工前，在钻床主轴装上杠杆指示表并校正其中任意一个圆柱，使之与钻床主轴同轴，然后固定工件与机床主轴的相对位置并拆去该圆柱；7）在拆去校正圆柱的工件位置上钻、扩、镗孔并留铰削余量，最后铰削至符合图样要求；8）按照上述方法逐个加工其他各孔直至符合图样要求为止。

48. 砂轮要求不特殊，选择通用砂轮就可以，外圆、轮侧修平整，圆角成小月牙弧。

49. 主刃摆平轮面靠，钻轴左斜出顶角，由刃向背磨后面，上下摆动尾别翘。

50. 刀对轮角、刃别翘，钻尾压下弧后角，轮侧、钻轴夹55（度），上下勿动平进刀。

51. 钻轴左斜15度，尾柄下压约55（度），外刃、轮侧夹“τ”角，钻芯缓进别烧糊。

52. 片砂轮、小砂轮，垂直外刃两平分，开槽选在高刃上，槽侧后角要留心。

53. 磨料选得不能太粗；研磨液选用要适当；研磨剂要涂得厚薄适当而且均匀；研磨时要保持清洁，千万不能混入杂质。

54. 研磨时压力要适度，不能过大；研磨剂要涂得厚薄适当，千万不能涂得太厚，以至于工作边缘挤出的研磨剂未及时擦去仍继续研磨；运动轨迹要错开；研磨平板选用要适当。

55. 研磨剂要涂抹均匀；研磨时，孔口挤出的研磨剂要及时擦去；研磨棒伸出的长度要适当，不能太大；研磨棒与工件孔之间的间隙不要太大；研磨时研具相对于工件孔的径向摆动不能太大；要确保工件内孔本身的锥度或研磨棒的锥度在公差允许的范围内。

56. 采用粘迭法。即将薄片量块粘迭在同精度的15～20mm厚的辅助垫块上，用右手捏牢辅助垫块两侧面，用左手拇指和中、食指等以八字形分别抓住它的两端面，做直线往复并伴以微量侧向移动的研磨运动。

57. 需用辅助夹具夹牢固，然后将工件与夹具成为一体的组合体用双手以八字形分别从工件两边捏牢夹具，并对夹具施加均匀的微量压力，做直线往复并伴以微量侧向移动的研磨运动。

58. 利用仪器的触针在被测表面上轻轻划过，被测表面的微观不平轮廓将使触针做垂直方向的位移，再通过传感器（测头）将位移变化量转换成电量的变化，再经信号放大后送入计算机，经其处理计算后显示出被测表面粗糙度的评定参考数值，还可将被测表面轮廓的误差绘制成图形，即误差图。

59. 修磨横刃；磨出月牙圆弧槽；采用双重顶角；适当加大后角。

60. 在外刃上磨出单边分屑槽，并适当减小它的前角；选用较小的顶角（$2\phi=118°$）并加大月牙槽月弧半径。

61. 钻心稍高弧槽浅，刃磨对称是关键，一侧外刃浅开槽，时连时分屑易断。

62. 粗刮→细刮→精刮。

63. 对于磨头主轴轴瓦与球头螺钉在拆装时，应打记号：按对装配→刮研主轴箱体的底面→粗刮轴瓦→合研精刮轴瓦。

64. 纵向进给外圆磨削、横向进给外圆磨削、外圆无心磨削。

65. 磨削时，砂轮除做回转运动（主运动）外，还做连续的横向（切入）进给运动；工件只做旋转（圆周进给）运动，不做往复运动。

66. 床身、工作台、头架、尾座、砂轮、砂轮架、内圆磨头等。

67. 床身用来支承各部件，承受重力与切削力，并保证其上各部件的相对位置精度及移动部件的运动精度。

68. 转动手轮，通过各级齿轮将运动传给齿条，而齿条固定安装在下工作台底面上，这样工作台则做纵向往复进给运动，即实现手动纵向进给；当液压油进入液压缸，推动活塞并压缩弹簧，使齿轮 $z=15$ 和 $z=72$ 脱开啮合面，切断手动纵向进给传动链，这样液压传动实现纵向往复进给运动，即实现自动纵向进给。

69. 三种。即三层主轴结构、两层半主轴结构、两层主轴结构。

70. 集中传动就是主传动中全部变速机构与主轴箱组件都装在主轴箱内。

71. 转进给方式适用于镗削、钻削，加工外圆中的进给。

72. 分进给方式适用于铣削中的进给。

73. 外行星式圆柱齿轮行星差动机构和锥齿轮行星差动机构。

74. 液压缸推动的机械夹紧机构和液压缸推动碟形弹簧夹紧液压松开的夹紧机构。

75. 定位销定位、端齿盘定位、圆光栅或圆感应同步器检测分度定位。

76. 横梁移动式龙门铣床和龙门架移动式龙门铣床。

77. 光学平直仪由平行光管、测微机构、读数放大镜组成的本体及体外平面反射镜组合而成。

78. 光学计主要用于比较测量 1）测量零件的外径和长度尺寸；2）测量外螺纹的中径（必须使用三针附件）；3）将光学计管装在其他设备上，用于精密调整，检验和控制尺寸；4）作为长度量值传递器，用来检定 5 等、6 等量块及量规等。

79. 底座、立柱、横臂、光学计管、工作台。

80. 主要用于测量平行平面的长度、球和圆柱体的直径等。若配以附件，还可测量孔的直径、螺纹的中径和螺距等。

81. 测座、尾座、万能工作台和底座等组成。

82. 上下移动、横向移动、左右摆动、水平转动、沿测量轴轴线方向左右移动。

83. 精密玻璃刻度尺→固定分划尺→螺旋线分划板。

84. 经纬仪是用于测量角度和分度的高精度光学仪器。在机械行业中常用来测量精密机床，如坐标镗床的水平转台、万能转台以及精密滚齿机和齿轮磨床的分度精度的测量。

85. 照准部分，水平度部分、基座部分。

86. 投影仪用来测量复杂形状和细小零件的轮廓形状及有关尺寸，如成形刀具、凸轮、样板、量规等。

87. 投影屏、中壳体、工作台、读数装置、底座、光学系统。

88. 透射照明系统和反射照明系统。两者可同时使用，又可单独使用。

89. 光切显微镜是采用非接触法测量表面粗糙度的光学仪器。

90. 基座、立柱、壳体、横臂、坐标工作台、测微鼓轮。

91. 主体顶部、主体内部、主体外部。

92. 底座，纵向滑台，横向滑台，主显微镜，纵、横向投影读数器。

93. 工具显微镜是用来测量工件的长度和角度，并可检定零件的形状。

94. 轮廓目镜头是用来把刻制在分划板上的被测件的标准轮廓与被测件的实际轮廓相比较，从而确定被测轮廓的误差。

95. 测角目镜头是用来瞄准被测件和测量角度的。

96. 双像目镜头是利用双像棱镜的成像特性对被测件成像，再通过目镜放大，进行观察和瞄准。

97. 分为四步。即选择工作台和测帽、调整工作台表面与测量轴线的垂直度、调整仪器零位、测量。

98. 分为八步。即调平被测转台；整平经纬仪；调整望远镜使其处于水平位置；把被测回转台的刻度盘与游标对准零位，同时使微分刻度值及游标盘精确对零；放置并调整平行光管；测量；读数；数据处理及误差计算。

99. 分为七步。即选装物镜、接电源、安放被测零件、调整、找正、确定取样长度 l 和评定长度 l_n、测量。

100. 分为五步。即安放被测件、使两个灯丝重合、使现场中出现干涉条纹、使干涉条纹与加工痕迹垂直、求出评定长度上的 Rz。

101. 可作如下测量：孔的形状误差、圆弧半径、平面孔分度误差、周向孔分度误差等。

102. 分为外循环式和内循环式。

103. 有六种。即垫片式、螺纹式、弹簧式、齿差式、另一种弹簧式、随动式。

104. 静压螺旋传动机构采用的是牙较高的梯形螺纹。在螺母每圈螺纹的中径处开有3~6个间隔均匀的油腔。同一母线上同一侧的油腔相连通，并用一个节流阀控制螺纹牙两侧的间隙和油腔压力。

105. 离合器的功用是通过接通和脱开传递或切断两轴间的运动和转矩。

106. 只能实现一个方向超越的离合器称之为单向超越离合器；能实现正、反两个方向超越的离合器称之为双向超越离合器。

107. 优点：①在任何转速条件下，主、从动两轴均可以分离或接合；②接合平稳，冲击和振动小；③过载时两摩擦面之间打滑，自动起保护作用。缺点：①需要较大的轴向力；②传递的转矩较小。

108. 静压轴承一般是由供油系统、节流器和轴承三部组成。

109. 分为定量式和定压式两类。

110. 有三种。即轴承油腔漏油，加剧轴颈和轴承的摩擦，使轴承发热、“抱轴”；节流器间隙堵塞，致使四个油腔压力不等；油腔压力产生波动，使主轴产生振动。

111. 定量式静压轴承就是每个油腔各有一个定量泵供给恒定的流量。

112. 定压式静压轴承就是：由一个共同的液压泵供油，在通往轴承各油腔

的油路上设置节流器，利用节流器的调压作用，使各个承载油腔的压力按外载荷的变化自行调节，从而平衡外载荷。

113. 将主轴外锥键槽处配镶键→在主轴两端配车堵头，并打好两端中心孔→在磨床磨各外圆及外锥面→在所有磨小的外圆表面刷镀（铁）→磨削刷镀后的各轴颈至要求（有的外圆、外锥面需配磨）。

114. 有研磨、镀铬、重新渗氮、更换新件。

115. 珩孔、更换新钢套。

116. 空心轴与平旋盘轴内孔相配，外圆和与空心轴前轴承相配外圆可采用镀铬修复；空心轴前轴承定位端面可精磨修复；表面粗糙度超差时，可更换淬火钢套，然后修磨内孔至要求。

117. 若平旋盘轴各表面超差，可镀铬后精磨至要求。

118. 有五部分。即驱动系统、支承系统、解算和标定电路、幅值和相位指示系统、校正装置。

119. 软支承和硬支承两大类。

120. 平衡精度就是转子经平衡后允许其存在不平衡量的大小。

121. 剩余不平衡力矩 M 和偏心速度。

122. 通常分为四类。即齿轮泵、叶片泵、柱塞泵、螺杆泵。

123. 结构简单；制造方便；价格低廉；体积小、质量轻；自吸性能好；对油的污染不敏感；工作可靠；便于维修。

124. 双作用叶片泵就是转子旋转一周，叶片在转子叶片槽内滑动两次，完成两次吸油和两次压油。

125. 单作叶片泵就是转子每转一周，吸、压油各一次。

126. 轴向柱塞泵和径向柱塞泵。

127. 斜盘式轴向柱塞泵和斜轴式柱塞泵。

128. 柱塞泵常用在高压大流量和流量需要调节的液压系统。

129. 改变液压马达的进出油的方向。

130. 高速液压马达和低速液压马达。

131. 可分为三类。即活塞式、柱塞式、组合式。

132. 单作用式和双作用式。

133. 当单活塞杆液压缸的左、右两腔同时通压力油时，就称之为差动连接。

134. 缸体固定结构和活塞杆固定结构。

135. 当活塞快速运动接近终点位置，即缸盖或缸底时，通过节流的方法增大回油的阻力，使液压缸的排油腔产生足够的缓冲压力，致使活塞减速，从而避免其与缸盖（或缸底）快速相撞。

136. 有三种。即可调节流缓冲装置、可变节流缓冲装置，间隙缓冲装置。

137. 1）导轨精度差，压板、镶条调得过紧；2）导轨面上有锈斑、导轨刮研点子数不够，且不均匀；3）导轨上开设的油槽深度太浅；4）液压缸轴心线与导轨平行度超差；5）液压缸缸体孔、活塞杆及活塞精度差；6）液压缸装配及安装精度差、活塞、活塞杆、缸体孔及缸盖孔的同轴度超差；7）液压缸、活塞或缸盖密封过紧、阻滞或过松；8）停机时间过长，导轨有锈蚀，导轨润滑节流器堵塞，润滑断油；9）液压系统中进入空气；10）各种液压元件及液压系统不当；11）液压油粘度及油温的变化；12）密封不好；13）电动机转速不均匀等。

138. 污染、发热、泄漏、泡沫。

139. 单作用气缸和双作用气缸。

140. 普通气缸、缓冲气缸、气-液阻尼缸、摆动气缸、冲击气缸、步进气缸。

141. 活塞式气缸、薄膜式气缸、伸缩式气缸。

142. 第一阶段：复位段；第二阶段：蓄能段；第三阶段：冲击段。

143. 三种。即叶片式、活塞式、齿轮式。

144. 包括三个方面。即工艺条件方面的检查、设备状况方面的检查、安全装置方面的检查。

145. 大约有10个。如压力容器定期检查制度、压力容器维护保养制度、压力容器紧急情况处理制度、压力容器交接班制度、压力容器事故报告与处理制度等。

146. 床身→溜板→刀架下滑座→刀架。

147. 1）刀架移动的直线度要求；2）在垂直平面内刀架移动与主轴轴线平行度要求。

148. 修复蜗杆的十字接头和长板。

149. 1）下滑板与升降台装配尺寸链的修复；2）升降台的修理；3）升降台的装配与调整。

150. 主要是修正因升降台有关导轨面与其相应的下滑板导轨面经过刮削或磨削修复后，致使螺母座孔中心相对于安装丝杠的体孔中心向右下方偏离的偏移量。

151. 齿条轴、齿轮、定位套。

152. 进给丝杠轴向间隙的调整、操纵机构的装配、保证两端轴架孔与螺母中心的同轴。

153. 1）刮研活折板与活折板支架相配合的表面至要求，达到活折板能在活折板支架内无阻地自由落下；2）活折板支架锥孔与活折与其相配的锥孔，必须在一起铰，然后再把活折板锥孔单独铰一次，以保证两者拼装后活折板能在支架内轻松转动90%以上。

154. 1）滑移齿轮的拨动座应能轻松移动；2）确保齿轮在轴上每个位置的正

确定位；3）相啮合的齿轮的侧向错位（即不重合），应小于其宽度的5%；4）变速手柄位置必须与标牌上的标志相符合；5）各螺钉及销座要紧固。

155. 前后顶尖等高尺寸链、横向进给装配尺寸链、三杠装配尺寸链。

156. 床身的水平导轨和垂直导轨的磨损；横梁的水平导轨和垂直导轨的磨损。

157. 活折板与铰链销的磨损；滑枕与床身压板导轨的磨损；方滑块 、圆滑块与摇杆导向槽面间的磨损；横梁导轨的磨损。

158. 分为两级。即一级保养和二级保养。

159. 四个方面。即数控系统的维护；机械部件的维护；液压、气动系统的维护；机床精度的维护。

160. 软方法和硬方法。

161. 即通过系统参数补偿来实现。

162. 即通过机床大修来实现。

四、计算题

1. 解　依据公式 $v_e = \dfrac{e\omega}{1000}$ 得出

$$e = \frac{1000 v_e}{\omega} = \frac{950 \times 60}{2\pi \times 950} \mu m \approx 10.1 \mu m$$

$$M = TR = We = 9.8 \times 1000N \times 10.1 \mu m \approx 99N \cdot mm$$

答：允许的偏心距为10.1μm，剩余不平衡力矩为99N · mm。

2. （1）无杆腔进油

$$v_1 = \frac{Q_1}{A_1} = \frac{4Q_1}{\pi D_2}$$

$$Q_1 = v_1 \pi D^2/4 = \frac{0.5 \times 3.14 \times 0.08^2}{4} m^3/s$$

$$= 25 \times 10^{-4} m^3/s$$

（2）有杆腔进油：有效作用面积

$$A_2 = \frac{\pi}{4}(D^2 - d^2)$$

$$Q_2 = v_2 A_2 = v_2 \times \frac{\pi}{4}(D^2 - d^2)$$

$$= 0.5 \times \frac{3.14}{4} \times (0.08^2 - 0.04^2) m^3/s$$

$$=19\times10^{-4}\mathrm{m^3/s}$$

答：无杆腔的流量为 $25\times10^{-4}\mathrm{m^3/s}$，有杆腔的流量为 $19\times10^{-4}\mathrm{m^3/s}$

3. 解　活塞有效作用面积为　$A_2=\dfrac{\pi}{4}(D^2-d^2)$

∴ 工作台的运动速度为

$$v=\frac{Q}{A_2}=\frac{Q}{\dfrac{\pi}{4}(D^2-d^2)}=\frac{8.33\times10^{-4}}{\dfrac{\pi}{4}(0.1^2-0.07^2)}\mathrm{m/s}$$

$$\approx0.002\mathrm{m/s}$$

答：工作台的速度为 0.002m/s。

4. 解

（1）将原始读数变化成与测量工具长度相适应的斜率值例如：+0.04mm/1000mm 可变换成 +0.008mm/200mm。

已知测得的十个读数变换成如下（不再写分母）

+0.008mm，+0.006mm，+0.004mm，+0.004mm，+0.004mm，+0.002mm，0，-0.002mm，-0.002mm，-0.004mm。

（2）计算各档斜率值代数和的平均值 $\overline{G}$

$$\overline{G}=(+0.008\mathrm{mm}+0.006\mathrm{mm}+0.004\mathrm{mm}+0.004\mathrm{mm}+0.004\mathrm{mm}+0.002\mathrm{mm}+0-0.002\mathrm{mm}-0.002\mathrm{mm}-0.004\mathrm{mm})/10$$

$$=+0.002\mathrm{mm}$$

（3）各档斜率值减去平均值，其结果如下：

+0.006mm，+0.004mm，+0.002mm，+0.002mm，+0.002mm，0，-0.002mm，-0.004mm，-0.004mm，-0.006mm

（4）将已减去平均值的各档斜率变换成各档末端点的坐标值 M_i（$i=1, 2, 3\cdots n$），变换如下：

+0.006　+0.004　+0.002　+0.002　+0.002　0　-0.002　-0.004　-0.004　-0.006

0　+0.006　+0.01　+0.012　+0.014　+0.016　+0.016　+0.014　+0.01　+0.006　0

（5）导轨全长上的最大直线度误差为

$$\delta=H_{\max}=+0.016\mathrm{mm}$$

（6）导轨误差曲线图

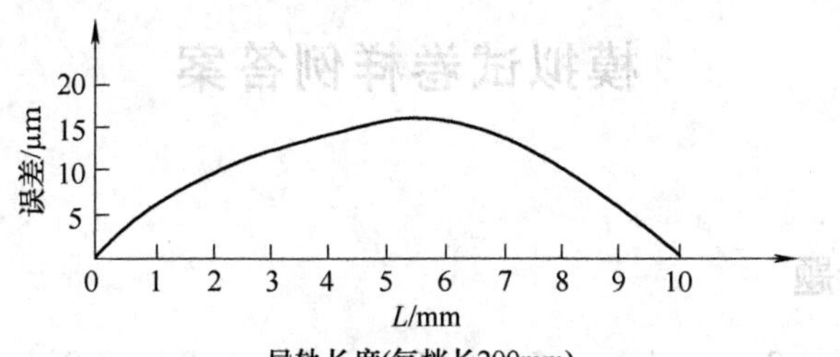

图 12　导轨误差曲线图

从图中不难看出：

1）最大误差出现在五、六两档上。

2）正号表示曲线呈凸形。

3）曲线两端点的连线正好与横坐标轴重合。

答：导轨全长上直线度误差为 0. 016mm。

模拟试卷样例答案

一、判断题

1. √ 2. × 3. × 4. √ 5. × 6. √ 7. × 8. × 9. × 10. √
11. × 12. × 13. √ 14. × 15. √ 16. × 17. √ 18. × 19. √ 20. √
21. √ 22. √ 23. √ 24. × 25. √ 26. × 27. √ 28. × 29. √ 30. √
31. √ 32. √ 33. √ 34. √ 35. × 36. × 37. √ 38. √ 39. √ 40. ×

二、选择题

1. C 2. B 3. D 4. B 5. C 6. B 7. D 8. D 9. B 10. C
11. C 12. A 13. A 14. B 15. B 16. B 17. A 18. A 19. D 20. D
21. B 22. A 23. D 24. C 25. A 26. C 27. C 28. A 29. D 30. C

三、简答题

1. 答　主要部件的装配→调整后立柱刀杆支座与主轴的重合度→总装精度调整→空运转试验→机床负荷试验。

2. 答　安装垫铁→安装床身→安装立柱和横梁→安装刀架→安装电动机→调整床身的水平和立柱的垂直度→试运转。

3. 答　5种。即工件移位法、平台接长法、导轨与平尺的调整法、水准法拼凑平台、特大型工件划线的拉线与吊线法。

4. 答　集中传动就是主传动中全部变速机构与主轴箱组件都装在主轴箱内。

5. 答　底座、立柱、横臂、光学计管、工作台。

6. 答　有6种。即垫片式、螺纹式、弹簧式、齿差式、另一种弹簧式、随动式。

7. 答　平衡精度就是转子经平衡后允许其存在不平衡量的大小。

8. 答　若平旋盘轴各表面超差，可镀铬后精磨至要求。

9. 答　双作用叶片泵就是转子旋转一周，叶片在转子中片槽内滑动两次，完成两次吸油和两次压油。

10. 答　齿条轴、齿轮、定位套。

四、计算题

1. 依据公式

$$v_e = \frac{e\omega}{1000}\text{得出}$$

$$e = \frac{1000v_e}{\omega} = \frac{950 \times 60}{2\pi \times 950}\mu\text{m} \approx 10.1\mu\text{m}$$

$$M = TR = We = 9.8 \times 1000\text{N} \times 10.1\mu\text{m} \approx 99\text{N} \cdot \text{mm}$$

答：允许的偏心距为 10.1μm，剩余不平衡力矩为 99N · mm。

2. （1）无杆腔进油

$$\because v_1 = \frac{Q_1}{A_1} = \frac{4Q_1}{\pi D_2}$$

$$\therefore Q_1 = v_1 \pi D^2/4 = \frac{0.5 \times 3.14 \times 0.08^2}{4}\text{m}^3/\text{s}$$

$$= 25 \times 10^{-4}\text{m}^3/\text{s}$$

（2）有杆腔进油：有效作用面积

$$A_2 = \frac{\pi}{4}(D^2 - d^2)$$

$$Q_2 = v_2 A_2 = v_2 \times \frac{\pi}{4}(D^2 - d^2)$$

$$= 0.5 \times \frac{3.14}{4}(0.08^2 - 0.04^2)\text{m}^3/\text{s}$$

$$= 19 \times 10^{-4}\text{m}^3/\text{s}$$

答：无杆腔的流量为 $25 \times 10^{-4}\text{m}^3/\text{s}$，有杆腔的流量为 $19 \times 10^{-4}\text{m}^3/\text{s}$。

附录 常用液压与气动元件图形符号

(GB/T 786.1—2009)

表1 基本符号、管路及连接

名 称	符 号	名 称	符 号
工作管路		管端连接于油箱底部	
控制管路		密闭式油箱	
连接管路		直接排气	
交叉管路		带连接排气	
柔性管路		带单向阀快换接头	
组合元件线		不带单向阀快换接头	
管口在液面以上的油箱		单通路旋转接头	
管口在液面以下的油箱		三通路旋转接头	

表2 控制机构和控制方法

名 称	符 号	名 称	符 号
按钮式人力控制		踏板式人力控制	
手柄式人力控制		顶杆式机械控制	
弹簧控制		液压先导控制	
单向滚轮式机械控制		液压二级先导控制	

（续）

名称	符号	名称	符号
单作用电磁控制		气-液先导控制	
双作用电磁控制		内部压力控制	
电动机旋转控制	M	电-液先导控制	
加压或泄压控制		电-气先导控制	
滚轮式机械控制		液压先导泄压控制	
外部压力控制		电反馈控制	
气压先导控制		差动控制	

表3 泵、马达和缸

名称	符号	名称	符号
单向定量液压泵		单向定量马达	
双向定量液压泵		双向定量马达	
单向变量液压泵		定量液压泵-马达	
双向变量液压泵		变量液压泵-马达	
液压整体式传动装置		单作用柱塞缸	
摆动马达		双向缓冲缸	
单作用弹簧复位缸		单作用单活塞杆缸	

（续）

名　称	符　号	名　称	符　号
单作用伸缩缸		双作用双活塞杆缸	
单向变量马达		双作用伸缩缸	
双向变量马达		增压器	

表4　控 制 元 件

名　称	符　号	名　称	符　号
直动型溢流阀		溢流减压阀	
先导型溢流阀		先导型比例电磁式溢流阀	
先导型比例电磁溢流阀		定比减压阀	
卸荷溢流阀		定差减压阀	
双向溢流阀		单向顺序阀（平衡阀）	
直动型减压阀		集流阀	
先导型减压阀		分流集流阀	
直动型卸荷阀		单向阀	

（续）

名称	符号	名称	符号
制动阀	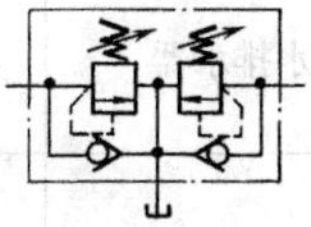	液控单向阀	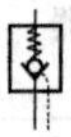
不可调节流阀		液压锁	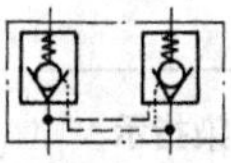
可调节流阀		减速阀	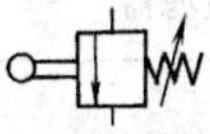
可调单向节流阀		带消声器的节流阀	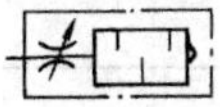
直动型顺序阀	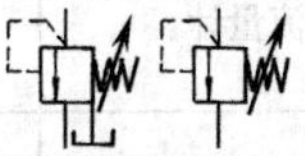	调速阀	
先导型顺序阀	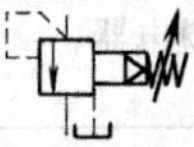	温度补偿调速阀	
旁通型调速阀	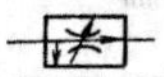	快速排气阀	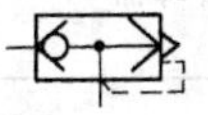
单向调速阀	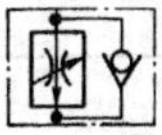	二位二通换向阀	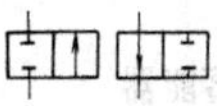
分流阀	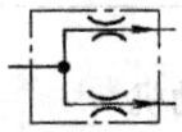	二位三通换向阀	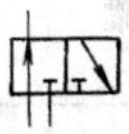
三位四通换向阀	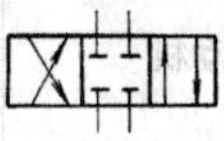	二位四通换向阀	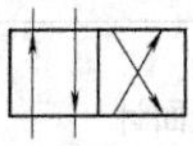
三位五通换向阀		二位五通换向阀	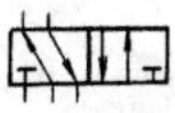
或门型梭阀	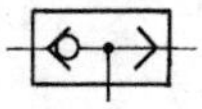	四通电液伺服阀	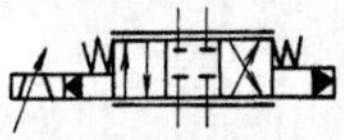
与门型梭阀	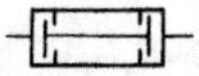		

表5 辅助元件

名称	符号	名称	符号
过滤器		分水排水器	
磁芯过滤器		空气过滤器	
污染指示过滤器		除油器	
空气干燥器		温度计	
油雾器		流量计	
气源调节装置		压力继电器	
冷却器		消声器	
加热器		液压源	
蓄能器		气压源	
气罐		电动机	M
压力表		原动机	M
液面计		气-液转换器	

参考文献

[1] 江潮. 机械基础 [M]. 北京：化学工业出版社，2009.

[2] 许福玲，陈尧明. 液压与气压传动 [M]. 3 版. 北京：机械工业出版社，2007.

[3] 朱怀忠，王恩海. 液压与气动技术 [M]. 北京：科学出版社，2007.

[4] 方立. 压力容量安全知识问答 [M]. 北京：中国劳动社会保障出版社，2008.

[5] 倪志福，陈璧光. 群钻——倪志福钻头 [M]. 上海：上海科学技术出版社，1999.

[6] 秦立高. 机床维修手册 [M]. 北京：国防工业出版社，1997.

[7] 《职业技能鉴定教材》《职业技能鉴定指导》编审委员会. 机修钳工 [M]. 北京：中国劳动社会保障出版社，2009.

[8] 《机修手册》第三版编委会. 机修手册 [M]. 3 版. 北京：机械工业出版社，1993.

[9] 中国机械工业联合会. GB/T 19362—2003 龙门铣床检验条件 精度检验 第一部分：固定式龙门铣床 [S]. 北京：中国标准出版社，2004.

[10] 张忠狮. 机修钳工操作技法与实例 [M]. 上海：上海科学技术出版社，2011.

[11] 中国机械工程学会设备与维修工程分会编.《机械设备维修问答丛书》编委会液压与气动设备维修问答 [M]. 2 版. 北京：机械工业出版社，2011.

机修钳工需学习下列课程：

初级：机械识图、机械基础（初级）、电工常识、机修钳工（初级）

中级：机械制图、机械基础（中级）、机修钳工（中级）

高级：机械基础（高级）、机修钳工（高级）技师、高级技师：机修钳工（技师、高级技师）

国家职业资格培训教材

内容介绍：深受读者喜爱的经典培训教材，依据最新国家职业标准，按初级、中级、高级、技师（含高级技师）分册编写，以技能培训为主线，理论与技能有机结合，书末有配套的试题库和答案。所有教材均免费提供 PPT 电子教案，部分教材配有 VCD 实景操作光盘（注：标注★的图书配有 VCD 实景操作光盘）。

读者对象：本套教材是各级职业技能鉴定培训机构、企业培训部门、再就业和农民工培训机构的理想教材，也可作为技工学校、职业高中、各种短训班的专业课教材。

- 机械识图
- 机械制图
- 金属材料及热处理知识
- 公差配合与测量
- 机械基础（初级、中级、高级）
- 液气压传动
- 数控技术与 AutoCAD 应用
- 机床夹具设计与制造
- 测量与机械零件测绘
- 管理与论文写作
- 钳工常识
- 电工常识
- 电工识图
- 电工基础
- 电子技术基础
- 建筑识图
- 建筑装饰材料
- 车工（初级★、中级、高级、技师和高级技师）
- 铣工（初级★、中级、高级、技师和高级技师）
- 磨工（初级、中级、高级、技师和高级技师）
- 钳工（初级★、中级、高级、技师和高级技师）
- 机修钳工（初级、中级、高级、技师和高级技师）
- 锻造工（初级、中级、高级、技师和高级技师）
- 模具工（中级、高级、技师和高级技师）
- 数控车工（中级★、高级★、技师和高级技师）
- 数控铣工/加工中心操作工（中级★、高级★、技师和高级技师）
- 铸造工（初级、中级、高级、技师和高级技师）
- 冷作钣金工（初级、中级、高级、技师和高级技师）
- 焊工（初级★、中级★、高级★、

技师和高级技师★）
- 热处理工（初级、中级、高级、技师和高级技师）
- 涂装工（初级、中级、高级、技师和高级技师）
- 电镀工（初级、中级、高级、技师和高级技师）
- 锅炉操作工（初级、中级、高级、技师和高级技师）
- 数控机床维修工（中级、高级和技师）
- 汽车驾驶员（初级、中级、高级、技师）
- 汽车修理工（初级★、中级、高级、技师和高级技师）
- 摩托车维修工（初级、中级、高级）
- 制冷设备维修工（初级、中级、高级、技师和高级技师）
- 电气设备安装工（初级、中级、高级、技师和高级技师）
- 值班电工（初级、中级、高级、技师和高级技师）
- 维修电工（初级★、中级★、高级、技师和高级技师）
- 家用电器产品维修工（初级、中级、高级）
- 家用电子产品维修工（初级、中级、高级、技师和高级技师）
- 可编程序控制系统设计师（一级、二级、三级、四级）
- 无损检测员（基础知识、超声波探伤、射线探伤、磁粉探伤）
- 化学检验工（初级、中级、高级、技师和高级技师）
- 食品检验工（初级、中级、高级、技师和高级技师）
- 制图员（土建）
- 起重工（初级、中级、高级、技师）
- 测量放线工（初级、中级、高级、技师和高级技师）
- 架子工（初级、中级、高级）
- 混凝土工（初级、中级、高级）
- 钢筋工（初级、中级、高级、技师）
- 管工（初级、中级、高级、技师和高级技师）
- 木工（初级、中级、高级、技师）
- 砌筑工（初级、中级、高级、技师）
- 中央空调系统操作员（初级、中级、高级、技师）
- 物业管理员（物业管理基础、物业管理员、助理物业管理师、物业管理师）
- 物流师（助理物流师、物流师、高级物流师）
- 室内装饰设计员（室内装饰设计员、室内装饰设计师、高级室内装饰设计师）
- 电切削工（初级、中级、高级、技师和高级技师）
- 汽车装配工
- 电梯安装工
- 电梯维修工

变压器行业特有工种国家职业资格培训教程

丛书介绍：由相关国家职业标准的制定者——机械工业职业技能鉴定指导中心组织编写，是配套用于国家职业技能鉴定的指定教材，覆盖变压器行业 **5** 个特有工种，共 **10** 种。

读者对象：可作为相关企业培训部门、各级职业技能鉴定培训机构的鉴定培训教材，也可作为变压器行业从业人员学习、考证用书，还可作为技工学校、职业高中、各种短训班的教材。

- ◆变压器基础知识
- ◆绕组制造工（基础知识）
- ◆绕组制造工（初级、中级、高级技能）
- ◆绕组制造工（技师、高级技师技能）
- ◆干式变压器装配工（初级、中级、高级技能）
- ◆变压器装配工（初级、中级、高级、技师、高级技师技能）
- ◆变压器试验工（初级、中级、高级、技师、高级技师技能）
- ◆互感器装配工（初级、中级、高级、技师、高级技师技能）
- ◆绝缘制品件装配工（初级、中级、高级、技师、高级技师技能）
- ◆铁心叠装工（初级、中级、高级、技师、高级技师技能）

国家职业资格培训教材——理论鉴定培训系列

丛书介绍：以国家职业技能标准为依据，按机电行业主要职业（工种）的中级、高级理论鉴定考核要求编写，着眼于理论知识的培训。

读者对象：可作为各级职业技能鉴定培训机构、企业培训部门的培训教材，也可作为职业技术院校、技工院校、各种短训班的专业课教材，还可作为个人的学习用书。

车工（中级）鉴定培训教材
车工（高级）鉴定培训教材
铣工（中级）鉴定培训教材
铣工（高级）鉴定培训教材
磨工（中级）鉴定培训教材
磨工（高级）鉴定培训教材
钳工（中级）鉴定培训教材
钳工（高级）鉴定培训教材
机修钳工（中级）鉴定培训教材
机修钳工（高级）鉴定培训教材
焊工（中级）鉴定培训教材
焊工（高级）鉴定培训教材
热处理工（中级）鉴定培训教材
热处理工（高级）鉴定培训教材
铸造工（中级）鉴定培训教材
铸造工（高级）鉴定培训教材
电镀工（中级）鉴定培训教材
电镀工（高级）鉴定培训教材

维修电工（中级）鉴定培训教材
维修电工（高级）鉴定培训教材
汽车修理工（中级）鉴定培训教材
汽车修理工（高级）鉴定培训教材
涂装工（中级）鉴定培训教材
涂装工（高级）鉴定培训教材
制冷设备维修工（中级）鉴定培训教材
制冷设备维修工（高级）鉴定培训教材

国家职业资格培训教材——操作技能鉴定实战详解系列

丛书介绍：用于国家职业技能鉴定操作技能考试前的强化训练。特色：

- **重点突出，具有针对性——依据技能考核鉴定点设计，目的明确。**
- **内容全面，具有典型性——图样、评分表、准备清单，完整齐全。**
- **解析详细，具有实用性——工艺分析、操作步骤和重点解析详细。**
- **练考结合，具有实战性——单项训练题、综合训练题，步步提升。**

读者对象：可作为各级职业技能鉴定培训机构、企业培训部门的考前培训教材，也可供职业技能鉴定部门在鉴定命题时参考，也可作为读者考前复习和自测使用的复习用书，还可作为职业技术院校、技工院校、各种短训班的专业课教材。

车工（中级）操作技能鉴定实战详解
车工（高级）操作技能鉴定实战详解
车工（技师、高级技师）操作技能鉴定实战详解
铣工（中级）操作技能鉴定实战详解
铣工（高级）操作技能鉴定实战详解
钳工（中级）操作技能鉴定实战详解
钳工（高级）操作技能鉴定实战详解
钳工（技师、高级技师）操作技能鉴定实战详解
数控车工（中级）操作技能鉴定实战详解
数控车工（高级）操作技能鉴定实战详解
数控车工（技师、高级技师）操作技能鉴定实战详解
数控铣工/加工中心操作工（中级）操作技能鉴定实战详解
数控铣工/加工中心操作工（高级）操作技能鉴定实战详解
数控铣工/加工中心操作工（技师、高级技师）操作技能鉴定实战详解
焊工（中级）操作技能鉴定实战详解
焊工（高级）操作技能鉴定实战详解
焊工（技师、高级技师）操作技能鉴定实战详解
维修电工（中级）操作技能鉴定实战详解
维修电工（高级）操作技能鉴定实战详解
维修电工（技师、高级技师）操作技能鉴定实战详解
汽车修理工（中级）操作技能鉴定实战详解
汽车修理工（高级）操作技能鉴定实战详解

技能鉴定考核试题库

丛书介绍：根据各职业（工种）鉴定考核要求分级编写，试题针对性、通用性、实用性强。

读者对象：可作为企业培训部门、各级职业技能鉴定机构、再就业培训机构培训考核用书，也可供技工学校、职业高中、各种短训班培训考核使用，还可作为个人读者学习自测用书。

机械识图与制图鉴定考核试题库
机械基础技能鉴定考核试题库
电工基础技能鉴定考核试题库
车工职业技能鉴定考核试题库
铣工职业技能鉴定考核试题库
磨工职业技能鉴定考核试题库
数控车工职业技能鉴定考核试题库
数控铣工/加工中心操作工职业技能鉴定考核试题库
模具工职业技能鉴定考核试题库
钳工职业技能鉴定考核试题库
机修钳工职业技能鉴定考核试题库
汽车修理工职业技能鉴定考核试题库
制冷设备维修工职业技能鉴定考核试题库
维修电工职业技能鉴定考核试题库
铸造工职业技能鉴定考核试题库
焊工职业技能鉴定考核试题库
冷作钣金工职业技能鉴定考核试题库
热处理工职业技能鉴定考核试题库
涂装工职业技能鉴定考核试题库

机电类技师培训教材

丛书介绍：以国家职业标准中对各工种技师的要求为依据，以便于培训为前提，紧扣职业技能鉴定培训要求编写。加强了高难度生产加工，复杂设备的安装、调试和维修，技术质量难题的分析和解决，复杂工艺的编制，故障诊断与排除以及论文写作和答辩的内容。书中均配有培训目标、复习思考题、培训内容、试题库、答案、技能鉴定模拟试卷样例。

读者对象：可作为职业技能鉴定培训机构、企业培训部门、技师学院培训鉴定教材，也可供读者自学及考前复习和自测使用。

公共基础知识
电工与电子技术
机械制图与零件测绘
金属材料与加工工艺
机械基础与现代制造技术
技师论文写作、点评、答辩指导
车工技师鉴定培训教材
铣工技师鉴定培训教材
钳工技师鉴定培训教材
焊工技师鉴定培训教材
电工技师鉴定培训教材
铸造工技师鉴定培训教材

涂装工技师鉴定培训教材
模具工技师鉴定培训教材
机修钳工技师鉴定培训教材
热处理工技师鉴定培训教材
维修电工技师鉴定培训教材
数控车工技师鉴定培训教材
数控铣工技师鉴定培训教材
冷作钣金工技师鉴定培训教材
汽车修理工技师鉴定培训教材
制冷设备维修工技师鉴定培训教材

特种作业人员安全技术培训考核教材

丛书介绍：依据《特种作业人员安全技术培训大纲及考核标准》编写，内容包含法律法规、安全培训、案例分析、考核复习题及答案。

读者对象：可用作各级各类安全生产培训部门、企业培训部门、培训机构安全生产培训和考核的教材，也可作为各类企事业单位安全管理和相关技术人员的参考书。

起重机司索指挥作业
企业内机动车辆驾驶员
起重机司机
金属焊接与切割作业
电工作业
压力容器操作
锅炉司炉作业
电梯作业
制冷与空调作业
登高作业